顾春芳　著

心游天地外

中国艺术的美学精神

The Aesthetic Spirit
of
Chinese Art

人民文学出版社

图书在版编目（CIP）数据

心游天地外：中国艺术的美学精神 / 顾春芳著. --北京：人民文学出版社，2024

ISBN 978-7-02-018277-0

Ⅰ.①心… Ⅱ.①顾… Ⅲ.①美学–中国–通俗读物 Ⅳ.①B83-49

中国国家版本馆 CIP 数据核字（2023）第 191300 号

责任编辑　刘　伟
装帧设计　李思安
责任印制　张　娜

出版发行　人民文学出版社
社　　址　北京市朝内大街 166 号
邮政编码　100705

印　　刷　北京盛通印刷股份有限公司
经　　销　全国新华书店等

字　　数　460 千字
开　　本　680 毫米×960 毫米　1/16
印　　张　34.75　插页 9
印　　数　1—6000
版　　次　2024 年 7 月北京第 1 版
印　　次　2024 年 7 月第 1 次印刷

书　　号　978-7-02-018277-0
定　　价　79.00 元

如有印装质量问题，请与本社图书销售中心调换。电话:010-65233595

目　录

《红楼梦》美学

敦　煌　美　学

艺 术 美 学

电 影 美 学

《红楼梦》美学

《红楼梦》里的生活美学

　　《红楼梦》是家喻户晓的一部小说，也是一本奇书，一本天书。关于《红楼梦》的研究有许多悬而未决的问题。我几年前在北京大学和叶朗先生一起策划了《伟大的红楼梦》这门课程，把许多红学家都请来，每个人讲一个他们最熟悉的专题。王蒙、白先勇、郑培凯、张庆善等先生都参加讲授《伟大的红楼梦》这门课，在大学生中引起很大的反响。后来我们又在北京大学开了一门《红楼梦和中国文化》的公选课，也受到了北大学生的欢迎。这给我一个启示，《红楼梦》是常读常新的一本书，是不同年龄的读者都非常喜爱的一部书。

　　《红楼梦》是一部中国文化的百科全书，其中所包含的中国文化的内涵博大精深。所以现代人想了解古人的生活，外国人想了解中国人的优雅，如果只能推荐一本书，那我就推荐——《红楼梦》。今天我的讲题是《红楼梦里的生活美学》，简单说说贾府里面那些富贵优雅的生活。

　　据周汝昌先生考证，《红楼梦》大约成书于"乾隆九年"（1744）或"乾隆七年"（1742），目前学界普遍认为小说成书于"乾隆九年"，最迟不超过"乾隆十四年"（1749）。冯其庸先生在《曹雪芹小传》中有言："雪芹约乾隆九年（1744年）前后开始写作《石头记》，现存纪年最早的《石头记》抄本（原本之过录本）是乾隆十九年的甲戌（1754）本，可知此时《石头记》八十回已基本完成。"这也是红学界的主流观点。

　　确定这本书成书时间为什么那么重要呢？

　　文学作品的诞生一定和它所处的时代的历史文化有深刻的关系，它就像一面镜子，可以反照出许多历史文化的信息。《红楼梦》成书的时间被确定为18世纪中叶到19世纪中叶，这个时期恰好是中国封建制度和古典文化由盛而衰的最后辉煌，小说展现贾府的生活也向我们展现了康雍乾时期的封建贵族阶层的生活，展现了社会人生的各个层面——皇室、官场、科考、贵族、世家、奴仆、民间、艺人、贫民等各个阶层，其间还贯穿了儒、释、道的思想，所以《红楼梦》也是民族心灵的折射。

　　《红楼梦》主要展现了荣宁二府及贾府子弟"安富尊荣者尽多，运筹谋划者无一"的局面；并以大观园为主要空间，展现宝玉和众姐妹，包括黛玉、宝钗、湘云、迎春、探春、惜春、凤姐等，以及袭人、晴雯、鸳鸯等众丫头的命运。大观园作为"有情之天下"的象征，作为人间的另一个"太虚幻境"，展现了中国古代典雅生活的极致。

　　余英时先生有一本书《〈红楼梦〉的两个世界》，这本书较为详尽地阐释和分析了《红楼梦》，指出了作者曹雪芹在《红楼梦》里创造了两个鲜明而对比的世界，分别叫作"乌托邦的世界"和"现实的世界"。《红楼梦》的两个世界是干净与肮脏的强烈对比。宝玉说："女儿是水作的骨肉，男人是泥作的骨肉，我见了女儿，便觉清爽，见了男子，便觉浊臭逼人。"这句话实际上寄托了作者希望全天下的女子都能在这个与世隔绝的园子里，过无忧无虑的日子，以免染上尘世的浊气。宝玉希望的是姐妹们永远保持她们的青春美好，不要嫁出去。

　　我们今天谈《红楼梦》的"生活美学"，不是说《红楼梦》里的生活尽是美的，没有丑的，我们有意避开《红楼梦》的一些沉重话题，暂时忘却那个大观园外面的污浊世界，来谈一谈大观园里的生活。

　　苏东坡有诗："轻汗微微透碧纨，明朝端午浴芳兰。流香涨腻满晴川。彩线轻缠红玉臂，小符斜挂绿云鬟。佳人相见一千年。"这里提到的是芒种后的五月五日端午节，中国古人在端午这一天要洒扫庭院，挂艾枝，悬菖蒲，熏焚避瘟的香药，佩戴香囊，洒雄黄水，饮菖蒲雄黄酒，祛疫避邪，是中国人遵生安养的传统，是中华民族优雅睿智的生活之道。

《红楼梦》里直接写端午节的篇幅不多,写到端午节很重要的一个章回是第二十九回《享福人福深还祷福　痴情女情重愈斟情》。这一章回就提到端午节吃粽子,吃五毒饼,喝雄黄酒,蒲艾插门,驱邪避秽。此外,富贵人家还要打平安醮,在神前拈戏。贾母就带着全家老小去清虚观打醮,神前拈出了三本戏《白蛇记》《满床笏》《南柯梦》。从这一章回我们就可以整体性地领略节令、饮食、祭祀祈福和文化活动中所体现出的从物质到精神的生活美学。

接下来,我想遵循从物质到精神的这一个向度集中谈《红楼梦》这部小说所呈现的生活美学。先谈谈红楼中精美绝伦的饮食文化。

曹雪芹写作《红楼梦》的前后,正是中国传统饮食文化发展到了鼎盛时期。随着社会经济和传统文化的发展,中国的饮食业在清代的"康乾盛世"出现了极大的繁荣。《红楼梦》中对贾府的饮食作了细致传神的描写,据专家统计,《红楼梦》小说出现的美食多达180多种,形成了一份完整、独具一格的红楼食谱。最有代表性的是:

第 8 回　酸笋鸡皮汤,碧粳粥,糟鹅掌,糟鸭信,豆腐皮的包子,枫露茶

第 11 回　枣泥馅的山药糕

第 16 回　火腿炖肘子/给老太太吃的

第 19 回　糖蒸酥酪,梅花香饼儿

第 29 回　香薷饮,解暑汤

第 34 回　糖腌的玫瑰卤子,木樨清露,玫瑰清露

第 35 回　小荷叶儿小莲蓬儿的汤(面印),莲叶汤/宝玉挨打后没胃口,唯独想吃这个

第 37 回　红菱鸡头,桂花糖蒸的新栗粉糕/袭人遣老宋妈妈给史湘云送两个小掐丝盒点心

第 39 回　菱粉糕,鸡油卷儿

第 41 回　茄鲞,藕粉桂糖糕,松瓤鹅油卷,螃蟹小饺儿,各色小面菜子

第 43 回　野鸡崽子汤

第 45 回　洁粉梅片雪花洋糖/黛玉病中的时候，宝钗让人送燕窝加上洁粉梅片雪花洋糖

第 49 回　牛肉蒸羊羔，野鸡爪子

第 50 回　糟鹌鹑

第 52 回　建莲红枣汤

第 53 回　（年初一）屠苏酒，合欢汤，吉祥果，如意糕

第 54 回　鸭子肉粥，枣儿熬的粳米粥

第 58 回　火腿鲜笋汤

第 60 回　玫瑰露，茯苓霜

第 61 回　油盐炒豆芽儿

第 62 回　惠泉酒，虾丸鸡皮汤，酒酿清蒸鸭子，腌的胭脂鹅脯，奶油松瓤卷酥，绿畦香稻粳米饭，女儿茶/芳官传的一份便饭，和宝玉分了吃。

第 75 回　椒油莼齑酱，鸡髓笋，红稻米粥

…………

光看这些名字就让人流口水，从《红楼梦》的饮食描写可见，曹雪芹对饮食文化非常精通。为什么他如此精通呢？

因为曹雪芹的祖父曹寅（1658—1712），字子清，号荔轩，又号楝亭，是曲家、传奇作者和诗人，具有很高的文化修养。他是善本图书的收藏家和刊刻者，曾主持刊刻了《全唐诗》《佩文韵府》。他的母亲孙氏是康熙的奶娘，他自小做过康熙的玩伴，十六岁时入宫为康熙銮仪卫，甚为康熙信任和赏识。康熙六次南巡，曹家接驾 5 次。曹寅一人接驾 4 次，他是曹家最得皇帝宠幸的一位。他先后任苏州与江宁织造达 21 年。

曹寅辑《居常饮馔录》，汇编辑录前代饮食文化的资料。如：《糖霜谱》《粥品》《粉面品》《泉史》《制脯鲊法》《酿录》《茗笺》《蔬香谱》《制

蔬品法》。① 曹雪芹虽然在 1715 年，也就是曹寅去世后三年出生，和祖父并未照面，但是曹寅的大量刻本、藏书和诗文对曹雪芹应该产生过深刻的影响。

此外，明清两代有许多饮食文化的记载和描写。明末著名文人张岱《陶庵梦忆》，李渔《闲情偶寄》也有大量关于江南美食的记载和描写。袁枚在饮食中对豆腐情有独钟，在《随园食单》这本书中多处提起，其中"杂素单"竟收录豆腐菜肴达十几种之多。

《红楼梦》对烹饪艺术的讲究可以见出中国文化中的烹饪美学。

第一，食材配料具有江南特色，南方为主，南北兼杂。

比如第八回《比通灵金莺微露意　探宝钗黛玉半含酸》提到的"糟鹅掌鸭信"。这道菜就是典型的南方菜，北方烹饪多用酱不太使用糟卤。糟制的菜肴、鸡鸭禽鸟、豆腐竹笋，这些都是江南的食俗，由来已久。南方到了夏天家家户户都喜欢糟几样小菜，糟毛豆、糟凤爪等。我十年前到北京，想着自己糟几样菜，走了好几家超市，就是买不到糟卤，售货员也很少有知道的。

"糟鹅掌鸭信"其实就是糟鹅掌和鸭舌头。宝玉去探望宝钗，薛姨妈摆了几样细茶果留宝玉吃茶，宝玉提起了前日在宁国府珍大嫂子那里吃到"糟鹅掌鸭信"觉得好。薛姨妈听了，就赶忙把自己糟好的鹅掌鸭信取了些来给他吃。宝玉很会吃，他说："这个须得就酒才好。"于是薛姨妈让他喝了点酒，又怕他喝醉，还特意又做了"酸笋鸡皮汤"给宝玉喝。

糟制的菜肴为江南食俗，由来已久。

曹寅就特别爱吃糟制食物，他曾说"百嗜不如双跖羹"，就是赞扬这类菜肴美味无比，是自己的嗜好。《宋氏养生部》说："糟：熟鹅、鸡同

---

① 此外，明末著名文人张岱《陶庵梦忆》、李渔《闲情偶寄》也有大量关于江南美食的记载和描写。袁枚（1716—1797）《随园食单》（约 1792），历四十余年而成，分为须知单、戒单、海鲜单、江鲜单、特牲单、杂牲单、羽族单、水族有鳞单、水族无鳞单、小菜单、点心单、饭粥单、茶酒单，共 14 单，含明清两代 300 多种菜肴。

掌、跖、翅、肝、肺，同兽属。鹅全体剖四轩，糟封之，能留久，宜冬月。"宝玉吃糟鹅掌之时，外面已下了半日雪珠了，说明作者非常了解《宋氏养生部》所提到的这种美食存放和烹饪的时机，下雪的时候拿出来吃，那是正当其时。

"糟鸭信"就是"糟鸭舌头"。用鸭舌做菜，也是江南的习俗。"糟鸭舌"是乾隆年间苏州、扬州地区的名菜，也是今天江南每个饭馆几乎都有的一道平常菜。童岳荐《童氏食规》说："糟鸭舌，冬笋片穿糟鸭舌。"袁栋《书隐丛说》说："其宴会不常，往往至虎阜（即虎丘）大船内罗列珍馐以为荣。春秋不待言矣，盛在夏之会者，味非山珍海错不用也。鸡有但用皮者，鸭有但用舌者……"今天扬州、苏州一带鸭舌名菜仍很多，如琵琶鸭舌、烩鸭舌掌等。

《红楼梦》中提到的其他南方食俗比如茶饮：六安茶、老君眉、龙井茶、普洱茶等。"茯苓霜"是第六十二回写到一个"粤东的官儿"来拜访贾府时赠送的，这一细节或许和曹寅的岳父李士桢做过粤东巡抚有关，这是当地的特产。还有木樨清露、玫瑰清露：曹寅本人曾经向康熙进献过两种玫瑰花露，在他的诗《瓶中月季花戏题》（七）透露了制作蔷薇露的信息。红稻米粥、江米粥、鸭子肉粥，这些稻米种类和食粥的习俗均与江南有关，金陵地区从古至今流行吃鸭子，南京的朋友寄来最好的东西就是盐水鸭。

在第四十一回中，贾母等宴罢去妙玉的栊翠庵，妙玉捧茶与贾母，只听贾母道："我不吃六安茶。"妙玉笑说："知道。这是老君眉。"贾母方接了。

《红楼梦》中既消暑又美味的食物莫过于"香露"。王夫人递给袭人两个三寸玻璃小瓶，上面拧着螺丝银盖，一张鹅黄笺上写着"木樨清露"，另一张写着"玫瑰清露"。等宝玉醒来，袭人就冲了碗香露给他喝，宝玉这下喝得很开心，赞叹道："果然香妙非常。"

香露不仅可以闻，可以吃，还可以抹。清人康涛《华清出浴图》，杨贵妃出浴后，由宫女把花露舀到她掌中。花露是五代时期开始传入中国的,浴后以花露拍体的做法。佛经就有香汤沐浴的介绍,《金光明经》有大辩才天女宣说咒药洗浴之法。

五代的玫瑰香水原产于大食,大食就是阿拉伯帝国,从五代开始传入中国。古代最高档的美容用品就是"蔷薇露"。"蔷薇露"总是被罐装在异国风格的玻璃瓶里,玻璃晶莹,香水馥郁,成为精致生活的表征。辽陈国公主墓出土有一个精致的玻璃瓶,当时的花露大概就被罐装在这样的玻璃瓶中,从遥远的西亚转运而来。

第二,"于自然中取材,化平常为神奇。"

周汝昌先生认为:"真会讲饭菜的,只是在最普通的常品中显示心思智慧、手段技巧。"周汝昌在《红楼饮馔谈》中还提到另一道菜品"莲叶羹",他说:"这本无甚稀奇,也没贵重难得之物,只不过四个字:别致、考究,并且不俗,没有'肠肥脑满'气味。当薛姨妈说'你们府上也都想绝了,吃碗汤还有这些样子'时,凤姐答道:'借点新荷叶的清香,全仗好汤,究竟没意思,……我以为,要理解曹雪芹的烹饪美学,须向此中参会方可。"周汝昌先生将曹雪芹的烹饪美学归纳为:别致、考究、脱俗,没有肠肥脑满之气。

这种别致、考究集中体现在最有名的"茄鲞"这道菜。"美味茄鲞"出自《红楼梦》第四十一回,"茄鲞"是《红楼梦》中写得最为详实的一道菜,凤姐奉贾母之命,夹了些茄鲞给刘姥姥吃,刘姥姥吃过之后说:"别哄我,茄子跑出这味儿来,我们也不用种粮食了,只种茄子了。"说明这道菜非寻常人家见过吃过。"鲞",即是剖开晾干的鱼干,如"牛肉鲞""笋鲞"等,都是腌制而成的。"茄鲞",应当是切成片状腌制的茄子干。

这道菜的做法,书中进行了较为详细的介绍,凤姐向刘姥姥讲解说:"把才下来的茄子把皮劁去了,只要净肉,切成碎丁子,用鸡油炸了,再用鸡脯子肉并香菌、新笋、蘑菇、五香腐干、各色干果子,俱切成丁子,用鸡汤煨了,将香油一收,外加糟油一拌,盛在瓷罐子里封严,要吃时拿出来,用炒的鸡瓜一拌就是。"听得刘姥姥直念佛。

　　此外还有第四十六回的"炸鹌鹑",写王熙凤劝邢夫人不要因大老爷(贾赦)要娶鸳鸯的事去找老太太(贾母),说了一句:"方才临来,舅母那边送了两笼子鹌鹑,我吩咐他们炸了。"这就是"炸鹌鹑"的来历。第四十九回宝玉因性急,只拿茶泡了一碗饭,就着"野鸡瓜子"忙忙地吃完了。"野鸡瓜子"是一道野味菜肴。在清代,以野味入馔成为当时人们饮食之风尚。《清稗类钞饮食》中谈到这道菜的做法:"将野鸡肉切做长条,配以酱瓜、生姜、葱白、虾干,用香油炒之即成。"第六十回中还详细介绍了"茯苓霜"(碾碎的白茯苓末)的服法:即用牛奶或滚开水将茯苓霜冲化、调匀,于每日晨起吃上一盅(净含量约 20 克),其滋补效力最好。① 第七十六回的"内造瓜仁油松瓤月饼"("内造"指的是宫内所造),在袁枚的《随园食单》中也辑录过。

　　我们现在都吃盒饭,或者叫便当。不知大家是否记得第六十二回芳官吃的那一顿"简单"而"精致"的便当。宝玉生日那天,芳官是苏州女孩子,吃不惯"面条子"(生日寿面),又没有资格上"台面"去喝酒(其实芳官很能喝酒,她自言一顿能喝二三斤"惠泉酒"——这是《红楼梦》里第二次特提此酒)。芳官独自闷闷地躺着,向厨房柳嫂传索,单送一个盒子来,春燕揭开一看,只见——"里面是一碗虾丸鸡皮汤,又是一碗酒酿清蒸鸭子,一碟腌的胭脂鹅脯,还有一碟四个奶油松瓤卷酥,并一大碗热腾腾碧荧荧蒸的绿畦香稻粳米饭。小燕放在案上,走去

---

① "……只有昨儿有粤东的官儿来拜,送了上头两小篓子茯苓霜。……这地方千年松柏最多,所以单取了这茯苓的精液和了药,不知怎么弄出这怪俊的白霜儿来。说第一用人乳和着,每日早起吃一钟,最补人的;第二用牛奶子;万不得,滚白水也好。我们想着,正宜外甥女儿吃。……"用鲜茯苓去皮,磨浆,晒成白粉,因色如白霜,质地细腻,故得名。茯苓,《史记》称伏灵,又叫松苓、伏菟,属担子菌纲,多孔菌科,寄生于松科植物赤松或马尾松根上,以云南产者为佳,号云苓。《本草正》中说:"若以人乳拌晒,乳粉既多,补阴亦妙。"所以柳家的哥嫂把她丈夫值班分的茯苓霜包了一包,送给怯弱有病的外甥女柳五儿吃。第六十回写道:"只有昨儿有粤东的官儿来拜,送了上头两小篓子茯苓霜。"古人因看到茯苓长在老松树的根上,以为它是松树精华所化生的神奇之物,称它为茯灵(茯苓)、茯神或松。晋朝葛洪在他的《神仙传》中就有"老松精气化为茯苓"的说法。所以在《红楼梦》中才说这东西最是补人的,和牛奶吃是最好的,实在不行用开水也是使得的!

拿了小菜并碗箸过来，拨了一碗饭。芳官便说：'油腻腻的，谁吃这些东西。'只将汤泡饭吃了一碗，拣了两块腌鹅就不吃了。宝玉闻着，倒觉比往常之味有胜些似的，遂吃了一个卷酥，又命小燕也拨了半碗饭，泡汤一吃，十分香甜可口。小燕和芳官都笑了。……"这顿便饭多么精致诱人，但是芳官还觉得"油腻腻"的，其实这时候大观园里的女孩子根本不知道，大厦将倾，过不久她们可能连正常的饭食都没有了。家班的小戏子死的死，散的散，还有的被迫出家落发为尼。

第三，兰蕙熏肴，椒桂沁酒，天然的香料调入饮食。

红楼的各种食物充满了各种香味，稻花香、蟹肉香、香芋、香酒、香桃、香菌、茄子香、酒香、菱藕香、鹿肉香、茶香、香橼、柚子香、佛手香等。《红楼梦》中的饮食谱正是汲取了民间奇巧的肴馔和上膳御厨的烹饪方法，而形成的南北兼杂，别具风格特色的《红楼梦》饮食文化。清代宫廷画师焦秉贞有一幅仕女图，画的是洗花准备做香食的场面。新疆唐墓发掘出土了唐代的千层糕，这说明香食传统悠久。还有美味喷香的玫瑰糕和藤萝糕。每年暮春四月，花盛之时，尚未凋谢的藤萝花和玫瑰花剪下，将花瓣洗干净，加白糖，脂油拌匀，蒸成千层糕。或者在炉子里烙熟，外焦里软，热香可口。

"牡丹拌生，落梅添味"，用牡丹花和梅花来拌菜添味道，多么美妙！南宋的宪圣吴太后，生活清俭，不喜杀生，日常多吃拌生菜。春天，让宫人从皇家御花园采来牡丹花瓣，掺在其中调味。冬天，用梅花来拌生菜，宪圣太后的惜花之心如此细腻，只许采集梅树下落英来入馔，不能惊动枝头清放的蓓蕾。到了《红楼梦》就更爱花了，黛玉葬花，就是可惜花落到水里会顺着水流到污浊的地方，所以要像对待人一样对待花。

还有各种花食。炸玉兰、煎玉簪、桂花伴鲊、椒蕊佐鱼、荼蘼入粥、荷叶为羹……牡丹花的品尝，将花瓣裹上稀稀的面糊，入油炸酥。玉兰花、栀子花、玉簪花，被摘下后分成单瓣，裹上调了甘草水或糖的面糊，入油微炸，酥脆美味。

《红楼梦》玉钏为宝玉亲尝"莲叶羹"。就是"荼藦入粥，荷叶为羹"，刚煮好的白米粥覆盖上一张大荷叶，让荷叶的清香和碧色融入粥中，这是多么熟悉的江南生活。

"汤浮暗香　茶烹寒雪"，《红楼梦》四十一回《贾宝玉品茶栊翠庵　刘老老醉卧怡红院》，提到妙玉的茶，那是细心扫下梅花上的落雪来烹茶，那茶水清纯无比，如"冷月花魂"一般的林黛玉都悟不出其中的奥秘。为这样的茶还要配上成窑、晋王恺珍玩的古董杯子。对待宝黛二人更是特别，给黛玉的是镌着"点犀乔"的古董茶具，最后将常日吃茶的那只绿玉斗来斟与宝玉。而如此高贵清净的妙玉，最后的命运竟是"欲洁何曾洁，云空未必空。可怜金玉质，终陷淖泥中"。

《红楼梦》的生活美学不仅仅体现在物质层面，更体现在文化和精神层面。《红楼梦》中出现的宴饮活动，物质生活都和文化活动和精神活动紧密结合，比如吟诗作画，酒令歌舞和演剧活动。

最集中展现饮食文化的是《红楼梦》第三十八回的螃蟹宴。

金秋时节菊黄蟹肥、桂花飘香，公子小姐们在初结海棠诗社后，邀请贾母等人在藕香榭赏桂花、吃螃蟹宴，散席后留下诗社众人赋菊花诗、作螃蟹咏等，不仅展现了红楼儿女的高雅情趣和才华气质，也最能突出大观园之繁荣。曲水环绕、桂香四溢的藕香榭，菊花叶桂花蕊熏的绿豆面，团脐、满黄的螃蟹，海棠冻石蕉叶杯中合欢花浸的酒，尤其是螃蟹宴过后所作的菊花诗更是惊艳绝伦。宝钗作了《忆菊》《画菊》，黛玉作了《咏菊》《问菊》《菊梦》，宝玉作了《访菊》《种菊》，湘云作了《对菊》《供菊》《菊影》，探春作了《簪菊》《残菊》。

榜首便是林黛玉的《咏菊》——无赖诗魔昏晓侵，绕篱欹石自沉音。毫端蕴秀临霜写，口齿噙香对月吟。满纸自怜题素怨，片言谁解诉秋心。一从陶令平章后，千古高风说到今。首联自述创作冲动难以抑制，从早到晚成日沉思低诵。颔联写笔尖饱含才思，迎霜而作、对月而吟，"临霜"与"噙香"都暗示着菊花的高洁脱俗。陶渊明爱菊，尾联以陶渊明"千古高风"的品菊文章，以菊自比，抒发情怀。回顾黛玉绚烂

·《红楼梦》孙温插图

心遊天地外

又短暂的一生，我们不难看出这三首菊花诗多少有些一语成谶，特别是《问菊》中的"孤标傲世偕谁隐，一样花开为底迟？"这一句，与其说是在写菊花，不如说是在写黛玉自己，暗示着她"孤标傲世"的悲剧结局。

"螃蟹宴"最能体现《红楼梦》的生活美学不仅体现在物质层面，更体现在文化和精神层面。

还有第六十二回"憨湘云醉眠芍药裀"这个情景，史湘云因为酒令喝多了，醉卧芍药裀中。当姑娘们看到她的时候，小说写道："果见湘云卧于山石僻处一个石凳子上，业经香梦沉酣，四面芍药花飞了一身，满头脸衣襟上皆是红香散乱，手中的扇子在地下，也半被落花埋了，一群蜂蝶闹穰穰的围着他，又用鲛帕包了一包芍药花瓣枕着。众人看了，又是爱，又是笑，忙上来推唤挽扶。湘云口内犹作睡语说酒令，唧唧嘟嘟说：泉香而酒洌，玉碗盛来琥珀光，直饮到梅梢月上，醉扶归，却为宜会亲友。""泉香而酒洌"出自于宋代欧阳修的《醉翁亭记》，就是"酿泉为酒，泉香而酒洌"。"玉碗盛来琥珀光"，出自李白的诗《客中作》，诗云："兰陵美酒郁金香，玉碗盛来琥珀光。但使主人能醉客，不知何处是他乡。"诗歌的意境和湘云的醉卧可谓相得益彰。"直饮到眉梢月上"和骨牌名有关，眉梢月的骨牌两边长五，中间一个幺，下边是一个五，就像梅花簇拥着月亮一样，所以说直饮到眉梢月上。这里提到的"醉扶归"是昆曲的曲牌名。湘云醉后的轻轻呢喃就汇集了前代的诗词曲赋，可见这些红楼女子的锦心绣口、非凡才情、聪慧典雅。

不仅饮食如此精致典雅，饮食和诗词歌赋以及戏曲演出也结合在一起。我们简单谈一谈"红楼梦里的戏曲活动"。

《红楼梦》大约有四十多个章回先后出现了和戏曲有关的内容。《红楼梦》小说出现过的戏曲主要有三类，第一类是各种生日宴会、家庭庆典中，由家班正式演出的传奇剧目；第二类是各类生日宴会、家庭庆典出现的演出，但是没有提及剧名；还有一类是诗句、对话、酒令、谜语、礼品中涉及的戏曲典故以及其他曲艺形式。

小说中出现的剧目和演出主要呈现六种类型：昆腔剧目、弋阳腔剧目、元代杂剧、南戏经典、曲艺表演、动物把戏。

最常演的当然是昆腔，也就是昆山腔，明代中叶至清代中叶中国戏曲中影响最大的声腔剧种。因为其曲调清丽婉转、精致纤巧、中和典雅，所以也被称为"水磨调"。

第二十二回《听曲文宝玉悟禅机　制灯谜贾政悲谶语》，宝钗生日这天，在贾母提议下安排的酒戏，昆弋两腔皆有。贾府自己家班的演出，主要是昆腔。所以宝钗生日外请了戏班。为什么说宝玉悟禅机？因为点的戏里有一出《醉打山门》，讲的是鲁智深醉打山门，里面有一套"北点绛唇"铿锵顿挫，其中有一个【寄生草】曲牌填得极妙！

漫揾英雄泪，相离处士家。谢慈悲剃度在莲台下。没缘法转眼分离乍。赤条条来去无牵挂。那里讨烟蓑雨笠卷单行？一任俺芒鞋破钵随缘化！

宝玉听了非常震动：这即是"听曲文宝玉悟禅机"。

第二十六回《蜂腰桥设言传心事　潇湘馆春困发幽情》，薛蟠五月初三日生日，提前一天请客，请众人品尝难得的鲜藕，西瓜，鲟鱼，暹猪，还请了唱曲的小幺儿，吃饭宴请少不了唱曲儿的，这是明清的宴饮文化，这种风气与明代中后期奢侈宴乐的社会习俗有关。筵宴过程中安排奏乐、唱曲、行酒令、说笑话、游园赏景等活动。清唱是一种可以不带动作表演的传统演出形式，可以围绕某一特定的主题，一人清唱，以歌曲、言辞和适当的肢体动作来表现故事的内容，也有雅俗之分。

第二十八回《蒋玉菡情赠茜香罗　薛宝钗羞笼红麝串》，冯紫英宴请宾客，酒宴上宝玉唱了"红豆曲"，蒋玉菡唱了"花气袭人知昼暖"。宝玉在觥筹交错中，心中念念不忘潇湘馆中愁眉泪眼的林黛玉，"酒入愁肠，化作相思泪"后的倾情演唱是精彩的一笔，"红豆词"在这个乌烟瘴气的时刻出现，是对宝玉出淤泥而不染的心性的一种象喻。

特别是第十七至十八回："大观园试才题对额　荣国府归省庆元宵"出现的四出戏。

为了迎接省亲，贾府提前很长时间作了准备（书中未明）三个方面准备：

1. 物质空间：一座宛如仙境、豪华奢侈的省亲别院（大观园）；

2. 精神展示：各处匾额对联的题写，诗墨书香门第的特质显现；

3. 文化展示：戏班演出（从姑苏新买回 12 个女孩子，排了 20 出左右的戏），宗教礼仪（新买了十个小尼姑、小道姑，让他们在关键时刻诵经，这里面包括 18 岁的妙玉。）

关于元妃：甲戌本脂批以"开口拿【春】字最要紧""元春消息动也"等字眼反复提醒元春这个人物在全书中的举足轻重。

为何脂砚斋反复强调"元妃省亲"是"通部书的大关键"呢？元妃这个人物很重要，她虽然在书中出场不多，但却是直接关系贾府世家地位的一个重要人物。她的授意，才有了宝玉和诸姐妹搬入大观园的机缘。正是她导致了宝黛别离，元妃谢世前夕，宝黛被棒打鸳鸯，黛玉泪尽而亡。元妃之死加速了贾府一泻千里的急速垮塌。特别是她点的四出戏大有深意——《一捧雪·杯圆》（讲恩将仇报的故事）；《长生殿·乞巧》（表达高处不胜寒，人间真情的渴望）；《邯郸梦·仙缘》（写人生福祸相依，人生的智慧和超脱）；《牡丹亭·离魂》（表达生离死别，死亡的预感），概括起来说就是盛极而衰、乐极生悲、人生无常，天下无不散的宴席。

第四十回《史太君两宴大观园　金鸳鸯三宣牙牌令》，刘姥姥进大观园，"一阵风过，隐隐听得鼓乐之声。贾母问：'是谁家娶亲呢？'王夫人回道：'街上的那里听的见，这是咱们的那十几个女孩子们演习吹打呢。'贾母便笑道：'既是他们演，何不叫他们进来演习。他们也逛一逛，咱们可又乐了。'"凤姐听说，忙命人出去叫来，又一面吩咐摆下条桌，铺上红毡子。贾母道："就铺排在藕香榭的水亭子上，借着水音更好听。回来咱们就在缀锦阁下吃酒，又宽阔，又听的近。"文官等上来请过安，问老太太演习何曲，贾母吩咐"只拣生的演习几套"，于是文官等下来，往藕香榭去。紧接着就是金鸳鸯三宣牙牌令。到了第四十一回，一个婆子来请贾母和众人到藕香榭。"不一时，只听得箫管悠扬，笙笛并发。正值风清气爽之时，那乐声穿林度水而来，自然使人神怡心旷。"所以，刘姥姥进贾府应该是看过贾府家班演出的戏。

这里出现了临水戏台——濒水而建的藕香榭小戏台。水上演乐，古称"水嬉"或"水戏"，是一种古老的戏剧形态，临水戏台是中国古代戏台的一种重要形式，这一戏台形式联系着一个特殊的演出系统，这个演出系统包括各种形式的水嬉、游戏、戏曲、清曲、舞蹈等演出形式。比如扬州何园，清代戏剧家李渔的芥子园都有这样的水戏台。

《红楼梦》是中国文化集大成的一本奇书，"香学"自然也是《红楼梦》研究的一个重要课题。《红楼梦》中提到的香的类别繁多，就章节标题中带有香的。全书约20多章回里出现了诗词、歌赋、对联、典故、酒令、成语中提到香。太虚幻境、大观园、贵族世家、神仙道观、怡红院、潇湘馆、蘅芜苑、栊翠庵……每个女儿的闺房都氤氲着特殊的香气。香器、香料、香品、香丸、香物等分布在40多个章回中，大观园可说是名副其实的众"香"国，出现了各类香花和香草。百合香、福寿香、梅花香饼、安息香、龙脑、麝香、沉香……《红楼梦》不仅包含着一部明清经典戏曲史，也包含着一部中国的香谱。

《红楼梦》中提到的香，可分为四个层面。第一个层面是物质层面的香。第二个层面是文化层面的香。也就是各类节庆、祭祀活动中出现的香的使用，包括使用的方法和仪式。第三个层面是精神方面的香，香性即人性。物质层面的享受经过心灵的体验和创造，升华为心灵的"美感生活"。第四个层面是形而上的香。这种香不是现实存在的实在的物品，而是心灵向往的永恒的香境。

这种香境体现最为充分的就是黛玉在《葬花吟》里所说的"天尽头，何处有香丘"。"香丘"是终极的香境，是情之天下理想的寄予，是对存在的本源性的追问。我们了解《红楼梦》的生活美学，不仅仅是物质层面的，而是通过物质层面上升到了文化和精神层面。《红楼梦》的美学中包含着深刻的人生哲理——那就是人生无常，美好易散。这个优雅生活是怎么展现的呢？给我什么人生启示呢？

《红楼梦》的叙事肇端，以一僧一道携顽石到警幻仙姑处，石头随神瑛侍者下凡投胎，去那花柳繁华之地，富贵温柔乡里受享几年。最终，按照当初和茫茫大士达成的协议，"待劫终之日，复还本质，以了此案"。最终，幻化的石头回归青埂峰下。我们每个人都是偶然来到这个世界上受享几年的"幻化的石头"，总有一天，我们也将从这个世界离去，回归那遥远的"青埂峰"下。有些东西，该放下时就放下，该看穿时且看穿。书中写道："为官的，家业凋零，富贵的，金银散尽"。最后，唯一剩下的，唯一永恒的，是"白茫茫大地真干净"。

《红楼梦》小说表达了作者曹雪芹"情之天下"的理想，《红楼梦》的悲剧在于一个"有情世界"的毁灭。大观园是《红楼梦》中的理想世界，自然也是作者苦心经营的虚构世界。在书中主角贾宝玉的心中，它更可以说是唯一有意义的世界。但是，曹雪芹虽然创造了一片理想中的净土，但他深刻地意识到这片净土其实并不能真正和肮脏的现实世界脱离关系。大观园和大观园外的世界是不能截然分开的，生活不全然只有美，也不全然只有丑，我们生活的世界是一个光明和黑暗、真理和谬误、美和丑、正和邪交织的世界。

那么，人生意义在何处？人生固然要面对大观园外的那个污浊甚至丑陋的世界，但也有大观园里这一个纯洁而美好的世界。作者曹雪芹在最艰难的人生中，为我们创造了"大观园"这样一个理想的世界，肯定大观园不在别处而在人间，在我们心里，是现实世界的一部分。不要因为外在世界的世俗和丑陋而忘记甚至否定了这个理想和美好的世界，更要为这个理想和美好的世界在人间驻留尽到我们个体生命的责任。那些珍贵的东西，即使不可避免地走向幻灭，也曾经存在过。如果其他的一切都无意义，它们的存在，便成了值得珍视的意义。即使最后的结局是悲剧，曾经的快乐，结海棠社、开螃蟹宴、作菊花诗时的自由、欢乐与才情将永远驻留在记忆中，带给人感动与力量。

《红楼梦》洋溢着生活美学，《红楼梦》充满了美学智慧。

《红楼梦》的叙事美学和古典戏曲

《红楼梦》的作者曹雪芹在小说"楔子"中有一首五言绝句,其诗云:"满纸荒唐言,一把辛酸泪。都云作者痴,谁解其中味。"自《红楼梦》问世以来,几乎每一个读者自觉不自觉地加入"解读"的行列。

《红楼梦》是一部奇书,一部天书,关于它的作者、结构、成书年代、写作意图至今有许多悬而未决的疑惑和争论。围绕《红楼梦》小说本身和小说作者曹雪芹留有许多未解之谜,历代学者的研究和解读卷帙浩繁,因此形成了两门学问,红学和曹学;也由于研究方法的不同形成了"评点派""索隐派""考据派"等派别。

《红楼梦》也是一部百科全书,其中所包含的中国文化的内涵博大精深,自传世以来,便伴随着不同角度、不同方法的研究,有考证考据的研究,版本研究,小说美学的研究,诗学研究,民俗研究,文化研究,风物研究等等。

这一讲我想和同学们从戏曲传奇的角度,思考"戏曲传奇"对曹雪芹创作《红楼梦》小说叙事的影响,以及《红楼梦》中出现的"戏曲传奇"对于小说本身的美学意义。

《红楼梦》中大约有43个章回中出现了和戏曲传奇有关的内容88次,其中正式演出的有52次,出现过的和戏曲有关的典故和曲词有36次。从以上数量可以看出《红楼梦》的叙事和行文中处处渗透着戏曲传奇的影响。由于小说中出现的绝大多数戏文都是明清的经典传奇,我们甚至可以说在《红楼梦》中藏着一部明清戏曲史。这些传奇剧目和典故与小说的结构、情节、人物和主旨大有关系,给我们提供了一个研究《红楼梦》的全新的思路。

由于学界对《红楼梦》后四十回作者究竟是不是曹雪芹的问题尚存有争议,对于《红楼梦》的版本也存有争议,因此我们这一讲先避开这些"红学"研究中非常复杂的问题,我们以人民文学社出版的120回的庚辰本《红楼梦》作为我们这一讲的参考读本。

这一讲我们主要围绕以下几个问题展开。

一、《红楼梦》小说中出现的戏曲传奇

二、《红楼梦》叙事的戏剧性特征

三、《西厢记》和《牡丹亭》对《红楼梦》的影响

四、曹雪芹的家学渊源

五、《红楼梦》中运用传奇典故的意义

六、细读元妃省亲所点的四出戏

一 《红楼梦》小说中出现的戏曲传奇

据周汝昌先生考证,《红楼梦》大约成书于"乾隆九年"(1744)或"乾隆七年"(1742),最迟不超过"乾隆十四年"(1749)。这一时期,恰恰是昆曲艺术高度繁荣,却又处在没落的前夜的最后的辉煌时代。其时,"花雅之争"已经初露端倪,昆腔、弋阳腔成分庭抗礼之势,出现了"六大名班,九门轮转"的情形。《红楼梦》全书大约有30多个章回出现了和戏曲传奇有关的安排,共计40个左右的剧目。这些剧目大多是明清以来最经典的戏曲传奇,因此可以说《红楼梦》中藏着一部明清经典戏曲史。

《红楼梦》中出现过的戏曲传奇主要有两大类:一类是各种生日宴会、家庭庆典中,由家班正式演出的传奇剧目;还有一类是诗句、对话、酒令、谜语、礼品中涉及的戏曲典故。这些剧目中主要呈现了四种

类型：

第一类是昆腔剧目。昆腔就是指昆山腔，昆山腔是明代中叶至清代中叶中国戏曲中影响最大的声腔剧种，早在元末明初，大约 14 世纪中叶，昆山腔已作为南曲声腔的一个流派，在今天的昆山一带产生了。后来经魏良辅等人的改造，成为一种成熟的声腔艺术。因为其曲调清丽婉转、精致纤巧、中和典雅，所以也被称为"水磨调"。《红楼梦》中出现的昆腔剧目大致有：《牡丹亭》《长生殿》《双官诰》《一捧雪》《邯郸记》《钗钏记》《西游记》《虎囊弹》《浣纱记》《南柯记》《荆钗记》《八义记》《西楼记》《玉簪记》《琵琶记》《续琵琶记》《祝发记》《占花魁》等等。

第二类是弋阳腔剧目。比如：《刘二当衣》《丁郎认父》《黄伯扬大摆迷魂阵》《孙行者大闹天宫》《姜子牙斩将封神》《混元盒》等等。弋阳腔是发源于元末江西弋阳的南戏声腔，明初至嘉靖年间传到北京等地，以金鼓为主要的伴奏乐器，曲调较为粗犷、热闹，文词较为通俗，由于它通常是大锣大鼓地进行，比较嘈杂，而戏文又流于粗俗，所以当演出弋阳腔时，宝玉是极不爱听的。比如第十九回贾珍外请戏班子演出了四出弋阳腔大戏，"宝玉见繁华热闹到如此不堪的田地，只略坐了一坐，便走开各处闲耍"。小说中两种不同的声腔和戏剧样式的比较，也可以反映出中国戏曲在康雍乾时期花雅竞势的一种状况。

另有两类是杂剧和其他声腔剧目。比如：《西厢记》《负荆请罪》《霸王举鼎》《五鬼闹钟馗》等等。这里提到的杂剧，大多是元代剧作家的作品。但其实小说中还有一种民间的娱乐表演——动物把戏，比如第三十六回，贾蔷为讨好龄官给她买来带着小戏台的雀笼子，哄雀儿在戏台上衔鬼脸旗帜，触犯了龄官的自尊心。雀戏也是古已有之。①

---

① 甘熙《白下琐言》卷六叶一云："贡院前有卖雀戏者，蓄鸠数头，设高座，旁列五色纸旗，中设一小木笥，放鸠出，呼曰：开场，鸠以嘴启笥戴假脸绕笥而走，少顷又呼曰：转场，鸠纳假脸于笥，衔纸旗四面条约作舞状，红绿互易，无一讹舛，旗各衔毕，呼曰：退场，鸠遂入笼。"

可以说《红楼梦》的小说叙事，受到了明清以来的戏曲传奇的深刻影响。这种影响不仅表现在《红楼梦》，其实表现在所有的明清小说中。那么接下来我们简单谈一谈《红楼梦》叙事的戏剧性特征。

二 《红楼梦》叙事的戏剧性特征

《红楼梦》擅长伏笔千里之外，不经意的几句话可能就蕴含深意。曹雪芹常常能够以诗文、书画、戏曲等为喻，将人物命运与诗境、掌故、谜语、戏文等联系在一起，细读之下总是耐人寻味。作者运用这些戏曲典故的时候游刃有余，手到擒来，恰到好处，不仅使引用的传奇和小说在情节结构上相互照应，并且善于暗伏人物的命运与家族的兴衰，读来有意犹未尽，回味无穷的意趣。特别是用戏曲作为小说的互文形式，完成对小说意旨的揭示和提升，这是《红楼梦》小说艺术非常重要的美学特色。

《红楼梦》叙事的美学特色与戏曲关系密切，而明清戏曲传奇对小说的影响不仅表现在《红楼梦》，而且表现在所有明清小说中。明清戏曲和小说体现在"异源同流，殊途同归"，学界把这一时期的戏曲和小说看成"有韵说部无声戏"，李渔认为小说类似"无声戏"（无声戏剧），姚华将戏曲称为"有韵说部"。二者"花开两朵，各表一枝，相互改编，相得益彰"。明清两代还出现了一批兼长传奇和小说创作的作家，清代的双栖作家有李渔、丁耀亢、陆次云、圣水艾衲居士、张匀、沈起凤、归锄子、曾衍东、管世灏、陈森等人。他们擅长将传奇之长，化入小说，也就是将传奇故事穿插于小说，用传奇情节照应于小说，将传奇笔法技巧化用在小说的叙事方法中，造成引人入胜的戏剧性。

《红楼梦》小说中的戏曲手法的运用最突出地体现在整体叙事结构；情节和对白构成；情节和细节的真实性；时空的转换和处理；矛盾冲突的戏剧思维；戏曲中的"务头"意识；题材的借鉴与选择；人物的出场退场，角色类型，服饰妆容等方面。

第一，从小说整体的叙事而言，《红楼梦》戏曲化的叙事方式非常突出。首先在章回结构的布局中出现了类似于戏曲中的楔子部分。小说第一回，陈述《石头记》成因和本书大旨，在楔子中痛斥了"淫滥"小说"历来野史——"；在甲戌本楔子中曹雪芹自题一绝上有批："书未成，芹为泪尽而逝，余尝哭芹，泪亦待尽"；青埂峰下的顽石，遇见一僧一道，陈述自己的愿望，顽石如何被僧道携去警幻仙姑处，后投身"花柳繁华之地，富贵温柔之乡"的经过；第五回红楼十二曲就类似于人物命运的一一介绍；还有第二回冷贾二人演说荣宁二府，则类似于戏曲中的自报家门。

第二，从情节和对白的构成方式中，全书的情节主要以对白的形式展现，这是戏剧的写作方法。我们也可以发现《红楼梦》的叙事巧妙，叙述根据类似戏曲中的关目进行，在写法上先叙述情节，再补就诗词韵文。比如，乾隆十九年甲戌脂砚斋抄阅再评时，《红楼梦》前八十回大体已经写就，只剩一些回次的诗词没有补完，如二十回黛玉制谜、七十五回中秋诗仍阙如，很大的可能就是曹雪芹将前八十回的文稿基本写完以后，交给脂砚斋等人抄写整理，自己则着手八十回之后的情节构思和写作。

第三，从情节和细节的真实性来看，《红楼梦》的作者把许多真实的生活经历一一编入小说，小说中隐含有不少"实事"，关于这一点脂砚斋评说，《红楼梦》里面不少都是"实事"："有间架，有曲折，有顺逆，有映带，有隐有现，有正有闰，以至草蛇灰线、空谷传声，一击两鸣，明修栈道，暗渡陈仓，云龙雾雨，两山对峙，拱云托月，背面傅粉，千皴万染——"曹雪芹把很多家事和亲身经历移入了小说的叙事。写实入戏的写法是《红楼梦》的特点。

第四，《红楼梦》小说中的戏曲手法的运用最突出地体现在时空的转换和处理方面。这和中国古典戏曲的影响大有关系。戏曲表演最大的特征就是演员在空荡荡的舞台上，或者以简单的一桌二椅演出有着复杂的时空变化的故事，而时空景物的变化通过角色的流动中的动作和表演加以证实,这就是戏曲中的"景随人走"。我们看林黛玉初入贾府,就是景随人走来描写荣国府的内部空间;周瑞家的送宫花,就把行走路线中贾府内院的地图画出来了。甚至戏曲在同一场中人物可以在不同的场合,而《红楼梦》多处借用了这种方法。比如第二十一回,贾琏戏平儿,一个在室内,一个在室外,庚辰本眉批:"此等章法是在戏场上得来";第二十一回,湘云和黛玉斗嘴说笑,湘云从门中跑出,宝玉叉手在门框上拦住黛玉,湘云立刻住脚,中间隔着宝玉,继续同黛玉逗笑。第二十回王熙凤隔窗训斥赵姨娘;第二十二回、二十六回、二十七回、三十回、三十六回等,都有不同人物在两个空间同时展开活动的描写。这些充分体现了戏曲舞台虚拟化与小说空间舞台化的关系。

第五,冲突的营造是戏剧思维中最重要的方面。从戏剧的矛盾冲突的构建来看,《红楼梦》在情节的推进和发展中处处运用了戏剧的冲突意识。石头托生于一个政治变化的前夕,宝黛的爱情置身于矛盾重重的大家族,封建统治阶层和被统治阶层的矛盾,集团势力之间的矛盾,地主和农民的矛盾,皇权和贵族的矛盾,主子和奴仆的矛盾,奴仆和奴仆的矛盾,父子、母子、兄妹、妻妾、妯娌、嫡庶之间的矛盾比比皆是。这种矛盾的多样化的揭示,呈现了一种封建社会结构的常态和真相。

第六,小说还呈现了戏曲中的务头意识。什么是"务头"?金圣叹(1608—1661)《贯华堂第六才子书》卷二"读法"第十六则所说的:"文章最妙,是目注此处,却不便写。却去远远处发来,迤逦写到将至时,便且住,却重去远远处更端再发来,再迤逦又写到将至时,便又且住。如是更端数番,皆去远远处发来,迤逦写到将至时,又便住,更不复写目所注处,使人自于文外瞥然亲见。《西厢记》纯是此一法。"这种"引而不发"的手法,小说叫"卖关子",传统戏曲称"务头"。清代戏曲家李渔提出:"曲中有务头,犹棋中有眼,由此则活,无此则死。"明清曲家均将"务头"放在曲律格范中进行考察,这是理解"务头"的最大特点。这是古典戏剧叙事学的精到之处,戏剧是靠一系列悬念诱导观众对剧情的期待的。我国传统章回小说"欲知后事如何,且听下回分解"的套路正是来自古典戏曲的这种方法。

第七，小说中人物的出场借鉴了戏曲的手法。古典戏曲对人物出场很重视，不同人物在不同情境中的出场方式是不同的。比如"咳嗽上""起霸上""掩面上"等，名目繁多。徐扶明先生在《红楼梦与戏曲比较研究》中列举了凤姐、宝玉、元春三人出场分别为"内白上""点上""大摆队上"。第三回王熙凤出场，甲戌本眉批"另磨新墨，搦锐笔，特独出熙凤一人。未写其形，先使其声，所谓'绣幡开遥见英雄俺'也"，这是对戏曲人物出场方式的借鉴，此系"内白上"。宝玉上场类似"点上"，由丫头点名"宝玉来了"，由于之前王夫人已经向黛玉介绍过宝玉，便于读者与黛玉同时密切地期待和关注宝玉的出场。而元妃的出场近于戏曲"大摆对上"。

第八，戏曲有生旦净末丑之分。小说中的人物类型、脸谱、服饰对戏曲的借鉴由来已久。才子佳人的小说，一般一以上才子和佳人就是生、旦。例外的情况也有。《红楼梦》中人物类型化很鲜明，除了大观园中众多旦角之外，还有贾母、王夫人、刘姥姥等老旦，有贾府子弟的生行，有柳湘莲、尤三姐这样的武生和武旦，也有薛蟠这样的恶少丑角等等。还有将戏服直接作为小说人物服饰的描写，比如第十五回写北静王"戴着净白簪缨银翅王帽"这种王帽，是戏装中皇亲、王爵所戴的一种礼帽，并非真实生活中的王爷装束。

此外，还有"酒色财气""相思冤家""色空观念"，这些都是戏曲中经常出现的题材。"酒色财气"在钱锺书看来："是元人专以'四般'为爨弄矣。"也是我国戏曲在特定环境下的创作特色。明代的藩王府多演"酒色财气"，明初王室相残的险象中，贵族以"酒色财气"为掩护，韬光养晦、寄情声乐、自敛锋芒，抱朴涵虚，才能明哲保身，颐养天年。（参见《韩熙载夜宴图》）这种风气最初在宋金院本中弥散开来，并进入到明初杂剧甚至传奇。"相思冤家"指的是十部传奇九相思，"宋词、元曲以来，'可憎才'、'冤家'遂成词章中所称欢套语，犹文艺复兴诗歌中之'甜蜜仇人'、'亲爱故家'、'亲爱仇人'等"。元明院本、杂剧中的

"好色"，逐步在戏曲中转换为男女之恋，特别是对美女娇娃艳色的羡慕相思。王实甫《西厢记》，钱锺书拈出第一折张生见到莺莺时的惊讶："正撞着五百年前风流业冤！"接着唱〔元和令〕"颠不剌的见了万千，似这般可喜娘的庞儿罕曾见。只教人眼花缭乱口难言，魂灵儿飞在半天。他那里尽人调戏弹着香肩，只将花笑撚"。《红楼梦》描写宝黛初次相见也用了类似的方法。黛玉一见宝玉，便吃一大惊，心下想道："好生奇怪，倒象在那里见过一般，何等眼熟到如此！"甲戌侧批：正是想必在灵河岸上三生石畔曾见过。宝玉"早已看见多了一个姊妹，便料定是林姑妈之女，忙来作揖。厮见毕归坐，细看形容，与众各别：两弯似蹙非蹙笼烟眉，一双似喜非喜含露目。态生两靥之愁，娇袭一身之病。泪光点点，娇喘微微。闲静时如姣花照水，行动处似弱柳扶风。心较比干多一窍，病如西子胜三分。宝玉看罢，因笑道：'这个妹妹我曾见过的。'贾母笑道：'可又是胡说，你又何曾见过他？'宝玉笑道：'虽然未曾见过他，然我看着面善，心里就算是旧相识，今日只作远别重逢，亦未为不可。'"甲戌侧批：妙极奇语，全作如是等语。无怪人谓曰痴狂。

此外，佛教思想和佛教题材的戏文在中国古典戏曲中非常多见，最著名的就是佛教中"目连救母"的故事，自唐之后，由变文而宝卷、戏剧，在民间广泛流传。佛教思想的传播从艰深的教义转向凸显宗教与日常生活的结合，士人喜禅、庶民信佛是一种比较普遍的现象，袁宏道、张岱、王犀登、顾炎武等人也都虔心佛学。戏曲中的色空观念也深刻地影响了《红楼梦》的创作。小说受戏曲的影响，以佛学的思想注入小说，其根本原因在于在存在的困顿中寻求超越和解脱的精神道路。以文取士的科举制度、士子理想所遭遇的仕途挫折、政治纷争的频繁和残酷、精神心灵的无以为寄等等无不推动个体生命意义的寻找和心灵安顿的要求。《红楼梦》的佛学思想不是教人遁入空门，而是教人认识人生无常和苦难的本质，这也是几世累劫所注定的，人生是我们必然经历的悲欣交集的过程——情的过程。佛教不是教人无情，恰是教人回归真性，持守真心，发乎真情，云在青天水在瓶，以平常之心经历人生这出悲欢离合的戏剧,完成好自己的角色,履行好自己的使命,就可以安然谢幕了。

接下来谈谈两出最经典的戏曲传奇对《红楼梦》的影响。

三 《西厢记》和《牡丹亭》对《红楼梦》的影响

《红楼梦》第二十三回《西厢记妙词通戏语　牡丹亭艳曲警芳心》是最直接呈现《西厢记》和《牡丹亭》对宝黛二人的情感和心理的妙用的。

前半部分宝玉携带《会真记》在沁芳闸桥畔偷阅,看到"落红成阵",正要把飘落的桃花抖落于水中,恰好撞见前来葬花的黛玉,之后宝黛共读《西厢》,欲罢不能。林黛玉"从头看去,越看越爱看,不到一顿饭工夫,将十六出俱已看完,自觉词藻警人,余香满口"。宝玉借用书中张生向莺莺表达爱意的话说:"我就是个多愁多病身,你就是那倾国倾城貌。"黛玉听出宝玉以曲传情,虽暗自惊喜,但迫于当时男女之间的禁忌,还是表现出很不高兴的样子。"直竖起两道似蹙非蹙的眉,瞪了两只似睁非睁的眼,微腮带怒,薄面含嗔。"还威胁要告诉舅舅舅母去,宝玉赶忙赔不是,黛玉转而破涕为笑,一面揉眼睛一边笑道:"呸,原来是苗而不秀,是个银样镴枪头。"她也借用了《西厢记》中莺莺的戏词回敬了宝玉。

后半部分讲宝玉被袭人叫走之后,黛玉经过梨香院,偶然听到院内传来《牡丹亭》【皂罗袍】这支曲子"原来姹紫嫣红开遍,似这般都付与断井颓垣。"不禁感叹"原来戏上也有好文章。可惜世人只知看戏,未必能领略这其中的趣味"。想毕,又后悔不该胡想,耽误了听曲子。又侧耳时,只听唱道:"则为你如花美眷,似水流年……"林黛玉听了这两句,不觉心动神摇。又听道:"你在幽闺自怜"等句,更加如醉如痴,站立不住,坐在一块山子石上,细嚼"如花美眷,似水流年"八个字的滋味。忽又想起前日,见古人诗中有"水流花谢两无情"之句,再又有词

"流水落花春去也，天上人间"之句，又兼方才所见《西厢记》中"花落水流红，闲愁万种"之句，都一时想起来，凑聚在一处。仔细忖度，不觉心痛神痴，眼中落泪。

在一个万物复苏的春天，借自然景色感发人生的不自由，天性的扼制，美好青春的叹息，用《西厢记》和《牡丹亭》来唤起宝黛的自然天性和青春觉醒。把崔张的爱情故事镶嵌在宝黛爱情的结构中，使我们在阅读上产生了更丰满、更有意味的审美体验。

小说提到的《西厢记》有两种，一种是元代王实甫《西厢记》杂剧，即北曲《西厢》，宝黛所读《西厢记》出自北《西厢》一本四折。另一种是《南西厢》，即明代李日华的《西厢记》，采用南戏或传奇的形式，用南曲演唱。从两者在戏曲史上的影响与地位来看，《北西厢》的影响主要是在文学上，《南西厢》增加了出目，唱词更加通俗，加强了科介和宾白，更追求舞台的演出效果。

曹雪芹的《红楼梦》之所以达到如此高度，脂批《石头记》如此受人重视，得益于从写和评两个方面都吸收了元代杂剧和明清传奇的长处。从《西厢记》《牡丹亭》到《红楼梦》，延续了中国古典浪漫主义文学的主流，其内在延续着一种反礼教、歌颂神圣人性、自由爱情、自由意志的人文主义精神。《西厢记》中"愿天下有情人皆成眷属"的主题，《牡丹亭》里"情不知所起，一往而深，生者可以死，死可以生"的主题，都回荡在宝黛的爱情中，寄寓了曹雪芹和王实甫、汤显祖一样的"有情之天下"的愿望。

那么，我们不禁要问，作者曹雪芹何以如此熟悉戏曲？接下来我们就谈一谈曹雪芹的家学渊源。

四　曹雪芹的家学渊源

我们都知道曹雪芹的祖父是曹寅。（当然曹雪芹的父亲曹頫是由康熙钦定过寄给曹寅的，这里比较复杂，不展开。）曹寅（1658—1712）

字子清,号楝亭,有《楝亭诗集》传世。曹寅的母亲孙氏是康熙的奶娘,曹寅自小做过康熙的伴读,十六岁时入宫为康熙銮仪卫,甚为康熙信任和赏识。和曹玺一样,担任了御前二等侍卫兼正白旗的旗鼓佐领,多次随驾巡视京畿塞北。曹玺死后,曹寅于康熙二十九年到康熙三十一年先是担任苏州织造府织造,康熙三十二年到康熙五十一年又改任江宁织造府织造,直到他去世,和他父亲一样,先后担任江南地区的织造达二十一年。康熙六次南巡,曹家接驾五次,曹寅一人接驾四次。同时还和他妻兄、长期担任苏州织造的李煦,两个人轮流兼任十年两淮巡盐御史,这是一个油水很大的肥缺。可以说,曹玺、曹寅两代,是曹家最为鼎盛和风光的阶段。

首先,曹寅本人是一位曲家,传奇作者和诗人,具有很高的曲学修养。他评价自己:"曲第一,词次之,诗文次之"。也就是说他认为自己最擅长曲学。据考证,目前可以确定为曹寅自己创作的剧本有:《续琵琶记》《北红拂记》《太平乐事》等。其中《续琵琶记》还被曹雪芹写进了《红楼梦》第五十四回中。此外,他还是一位善本图书的收藏家和刊刻者,曾主持刊刻《全唐诗》《佩文韵府》。又汇刻音韵书《楝亭五种》,艺文杂著《楝亭十二种》,其中包括元代钟嗣成的《录鬼簿》,《录鬼簿》记录了金元时期最重要的杂剧、散曲艺人。

其次,曹寅还有自己的家班。曹寅时代是昆曲盛行的时代,他经常组织家班演出自己创作的传奇剧本和其他经典或新创传奇。《北红拂记》完成后,曹寅的家班演出过这出戏,还专门请了尤侗(1618—1704)等人一起观看。尤侗是曹寅的忘年之交,也是当时著名的诗人、戏曲家。戏剧家洪升(1645—1704)曾经记录过他和曹寅见面的情况:"时督造曹公子清(寅),亦即迎致于白门。曹公素有诗才,明声律,乃集江南北名士为高会,独让昉思居上座,置《长生殿》本于其席。又自置一本于席。每优人演出一折,公与昉思雠对其本,以合节奏。凡三昼夜始阙。"

此外,曹寅任织造之后,与江南人士的交游更加广泛,有人统计,与曹寅有诗文交往者约二百人,其中有当时极有影响的传奇作家和曲家。洪升、查慎行、朱彝尊、马伯和、周亮工和顾景星等人都是曹寅过从甚密的朋友。曹寅在观看明末清初,由明入清的演员朱音仙的演出后,曾题赠过《念奴娇·白头朱老》一首,其中提到了《燕子笺》《春灯谜》《桃花笑》以及汤显祖的《玉茗堂四梦》等剧作。敦诚的《四松堂集》和敦敏的《懋斋诗抄》,都记述过曹家的"小部梨园"和"西园歌舞"。

据周汝昌先生的考证,曹雪芹是差不多13岁左右因为抄家从江南迁回了北京。可以想见,童年的曹雪芹一定见过家班演出,而且对于家中大量藏书和传奇剧本是非常熟悉的。所以他才可以如数家珍地把传奇的妙意巧妙地编织进整部《红楼梦》的小说中去。

《红楼梦》中出现了这么多的传奇剧目,对小说究竟有何意义呢?接下来,我们分析《红楼梦》中运用传奇典故的意义。

五 《红楼梦》中运用传奇典故的意义

第一,传奇剧目的剧情暗伏人物命运以及全书的走向。

《红楼梦》运用传奇是怎样起到暗示人物命运以及全书走向的作用呢?

以二十九回《享福人福深还祷福 痴情女情重愈斟情》为例。

这一回讲全家在贾母带领下去清虚观打醮,祭奠祖先,神前拈戏,拈出了三本戏:头一本《白蛇记》,第二本《满床笏》,第三本《南柯梦》。神前拈出的三出戏,暗含贾府家族兴衰的历史,有许多学者对此做过讨论。《白蛇记》演汉高祖刘邦斩白蛇起义的故事。元曲四大家之一的白朴曾作过历史题材的杂剧《汉高祖斩白蛇》,《录鬼簿》中记剧名为《斩白蛇》,内容为"汉高祖泽中斩白蛇";《太和正音谱》仅记剧名为《斩白蛇》,现剧本已佚。这个剧本在剧中照应了荣宁二公出生入死,奠基立业,光大家族的历史。

《满床笏》又名《十醋记》,清代戏剧家李渔阅定为清初范希哲所作。以唐代郭子仪为主角，写郭子仪奋勇杀敌，屡建功勋，满门荣贵。郭子仪六十大寿之日，天子赐宴又命满朝文武贺寿，七子八婿均居显位，家势盛极，堆笏满床。"满床笏"是拜寿辞中美好的祝愿，意喻家运兴隆，权势荫及子孙，荣华累世不尽。清代大户人家喜庆筵席最后一出必点《满床笏》中的"笏圆"。小说在此处提到《满床笏》，当然是对贾府曾经的辉煌与荣耀的写照。可是第二本就出现《满床笏》，贾母就有些诧异，第三本又该出现哪出戏呢？

果然，第三本拈出了《南柯梦》，令贾母若有所失。《南柯梦》的作者是汤显祖，剧演淳于棼梦入槐安国，与公主成婚。经历了一番荣华和风流，终遭孤身遣家，梦醒后才发现槐安国只是槐树下一蚁穴。最终在契玄禅师的帮助下，蚁群升天，淳于棼斩断一切尘世情缘，立地成佛。该剧蕴含了作者对于人生意义的思考。警醒世人所谓繁华不过一梦，从南柯梦中解脱，即是从世间的纷扰中解脱。为功名利禄所束缚的虚无的人生不值得追求，人应该寻求精神上的超脱。这里也暗伏了贾府最终的败落和宝玉最后遁入空门的结局。

第二，增加人物对白的机锋，刻画人物性格，增加文本的内涵和趣味。

第三十回《宝钗借扇机带双敲　龄官划蔷痴及局外》清虚观打醮一日，因金麒麟引出的"金玉良缘"还是"木石前缘"的矛盾宝黛二人闹得不可开交，一个砸了玉，一个剪断了玉上的穗子，又哭又闹，弄得贾府上下沸沸扬扬，惊动了贾母和王夫人，事后宝玉又因为耐受不住林妹妹不理自己而主动登门道歉。凤姐正拉了两人来老太太处，恰逢宝钗在场。宝钗因为宝玉把自己比做杨贵妃而心有不快。又见黛玉听了宝玉的奚落之言，面有得意之态，宝钗便抓住宝玉向黛玉请罪一事，借《负荆请罪》的典故机带双敲。

这一回中出现的《负荆请罪》并非讲廉颇蔺相如故事的《完璧记》，而是讲李逵误会宋江和鲁智深绑了人家女儿，回到山上去找宋江、鲁智深讨个公道，最后发现是个误会，特来向宋江认罪的杂剧《李逵负荆》，作者是元代剧作家康进之。此处"负荆请罪"的典故用得十分巧妙，宝玉问宝钗："宝姐姐，你听了两出什么戏?"宝钗说："我看的是李逵骂了宋江，后来又赔不是。"宝玉便笑道："姐姐通今博古，色色都知道，怎么连这一出戏的名字也不知道，就说了这么一串子。这叫《负荆请罪》。"宝钗笑道："原来这叫作《负荆请罪》! 你们通今博古，才知道'负荆请罪'，我不知道什么是'负荆请罪'!"宝钗没有直接反击宝玉，反而巧妙地设下陷阱，让毫无心机的宝玉点出剧名。宝钗趁势机带双敲，直接借着"负荆请罪"的剧名和李逵的鲁莽，讽刺宝玉兼嘲笑了黛玉，令二人在众人面前着实尴尬了一回，心思不可谓不机敏。

第三，烘托荣宁二府的富贵奢华，为贾府日后败落埋下伏笔

第十九回《情切切良宵花解语　意绵绵静日玉生香》东府安排新年演大戏，时间恰好在元妃省亲之后，全府上下经过省亲的折腾，已经是疲惫不堪。贾珍特地请了弋阳腔的戏班子，演了几出大戏，书中提到的有《丁郎寻父》《黄伯英大摆阴魂阵》《孙行者大闹天宫》《姜太公斩将封神》四出。"倏尔神鬼乱出，忽又妖魔毕露，甚至于扬幡过会，号佛行香，锣鼓喊叫之声闻于巷外。"

这四出戏均为弋阳腔剧目，作者不可考，仅知是清初的宫廷戏，一般老百姓看不到，所以书中写道："好热闹戏，别人家断不能有的。"上演这样的宫廷大戏，图个热闹和排场。也反映了当时文化的大环境，戏剧和权势、金钱的关系。从另一侧面反映出贾府在外强中干的情形下依然铺张浪费、穷奢极侈，这是贾府为彰显元妃省亲之后特殊的圣眷排场而安排的。唱这么一堂大戏，所费财力物力可想而知。正应了冷子兴对贾雨村说的那番话："这宁荣两府安富尊荣者尽多，运筹谋划者无一，其日用排场费用，又不能将就省俭，如今外面的架子虽未甚倒，内囊却也尽上来了。"(第二回《贾夫人仙逝扬州城，冷子兴演说荣国府》)

第四，反映了康雍乾盛世贵族戏班的生存和演出的基本状况。

研究《红楼梦》与戏曲的关系，不得不提到《红楼梦》中的家班演出。从家班演出可以见出当时戏班的生存和演出的状况。《红楼梦》

中提到了忠顺王府、南安王府、临安伯府以及各官宦人家，都"养有优伶男女"，这是当时的社会风气。当然最重要的要数贾府自己的家班。第十八回《大观园试才题对额　荣国府归省庆元宵》提到的为了迎接元妃省亲，贾府除了构建大观园之外，还在苏州地区置办了一个家班，这就是《红楼梦》中提到贾蔷从姑苏采买回来的十二个女孩子——并聘了教习——以及行头等事。

这十二个女孩子就是家班的十二女官。依次是文官、芳官、龄官、葵官、藕官、蕊官、药官、玉官、宝官、荳官、艾官和茄官。第17回，薛姨妈另迁于别处，将梨香院腾出来让十二官入住。后来小说中出现的大部分演出，是由贾府自己的这个家班承担的。

明清之际，上流社会豢养优伶蔚然成风，清代贵族、官僚、地主、富商人家逢年过节常常雇戏班子演出，有条件的都自备家班。作为一个特殊群体，家乐优伶有着不同于职业伶人的特殊性，家乐优伶现象有着独特的社会意义，他们的命运、际遇也直接反映出当时的社会现实。

贾府中以贾母为代表的热衷听戏的人不在少数，这个新置办的戏班脚色行当基本齐全，大约生行两名，小生——宝官和藕官；六名旦行：两名正旦——玉官和芳官，三名小旦——龄官、药官、蕊官，还有老旦——茄官；末行一名：老外——艾官；剩下为一净一丑：大花面葵官和小花面荳官。文官的脚色，有可能是小生或者副末。

当然，从贾府上下对于这十二个小女孩的态度，以及十二官在贾府最后的命运，也可以见出清代戏曲演员的社会地位是极其低下的。赵姨娘曾说"我家里下三等奴才也比你高贵些"。但是曹雪芹笔下的这十二伶官从来到大观园到离开，始终保持着他们的强烈鲜明的个性。比如龄官居然敢于拒绝非常赏识她的元妃钦点的"两出戏"，贾蔷"命龄官作《游园》、《惊梦》二出，龄官自为此二出原非本角之戏，执意不作，定要作《相约》、《相骂》二出。"不仅如此，他还拒绝过宝玉的央请，有一回宝玉特意找到梨香院请她唱"袅晴丝"一套曲，那龄官却"独自倒在枕上，见他进来，文风不动"。龄官强烈的个性表现在身虽为奴，心自高贵,不卑不亢,不媚不俗,曹雪芹借龄官的形象也写出了中国戏曲史上许多铁骨铮铮的艺人;藕官不顾贾府规矩森严,焚纸祭奠菂官,哀悼苦难的同伴,显示了一个薄情的世界里可贵的真情;天真坦直的芳官在戏班解散后被分到了宝玉房中,因不堪忍受干娘的虐待,她反抗得多么顽强,"物不平则鸣",芳官和其他姐妹联合起来围攻赵姨娘的那一场戏,是《红楼梦》最令人难忘的篇章之一。

十二官进贾府时有十二人,第五十八回写到由于太妃薨逝,贾府的戏班需要解散。遣散时候其实只剩了十一人,菂官已经死去。当然,最后芳官、藕官和蕊官也落得削发为尼的结局,是很不幸的。美好可爱的十二官的命运寄托了曹雪芹深切的同情,同时也深化这一个有情世界被无情世界所吞噬的悲剧性。

红楼十二官			
演员	脚色行当	细分脚色	结局
文官	末或生	副末或小生	领班/贾母留用
藕官	生	小生	黛玉留用/出家
芳官	旦	正旦	宝玉留用/出家
蕊官	旦	小旦	宝钗留用/出家
艾官	末	老外	探春留用
葵官	净	大花面	湘云留用
荳官	丑	小花面、小丑	宝琴留用
茄官	旦	老旦	尤氏要去
玉官	旦	正旦	自愿离府
龄官	旦	小旦	自愿离府
宝官	生	小生	自愿离府
菂官	旦	小旦	中途夭折

第五,这些小说中出现的剧目反映了清代中叶之后,剧坛占主流的依然是宣扬忠孝节义、夫荣妻贵的题材。

比如:《双官诰》《钗钏记》《满床笏》《琵琶记》《牡丹亭》等。

第八十五回《贾存周报升郎中任　薛文起复惹放流刑》提到了三出戏《蕊珠记》《琵琶记》和《祝发记》。其中《琵琶记》是元末明初剧作家高明的传奇,共四十二出。故事讲述了书生蔡伯喈在与赵五娘婚后无心功名,其父蔡公逼迫蔡伯喈赴京赶考,高中状元后又被迫与丞相女儿成婚。而此时家乡恰逢饥荒,父母双亡。蔡伯喈日夜想念父母妻子,欲辞官回家,朝廷却不允许。赵五娘祝发葬父,一路行乞进京寻夫,最终夫妻团圆。

《琵琶记》充满"子孝与妻贤"的内容,通篇展示"全忠全孝"的蔡伯喈和"有贞有烈"的赵五娘的悲剧命运。高明强调封建伦理的重要性,希望通过戏剧"动人"的力量,让观众受到教化。因此,明太祖曾盛誉《琵琶记》是"山珍海错,贵富家不可无"(《南词叙录》)。赵五娘"奴家与夫婿,终无见期","供膳得公婆甘旨",和宝钗后来虽与宝玉成婚,但丈夫远走,只得在家侍奉公婆的命运相照应。在此也揭示出宝钗这个人物的悲剧性,礼教妇道的遵从没有给她带来幸福,她也是被礼教所贻误的女性。戏中赵五娘终得与丈夫团圆,但是宝钗注定凄冷荒寒、孤独终老。

第六,通过小说人物的剧目选择可以看出作者本人对戏文的审美旨趣。

最能见出曹雪芹对戏曲的鉴赏和品位的是他在第五十四回《史太君破陈腐旧套 王熙凤效戏彩斑衣》中,借贾母一人之口,或评点,或回忆,不仅表达出作者的戏曲偏好,亦写贾母品味之"不俗"。大家在前几回都会认为贾母这个人最喜欢热闹,格调不高,但绝没有想到她有极高的艺术鉴赏力。曹雪芹就是通过这一回贾府元宵夜宴表现了贾母非同一般的修养。这一回承接上回"宁国府除夕祭宗祠 荣国府元宵开夜宴",写到夜深渐凉,贾母带众人挪入暖阁之中,因还有薛姨妈、李纨寡婶等亲戚在,少不得要叫来梨香院的女孩子们,"就在这台上唱两出给他们瞧瞧"一为不落"褒贬",二为听个"殊异",贾母便指导芳官、龄官分唱《寻梦》《惠明下书》二折,又借【楚江情】一支,回忆年少时家班上演的以琴伴奏的《西厢记·听琴》《玉簪记·琴挑》《续琵琶记·胡笳十八拍》。

在全书中,这一回涉及戏曲的篇幅最长,剧目最多,人物对于戏曲演唱、伴奏乐器的评论也最为内行。这一回在贾母的"指导"下所有曲目的演出方式新奇雅致，比如，她"叫芳官唱一出《寻梦》，只提琴至管箫合，笙笛一概不用。""叫葵官唱一出《惠明下书》，也不用抹脸。"清唱的《寻梦》、"吹箫合"的《楼会》，一律清冷哀婉，既烘托了月夜之清幽，又暗含一丝人生的凄怆，营造出一种超然世外的情调和意境。

《寻梦》一折，写的是杜丽娘次日寻梦，重游梦地，然而物是人非、梦境茫然，便生出无限的哀愁和情思。贾母提出只用箫来伴奏，可使得唱腔更加柔和动听，倘用笛，则唱者嗓音如不够，或许笛声反将肉声给掩盖了。《惠明下书》是王实甫的《北西厢》第二本楔子，贾母要求大花面龄官不抹脸，其实也是清唱，其中《中吕扎引·粉蝶儿》《高宫套曲·端正好》都是北杂剧的套曲，音域高亢，净角阔口戏，要用"宽阔宏亮的真嗓"演唱，非常考验演员的功力。而这一回提到的《续琵琶》就是曹雪芹的祖父曹寅所作，这个传奇写了蔡邕托付蔡文姬续写《汉书》，蔡文姬颠沛流离，最后归汉的故事。现在唯一能够看到的是 35 出的残本。贾母所点的这几出戏除了反衬出贾母的不俗，曹雪芹在这几出戏中还别有一番深意。

第七，有利于我们具体地体会并思考昆曲衰落的某些历史原因。

比如第五十八回《杏子阴假凤泣虚凰　茜纱窗真情揆痴理》提到，宫里面有一位老太妃薨了，凡诰命等皆入朝随班按爵守制。"敕谕天下：凡有爵之家，一年内不得筵宴音乐，庶民皆三月不得婚嫁。"于是：各官宦家，凡养优伶男女者，一概蠲免遣发，尤氏等便议定，待王夫人回家回明，也欲遣发十二个女孩子，又说："这些人原是买的，如今虽不学唱，尽可留着使唤，令其教习们自去也罢了。"从这段文字我们可以看出，一个贵妃的死，就可以导致举国上下不得筵宴、婚嫁、看戏，贾府的家班也只好暂且解散。十二个女孩子有的被遣散，有的自愿留下为奴。书中这样描写：

> 将去者四五人皆令其干娘领回家去，单等他亲父母来领，将不愿去者分散在园中使唤。贾母便留下文官自使，将正旦芳官指与

宝玉,将小旦蕊官送了宝钗,将小生藕官指与了黛玉,将大花面葵官送了湘云,将小花面荳官送了宝琴,将老外艾官送了探春,尤氏便讨了老旦茄官去

……众人皆知他们不能针黹,不惯使用,皆不大责备。其中或有一二个知事的,愁将来无应时之技,亦将本技丢开,便学起针黹纺绩女工诸务。

家班散了,女伶们不能演戏,遂将本技丢开了。在此我们可以体会出昆曲在清代的兴衰成败和国家的政治法令、贵族的扶持打压有很大的关系。戏曲在历史上的盛衰起伏也是如此。

闻香识"红楼"

香,是中国古人生活中不可或缺的妙物。我们的祖先祭祀天地、尊圣礼贤;寺院道观的宗教活动;平常家庭的怡神助兴;文人墨客的雅集聚会;才子学人的养心伴读;闺中女子的清雅情调都离不开香。历代帝王将相、市井百姓,文人墨客,无不懂香、用香和爱香。

香的文化,与琴、棋、书、画、茶、禅、曲同样是华夏文化的重要内容。从《诗经》《楚辞》《乐府》到唐宋元明清,历代文人墨客对香事多有记载和描述,香的文化俨然成为博大精深的香学。围绕各种香料的使用,香药的发明、配伍和炮制,香品香具的制作,行香仪典的演化,香学充分体现了中华民族自古以来的礼仪修养、生命安顿、精神气质和审美追求。

中国香学,包括了香史、香材、香料、香品、香事、香道等诸多方面。从最初的日常功用,扩展到祭祀仪式、医学医药乃至哲理思考和艺术创造;从有形的物质层面的香,到无形的精神层面的香,一起闻香识红楼。

中国香学最集中地体现在小说《红楼梦》里。

《红楼梦》是中国文化集大成的一本奇书,"香学"自然也是《红楼梦》研究的一个重要课题。《红楼梦》中提到的香的类别繁多,就章节标题中带有香的,就有第十九回《情切切良宵花解语　意绵绵静日玉生香》、第二十七回《滴翠亭杨妃戏彩蝶　埋香冢飞燕泣残红》、第二十八回《蒋玉菡情赠茜香罗　薛宝钗羞笼红麝串》、第三十六回《绣鸳鸯

梦兆绛芸轩　识分定情悟梨香院》、第四十二回《蘅芜君兰言解疑癖 潇湘子雅谑补馀香》、第四十九回《琉璃世界白雪红梅　脂粉香娃割腥 啖膻》、第五十回《芦雪庵争联即景诗　暖香坞雅制春灯谜》。

全书约 20 多个章回里出现了诗词、歌赋、对联、典故、酒令、成语中 提到香。太虚幻境、大观园、贵族世家、神仙道观、怡红院、潇湘官、蘅芜 苑、栊翠庵……每个女儿的闺房都氤氲着特殊的香气。香器、香料、香 品、香丸、香物等分布在 40 多个章回中，特别是在大观园，其本身就是 人间的众香国，出现了各类香花和香草。此外小说还在 40 多个章回出 现了和道教、佛教等宗教仪式有关系的用香和香仪。

《红楼梦》中提到的香，可分为四个层面。

第一个层面是物质层面的香。小说中出现各种香料、香品、香具， 这就是有形的物质层面的香。第二个层面是文化层面的香。也就是各 类节庆、祭祀活动中出现的香的使用，包括使用的方法和仪式。第三个 层面是精神方面的香。香性即人性。曹雪琴在《红楼梦》里描写了各 色可爱的女子，作为精神层面的香，是和小说中精彩的人物相照应而出 现的。宝玉、黛玉、宝钗、妙玉、凤姐等人都有属于他们的香。作者通过 香的视角深入刻画了人物的性格和灵魂。第四个层面是形而上的香。 这种香不是现实存在的实在的物品，而是心灵向往的永恒的香境。这 种香境体现最为充分的就是黛玉在《葬花吟》里所说的"天尽头，何处 有香丘"。"香丘"是终极的香境，是情之天下理想的寄予，是对存在的 本源性的追问。

谈到《红楼梦》的香，我们首先简单追溯一下中华的香事。

香的文化发于先秦，成于六朝，盛于唐宋，广行于元明清。华夏先 民用香的历史，可以一直追溯到殷商以至遥远的新石器时代晚期。对 香的使用，最初是为了战胜自然灾害，净化空气，去秽避瘟。比如生活 在潮湿的南方地区的民族，素来有焚烧和使用香料的习俗。用天然香 品进行香身、熏香、辟秽、祛虫、医疗、养生、熏烧、佩带、熏浴、饮服的日 常习惯在南方荆楚地区已经蔚然成风。《九歌》还记叙了用桂木做栋梁,用木兰做屋椽,用辛夷和白芷点缀门楣,其目的也是用这些香木来驱邪。因此古代楚人还用香来祛除邪秽物。

远古时期,中华民族的先人们在祭祀中燔木升烟,告祭天地,正是后世祭祀用香的先声。明代周嘉胄在《香乘》一书中,引用宋代丁谓《天香传》里面一段话概括了香在古代的重要作用,他说:“香之为用,从上古矣,所以奉神明,可以达蠲洁,三代禋祀,首惟馨之荐。”这段话的意思是说,远古时期,中华民族的先人们在祭祀中有意识用祭祀中燔木升烟,告祭天地,正是后世祭祀用香的先声。

考古研究表明,距今 6000 多年之前,祖先们已经用燃烧香木与其他祭品的方法祭祀天地诸神。辽西东山嘴遗址的用作燎祭的圆形祭坛,考古发现大片红烧土、数十厘米厚的灰土等燎祭遗存物。此祭坛两侧对称,南圆北方,合于后世“祀天于圜丘在南,祭地于方丘在北”的礼制。向我们呈现了距今 6000—5000 年间(约为仰韶时代中晚期),华夏祖先用燃烧柴木与其他祭品的方法祭祀天地诸神的仪式。牛河梁红山文化晚期遗址,至今也遗存着燎祭的遗存物,说明距今 4000—3000 年间,也就是夏商时期,祭祀用香是国家仪典中殊为重要的活动。古代燎祭仪式遍布南北,包括沿海与内陆的广大地区,河南偃师商城、郑州商城、郑州小双桥、四川广汉三星堆等多处遗址都显示了古老的祭奠传统和用香文化。

《尚书·舜典》中有一段话:

> 正月上日,受终于文祖。在璇玑玉衡,以齐七政。肆类于上帝,禋于六宗,望于山川,遍于群神。辑五端。既月乃日,觐四岳群牧,班瑞于群后。岁二月,东巡守,至于岱宗,柴,望秩于山川,肆觐东后。

这段话记载了舜接受尧禅让帝位时告祭天地,以香祭祀的情景。大概意思是说约 4000 多年前的正月上日的一个吉日,舜接受帝尧禅让的盛大典礼。观测璇玑玉衡(天象)的目的是“以齐七政”,即国家的一切行政举措能够按照璇玑玉衡的变化密合对应，顺乎天意。燔木升烟，上达于天，以此"禋"祭之法祭拜日月、风雷、四时，并以此"望"祭之法向山川大行祭礼。

考古发现验证了古老的中华香文化。早在四五千年前，黄河、长江流域已经出现日常用的陶熏炉，辽西牛河梁红山文化晚期遗址曾出土一件之字纹灰陶熏炉炉盖（距今5000多年）；山东潍坊姚官庄龙山文化遗址曾出土一件代表龙山文化的文物——蒙古包形夹细砂灰陶熏炉（距今4000多年），高17厘米，腹径14厘米，顶部开圆孔，炉身通布各种形状的镂孔；上海青浦福泉山良渚文化墓地出土的"新石器时代陶竹节带盖熏炉"，开启了后世用香炉焚香的先河。据今3000多年前的殷商甲骨文已有了"紫（柴）"这个字，其意为"手持燃木的祭礼"，刻画了人类用香的最初形象。公元前2219年小屯南地甲骨文中还有关于熏燎、艾热和酿制香酒的记载。

中国古代祭祀用香和生活用香是并行发展，焚香是中国人祭祀祖先和宗教信仰中不可或缺的组成部分，中国古代的饮食、生活中也充斥着香料的使用。春秋战国时期，已经出现了关于熏烧（如蕙草、艾蒿）、佩带（香囊、香花、香草）、煮汤（泽兰），熬膏（兰膏）、入酒等用香的方法。《诗经》《尚书》《礼记》《周礼》《左传》及《山海经》等典籍都有很多相关记述。"彼来萧兮，一日不见，如三秋兮。彼采艾兮，一日不见，如三岁兮"，这就是《诗经》中描写的以香草赠与心上人的美好情景。屈原《离骚》中关于香的描述和歌咏更是随处可见："扈江离与辟芷兮，纫秋兰以为佩"，"制芰荷以为衣兮，集芙蓉以为裳"，"朝饮木兰之坠露兮，夕餐秋菊之落英"。自此中国文化开始了以香性比德，与人格相照应的历史。

焚香是中国人祭祀祖先与传统宗教不可或缺的组成部分，焚香在日常生活中也很普遍，饮食和香药在春秋战国时期就已经普及，香药及香料的佩带等在先秦的典籍中均有记载，这种传统数千年来依然保存在中华民族的生活方式中。

　　中国香文化有两个历史性的高峰格外引人注目，那就是两汉和宋代。

　　长沙马王堆一号墓出土的汉代熏炉，用于薰衣的竹熏笼。墓主人辛追的手中就握有香料，椁箱中有四个香囊，六个绢袋，一个绣花熏香枕和两个香熏炉，其中都装有香料。这说明两千多年前汉代，中国汉文化已经初具规模了。两汉时，熏香风气在以王公贵族为代表的上层社会十分流行，熏炉、熏笼是普遍使用的香具，汉代还出现了香具制造的高峰，河北满城中山王刘胜墓出土的"错金博山炉"，炉盖山景优美，炉柄透雕三龙，从底座到炉盖山石，通体以"错金"（鎏金成底金）饰出回环舒卷的云气。焚香时，香烟从镂空的山形中散出，宛如云雾盘绕的海上仙山。还有陕西平汉武帝茂陵出土的"鎏金银高柄竹节熏炉"（博山炉），炉底座透雕两条蟠龙，龙口吐出竹节形炉柄，柄上端再铸三龙，龙头托顶炉腹（炉盘），腹壁又浮雕四条金龙，三组饰九龙，是典型的皇家器物。据说，这座熏炉先为汉武帝宫中使用，后归卫青和汉武帝的姐姐阳信长公主（即平阳公主，先嫁平阳侯，后嫁名将卫青），可能是两人成婚时汉式帝的赠物。这两尊博山炉雕镂精湛，华美端庄，都是国宝级的文物。两汉时期，香的使用遍及室内熏香、熏衣熏被、宴饮娱乐、祛秽致洁等许多方面。

　　到了魏晋时期，宫廷用香、文人用香与佛道用香构成了魏晋香文化的三条重要线索。魏晋时期香药的使用很普遍，《南州异物志》《广志》《南方草木状》等各类文献都有关于香药的记载。曹丕还作了《迷迭香赋》，来赞美迷迭香：

　　　余种迷迭于中庭，嘉其扬条吐香，馥有令芳，乃为之赋曰：坐中堂以游观兮，览芳草之树庭。重妙叶于纤枝兮，扬修干而结茎。承灵露以润根兮，嘉日月而敷荣。随回风以摇动兮，吐芳气之穆清。薄六夷之秽俗兮，越万里而来征。岂众卉之足方兮，信希世而特生。

这首著名的赋还说明了魏晋时期有域外的香药大量进入中国。大量的外来香料及风格奇异的熏香方法丰富了中华传统的香事文化。

曹丕、曹植以及很多魏晋名士的歌赋中都提到了香的使用。《艺文类聚》记载：

> 刘季和性爱香，尝上厕还，过香炉上，主簿张坦曰："人名公作俗人，不虚也。"季和曰："荀令君至人家，坐处三日香，为我如何令君？而恶我爱好也。"

这里提到西晋镇南将军刘季有香癖，他的主簿张坦批评他，他辩解说："我远不如荀彧，坐处三日香。"

刘季提到的荀令君，也就是荀彧（就三国时期曹操的谋臣），据说此人爱香成癖，他坐过的席位，香味三日不散。因此后世以"令君香"形容男子风流倜傥。还有谢玄这个人也特别喜欢佩带香囊，他的叔叔谢安还担心他玩物丧志。香的使用，逐渐演化成富有文人雅趣的"魏晋香事"。

到了隋唐，名贵的香料更加充足。隋唐时期强盛的国力和发达的陆海交通使国内香药的流通和域外香药的输入都更为便利，陆上丝绸之路与海上丝绸之路是域外香药入唐的主要通道。唐代国力强盛，《新唐书·仪卫志》记载：

> 朝日，殿上设黼扆、蹑席、薰炉、香案。御史大夫领属官至殿西庑，从官朱衣传呼，促百官就班，文武列于两观。……宰相、两省官对班于香案前，百官班于殿庭左右，……每班尚书省官为首。

《新唐书·仪卫志》这段话表明，唐代朝堂必需熏香，科举考场也要焚香，这是国家礼制的要求和体现。无论是上朝还是入考场、婚丧嫁娶都要焚香，国家还有专门掌管香料的"尚药局"。

唐代文士阶层普遍用香，出现了数量众多的咏香诗文。李白《寄远》有

床中锈被卷不寝，至今三载闻余香

之句，美人离去，三年依然留有余香是夸张，表明对故人的思念中有一种味道的记忆。太白还有：

盛气光引炉烟，素草寒生玉佩。

横垂宝幄同心结，半拂琼筵苏合香。

香亦竟不灭，人亦竟不来。相思黄叶落，白露点青苔。

焚香入兰台，起草多芳言。

玉帐鸳鸯喷兰麝，时落银灯香灺。

等许多和香有关的名诗佳句。王维有诗：

少儿多送酒，小玉更焚香。

（《奉和杨驸马六郎秋夜即事》）

白居易有诗：

伞盖低垂金翡翠，薰笼乱搭绣衣裳。春芽细炷千灯焰，夏蕊浓焚百和香。

（《石榴树》）

李商隐有诗：

春心莫共花争发，一寸相思一寸灰。

（《无题》）

八蚕茧绵小分炷，兽焰微红隔云母。

（《烧香曲》）

李贺是诗人中最有品香"巨鼻"的一位，他用诗歌描写兰香、木香、桂香、竹香、松香、莲香和杏香。香的意象是唐代诗人在诗歌创作中最典型的审美的结晶。

晚唐五代至两宋，是中国文人香事的起源与定型阶段。宋代科技领先文化繁荣，经济发达，堪称香的鼎盛时期，文人用香推动了香文化的发展。国家层面：设立香药专卖的机构："市舶司""香药库""御香局"。苏轼、黄庭坚、陆游、辛弃疾、李清照等都留下过与文人香事有关的千古名句。苏轼写香的诗篇有：

> 金炉犹暖麝煤残，惜香更把宝钗翻。
>
> （《翻香令》）

> 夜香知与阿谁烧，怅望水沈烟袅。
>
> （《西江月》）

> 香粉镂金球，花艳红笺笔欲流。
>
> （《南乡子》）

> 壁立孤峰倚砚长，共疑沉水得顽苍。
>
> （《沉香石》）

特别宋代文人喜欢参禅，苏东坡、黄庭坚这些人都热衷佛学，喜欢跟僧人交往，参禅打坐就离不开香。佛教有"闻香悟道"的说法，因为香似在非在，似有非有，通过对"香"的妙悟，体察事物的本源。香，在参禅悟道者那里，是通达无上智慧的妙物。《六祖坛经·忏悔第六》，六祖慧能大师以香比喻戒、定、慧、解脱、解脱知见等五分身法，《坛经》曰：

> 师曰：一、戒香，即自心中，无非、无恶、无嫉妒、无贪嗔、无劫害，名戒香。二、定香，即睹诸善恶境相，自心不乱，名定香。三、慧香，自心无碍，常以智慧观照自性，不造诸恶，虽修众善，心不执著，

敬上念下，矜恤孤贫，名慧香。四、解脱香，即自心无所攀缘，不思善，不思恶，自在无碍，名解脱香。五、解脱知见香，自心既无所攀缘善恶，不可沉空守寂，即须广学多闻，识自本心，达诸佛理，和光接物，无我无人，直至菩提，真性不易，名解脱知见香。善知识，此香各自内薰，莫向外觅。

"戒香"是心中无非、无恶、无害；"定香"是见到各种善恶境界心不乱；"慧香"是常以智能观照自性，不造诸恶，奉行众善，自在不执着；"解脱香"是自心无所攀缘，不落入善恶对立两边，自在无碍；"解脱知见香"是广学多闻，识自本心，能帮助众生解脱。

宋人爱香，当以黄庭坚和苏轼为最。苏东坡特别注重以香养性，因为香可以濡养性灵，是濡养性灵之物。北宋之后，香事更盛。焚香、制香、写香、咏香、以香会友，种种香事更加成为文人生活中必不可少的内容。所以苏东坡有言："四句烧香偈子，随香遍满东南。不是文思所及，且令鼻观先参。"可见，香学发生到宋朝，出现了非常高的境界，就是"鼻观"。鼻子都是用来闻气味的，鼻子怎么可以观呢？苏东坡提到的"鼻观"，就是通过对气味和色相的领悟来达到一种至高的境界。黄庭坚也同样喜欢香，如其在诗中所云"天资喜文事，如我有香癖"。其对香的喜爱和精通，媲美他在文学方面的造诣。黄庭坚有《香之十德》

感格鬼神，清净身心；能拂污秽，能觉睡眠，静中成友，尘里偷闲。多而不厌，寡而为足。久藏不朽，常用无碍。

黄庭坚说的就是"香之十德"。

台北故宫博物院藏有黄庭坚的一幅书法作品，这个书法作品非常特别，是黄庭坚的一帖香方。其所书内容实为香方也，香方名为"婴香"，故又称之为《制婴香方》《药方帖》或《婴香帖》。其内容为："婴香：角沉三两末之，丁香四钱末之，龙脑七钱别研，麝香三钱别研，治了甲香壹两（旁注钱），末之。右都研匀，入艳（旁注牙）消一（涂改为半）两，再研匀，人炼蜜四（涂改为六）两，和匀，荫一月取出，丸做鸡头大。

略记得如此，俟检得册子，或不同，别录去。"或许婴香的香味太美妙，历来有许多制香高手希望根据这一香方复原"婴香"的本来味道。

还有以香癖自称的，除了黄庭坚以外，以"香癖"自称者难以计数。文坛大家也比比皆是。诗人写香的诗词也不是三五首，而是三五十首甚至是上百首，并且颇多佳作。如苏轼《沉香石》中有：

山下曾逢化私石，玉中还有辟邪香。

曾巩《凝斋香》中有：

香烟细细临黄卷，凝在香烟最上头。

晏殊的

翠叶藏莺，珠帘隔燕，炉香静逐游丝转。一场愁梦酒醒时，斜阳却照深深院。

宿酒才醒厌玉卮，水沉香冷懒薰衣，早梅先绽日边枝。

柳永的

昭华夜醮连清曙，金殿霓旌笼瑞雾，九枝擎烛灿繁星，百和焚烟抽翠缕。

欧阳修的

愁肠恰似沈香篆，千回万转萦还断。

珠帘半下香销印，二月东风催柳信。

沈麝不烧金鸭冷，笼月照梨花。

更有陆游的名篇《烧香》：

宝熏清夜起氤氲，寂寂中庭伴月痕。小斫海沉非弄水，旋开山麝取当门。蜜房割处春方半，花露收时日未暾。安得故人同晤语，一灯相对看云屯。

这首《烧香》提到了两种名贵的香料：沉香和麝香。

品香、听香、抚琴焚香、焚香静坐成为文人雅士信奉的一种生活方式。文人们亲手制香，编写香谱，如苏东坡就将自制的香称为"雪中春信"。文坛名流参与，大大推动了中国香学的发展，李商隐、李煜、晏殊、晏几道、欧阳修、苏轼、黄庭坚、李清照、辛弃疾、陆游等人留下的灿烂辞章，是中华香文化进入鼎盛时期的真实写照和重要标志。

宋代社会焚香与品茶、插花、挂画被人们视为怡情养性的"四般闲趣"。自古以来的中国文人，一向追求琴、棋、书、画、诗、酒、花、香、茶这九大雅事，哪一件都离不开特定的节气与时空，九大"雅事"中，最为人乐道的是茶与酒，但人们常常忽视了"香事"。在宋代，香已经职业化——街市上有专门卖香的"香铺"，人们不仅可以买香，还可以请人上门做香；有专门从事篆香制作的"香人"，专门制作"印香"的商家，甚至酒楼里也有随时向顾客供香的"香婆"；街头还有添加香药的各式食品，香药脆梅、香药糖水、香糖果子、香药木瓜等等。就连《清明上河图》中也绘有一个香铺，我们依然可以辨识这家香铺的招牌："刘家上色沉檀香铺"。宋之后，诸多文人记录香事，让香文化成为一门学问，香学和香道对日本这些周边国家影响很大。

元明清时期，文人香事主要流行在北京、南京及江南一带，其中以江南地区的江苏与浙江两地为主。明清时期，文人士大夫、大家闺秀都用香。元代著名的文人倪瓒、顾阿瑛等诗文中皆留下许多香事的记录。

明中期之后，香学依然得到长足发展，进入了又一次高潮。这和《红楼梦》小说作者的生活年代密切相关。

据周汝昌先生考证，《红楼梦》大约成书于"乾隆九年"（1744）或"乾隆七年"（1742），最迟不超过"乾隆十四年"（1749）。曹雪芹的祖父曹寅是一位曲家，传奇作者和诗人，具有很高的曲学修养。曹寅（1658—1712），字子清，号荔轩，又号楝亭，满洲正白旗内务府包衣，官至通政使、管理江宁织造、巡视两淮盐漕监察御史，善骑射，能诗及词曲。康熙三十二年到康熙五十一年又改任江宁织造府织造,直到他去世,和他父亲一样,先后担任江南地区的织造达二十一年,其间他四次接驾康熙皇帝南巡,是曹家最得皇帝宠幸的一位。曹雪芹虽然在1715年,也就是曹寅去世后三年出生,和祖父并未照面,但是这个家族曾经的富贵一定对作者有着深刻的影响。

曲观"红楼"无声戏

——《红楼梦》中的戏曲传奇

研究《红楼梦》有许多角度,《红楼梦》中蕴涵着大量和中国戏曲有关的内容,从戏曲的角度品读《红楼梦》,这对于我们阐释小说和戏曲的关系,进一步从戏曲的角度把握《红楼梦》的叙事美学是极为重要的。我的讲题是:曲观红楼无声戏,主要想谈一谈《红楼梦》中出现的元明清戏曲传奇和小说的关系。

我将分5小节来谈:

第一节 《红楼梦》中藏着一部元明清经典戏曲史

第二节 曹雪芹如何以传奇之长化入小说

第三节 从凤姐点戏看王熙凤的真情与真意

第四节 "通部书大关键"的省亲四曲

第五节 清虚观打醮拈出三本戏的玄机

一 《红楼梦》中藏着一部元明清经典戏曲史

我们对《红楼梦》有一个情节一定记忆尤深,那就是第二十二回《听曲文宝玉悟禅机》,宝钗生日前夕,凤姐奉贾母之命操办生日宴席,外请了一个戏班子,演了三出戏。有个小演员长得颇有林妹妹的模样,大家心照不宣,偏偏心直口快的湘云点破此事,导致黛玉大为不快。黛玉对湘云把自己比作戏子特别生气。说明在当时大家普遍认为演戏这个职业比较卑微。

不过二十二回之后，紧接着就是二十三回《西厢记妙词通戏语 牡丹亭艳曲警芳心》，从章回名称来看，这一回与中国戏曲史上的两个经典有关，那就是：《西厢记》和《牡丹亭》。第二十三回接着宝钗生日写宝黛二人共读《西厢》，之后当黛玉经过梨香院时，又偶然听到了家班的女伶演习《牡丹亭》中的【皂罗袍】，她一下子转变了自己对戏曲的成见，并且感叹"原来戏上也有好文章"。

那么，宝钗生日演出的是什么戏文？凤姐、宝玉和黛玉的生日以及其他庆典都出现了相关的戏曲演出，这些戏文出现在小说中有何深意？写进《红楼梦》的戏文，绝不是一般的点缀，它对小说的叙事非常重要。《红楼梦》大约有四十多个章回先后出现了和戏曲传奇有关的内容，这些剧目大多是元明清以来最经典的戏曲传奇，可以说《红楼梦》中藏着一部元明清经典戏曲史。

《红楼梦》出现的戏曲主要有三大类：第一类是各种生日宴会、家庭庆典中，由家班正式演出的传奇剧目；第二类是各类生日宴会、家庭庆典出现的演出，但是并没有提及剧名；还有一类是诗句、对话、酒令、谜语中涉及的戏曲典故以及其他曲艺形式。这些剧目大致呈现出六种类型：

第一类是昆腔剧目。昆腔就是指昆山腔，昆山腔是明代中叶至清代中叶中国戏曲中影响最大的声腔剧种，早在元末明初，大约 14 世纪中叶，昆山腔已作为南曲声腔的一个流派，产生于今天的昆山地区。后来经魏良辅等人的改造，慢慢成为一种成熟的声腔艺术。从明代嘉靖、万历一直到清代乾隆、嘉庆年间，是昆曲最为流行的时期，"家家收拾起，户户不提防"这句话形容的正是昆曲在民间的普及性，昆曲就好比当时的流行歌曲。沈崇绥在《度曲须知》中形容昆山腔："尽洗乖声，别开堂奥，调用水磨，拍捱冷板。"①因为它的曲调清丽婉转、精致纤巧、中

---

① 沈崇绥：《度曲须知》之"曲运隆衰"，引自陈多、叶长海《中国历代剧论选注》，湖南文艺出版社，1987 年版，第 244 页。

和典雅,所以也被称为"水磨调"。

《红楼梦》中出现的昆腔剧目,最为经典的有:汤显祖的《牡丹亭》《邯郸记》《南柯梦》,这是他"玉茗堂四梦"中的三梦;梁辰鱼的《浣纱记》;洪昇的《长生殿》;还有《西游记》《玉簪记》《占花魁》;等等。第五十四回《史太君破陈腐旧套》,小说借贾母一人之口,或评点,或回忆当初史家家班演出的情形,特别是这一回还写了她指导芳官和葵官分别清唱《寻梦》和《惠明下书》这两折难度很高的戏。《寻梦》写杜丽娘次日寻梦,然而物是人非、梦境茫然,便生出无限的哀愁和情思,贾母提出只用箫来伴奏;《惠明下书》是王实甫的《北西厢》第二本楔子,音域高亢,净角阔口戏,非常考验演员的功力。这里不仅写出贾母非同一般的艺术品位,更传达出作者对昆曲艺术深厚的学养。

第二类是弋阳腔剧目。第19回贾敬生日当天,贾珍外请戏班子演出了四出弋阳腔大戏:《丁郎认父》《黄伯扬大摆迷魂阵》《孙行者大闹天宫》《姜子牙斩将封神》。弋阳腔是发源于元末江西弋阳的南戏声腔,明初至嘉靖年间传入北京。弋阳腔的曲调较为粗犷,文词较为通俗,通常是大锣大鼓地进行。所以当演出弋阳腔时,宝玉是极不爱听的,小说写道:"宝玉见繁华热闹到如此不堪的田地,只略坐了一坐,便走开各处闲耍。"①小说中弋阳腔和昆腔的对照,也可以反映出中国戏曲在康雍乾时期"花雅竞势"的真实状况。"雅部"指的是昆曲,"花部"指的是各种地方戏。从中国戏曲史来看,乾隆时期的花雅竞势还惊动了朝廷,乾隆五十年(1785年),清廷曾下诏禁唱秦腔,只准唱昆弋两腔。从中国戏曲史来看,正是"花雅竞势"促成了后来的徽班"花雅兼容"的风气,以及各地区花雅合作共存的局面。事实上,到了民国年

---

① 与曹雪芹同时代的史学家赵翼《檐曝杂记》载:"内府戏班,子弟最多,袍笏甲胄及诸装具,皆世所未有,余尝于热河行宫见之……所演戏,率用《西游记》、《封神传》等小说中神仙鬼怪之类,取其荒幻不经,无所触忌,且可凭空点缀,排阴多人,离奇变诡作大观也。戏台阔九筵,凡三层,所扮妖魅,有自上而下者,有自下突出者,甚至两厢楼亦化作人居,而跨驼舞马,则庭中亦满焉。有时神鬼毕集,面具千百,无一相肖者。"可见赵翼和曹雪芹对弋阳腔的格调表达了相同的观点。

间还依然有兼唱昆弋两腔的戏班。

第三类是杂剧。《红楼梦》提到的杂剧，大多是元杂剧。宝黛共读的《会真记》就是元代王实甫的杂剧《西厢记》，被称为"王西厢"，宝黛共读《西厢记》是《红楼梦》最美的情境之一。在王实甫的《西厢记》诞生以前，张生和崔莺莺的故事已经流传了很长时间。唐代元稹有《莺莺传》，宋代出现过以舞曲和鼓子词形式讲述莺莺故事的作品，秦观和毛滂就写过《调笑转踏》，赵令畤写过《商调蝶恋花》；金代董解元写过《西厢记诸宫调》，被称为"董西厢"；明代的李日华也改变过王实甫的《西厢记》，因为用南曲演唱，被称为"南西厢"。

第四类是南戏的代表剧目，南戏是中国北宋末至元末明初，即 12世纪到 14 世纪约两百年间在中国南方地区最早兴起的地方剧种，也是中国戏剧的最早成熟形式之一。《红楼梦》里出现的最主要的南戏代表剧目有《琵琶记》《白兔记》和《荆钗记》。[①] 其中《琵琶记》写的是蔡伯喈与赵五娘悲欢离合的故事。

另外两类是其他的戏曲和曲艺，还有民间娱乐和动物把戏。比如第十一回出现的"打十番"[②]，就是以打击乐为主的一种表演形式，要求鼓师有非常高超的技巧；第十四回出现的"耍百戏""唱佛戏""唱围鼓戏"[③]；第二十六回、第二十八回出现的"唱曲"；第四十回出现的"水

---

① 小说提到的这三出戏是南戏最有影响的剧目，《琵琶记》写汉代书生蔡伯喈与赵五娘悲欢离合的故事，共四十二出，《荆钗记》《白兔记》与《杀狗记》《拜月亭记》并称"四大南戏"。

② "打十番"就是以打击乐为主的一种表演形式，要求鼓师的技巧非常高超。李斗在所著《扬州画舫录》里写道："十番鼓者，吹双笛，用紧膜，其声最高，谓之闷笛，佐以箫管，管声如人度曲；三弦紧缓云锣相应，佐以提琴；狼鼓紧缓与檀板相应，佐以汤锣。众乐齐，乃用木鱼、檀板，以成节奏，此为十番鼓也。"

③ 秦可卿停灵出殡期间，安排了"耍百戏""唱佛戏""唱围鼓戏"等表演，旧社会里，丧家出殡前夕，亲朋伴灵，称为"伴宿"，亦称"坐夜"。凡是富裕的家庭，在这时，还要演戏或者唱曲，称为"闹丧"。这种演出，叫做"唱佛戏"，也叫做"唱围鼓戏"。名义上是"敬神""慰亡"，实则是"娱宾"，讲排场，使宾客可以看看戏，听听曲，以便解除守夜的疲乏。

戏";还有第五十四回出现的"说书"①和"莲花落"②等等。

戏曲在《红楼梦》中的意义表现在很多方面,它可以暗示人物命运以及全书走向;可以借用戏词增强人物对白的机锋,丰富文本的内涵和意趣;可以烘托荣宁二府的富贵奢华,为其日后的衰败埋下伏笔。贾府的家班演出也呈现了康雍乾盛世贵族宫廷戏班的生存、排演和演出的基本状况,可以帮助我们体会并思考昆曲衰落的某些原因。此外,剧中出现的剧目,以及人物对戏曲的品评,既传达了戏曲之美,也体现出了作者非同一般的曲学修养。

这一节我们谈了《红楼梦》中出现的戏曲形式,下一节我们说一说为什么作者曹雪芹如此精通戏曲,并且能够游刃有余地将传奇之长,化入小说。

二 曹雪芹如何以传奇之长化入小说

《红楼梦》的小说叙事受到了明清以来的戏曲传奇的深刻影响,正所谓"传奇之长,化入小说"。其实,戏曲和小说的汇通,不仅表现在《红楼梦》,这是明清两代戏曲和小说文学的总体美学特色。一方面是小说的叙事、题材、情节对戏曲的影响,另一方面戏曲也反过来影响着小说创作。清代有许多既擅长传奇,又擅长小说创作的作家,梅鼎祚、冯梦龙、吕天成、凌濛初、丁耀亢、李渔,这六位是名满天下的文士,此外陆次云、张匀、沈起凤、归锄子等人也是较有代表性的两栖作家。

《红楼梦》当然是小说化用戏曲的典范。《红楼梦》对于戏曲手法的化用,体现在叙事、结构、情节、对白、冲突、心理、时空转换等各个层面。

---

① "说书"是一种古老的曲艺形式,我国古代的通俗小说是在民间说书基础上形成的,说书艺人直接面对"看官"(观众)进行表演。

② "莲花落",又称莲花闹,这种民间俗文学的艺术形式,在自身的发展过程中,对其他的戏曲曲艺产生了重大的影响。它最初源于佛教僧侣募化时所唱的佛曲,一种用于佛教唱导的"散花"。莲花落作为乞丐唱曲的文献记载很多,明清小说中多有叙述。

比如第一回《甄士隐梦幻识通灵　贾雨村风尘怀闺秀》,小说写道:"陋室空堂,当年笏满床;衰草枯杨,曾为歌舞场。"最后的两句"甚荒唐,到头来都是为他人作嫁衣裳"。这里就化用了《浣纱记》第二出"游春"的曲词。《浣纱记》"游春"【绕池游】中有"年年针线。为他人作嫁衣裳。夜夜辟纑。常向邻家借灯火"之句。

第五回《游幻境指迷十二钗　饮仙醪曲演红楼梦》,出现的十二支曲有作者自制曲牌,整套曲子并没有一韵到底,采用的是南北曲合套的形式。既有南曲的清丽优雅,但也有典型的北曲风格,脂砚斋对其中的北曲有很高的评价,他认为"悲壮之极,北曲中不能多得"①。许多学者认为《红楼梦》的这十二支曲子不是一般人写得出的,它充分显示了小说作者深厚的曲学修养。

第三十七回《秋爽斋偶结海棠社　蘅芜苑夜拟菊花题》,湘云作了两首"咏白海棠",第一首写道:"神仙昨日降都门,种得蓝田玉一盆。自是霜娥偏爱冷,非关倩女亦离魂。"湘云的这首海棠诗包含着《倩女离魂》的典故。《倩女离魂》是元代戏剧家郑光祖的杂剧,《倩女离魂》表现了对封建门第观念的反抗以及对婚姻自主的追求,它和《拜月亭》《西厢记》《墙头马上》并称为"元代四大爱情剧"。

第六十二回《憨湘云醉眠芍药裀　呆香菱情解石榴裙》,其中最动人的场面就是史湘云醉眠芍药裀。小说写道:"湘云口内犹作睡语说酒令,唧唧嘟嘟说:泉香而酒洌,玉碗盛来琥珀光,直饮到梅梢月上,醉扶归,却为宜会亲友。""玉碗盛来琥珀光",出自李白的诗《客中作》,诗云:"兰陵美酒郁金香,玉碗盛来琥珀光。但使主人能醉客,不知何处是他乡。"诗歌的意境和湘云的醉卧相得益彰。而湘云呢喃的"醉扶归",其实就是昆曲的一个曲牌名。②

---

① 参见《脂砚斋甲戌抄阅再评石头记》第五回侧批。
② 曲牌是传统填词制谱用的曲调调名的统称,昆山腔、弋阳腔,以及由明清俗曲发展成的戏曲剧种,明王骥德《曲律》说:"曲之调名,今俗曰'牌名'",可见"曲牌"之称由来已久。大多以曲牌为唱腔的组成单位,称为"曲牌体"。

　　《红楼梦》小说的叙事处处可见戏曲的植入和妙用。那么，我们不禁要问，作者曹雪芹何以如此熟悉戏曲呢？接下来我们简单了解一下曹雪芹的家学渊源。

　　我们都知道曹雪芹的祖父是曹寅，当然也有学者认为曹雪芹是曹颙的遗腹子，曹雪芹的祖父或许是曹宣，这是另外的一个问题，在此不多赘述。无论如何，曹寅是曹家一个至关重要的人物。曹寅（1658—1712）字子清，号楝亭。曹寅的母亲孙氏是康熙的保姆，曹寅自小做过康熙的玩伴，十六岁入宫为康熙銮仪卫，深得康熙的信任和赏识。曹寅继承父亲曹玺，先后任苏州织造和江宁织造达22年（1690—1712）。康熙南巡，曹寅一人四次接驾，是曹家最得皇帝信任的一位。

　　曹寅本人是一位曲家，传奇作者和诗人，也是一位善本图书的收藏家和刊刻者，曾经主持刊刻了《全唐诗》、《佩文韵府》。又汇刻了音韵书《楝亭五种》，艺文杂著《楝亭十二种》，其中包括元代钟嗣成的《录鬼簿》，《录鬼簿》记录了金元时期最重要的杂剧、散曲艺人。曹寅评价自己说："曲第一，词次之，诗文次之"。也就是说，他认为自己最擅长的是戏曲。据考证，目前可确定为曹寅创作的剧本有三出：《续琵琶记》《北红拂记》以及《太平乐事》，还有另外的几部剧本是不是他写的尚有争议，这里不谈。曹寅的《续琵琶记》还被曹雪芹写进了《红楼梦》第54回，这一回借贾母回忆年少时史家班上演的《西厢记·听琴》《玉簪记·琴挑》《续琵琶记·胡笳十八拍》。《续琵琶记》写的是蔡邕托付蔡文姬续写《汉书》，蔡文姬颠沛流离，最后归汉的故事，现在能看到的是35出的残本。

　　其次，曹寅还有自己的家班。曹寅生活的时代是昆曲繁荣的时代，他经常组织家班演出自己新创的剧本和其他的名家之作。《北红拂记》完成后，曹寅的家班就演出过这出戏，还专门请了当时著名的诗人、戏曲家尤侗（1618—1704）来看，尤侗后来成为曹寅的忘年交。金埴（1663—1740）的《巾箱说》还记录了戏剧家洪昇（1645—1704）曾经在康熙四十三年（1704）到南京和曹寅会晤，并给曹寅的家班排演《长生殿》的情形：

> 昉思之游云间、白门也，提帅张侯（云翼）开谯于九峰三泖间，选吴优数十人，搬演《长生殿》。军士执殳者，亦许列观堂下，而所部诸将，并得纳交昉思。时督造曹公子清（寅），亦即迎致于白门。
>
> 文中写道："曹公素有诗才，明声律，乃集江南江北名士为高会，独让昉思居上座，置《长生殿》本于其席。又自置一本于席。每优人演出一折，公与昉思雠对其本，以合节奏。凡三昼夜始阕。"

从这段文字可见，大戏剧家洪昇曾作为曹家的贵客，他和曹寅一起给曹家家班排练《长生殿》共三天三夜。遗憾的是，戏剧家洪昇就是从江宁返回的路上，因为酒后登舟，不幸落水身亡。

尤侗对曹寅的《红拂记》赞赏有加，认为这本戏融合南北曲有承古开新之功，他还提到曹寅一个月就完成了这个剧本，又亲自"归授家伶演之"。据统计，与曹寅有诗文交往的名士就有二百多人，其中有当时最一流的传奇作家和曲家。洪昇、查慎行、朱彝尊、马伯和、周亮工、顾景星、叶燮等人都是曹寅过从甚密的朋友。

明清之际，贵族富商人家逢年过节都要雇戏班子演出，有条件的都自备家班。当时组建昆曲家班，都要去苏州采买，为什么要特意去苏州采买呢？因为"苏州戏班名天下"，苏州的戏剧文化兴盛，艺人资源丰富。贾府的十二女官，就是从苏州买回来的。即便到了梅兰芳时代，全国最好的昆曲曲家还是在苏州一带。梅兰芳时期北京的昆曲已经非常萧条了，仅有乔蕙兰、陈德霖、李寿峰、李寿山、郭春山、曹心泉等几位擅长昆曲的老先生，各个戏班子也只有很少几出武戏演的是昆曲。梅兰芳学昆曲，屠星之老先生就建议他到苏州请老师来拍曲子，后来梅兰芳还特意从苏州请来了谢昆泉。梅兰芳特意把他留在家中随时拍曲子、吹笛子。所以从历史来看，苏州昆曲是闻名天下的。

据周汝昌先生的考证，曹雪芹虽然在 1715 年，也就是曹寅去世后三年才出生，他和祖父并未照面，但是曹寅的大量刻本、藏书、诗文和剧本①对曹雪芹应该产生过深刻的影响。敦敏的《懋斋诗钞》也谈到了曹家的"小部梨园"和"西园歌舞",敦敏在《题敬亭琵琶行填词后二首》有诗曰:"小部梨园作散场"。敦诚的《四松堂集》和敦敏的《懋斋诗钞》,记述了曹雪芹"狂歌以谢","戏歌渔家杂曲"的情形,可见曹雪芹是会唱曲的,曹雪芹大约十三岁左右因为抄家从江南迁往北京。可以想见,幼年的曹雪芹一定见过家班的演出,所以他才能把这些女伶写得如此传神。

从贾府上下对于十二个女孩子的态度,以及十二官在贾府最后的命运,可以见出清代戏曲演员的社会地位极其低下。但是,曹雪芹笔下的这十二伶官从来到大观园到离开,始终保持着她们鲜明的个性。比如龄官,她曾拒绝过非常赏识她的元妃钦点的"两出戏"(这里需要提一下,龄官拒绝元妃,成为"元妃省亲"的大典中令人印象深刻的一处闲笔。曹雪芹的闲笔也有深意,连龄官如此不自由的女伶居然可以反抗贵妃钦点的戏,由此更加反衬元妃的不自由。龄官把自己比作笼中的小雀,元妃又何尝不是呢?她是黄金牢笼中的金雀。作者指明了那最高贵的和最卑微的,都是一样的不自由)。不仅如此,龄官还拒绝过宝玉的请求(宝玉想听"袅晴丝",就去找龄官,小说写龄官不仅不愿意唱,还斜躺在榻上连身子都没有动,这对"众星捧月"的宝玉是个打击)。

曹雪芹借龄官的形象也写出了中国戏曲史上许多铁骨铮铮的艺人。藕官焚纸祭奠菂官,哀悼苦难的同伴,显示了一个薄情的世界里可贵的真情;芳官在戏班解散后被分到了宝玉房中,因不堪忍受干娘的虐待,"物不平则鸣",芳官和其他姐妹联合起来反抗赵姨娘的那一场戏,是《红楼梦》最令人难忘的篇章之一。第五十八回写到宫里面有一位老太妃薨了,凡诰命等皆入朝随班按爵守制。"敕谕天下:凡有爵之

① 曹寅还是一位善本图书的收藏家和刊刻家,曾主持刊刻了《全唐诗》《佩文韵府》。又汇刻音韵书《楝亭五种》,艺文杂著《楝亭十二种》,其中包括元代钟嗣成的《录鬼簿》,《录鬼簿》记录了金元时期最重要的杂剧、散曲艺人。

家,一年内不得筵宴音乐,庶民皆三月不得婚嫁。"于是各官宦家,凡养优伶男女者,一概蠲免遣发。遣散的时候其实只剩了十一人,药官已经死去。芳官、藕官和蕊官也落得削发为尼的结局,是很不幸的。美好可爱的十二官①的命运寄托了曹雪芹深切的同情,同时也深化了这一个有情世界被无情世界所吞噬的悲剧性。

曹寅去世后,家中一定还有曹寅调教过的家班女伶,曹雪芹或许见过这些女伶"蟠然成妪"的光景,所以将这一笔写到了《红楼梦》第十七回中。此外,他对于家中大量的藏书和传奇剧本应该也是非常熟悉的。所以,他才可以如数家珍地把传奇的妙意巧妙地编织进整部《红楼梦》的小说。

这一节我们谈了曹雪芹和他的家学渊源,下一节我们分析第十一回凤姐点戏所透露的弦外之音。

三 从凤姐点戏看王熙凤的真情与真意

《红楼梦》第十一回《庆寿辰宁府排家宴 见熙凤贾瑞起淫心》,主要写贾敬生日大摆酒戏、宴饮宾客。可是贾敬不务正业,成天沉迷于炼丹求道,他宁可躲在道观里也不参加祝寿的活动。荣国府一行人来到宁国府参加寿宴,大家说起了贾蓉之妻秦可卿病重的事,凤姐万分挂心,她不等宴席开始就提出要去看望秦氏,她从秦可卿房里出来后又巧遇了贾瑞,所以这一回的中心人物是王熙凤。

秦可卿性格温婉,处事圆融,聪慧能干,深得凤姐的尊重和赏识,在贾府里头,谁都知道她们两个格外投缘。王熙凤见多识广,心思缜密,很少在人前动感情,但是这一回写出了凤姐的侠骨柔肠。她刚一听说秦氏病重,已经不能起身了,"眼圈红了半天",然后说:"真是天有不测风云,人有旦夕祸福。"小说在这一回写出了凤姐看望病重的秦可卿

---

① 《金台残泪记》云:"南方梨园旦色半曰某官;考《燕兰小谱》所记。京师亦然矣。"

时,流露出的非同一般的姐妹情深,也写出了凤姐至真至情的另一面。

王熙凤是个有能耐的,霸王式的人物,特别是她弄权铁槛寺、害死尤二姐的种种手段,给人以一种刁钻、冷酷、不择手段的印象,但是这一回写出了她温柔美好的一面。曹雪芹用了大约十三处动作的描写,来突出王熙凤对秦可卿的好,突出王熙凤的真情,避免了这一人物形象的扁平单一。她刚听说秦可卿病了,眼圈就红了半天,马上叫来贾蓉细细询问,然后抛下众人,独自去看望秦可卿。等到见到病榻上的秦氏,"半月不到就瘦成这般模样",心头一紧。于是凤姐紧走两步,赶紧握住她的手,作者用十三处动作描写刻画了凤姐的真挚。她见秦氏形容枯槁支起身来说话,内心十分难过。为了进一步刻画凤姐真情的一面,寿宴和酒戏已经开始了,秦可卿的婆婆尤氏派人来催了三次,凤姐才和秦可卿依依惜别。这一章回,王熙凤几乎把所有的泪都流尽了,由此可见,王熙凤和秦可卿的情谊非同一般。

王熙凤再入席的时候,宁国府的宴会都快结束了,戏也看得差不多了。所以,当王熙凤赶到筵宴现场的时候,演出的是最后一出戏《双官诰》。尤氏叫人拿戏单来,让凤姐点戏,凤姐点了什么戏呢?她点了一出《牡丹亭·还魂》,一出《长生殿·弹词》,然后递过戏单去说:"现在唱的这《双官诰》,唱完了,再唱这两出,也就是时候了。""也就是时候了"这是一语双关,秦可卿的大限已到,秦可卿所预言的那一桩"烈火烹油,鲜花着锦"的事也即将要发生,贾府也差不多到了"树倒猢狲散"的时候了。

第十一回曹雪芹为什么安排《长生殿》《牡丹亭》和《双官诰》这三出戏。

先说《双官诰》,这出戏的作者是清代剧作家陈二白,《双官诰》写冯碧莲立志守节,教子成名的故事。《双官诰》后来被改编成京剧《三娘教子》,清代舞台上常常以折子戏的形式出现,最常演的有"蒲鞋""课子""借债""见鬼""荣归"和"诰圆"七出,以"荣归""诰圆"最为吉利,所以广受欢迎。

在此点出《双官诰》是一种反讽的写法。以剧中冯碧莲教子有方讽刺贾府一般贵妇人的教子无方，第二回冷子兴演说荣国府时，对贾府子弟的评价就是"如今的儿孙竟一代不如一代了，安富尊荣者居多，运筹谋划者无一"。这么一个钟鸣鼎食之家居然培养不出一个人才，还不如戏里面的婢女，她倒培养出了一个状元。连贾雨村都纳闷"这样诗礼之家，岂有不善教育之理？别门不知，只说这宁、荣二宅，是最教子有方的"。这不是天大的讽刺吗？一个贫贱丫头都能教子有方，而堂堂诗书簪缨之家竟出不了一个像样的人物，这不能不说是一种莫大的讽刺。

第二，《双官诰》也是对贾府甚至那个时代的官场黑暗和腐败的讽刺。戏中的"双官诰"是薛之约的儿子中状元之后皇帝的封赏，而贾府子弟虽说有世袭的爵位，但有的头衔是买来的。夫贵方能妻荣，诰命夫人是皇上钦赐的，可贾府上下有多少诰命夫人是正大光明得来的？宁国府的长房长孙媳妇秦可卿死封龙禁尉，这个龙禁尉是买来的。贾珍花一千三百两银子托大太监戴权给儿子贾蓉先捐了个五品龙禁尉的官，然后得了个封号，为的是秦可卿的灵牌可以写上那么一个"天朝诰授贾门秦氏恭人之灵位"的称号。

余英时先生的《红楼梦的两个世界》和叶朗先生的《红楼梦的意蕴》，都提到《红楼梦》中理想世界和现实世界的比照。买官捐官就集中反映了封建社会的腐朽和肮脏。凤姐的丈夫贾琏也没有正式的功名，他捐了个"同知"的官，是个闲职，没有正儿八经的差事。就连贾府的家奴也买官，第四十五回管家赖大的母亲赖妈妈来请王熙凤吃酒席，因为她那个孙子蒙主子的恩典捐了一个县官，为了这件事情，赖家要在自家后花园摆三天酒席。官场如市场，官职的买卖和索贿、受贿纠缠在一起，或公开交易、明码标价、露骨地进行；或偷偷摸摸，装儒扮雅，暗地里成交。因此《双官诰》讽刺了买官捐官的腐败。通过写贾府也讽刺了整个清代买官捐官的风气，正如《官场现形记》中说："通天下十八省，大大小小候补官员总有好几万人。"

《双官诰》也是对女性贤良贞淑的反讽。能当得起诰命夫人的女性各方面都要堪为典范。但贾府的贵夫人是些什么人呢？先看贾赦之妻邢夫人，她为了贾赦的淫欲居然主动去做鸳鸯的工作，要她嫁给贾赦为妾。连贾母都说"你倒是一个三从四德的典范，不过做得也太过头了"，可她却说"他要这么做我也没有办法，所以不如顺水推舟就讨了他的好"，这就是邢夫人做出那件臭名昭著的事情的理由。还有王夫人，第七十四回之前，这个人物还是比较平和的，但她逼死金钏儿就让人感到不寒而栗。七十四回之后贾府由盛而衰的转折时刻，王夫人性格中让人感到可怕的一面就暴露出来了。晴雯的死跟她直接有关，宝玉屋里的几个丫头被驱逐也跟她有关。芳官出家，四儿也成了牺牲品，被撵出了贾府，就因为四儿跟宝玉是同一天生日。特别是王夫人对晴雯的态度，她说凡是相貌好的人心里难免都不安分，她断定晴雯"削肩水蛇腰"，心里一定是不安分的。大观园那些可爱的女孩子的悲剧性命运和这些诰命夫人是有直接关系的。

那第十一回为什么要安排凤姐点《牡丹亭·还魂》？

汤显祖的《牡丹亭》全本五十五出，第三十五出【回生】，舞台本叫【还魂】，这一出讲柳梦梅根据杜丽娘魂灵的指引，带了几个帮工来到梅花观启坟。观主受柳梦梅之托，在太湖石下，当年拾画之处，点香焚纸。等到启坟开棺之后，见杜丽娘"异香袭人，幽姿如故"。这里出现《还魂》的戏文首先照应了凤姐的"还魂之心念，还魂之祈望"。

凤姐探望秦可卿回来的路上，作者写她感叹秋天的美景，"黄花满地，白柳横坡。小桥通若耶之溪，曲径接天台之路。"借自然景色写生死无常，深秋极美，但已经临近严冬，此时宁府喜庆，但可卿病危。《红楼梦》处处可见情景交融的写景艺术，正如苏东坡所说："笔略到而意已具。"凤姐心里惦记秦氏的病，不知她是否可以活过今年冬天。贾母命她点戏，凤姐就点了【还魂】，表达了自己对于秦可卿还魂的祈祷和祝愿，希望她转危为安，依然能够像杜丽娘一样"异香袭人，幽姿如故"。秦可卿是非常美的，在太虚幻境，宝玉见到的那位"兼美"就是秦可卿的模样，"兼美"的意思就是所有女性的美全部集中在她一个人身上了。宝玉第一次云雨之欢就是让秦可卿来引导他，他在梦中呼喊的就是"可卿救我！"。现实中的秦可卿也是大度、得体、慈悲、善良，而且还有林黛玉的灵气，她死后贾府上下无一不悲伤。在曹雪芹的心中，人生遇到这样的知己是最幸运的，最有意义的，最美的。大观园是"情"的世界，所以作者塑造凤姐这一"霸王似的人物"，内心也有着一番真情。

其次，表现了戏里戏外的"还魂的照应，心魂的感应"。为了照应王熙凤和秦可卿之间的灵魂感应，秦可卿虽然没有还魂成人，但是她死后果然还魂，去了王熙凤的梦里，和她嘱咐了一番话，交代了几件格外重要的事情。这个情节和《牡丹亭》中杜丽娘托梦柳梦梅有几分相似。秦可卿托的这个梦非比寻常，只可惜梦过则忘，王熙凤并没有太当真。凤姐梦醒后吓出一身冷汗，随即听到云板敲了四下。云板敲四下是丧音，表示有人死了。这个声音即是秦可卿之死的信号，也是贾府衰亡的丧钟。

至于凤姐点的《长生殿》全本共五十出，舞台本比较著名的折子有【鹊桥】【密誓】，凤姐所点【弹词】是原著的第三十八出，写乐工李龟年弹唱天宝遗事。他回顾当年国家太平、富贵安乐的生活，对照安史之乱后的生灵涂炭，抒发了沉痛的故国之思和兴亡之感，全曲的风格慷慨悲凉，如泣如诉。最著名的是【南吕一枝花】。

【弹词】唱的是家国离散之痛，山河破碎之殇，凤姐点《长生殿·弹词》有何深意？首先，还是祈愿天下有情人能够白头圆满，希望秦可卿和自己也有长生长守的福报。但是，她们有这样的福报吗？不仅秦氏没有，凤姐的终局也是很凄惨的。曹雪芹在此伏下一笔，秦可卿托梦凤姐，她说，"嫂子，我舍不得你，故来一别"，但是"还有一件心愿未了"。什么样的心愿未了？她点出"月满则亏，水满则溢"的人生意象，告诫王熙凤要提防乐极生悲，树倒猢狲散，天下没有不散的宴席。繁盛昌荣绝不是永久的，必须未雨绸缪，提前筹划将来万一败落后的生计。她说我不放心,所以要来和你提一下,她指点王熙凤提前预备两件事情,第一件事应该在"在祖茔处多置田地、供给、家塾",因为按照清朝制度规定,如果家财充公,祭奠的家银是不充公的,所以应该把钱转移到祖地祭祀的事业中,那么即使将来家道中落,子孙们还有一个退路,还有一个耕读的地方,这是她关照王熙凤的第一件事。她泄漏的第二个天机,就是指出了马上要有一件"烈火烹油,鲜花着锦"的事,这件事情指的就是"元妃省亲"。秦可卿借托梦之际,把贾府的危机和最终的命运透露给了凤姐。天机就在临别的两句话中:"三春过后诸芳尽,各自须寻各自门"。

《长生殿》离散意象的出现,是历史与现实的重合,深化了一种无限惆怅的人生感和宇宙感。在盛极一时的时候,谁会警惕如此悲凉的结局,谁又会念及盛极必衰的道理?凤姐点《长生殿》正是指出了贾府处于盛极而衰的转折处。贾府必将遭遇【弹词】所唱的"余年值乱离,歧路遭穷败"的结局。凤姐下意识所点的这出戏,应验了贾府和她本人最后的结局。凤姐最后死得多惨啊!这么个"脂粉堆里的英雄",穷途末路,旧疾复发,血枯而亡,女儿巧姐又差点被卖,风光无限的凤姐绝没有想到自己的悲凄的结局。因此,【弹词】是曹雪芹使用的一处精致的伏笔,照应日后"余年值乱离,歧路遭穷败"的结局。

这一节我们分析了第十一回出现的三出戏。下一节我们要说的是第十八回"通部书大关键"的省亲四曲。

四　"通部书大关键"的省亲四曲

脂砚斋评本批注:"(元妃)所点之戏剧伏四事,乃通部书之大关节,大关键。"《增评补图石头记》在十八回中有眉批:"随意几出戏,咸是关键,若乱弹班一味瞎闹,其谁寓目。"可见,元妃省亲所点的四出戏在小说中的重要性。

元妃省亲正是贾家鲜花着锦、烈火烹油之时,而元妃之死是贾家真正分崩离析、节节败落的开始。由元春省亲为引线牵动一个庞大家族的命运是曹雪芹小说构思的关键。贾府对元妃的到来从物质到精神做了充分的准备，物质上的准备就是斥巨资建造了一座大观园；精神文化也有准备，一是大观园题额显示书香门第的文化品位，二是专门下苏州采办戏班子以备省亲仪典之用。省亲作为小说的枢纽，也是贾府败落的先声，然而如此鸿篇巨著却用元妃所点之戏文将草蛇灰线埋伏于千里之外，不能不说是曹雪芹的功力所在。而这里所伏的草蛇灰线就是元妃点的四出戏：《一捧雪》《长生殿》《邯郸梦》和《牡丹亭》。

元妃所点第一出戏是清代李玉的《一捧雪》。《一捧雪》出自李玉"一人永占"，即《一捧雪》《人兽关》《永团圆》《占花魁》四部传奇。《一捧雪》是一个关于欲望、阴谋和陷害的传奇，剧演明朝嘉靖年间严世蕃为霸占古董玉杯"一捧雪"而陷害玉杯主人莫怀古的故事。其中的【豪宴】一出有庚辰双行夹批："《一捧雪》中伏贾家之败"。

元妃为什么第一出就点【豪宴】？

这是曹雪芹的精心布局。细读全书可以发现元妃回家之前，刚刚参加了皇帝亲设的豪宴，在皇家豪宴的背后她却感到如履薄冰，如临深渊。元妃被加封凤藻宫尚书，从表面上看是受到了皇帝的宠爱，过去大多数读者也是这样理解的，但情况可能恰恰相反。小说写贾府所有人包括贾母本人在内五更时分就梳妆打扮一番带着众家眷迎候在门口，这个细节透露给我们元妃计划出宫的时间是在太阳下山之前。但这时宫里来了个太监，告知众人贵妃不能马上出宫，原因是"未初刻用过晚膳，未正二刻还到宝灵宫拜佛，酉初刻进大明宫领宴看灯方请旨"。

元妃回家的时间根据小说提示是"戌时起身"（戌时大约是晚上7点半左右），这是很不吉利的一个时间，过去新妇回门须在太阳下山之前，中国古代认为日落西山、傍晚时分才出门非常不吉利。明知嫔妃今日省亲，皇帝好像并不挂在心上，要她陪同四处应酬，还几乎忘了此事需要元妃"再请旨"，方才成行。一直拖到戌时才动身，让倾巢而出的贾府上下苦等一天。上元节晚间戌时，可以想见夜晚冰天雪地的肃杀气氛,贾府用了一年花费三万两银子建起了一个大观园,居然安排在晚上省亲,这岂是恩惠?简直无异于羞辱。而紧接着内廷安排回宫的时间是"丑正三刻"(大约是凌晨1点45分),省亲前后大约七个小时,大观园之外是黑灯瞎火,空有圣眷排场,绝不可能引起外界的关注。而如此这般浩浩荡荡的出行排场虽然体面,但其实不是独为元妃而设,只不过是显示皇室尊荣的日常仪轨。

所有这些都显示元妃可能并不受宠,而元妃始终没有子嗣,这也是她并不受宠和危机重重的隐患所在。所以,皇室的豪宴,家中的豪宴,这一切并没有让元妃感到轻松和喜悦,元妃拿到戏单第一个戏就点【豪宴】,可以看出她对豪宴背后的阴冷和肃杀感同身受。

《一捧雪·豪宴》是伏笔,也是反讽,它所要揭示的是繁华荣耀的背后不为人知的政治阴谋、陷害和残杀。第五出【豪宴】写莫怀古把精于装裱字画和鉴别古董的汤勤举荐给严世蕃,严世蕃设宴招待,为后来莫怀古被汤勤出卖而遭受迫害埋下了祸根。小说里也写到了相关巧取豪夺的情节,比如贾雨村为讨好贾赦,害死了石呆子,从他手里巧取豪夺了二十把古扇。贾家子弟没少干巧取豪夺的缺德事,薛蟠不择手段夺取香菱,孙绍祖毫无人性地残害迎春,贾赦毫无廉耻想霸占鸳鸯,都是尊贵体面背后不为人知的肮脏和黑暗。【豪宴】招待的过程演出了一个戏中戏《中山狼》,剧演东郭先生和狼,是一个恩将仇报的故事。"此系中山狼,得势便猖狂",作者在此讽刺了贾府败落后一般中山狼的嘴脸,比如贾雨村、孙绍祖、王仁这样的人。

元妃点的第二出戏是洪昇的《长生殿·乞巧》。《长生殿》第二十二出【乞巧】,舞台本称【密誓】,写唐杨二人在七夕之夜,面对牛郎织女星,表达生死不渝的誓言。

这当然寄寓了元妃对人间真情的渴望。她希望自己和杨玉环一样,身为贵妃也能在有限的人生中得到皇帝的真爱,体会人间最真挚的男女真情。但是她没有杨玉环幸运,杨玉环在短暂的生命里还有一位君王与自己有人间的真爱。元妃既被隔断了家庭的人伦之爱,也没有人间的恋情。她回家见到家人的第一句话就是"你们当日送我去了那不得见人的去处"，可想而知她内心的苦闷。而元妃希望的这种"有情有爱"的人生注定是虚幻的，她注定得不到人间真爱。《长生殿》最后的结局是杨贵妃被赐死马嵬坡，而等待元春的是不久之后的早亡和短命，"戏谶"提前预设和铺垫了小说的结局。正如元妃的判词所写："二十年来辨是非，榴花开处照宫闱。三春争及初春景，虎兔相逢大梦归。"

再看第三出汤显祖的《邯郸梦·仙缘》。《邯郸梦》写八仙度卢的故事。故事的构架缘自唐朝沈既济的《枕中记》，思想上有老庄的出世观点。此处脂批写道："伏甄宝玉送玉。"《邯郸梦》的剧情是八仙会集，点度"痴人"卢生，故事讲卢生在邯郸旅店中，偶遇吕洞宾，吕仙人给了他一个枕头。卢生在枕上入梦，梦中经历了娶妻、入仕、遭贬、挂帅、封相、戴罪、昭雪、寿终的跌宕起伏的人生。梦醒时才发现梦里一生，现实中一锅黄粱竟都还没煮熟，当下开悟，离了红尘，去顶替何仙姑当扫花人去了。

第三十出"合仙"写吕洞宾度卢生到仙境，与另外七位仙人相会，舞台本称【仙缘】。【仙缘】写的是人的超脱，但是现实中的人很难超脱。现在正是"烈火烹油、鲜花着锦"之时，可惜贾府这些过惯了锦衣玉食生活的人根本看不破，世间的一切都是虚幻和无常的。戏中人超脱，戏外人沉迷，这就是作者的反讽。"福兮祸所伏，祸兮福所倚"，戏曲故事照应并暗合了小说对于元春这个人物的安排。元妃省亲的盛极一时犹如海市蜃楼，贾府的兴衰荣辱到头来不过是一枕黄粱美梦，而梦终究是要醒的，所谓"虎兔相逢大梦归"。而小说中宝玉出家也有人接引，甄宝玉送玉，真假会合，最后悬崖撒手，脂批指出此处也与甄宝玉送玉和宝玉出家有关。由此可见，曹雪芹在《红楼梦》这部小说中寄寓着关于人如何超越有限和苦难的哲理思考。

再看元妃所点的第四出戏《牡丹亭·离魂》。汤显祖的《牡丹亭》全本五十五出，第二十出《闹殇》，舞台本称为《离魂》。讲的是杜丽娘因梦成病,一病不起,她知道自己行将离世,于是画下自己的写真像,临终前有一番肝肠寸断的感叹。我们不禁疑惑,大喜之日,省亲之时为什么偏偏点这一场最富悲剧性的戏? 脂批认为此处"伏黛玉之死"。如果说伏笔,这里伏"元妃之死"也许更为直接,和黛玉之死的关系如何来理解呢? 要解开这个问题,我们有必要来看一看《离魂》中最重要的一支曲子【金珑璁】:

【金珑璁】〔贴上〕连宵风雨重,多娇多病愁中。仙少效,药无功。"颦有为颦,笑有为笑。不颦不笑,哀哉年少。"〔下〕

黛玉有诗"连宵脉脉复飕飕,灯前似伴离人泣"。前一句"多娇多病愁中"正是黛玉的写照,后一句"颦有为颦,笑有为笑。不颦不笑,哀哉年少"这一句包含了黛玉的字"颦儿",《红楼梦》作者在塑造林黛玉的时候应该是受到了《牡丹亭·离魂》的影响,并且在塑造黛玉这个人物最终的结局时,构思中一定有杜丽娘的影子。【离魂】的【鹊侨仙】与黛玉的《秋窗风雨夕》也有着天然的神似。

【鹊侨仙】〔贴扶病旦上〕拜月堂空,行云径拥,骨冷怕成秋梦。世间何物似情浓? 整一片断魂心痛。〔旦〕"枕函敲破漏声残,似醉如呆死不难。一段暗香迷夜雨,十分清瘦怯秋寒。"春香,病境沉沉,不知今夕何夕? 〔贴〕八月半了。〔旦〕哎也,是中秋佳节哩。

杜丽娘死在中秋之夜,黛玉牵肠挂肚,为情泪尽,同样死于深寂的夜晚,冷月葬花魂,悲悼寂寞骨。所不同的是,黛玉死在春末。一朝春尽红颜老,花落人亡两不知,黛玉之死和杜丽娘之死都是一曲青春和爱情的挽歌。此外,【离魂】有一个极为动听感人的曲牌【集贤宾】。这个曲牌写杜丽娘中秋之夜即将离世时的一段唱,和黛玉之死、元妃之死皆有关联。

【集贤宾】海天悠,问冰蟾何处涌? 玉杵秋空,凭谁窃药把嫦娥奉? 甚西风吹梦无踪! 人去难逢,须不是神挑鬼弄。在眉峰,心坎里别是一般疼痛。

大致意思是今晚正值中秋之夜，本是团圆的日子。而此时，孤零零一轮明月悬挂于寂寞浩渺的海天，我丽娘想起了月中的嫦娥，想当日她也是这样孤独地飞升而去，如今在广寒宫中，该是多么寂寥清冷！恰西风吹入梦中，心上人思而不得，此生难见，怎能不愁上眉头，再上心头。《红楼梦》反复以"嫦娥"的意象来比喻黛玉，作者曹雪芹借戏抒怀，哭黛玉之死。

对元妃而言，在这个离别的时刻，她不避讳借用最后【离魂】的曲意暗示家人自己的真实处境。天下无不散的宴席，点完最后一个戏，就要和家人离别了，这一别有可能是生离死别。她想到自己犹如广寒宫中的嫦娥，有家不能回，也没有人间的真情可以依托，她感到清冷无依，有着深重的死亡预感。元妃既没有杜丽娘追求真爱和幸福的勇气，也没有柳梦梅这样可以生死相依的灵魂伴侣。戏中的杜丽娘等来了"月落重生灯再红"，而元妃注定"魂归冥漠魄归泉"。元妃来去之间，三次落泪，不舍之情尽显。

所以，传奇戏曲的演出和曲词在《红楼梦》中所起到的作用是多个层面的，它既可以在恰当的情境中借戏剧人物的抒怀，呼应小说人物的心理，也可以借戏剧的内容和主旨展现人物的性格和所处的情境，渲染家族和个人命运的悲剧性，曹雪芹用戏曲和小说互文的方式设置伏笔和隐喻，推升了《红楼梦》深层的美学意蕴。下一节我们谈谈清虚观打醮，贾母拈出三本戏的玄机。

五　清虚观打醮拈出三本戏的玄机

《红楼梦》运用传奇是怎样起到暗示人物命运以及全书走向的作用的呢？上一节我们分析了第十八回的"省亲四曲"，这一节，我们谈谈清虚观打醮，贾母在神前拈出的三本戏所蕴含的玄机。

第二十九回《享福人福深还祷福　痴情女情重愈斟情》。这一回讲全家在贾母带领下去清虚观打醮,祭奠祖先,神前拈戏,拈出了三本戏:头一本《白蛇记》,第二本《满床笏》,第三本《南柯梦》。神前拈出的这三出戏,是带有预言性质的命运的启示,暗含家族兴衰的玄机,可谓之"戏谶"。

这里出现的《白蛇记》并非讲"许仙和白娘子"的故事,而是演汉高祖刘邦斩白蛇起义的故事。《斩白蛇》的故事取材于《史记·高祖本纪》,故事写汉高祖刘邦当亭长的时候,押送苦役犯前往骊山(秦始皇曾调动大量人力物力在骊山修建陵墓,到他死的时候还没有修完),刘邦夜间走到泽中时,遇到大蛇挡路,于是拔剑将蛇斩为两段。后来有人来到斩蛇的地方听见一位老妪在哭,问她为何而哭,回答说赤帝子斩杀了我的儿子白帝子。刘邦听说后心里暗自窃喜,因为"白帝"是古代传说的五方上帝之一,秦朝祭礼白帝,"白帝子"暗喻秦朝后代,赤帝子斩白帝子,预示刘邦日后将推翻秦朝建立汉朝。《白蛇记》剧演"汉高祖泽中斩白蛇",贾母拈出这一本戏用刘邦凭借军功发迹的典故,来照应荣宁二公出生入死,奠基立业,光大家族的历史。

第二本戏《满床笏》①又名《十醋记》,主人公是唐代的郭子仪。故事讲的是唐玄宗年间,郭子仪在郊外射猎偶遇李白,李白把他举荐给了朔方节度使龚敬。故事的一条线索是龚敬的家事,龚敬年届不惑但膝下无子,他的夫人师氏是个妒妇,她先是放走了龚敬私纳的小妾萧氏,后来又出于为丈夫传宗接代的考虑,帮着丈夫重新纳萧氏为妾。《曲海总目提要》提到三十六出本《十醋记》以"醋"为线索,着意描写龚敬的妻子师氏因为"吃醋"所引发的一系列令人捧腹的事,其间穿插了李白酒醉的趣事,以及郭子仪荣立军功、满门显贵的发迹史。

---

① 《满床笏》的典故最早出自《旧唐书·崔义玄传》。崔义玄(585—656)是隋末唐初人,仕于唐高祖、太宗、高宗三朝。到了玄宗时期,崔义玄孙辈崔琳这一代,家族中许多人都身居达官显贵,一时有"三戟崔家"的美誉。说的是崔家三兄弟,崔琳官至太子少保,崔珪官至太子詹事,崔瑶官至光禄卿,官阶都在三品以上。三兄弟在洛阳私宅门口列戟,被誉为"三戟崔家"。至于"一榻置笏",说的意思也差不多,就是说,家中的达官显贵太多了,以至于笏板堆满了坐榻。

郭子仪被封侯拜相是《满床笏》的另一条重要线索，安禄山叛乱后，郭子仪奋勇杀敌，立下赫赫战功，天子亲自为他卸甲，赐封为汾阳王，并把升平公主赐给他的儿子郭暧为妻。郭子仪六十大寿的这一天，天子赐宴并命令满朝文武齐来贺寿，七子八婿都被封侯拜相，一时间家势盛极，象征荣耀和地位的笏板堆满了坐榻，尽显家道隆昌。①

"满床笏"意为朝罢归来笏满床，是拜寿辞中美好的祝福，意喻家道兴隆，权势荫及子孙，荣华累世不尽。清代大户人家喜庆筵席最后一出必点《满床笏》中的【笏圆】。清人归锄子作《红楼梦补》第八回写宝玉中举，家中设宴开戏，宝钗知道宝玉点了一出《仙缘》，便回贾母说："《仙缘》不如《笏圆》好。"贾母听了宝钗的话，叫改唱《笏圆》。俞樾在随笔中亦有"人家有喜庆事，以梨园侑觞，往往以《笏圆》终之，盖演郭汾阳生日上寿事也"。所以，《满床笏》作为喜庆吉利的戏文，应该是频繁出现在清代宴席庆典中的一出戏。贾母之所以高兴，是因为这出戏和贾府发达隆昌的愿景是相符合的。

可是令贾母不安的是，第二本就出现《满床笏》这样极盛的戏文，第三本又该出现哪出戏呢？果然，第三本拈出了《南柯梦》，令贾母若有所失。《南柯梦》的作者是汤显祖，剧本取材于唐李公佐的传奇《南柯太守传》，剧演淳于棼梦入槐安国，被择为驸马，并与公主成婚。淳于棼在槐安国经历了一番荣华和风流，梦醒后才发现槐安国只是槐树下的一个蚂蚁洞。最终，在契玄禅师的帮助下，蚁群升天，淳于棼斩断一切尘世情缘，开悟成佛。

明代王思任作《批点玉茗堂牡丹亭词叙》指出，汤显祖的"玉茗堂四梦"，"《邯郸》，仙也；《南柯》，佛也；《紫钗》，侠也；《牡丹亭》，情也"。

---

① 贾府打醮祈福、演戏酬神的时刻拈出《满床笏》，当然是对贾府曾经的辉煌与荣耀的写照。特别是《卸甲》一出，演郭子仪得胜回朝，觐见天子，天子要亲自为他卸甲，被郭子仪力辞，他说："臣怎敢妄动了圣神天子，臣怎敢消受得当代明君！"然后皇帝又命李白、龚敬二人代劳，郭子仪再辞，最后皇帝只好让内侍代替自己为他卸甲更衣。郭子仪一辞再辞，既体现出皇帝对郭子仪的赏识和推崇，同时也塑造出一个并不居功自大的忠臣形象。

王思任认为《南柯梦》是触及佛理的，全剧看似写淳于棼梦游槐安国，实则蚂蚁世界的一举一动皆反映了人言、人事、人情百态，荣华富贵到头来只是万境归空，从而警醒世人所谓繁华不过一梦，从南柯梦中解脱，即是从世间的纷扰中解脱。为功名利禄所束缚的虚无的人生不值得追求，人应该寻求精神上的超脱。

在《南柯梦》最后一出《情尽》中，淳于棼被契玄禅师挥剑斩情丝，了断了世间的一切情思和爱欲。《情尽》暗示了一切苦乐兴衰，皆为梦境，结尾处汤显祖以一曲【清江引】点明了主题，贾府中各种真情假意、荣华富贵终如一场幻梦。

因此，在《红楼梦》第二十九回"享福人福深还祷福"的回目中，通过神前拈戏的巧妙安排，将剧中情境与贾府命运相互照应，为贾府盛极而衰的结局埋下伏笔。脂批此戏暗伏贾府最终的败落，和宝玉最后遁入空门的结局。《红楼梦》程甲本北师大版对三部戏在此出现也有一条注解，是这样写的："作者有意安排这三部戏，由起首、盛极、到梦灭的过程，或是暗示贾府由兴盛而趋于衰败的必然结局。"①

曹雪芹将戏曲人物的冲突化用于小说的情节，借由剧目内容展现小说人物关系及命运走向。贾琏与凤姐、尤二姐的三角关系引发的悲剧，大观园突遭抄检后群芳零落的衰微景致，甚至宝黛爱情命运与宝玉最终的结局等，在此都设有伏笔。小说借打醮演剧勾勒了贾府的兴衰荣枯。正如脂砚斋批语所言："清虚观贾母凤姐原意大适意大快乐，偏写出多少不适意事来，此亦天然至情至理必有之事。二玉心事此回大书是难了割，却用太君一言以定，是道悉通部书之大旨。"②通过神前拈戏，观照真假空幻，洞明人情世事，引发我们对欲望、执念、人生境遇和生命意义的深思。

---

① 〔清〕曹雪芹：《红楼梦·校注本》二，北京师范大学出版社，1987年版，第481页。
② 〔清〕曹雪芹：《脂砚斋重评石头记·庚辰本》二，人民文学出版社，2010年版，第657页。

细读《红楼梦》"省亲四曲"

　　《红楼梦》的小说叙事受到了明清以来的古典戏曲传奇的深刻影响，小说大约有四十多个章回出现了和戏曲传奇有关的内容，这些戏曲剧目大多是元明清最经典的剧目，可以说《红楼梦》中藏着一部元明清经典戏曲史。[①]

　　《红楼梦》的叙事和行文处处渗透着"传奇之长，化入小说"的特点，小说中以各种形式出现的戏曲内容和典故或暗伏人物命运以及全书的走向；或构成叙事手法的借鉴和效仿；或增加人物对白的机锋，刻画人物性格，增加文本的内涵和趣味；或展现康雍乾盛世贵族戏班的生存和演出的基本状况；或揭示深化小说的主旨意涵；或照应传奇和小说作者之间的思想和精神追求……从戏曲的角度研究《红楼梦》这部经典小说，对进一步拓展《红楼梦》小说的叙事研究有着极为重要的意义，研究小说与戏曲的互文关系以及叙事美学是红学研究中一个尤为关键的"美学问题"。

　　在此以前，已有不少学者对这个问题进行过相关的研究，其中以徐扶明先生1984年出版的《红楼梦与戏曲比较研究》一书最为全面和最具原创性，该书对《红楼梦》中出现的戏曲传奇作了基础

---

　　① 顾春芳：《〈红楼梦〉戏曲及演出状况考证补遗》（上），《曹雪芹研究》2017年第4期；《〈红楼梦〉戏曲及演出状况考证补遗》（下），2018年第1期。

性研究。① 后来关于《红楼梦》小说中戏曲学的相关研究都直接或间接地从这本书中得到启发,足见此书对于这一学术问题的贡献和意义。鉴于八十年代研究条件和研究资料所限,这一命题尚未充分展开,《红楼梦》的叙事美学和戏曲关系的问题依然有着可拓展和深入的研究空间,如何接着这个有意义的学术话题,继续往前推进和发展,深入阐释《红楼梦》和戏曲的关系,深入研究戏曲剧目在小说中的作用和意义是红学研究中一项非常有意义的工作也是非常关键的基础工作。② 戏曲传奇除了暗示人物命运以及全书的走向,对戏剧的剧情、矛盾冲突、戏剧人物以及戏曲的曲文究竟在何种程度上影响了《红楼梦》的创作,或者说戏曲和小说的互文和究竟怎样深化了小说的意蕴,还需要通过比对小说和戏曲的文本,才能有一些新的突破和发现。本文拟对《红楼梦》第十七、十八回"元妃省亲"所点的四出戏进行较为深入的细读,尝试分析这四出戏在小说中出现的意义,从而揭示戏曲与小说之间的深层联系。③

---

① 徐扶明考出的 37 出戏分别是王实甫《西厢记》(第 23、26、35、40、42、49、51、54、58、62、63、86 回);李日华《西厢记》(第 54、117 回);汤显祖《牡丹亭》(第 11、18、23、36、40、51、54 回),《邯郸梦》(第 18、63 回),《南柯梦》(29 回);洪昇《长生殿》(第 11、18 回);高明《琵琶记》(第 42、62、85 回);陈二白《双官诰》(11 回);李玉《一捧雪》(18 回),《占花魁》(93 回);月榭主人《钗钏记》(18 回);邱园《虎囊弹》(22 回);朱佐潮《九莲灯》(27 回);范希哲《满床笏》(第 29、71 回);康进之《负荆请罪》(30 回);柯丹邱《荆钗记》(第 43、44 回);袁于令《西楼记》(53 回);徐元《八义记》(54 回);高濂《玉簪记》(54 回);曹寅《续琵琶记》(54 回);梁辰鱼《浣纱记》(70 回);张凤翼《祝发记》(85 回);白朴《白蛇记》(29 回);庾吉甫《蕊珠记》(85 回);无名氏《西游记》(22 回),《金貂记》(22 回),《白兔记》(39 回),《牧羊记》(63 回),《临潼斗宝》(75 回),《刘二当衣》(22 回),《黄伯央大摆阴魂阵》(19 回),《丁郎认父》(19 回),《孙行者大闹天宫》(19 回),《姜子牙斩将封神》(19 回),《混元盒》(54 回),《霸王举鼎》(39 回),《五鬼闹钟馗》(40 回)。
② 顾春芳:《红楼梦戏曲与演出考证补遗》(上、下),《曹雪芹研究》2017 年第 4 期、2018 年第 1 期。
③ 涉及对《红楼梦》第二十九回出现戏曲传奇剧目进行考察的前人研究有:徐扶明:《红楼梦与戏曲比较研究》,上海:上海古籍出版社,1984 年;欧阳健:《"省亲四曲"与〈红楼梦〉探佚》,《广西师范大学学报》1993 年第 5 期;李丽霞:《〈红楼梦〉中元宵节的叙事功能》,《红楼梦学刊》2015 年第 3 期;张季皋:《怎样理解"榴花开处照宫闱"》,《红楼梦学刊》1985 年第 2 期;丁淦:《元妃之死——"红楼探佚"之一》,《红楼梦学刊》1989 年第 4 期等。

在所有关于省亲四曲的夹批中，脂本历来最受关注。《脂砚斋重评石头记》已卯本、庚辰本都重点标明元妃所点的四出戏对整部小说的重要性：

第一出：《豪宴》，夹批：《一捧雪》，中伏贾家之败。

第二出：《乞巧》，夹批：《长生殿》，中伏元妃之死。

第三出：《仙缘》，夹批：《邯郸梦》，中伏甄宝玉送玉。

第四出：《离魂》，夹批：《牡丹亭》，中伏黛玉之死。

所点之戏剧伏四事，乃通部书之大关节，大关键。

此外，《增评补图石头记》在十八回中有眉批："随意几出戏，咸是关键，若乱弹班一味瞎闹，其谁寓目。"学者对"省亲四曲"和《红楼梦》的关系素来不吝笔墨，话石主人在《红楼梦精义·戏文照应》中有云："归省四曲应元妃。"解盦居士的《石头臆说》云："书中所演各剧皆有关合，如元妃所点之《离魂》……为元妃不永年之兆。"沈煌《石头记分说》云："《离魂》是元春谶兆。"评点家黄小田评本夹批云："头一出指目前，第二指宫中，第三指幻境，第四则谓薨逝矣。"妙复轩《石头记》夹批云："《豪言》，本回事；《乞巧》，宝钗传；《仙缘》，宝玉结果；《离魂》，契玉传。"可见这四出戏在小说中的重要性，也足见各家观点之分歧。

关于这四出戏，《红楼梦》第十八回这样写道：

那时贾蔷带领十二个女戏，在楼下正等的不耐烦，只见一太监飞来说：

"作完了诗，快拿戏目来！"贾蔷急将锦册呈上，并十二个花名单子。少时，太监出来，只点了四出戏：

第一出《豪宴》，第二出《乞巧》，

第三出《仙缘》，第四出《离魂》。

贾蔷忙张罗扮演起来。一个个歌欺裂石之音，舞有天魔之态。虽是妆演的形容，却作尽悲欢情状。

《红楼梦》第十七、十八回主要表现贾府上下倾尽全力为元妃归省作准备,然而在省亲的喜庆之下暗伏着皇室与世家贵族的矛盾和危机。此二回前接秦可卿之死,作者用很多笔墨在十四、十五回铺陈了秦可卿的豪丧出殡、停灵铁槛寺的过程。读者对秦可卿托梦王熙凤的情节记忆犹新,作者曾借秦可卿托梦点出了一桩"鲜花着锦、烈火烹油"之事,这件事指的就是"元妃省亲"。可卿之死接踵而来的就是秦钟之死,秦钟因为铁槛寺守灵期间与水月庵的尼姑慧能相好而遭到其父的笞责,导致一命呜呼,宝玉因为失去了这一位情投意合的知己而悲痛不已。从这一部分的叙事来看,在元妃归省之前,秦家姐弟的相继猝死而导致贾府上下笼罩着不祥的气氛。然而,就在这悲绝荒凉的气氛中,好事骤然降临,贾政在生日当天被传唤至宫中,原因是元妃被加封凤藻宫尚书,皇上特许恩准省亲。作者擅长通过悲喜对照的叙事方法来进行情节的编排和内在情感的转换,书中这几个章回的布局,充分体现了作者"悲喜陡转"的娴熟手法。

甲戌本脂批以"开口拿【春】字最紧要""元春消息动也"等字眼反复提醒元春这个人物在全书中的重要性。为何脂砚斋反复强调"元妃省亲"是"通部书的大关键"？元春生于大年初一,其生辰和贾府奠基人太祖太爷同日,晋封凤藻宫之日正是贾府家业的盛夏之时,然而热日无多,小说从冷暖交替之际开始写起。这样的设置有意识地暗示了元妃与贾府兴衰荣辱休戚相关的特殊性,元妃虽然在书中出场不多,但在作者笔下却是直接关系贾府世家地位的关键人物。

元妃的重要作用体现在几个方面:首先,正是由于她的授意,才有了宝玉和诸姐妹搬入大观园的机缘,大观园这个女儿国,正是余英时所说《红楼梦的两个世界》中的那一个理想世界和世外桃源。正是有了这个园中之园,才有了宝玉和众姐妹的理想国度,"共读西厢""祭奠花神""黛玉葬花""海棠结社""群芳夜宴"等一系列最美好诗意的事情才得以自然地发生,可以说正是元妃拉开了大观园"赏心乐事"的大幕。后四十回写她与王子腾先后暴卒,她的死加速了贾府一泻千里的垮塌。先是甄家败落、探春远嫁、月夜闹鬼,然后是通灵宝玉的不翼而飞，王子滕猝死就任途中，直至第一百零五回锦衣卫查抄宁国府，贾府失去了政治靠山，很快就获罪抄家，彻底颓败。元妃谢世前夕，宝黛被棒打鸳鸯，黛玉泪尽而亡，可以看出，元妃与贾府的生死存亡和兴衰荣辱，以及大观园的群芳荣枯息息相关。从小说叙事的功能来看，她是有效连接情节关目的核心人物，不仅推动而且左右着故事的发展，而且牵动着全书的主要矛盾和情境。

第十八回省亲，第八十三回染恙，第九十五回病逝，另有第二十二回制灯谜和第二十八回赏赐端午节礼物，都提到了元妃，而关于这个人物最直接的描写就是省亲这个场面。元妃省亲正是贾家鲜花着锦、烈火烹油之时，而元妃之死是贾家真正分崩离析、节节败落的开始。关于元妃的判曲《恨无常》：

> 喜荣华正好，恨无常又到。眼睁睁，把万事全抛；荡悠悠，把芳魂消耗。望家乡，路远山高。故向爹娘梦里相寻告：儿命已入黄泉，天伦呵，须要退步抽身早！

脂砚斋在此有一句夹批："悲险之至！"由元春省亲为引线牵动一个庞大家族的命运是曹雪芹小说构思的关键。省亲作为小说的枢纽，也是贾府败落的先声，如此鸿篇巨著却用元妃所点之戏文，将草蛇灰线埋伏于千里之外，不能不说是曹雪芹的功力所在。接下来我们以元妃省亲所点四出戏《一捧雪》《长生殿》《邯郸梦》《牡丹亭》，进一步探讨传奇剧目和《红楼梦》叙事的关系。

《一捧雪·豪宴》："世路险巇恩作怨，人情反覆德成仇。"

元妃所点第一出戏是【豪宴】。【豪宴】出自清代李玉"一人永占"，即《一捧雪》《人兽关》《永团圆》《占花魁》四部传奇中的《一捧雪》。【豪宴】一出有庚辰双行夹批："《一捧雪》，中伏贾家之败"。

《一捧雪》全剧共三十出，剧演明朝嘉靖年间严世蕃为霸占莫怀古九世传家之宝"一捧雪"玉杯而陷害玉杯主人的故事。①《一捧雪》第五出【豪宴】②写严世蕃设宴招待莫怀古,在宴席上莫怀古把精于装裱字画和鉴别古董的汤勤举荐给严世蕃,由此埋下了家破人亡的祸根。《一捧雪》主要传达的是匡扶正义、惩恶扬善,讴歌仁人志士的主旨,该剧的大旨可以"冤""忠"二字概括,正如【豪宴】一出戏文所写:"世路险巇恩作怨,人情反覆德成仇"。小说在元妃省亲时引用此剧,我以为寄托着作者曹雪芹对曹家与清室关系的创痛与感怀。对友人和恩主的"忠诚",以及同样为友人和权贵所迫害的"悲怨"构成了《一捧雪》最强烈的情感张力,这种情感张力同样贯穿在《红楼梦》中,也正是因为这内在的情感张力,直接决定了李玉和曹雪芹创作出了各自的杰作。

《一捧雪》【豪宴】是一个"戏中戏"的结构,这一出展现的是严府设宴招待莫怀古,宴饮的过程中演出了一个杂剧《中山狼》③,《中山狼》剧演墨者东郭先生救狼的故事,所以实际上这一章回涉及五个戏。莫怀古就好比是东郭先生,他好心搭救汤勤,却不料此人得势猖狂、恩将仇报,导致恩主家破人亡。【豪宴】出现在小说中,其叙事目的主要在于以戏中的矛盾照应戏外的矛盾,以戏中的"中山狼"鞭挞戏外的"中山狼",同时也以莫怀古的厄运,照应贾府日后衰落的相同命运。通过比较【豪宴】东郭先生在走投无路之时所唱的【寄生草】和《红楼梦》第八支曲【喜冤家】我们可以发现这内在的关联。

【寄生草】眼脑真馋劣,心肠忒魅魑。逞狼心便忘却颠和踬,恣狼贪不记得恩和义,肆狼吞怎容得天和地。(《中山狼》)

---

① 《一捧雪》曾改编为京剧,载《京剧汇编》第39集。徽、晋、汉、湘、滇、川、上党梆子、秦、弋等剧种均有此剧。昆曲常演的有17出,见《集成曲谱》《缀白裘》《醒怡情》三书。

② 程砚秋曾经藏有【豪宴】的身段谱,这个身段谱是从清宫里传出来的,说明这个戏曾经在清宫演过。

③ 故事讲墨者东郭先生往中山进取共鸣途中,逢暮秋傍晚,斜阳天际,恰遇豺狼当道。因有猎人追杀,狼央求东郭先生搭救,东郭先生藏狼于囊中,未料脱险后的狼恩将仇报,要将他吃掉。幸遇老妇智慧搭救,幸免于难。

【喜冤家】中山狼，无情兽，全不念当日根由。一味的骄奢婬荡贪欢媾，觑着那侯门艳质同蒲柳，作践的公府千金似下流。叹芳魂艳魄，一载荡悠悠。（《红楼梦》）

对于人世间世态炎凉、恩将仇报的领悟既是东郭先生的，也是莫怀古的，更是作者曹雪芹的。《红楼梦》第八支曲【喜冤家】以"恣狼贪不记得恩和义"的"中山狼，无情兽"，鞭挞讽刺了贾府内外如贾雨村、孙绍祖、王仁这一般"中山狼"似的人。

因此，《一捧雪·豪宴》是伏笔，也是隐喻和讽刺。《一捧雪》【势索】【婪贿】等几出戏，均暗伏了《红楼梦》小说中出现的巧取豪夺的情节。比如贾雨村为讨好贾赦，害死了石呆子，从他手里巧取豪夺了二十把古扇。就连贾琏对他父亲做出此等伤天害理之事也嗤之以鼻："为这点子小事，弄得人坑家败业，也不算什么能为！"（第四十八回）一向隐忍温顺的平儿对于贾雨村的所作所为也流露出很少见的义愤填膺："都是那贾雨村什么风村，半路途中那里来的饿不死的野杂种！"平儿接着骂道："认了不到十年，生了多少事出来！"（第四十八回）此外，贾家子弟没少干缺德的巧取豪夺的事情，薛蟠不择手段夺取香菱，孙绍祖毫无人性地残害迎春，贾赦毫无廉耻欲霸占鸳鸯为妾，狠舅奸兄甚至要卖了巧姐，这些都是贾府尊贵体面的背后不为人知的肮脏和黑暗。《一捧雪》是一个关于欲望、阴谋和陷害的故事，戏中戏《中山狼》是一个关于私欲、谋害和恩将仇报的故事，这两出戏的情节所要照应和揭示的正是繁华荣耀的背后是不为人知的政治斗争、阴谋、陷害和残杀。

其次，《一捧雪》讴歌了全忠全孝的仆人莫成和千贞万烈的薛艳娘，以及铁胆铜肝的元敬友，鞭挞了那些专把朝纲戏弄的政治巨恶，作者特意安排元妃点看这出戏，弹出了小说的弦外之音，照应了曹家（贾府）对皇室的忠诚，抒发了作者对于曹家（贾府）先人出生入死、从龙入关，最后竟然惨遭抄家的一腔悲愤。这一笔是借戏抒怀，为的是要"向那简编中历数出幽光耀，全把那纲常表"，（第二十一出《哭瘗》）正如最后一出《杯圆》【江水儿】所写：

【江水儿】枭獍张奸恶,豺狼肆噬脐;专权专把朝纲戏,垄断思将金穴砌,杀人拟绝忠良辈。天纲怎叫瞒昧!悬首边疆,一旦华夷色起。

读者可以强烈地感受到被冤枉、诬陷和迫害的悲愤之情,以及对于草菅人命、玩弄权术之政治巨恶的痛恨和谴责,正如亡命天涯的莫怀古的哀诉:

【仙吕入双调过曲】【沉醉东风】卷黄云朔风似旋,映落日断烟如练。遥望着雁孤还,泪痕如霰,玉门关盼来天远。长安望悬,钱塘梦牵,堪怜锻羽何年返故园。

欧阳健《"省亲四曲"与〈红楼梦〉探佚》一文认为,《一捧雪》和《红楼梦》不同,《一捧雪》中真正的中心莫家,最后的结局是"团圆会合,千载名标",进而认为:"无论从哪一角度讲,都得不出'伏贾家之败'的印象。再说,有关贾家日后之终趋衰败,在第五回《红楼梦曲》中已预示得十分清楚,曹雪芹又何必于此多费心机呢?"①而笔者认为脂砚斋夹批中关于此剧"伏贾家之败"着实有根有据。作者借由《一捧雪》中家破人亡的莫家之命运,照应了贾家(曹家)由盛而衰的命运,剧中莫怀古由皇帝亲自平反昭雪的结局,和同样出生入死而不得善终的贾家命运的反差,恰是作者以戏中圆满反衬现实残缺的用意所在,是作者的一腔悲愤所在。戏里戏外的反差造成了内在叙事的一种戏剧性张力,这种张力的营造,深化了悲剧之悲,也正是作者需要"多费心机"的原因所在。黄小田和妙复轩夹批所云"指目前"和"本回事"仅仅指出了戏曲和小说的表层照应,而脂砚斋夹批所云,才是对戏曲和小说更深层的叙事要旨的发现。

其三,通过对【豪宴】的剧情与元妃出宫之前的实际情境相比较,我们可以发现小说借助戏曲的情境,暗示出了元妃的真实处境。小说

---

① 欧阳健:《"省亲四曲"与〈红楼梦〉探佚》,《广西大学学报》(哲学社会科学版)1993年第5期。

原文显示元妃省亲之前，刚刚参加皇帝亲设的豪宴，"皇家豪宴"的背后危机四伏，既潜伏着政治斗争的动荡和残酷，蕴含着莫怀古家破人亡的危机，也潜伏着贾府未来家破人亡的命运。元妃被加封凤藻宫尚书，从表面上看是受到皇帝恩宠，过去许多读者也是这样理解的，但情况恰恰相反。小说写贾府上下众家眷包括贾母本人，五鼓时分就梳妆打扮好迎候于正门，但是元妃的省亲队伍迟迟不来，一直到傍晚时分宫里才来了个太监，告知众人贵妃不能马上出宫。书中写道：

> 贾赦等在西街门外，贾母等在荣府大门外。街头巷口，俱系围幕挡严。正等的不耐烦，忽一太监坐大马而来，贾母忙接入，问其消息。太监道："早多着呢！未初刻用过晚膳，未正二刻还到宝灵宫拜佛，酉初刻进大明宫领宴看灯方请旨，只怕戌初才起身呢。"

元妃推迟省亲的时间，最直接的原因是皇上"未初刻用过晚膳，未正二刻还到宝灵宫拜佛，酉初刻进大明宫领宴看灯方请旨"，所以一直拖到"戌时起身"。戌时是晚上七点半左右，这是很不吉利的一个时辰，中国古代新妇回门必须在太阳下山之前①，日落西山、傍晚时分才出门是非常不吉利的。至于如此浩浩荡荡的出行排场虽然体面，但这只不过是皇宫内眷出行的惯常仪典，目的是为了彰显皇室尊荣，据此也不能得出元妃受宠的结论。与此相反，元妃可能并不受宠，何以见得？小说透露皇帝似乎并未将此事挂在心上，明知嫔妃今日省亲，不仅要她陪同四处应酬，还几乎忘了省亲一事，需要元妃"再请旨"，方才得以成行，这是元妃之所以拖到戌时才动身的直接原因。而贾府上下"自贾母等有爵者，皆按品服大妆"为此苦等一天，从这个漫长的等待过程也可反衬出皇权的威严，堂堂世家大族在面对皇帝嫔妃归来省亲之时，这等诚惶诚恐、如履薄冰、如临深渊的紧张感，一览无遗地呈现了皇室和贵族之间的等级关系。

---

① 古代讲鬼狐总是在人定时分出现，在鸡鸣时分消失。这正是写元妃这个人物"不得见人"到何等程度。

读者稍加想象就可以发现，上元节晚间戌时，在北方已然是冰天雪地一派肃杀，贾府耗时整一年，斥资三万两银子建造了一个美轮美奂的大观园，而省亲的时辰居然安排在了晚上，这难道是恩惠？简直无异于羞辱。紧接着内廷给元妃安排回宫的时间是"丑正三刻"（大约晚上1点45分），省亲过程前后大约持续了七个小时，难怪有学者指出这是"鬼时"，这个时辰大观园之外是黑灯瞎火，空有圣眷排场，绝不可能引起外界关注。这也应验和深化了作者所要暗示的元妃的真实处境，即便是归省也"不得体面"，即便是回家也"不得见人"。所有这些迹象和细节都表明元妃并不受宠，加之元妃没有子嗣，这也是她并不受宠和危机重重的隐忧所在。所以，皇室的"豪宴"，家中的"豪宴"，演出上演的【豪宴】，这一切非但没有让元妃感到轻松和喜悦，甚至强烈地激起她对豪宴背后那种阴冷和肃杀的政治氛围的恐惧和不安。所以面对大观园的胜景，她非但感觉不到轻松和愉快，反而一再强调："不可如此奢华靡费。"此等诚惶诚恐，正如《一捧雪》第二十五出【泣读】所写：

> 【仙吕入双调过曲】【步步娇】（小生上）避弋孤飞鹪鹩寄，江右风烟异。巢倾垒卵危，不共深仇，痛愤填胸臆。对影自悲啼，向人前不敢弹珠泪。

元妃自是不敢轻弹珠泪，但是她满腔的幽怨又压抑不住地表露出来，且看她对贾政所说的那番话："田舍之家，齑盐布帛，得遂天伦之乐；今虽富贵，骨肉分离，终无意趣。"言语间流露出的骨肉分离的痛楚和万念俱灰的煎熬，和《一捧雪》二十二出【谊潜】的感喟如出一辙：

> ［旦］堂欢聚各天涯，［老旦］落落乾坤何所归。
> ［丑］时尚万般哀苦事，［合］无非死别共生离。

由此可见，盛大的归省仪典，在作者曹雪芹眼中只不过是一场自欺欺人的大戏，他要借助舞台上演的小戏照应现实上演的大戏。这种"人生如戏"幻灭感，正如《中山狼》中的那一支【点绛唇】所唱："奔走天涯，脚跟倚徙，萍无蒂；回首云泥，觑人世都儿戏。"《一捧雪》的结局是冤案昭雪,以"杯圆"告终,而《红楼梦》的结局以树倒猢狲散告终,作者借戏抒怀,满腔悲愤之情于此可鉴。

《长生殿·乞巧》:"天长地久有时尽,此恨绵绵无绝期"

元妃点的第二出戏是洪昇的《长生殿·乞巧》。《长生殿》写唐玄宗和杨贵妃的爱情故事。《长生殿》的深刻性之所以超越了一般中国古典的爱情悲剧,其主要的原因在于,作者洪昇在《长生殿》的叙事中有意识地建构了"情之世界""世俗世界""天上仙界"的套层叙事结构,这一叙事形式超越了同时期的帝王将相、才子佳人的陈腐旧套和叙事模式,从而拥有了现代性品格。特别是对杨贵妃这一艺术形象的塑造,被作者赋予了前所未有的现代意义,同时李杨二人的爱情也蕴含着"人文的光辉"和"永恒的意蕴"。一方面延续并深化了汤显祖"情至观念",通过刻画李杨二人的"至情"对于宗法朝纲和仙界永生的超越,展现了自由人性的觉醒和纯粹爱情的追求,可媲美《牡丹亭》中柳梦梅和杜丽娘的"至情"对于法理世界和生死两界的超越。另一方面《长生殿》虽然涉及爱情和政治的矛盾,君臣关系和政治斗争,但主要表现的是人生难以两全的处境,表现现实的不自由和意志的自由之间的冲突,表现有限人生的终极意义的追寻,为了体现这种终极追求,洪昇把"情"的价值推上了形而上的意义和高度。正如《长生殿》【传概】所示:

> 【南吕引子·满江红】(末上)今古情场,问谁个真心到底?但果有精诚不散,终成连理。万里何愁南共北,两心那论生和死。笑人间儿女怅缘悭,无情耳。感金石,回天地。昭白日,垂青史。看臣忠子孝,总由情至。先圣不曾删《郑》、《卫》,吾侪取义翻宫、徵。借太真外传谱新词,情而已。

《长生殿》第二十二出【乞巧】,舞台本称【密誓】,写杨贵妃在华西阁拾得受宠伴宿的江采蘋遗落的首饰，无限悲戚，唯恐"日久恩疏""恩移爱更"，担心有朝一日"魂消泪零，断肠枉泣红颜命"。玄宗复来，慰藉百般，二人释怨，玉环被赐浴华清池。正值七夕之夜，两人对天盟誓："在天愿作比翼鸟，在地愿为连理枝"。传奇叙事到此，笔锋转向天上的织女及众仙，天上神仙遥观二人恩爱情形，【越调过曲·山桃红】写众仙议论李杨二人"天上留佳会，年年在斯，却笑他人世情缘顷刻时"。"却笑他人世情缘顷刻时"这一句概括了《长生殿》的要旨：一切都是瞬息，一切都是无常，没有永恒和确定性的未来，这个要旨也呼应了小说《红楼梦》的大旨。

　　《红楼梦》借鉴了《长生殿》的叙事结构，太虚幻境就好比忉利天上，"大观园—贾府内外—太虚幻境"，正好对应着"皇宫—大唐天下—忉利天上"的空间叙事层级。《红楼梦》引用洪昇的《长生殿》，借由天上对人间的审视，仙班对俗世的玩味，道出世间繁华的真相是"人世情缘顷刻时"，意在揭示：人生的悲欢离合在人心的体验是悲剧，然而在更浩渺的天宇和仙界看来则是司空见惯的人间喜剧。从宇宙的角度俯瞰人世，人世的悲欢离合本就是幻梦一场。李杨二人"在天愿为比翼鸟，在地愿为连理枝"的永恒誓言在天界众仙看来是毫无永恒性可言的，因为一切在世的富贵荣华、永恒誓言只不过是时间中转瞬即逝的幻光。对天盟誓、生死相依的李杨二人仿佛就是众仙注视下正在经历"悲欢离合"的"戏中人"，他们苦苦追求情的永恒，却根本无法识破尘世的虚幻和无常。誓言相比命运而言是微不足道的，没有永恒可以依凭，没有圆满可以相信，安史之乱的劫难即将摧毁这想象的永恒。盛世繁荣，恩爱缠绵之际，无法预知命运的风暴就在附近，突如其来的安史之乱即将导致二人生死两隔。戏剧在更广阔的宇宙视角表明，无论是台上敷演的传奇，或是台下的正在发生的世事，无非是短暂的幻梦而已。天上的神君俯瞰人世的沧桑巨变，就犹如此刻大观园里看戏的人看舞台上的悲欢离合，梦外还套着一层幻梦。《红楼梦》借用了这样的叙事手法，写出了元妃省亲之时，大观园里的人还沉浸在梦中。

　　小说叙事安排元妃点《长生殿》，照应和寄寓了元妃对人间真情的渴望。元妃之所以点这出戏的是出于和杨贵妃一样的身份，希望自己在有限的人生中能够得到皇帝的真爱，能够体会人间最真挚的男女真情。但是她没有杨贵妃幸运，杨玉环在短暂的生命里还有一位君王与自己有人间的真爱，元妃既被隔断了家庭的人伦之爱，也没有人间的情爱。她省亲回家见到家人的第一句话就是"你们当日送我去了那不得见人的去处"，可以想见她痛彻心扉的苦楚。而元妃所希望的"有情有爱"的人生注定是虚幻的，她注定得不到人间真爱，并且生活在恐惧和危机之中。《长生殿》最后的结局是杨贵妃被赐死马嵬坡，等待元春的是早亡和短命，这正是曹雪芹通过曲文特意预设和铺垫的"戏谶"。

　　而《省亲四曲与〈红楼梦〉关系探佚》一文认为脂砚斋此处的夹批："伏元妃死"没有根据，文中说："元妃与杨妃既无共同之处，说此曲与之有关，就难以成立了。"①此文认同妙复轩所言此曲当与宝钗有关的理由是："《密誓》者，谓男女双方誓盟密矢，两情无二；《乞巧》者，则惟女子单方虔热心香、伏祈鉴佑耳。宝钗一心要得到宝玉之主，但结果仍不免'空对着山中高士晶莹雪'。"这番解读虽有新意，但从小说的整体叙事和人物命运的关联来看，未免有些不着边际。元妃与杨妃的身份，二人所处的政治地位，其家族与皇室危险的结构关系，有着诸多的相同。从戏文和小说的情节、矛盾、人物等多个层面分析，方能见出《红楼梦》借助《长生殿》来深化小说内涵和悲剧意义的天才妙笔。

《邯郸梦·仙缘》："悲喜千般同幻渺，古今一梦尽荒唐"

　　再看元妃所点第三出戏，汤显祖的《邯郸梦·仙缘》。《邯郸梦》写八仙度卢的故事，题材缘自唐朝沈既济的《枕中记》，后有马致远的杂

_____

①　欧阳健：《"省亲四曲"与〈红楼梦〉探佚》，《广西大学学报》（哲学社会科学版）1993 年第 5 期。

剧《邯郸道省悟黄粱梦》以及苏汉英的传奇《吕真人黄粱梦境记》等剧。① 故事写醉心于功名富贵的卢生在邯郸县巧遇前来度他的吕洞宾,吕仙人赠其磁枕,度其入梦。当这一场历经数十年的荣华富贵之梦醒来之时,竟发现店中的一锅黄粱尚未煮熟,卢生如梦初醒,领悟了人生真谛,随吕洞宾到蓬莱山门顶替何仙姑到天街扫花去了。

首先,《红楼梦》的叙事不仅受到《长生殿》的影响,它与《邯郸梦》在叙事上的相似之处也是显而易见的。《邯郸梦》共有三十出,从第四出《入梦》到第二十九出《生寤》整二十六出,都写卢生的梦境。卢生在梦中经历了娶妻、入仕、遭贬、受奖、挂帅、封相、受诏、戴罪、昭雪、复官、享乐、寿终的跌宕起伏的人生。祁彪佳《曲品》评《邯郸梦》"炎冷、合离,如浪翻波叠,不可捉摸,乃肖梦境,《邯郸》之妙,亦正在此"。《邯郸梦》的结尾最富于戏剧性,卢生邂逅仙翁吕洞宾,吕仙人同他开了个玩笑,借给他有魔力的枕头,让他出真入幻,又由幻悟真。《红楼梦》的叙事肇端也以一僧一道携顽石到警幻仙姑处,石头随神瑛侍者下凡投胎,去那花柳繁华之地,富贵温柔乡里受享几年,在经历了贾府的大起大落之后,最终按照当初和茫茫大士达成的协议,"待劫终之日,复还本质,以了此案",最终,幻化的石头回归青埂峰下。

其次,和《红楼梦》一样,《邯郸梦》通过卢生的梦境刻画了时代和官场的险恶与腐朽,对明清两代社会日趋腐朽崩溃的现实作了真实的描绘,揭露了皇权之下个体生命和人生的不自由。这两部名为梦的作品,都通过一场离奇的梦境,反照了真实的现实,呈现出现实主义的品格。汤显祖的《南柯梦》主要写淳于棼和瑶芳公主的爱情幻梦,阐述情痴因缘,一切苦乐兴衰皆为幻梦的思想,而《邯郸梦》不仅写梦境,还通过梦境真实刻画了深刻的社会矛盾,这种现实主义的深刻性影响了

---

① 我国古典戏曲作品取材于黄粱梦故事大约有两种。一种是以卢生为主人公,如谷子敬的杂剧《邯郸道卢生枕中记》(作品已佚),以及汤显祖《邯郸梦》传奇。另一种是以吕洞宾为主人公,如马致远的杂剧《邯郸道省悟黄粱梦》亦作《开坛阐教黄粱梦》,以及苏汉英的传奇《吕真人黄粱梦境记》,无名氏的《吕洞宾黄粱梦》(作品已佚)。

《红楼梦》的创作。《红楼梦》一方面具有形而上的哲理深度,另一方面也显示了现实主义的批判力度。它通过揭示皇权和世家,贵族之间的互相倾轧的残酷,凸显了尖锐的政治矛盾和社会矛盾。皇权的至高无上,权力的等级和依附关系,官场的相互勾结和倾轧,豪门生活的骄奢淫逸,个体命运的如履薄冰,都在元妃省亲的情境中集中地得以呈现。正如徐扶明所说,《红楼梦》和《邯郸梦》所描绘的盛世图景,"原来虚有其表,实际上是一幅腐朽、黑暗的图景。表面上,冠冕堂皇,忠孝节义,花团锦簇,富贵荣华,其实是争权夺利,穷奢极侈,淫乱不堪,无耻之尤。《邯郸梦》中官场丑态,《红楼梦》中的贾府丑事,都是丑极了,丑极了!这就是剥掉了盛世的神圣外衣,赤裸裸地暴露出丑恶的真实面目。"①

《邯郸梦》长达三十出,展现的是以卢生为代表的中国古代封建社会知识分子典型的人生道路。卢生原来务农,先父流徙邯郸县,村居草食,唯赖家中数亩荒田度日,二十六岁尚未娶妻,他所向往的是"建功树名,出将入相,列鼎而食,选声而听,使宗族茂盛而家用肥饶,然后可以言得意也"。正是这种欲望驱使他在仕宦之路上奔走颠沛,也正是这种欲望幻化出他的黄粱美梦。梦中的他先是误入堂院清幽的崔氏家中,有幸攀着一门富贵姻亲;然后其妻子又不吝为其打点贿赂买通朝中权贵,其才品虽不如梁武帝后人兰陵萧嵩,却还是被点了头名状元,他还为崔氏弄到了五花诰命的殊荣,自己也因此悟得"文章要得君王认"的为官之道。此后他一路化险为夷、官运亨通,历经陕州知州开河建功,河西陇右四道节度使挂印征西大将军,直至开河御边,封为定西侯,官升兵部尚书同平章事,最终当上了丞相。其间虽然遭到宇文融的刁难和陷害,经历法场问斩,发配鬼门关等凶险,最终却依然仰仗皇恩,重新拜为首相,赐府第、园林、田庄、名马、女乐、财宝无数,子孙都荫官封爵。正是这样的大富大贵,诱使卢生乐此不疲沉浮于名利场中,虽风波险恶而乐不知返。尽管在绑赴刑场斩首之际他也曾后悔过:"吾家本

---

① 徐扶明:《〈邯郸梦〉与〈红楼梦〉》,《红楼梦学刊》1981 年第 4 辑。

山东,有良田数顷,足以御寒馁,何苦求禄,而今及此?"在艰难备尝的流放途中也曾意识到:"行路难,不在水,不在山;朝承恩,暮赐死,行路难,有如此。"但那只是片刻的醒悟,一旦皇帝赦还,他又立即山呼万岁,叩头谢恩,重新踏上名利场上的征逐。

汤显祖写卢生的一生,刻画的是古代文人由科举功名到高官厚禄,由妻荣子贵到光宗耀祖,由钟鸣鼎食到声色嗜好,由生前享受到死后封荫的人生追求,而在这人生追求中伴随着宠辱兴衰的交替、贤良奸佞的倾轧、否泰循环的遭遇。《红楼梦》中的贾府子弟莫不憧憬这样的一种成功模式,贾政更是不惜一切代价,想方设法地想把宝玉塑造成封建道统所期望的人伦典范,塑造成可以光宗耀祖的朝廷栋梁。这种"铸子"的观念构成了对厌恶"禄蠹"之辈的贾宝玉的直接戕害。虽然《红楼梦》和《邯郸梦》在故事主旨、人物的追求方面有诸多不同,我们还是可以寻索出曹公在此安排《邯郸梦》的特殊用意。《邯郸梦》通过卢生的梦境揭露了科举的荒谬腐败,官场的无情和险恶,《红楼梦》通过贾府的兴衰,大观园的败落同样揭露了政治斗争的险恶和无情,有情之世界被有法之世界吞没的悲剧。

其三,《邯郸梦》和《红楼梦》都写人生在历经磨难之后的顿悟和超脱,二者不同程度地流露出出世思想和色空观念。卢生在经历了人生起落之后,悟到一切关于荣华富贵、爱恨情仇皆是"妄想魂游",悟出"人生眷属亦犹是耳,岂有真实相乎?其间宠辱之数,得丧之理,生死之情,尽知之矣。"①宝玉最后满怀幽愤,悬崖撒手,赤条条来去无牵挂,归彼大荒山下。

第三十出"合仙"写吕洞宾度卢生到仙境,与另外七位仙人相会,舞台本称【仙圆】或【仙缘】。【仙缘】写的是人的超脱,但是现实中的人很难超脱。元妃归省正是贾府"烈火烹油、鲜花着锦"之时,可惜这些过惯锦衣玉食的人根本看不破,世间一切都是虚幻和无常的。戏中

———————

① 见《邯郸记》第29出【生寤】。

人超脱，戏外人沉迷，这是曹雪芹对位和反讽的写法。"祸兮福所倚，福兮祸所伏"，戏曲故事照应暗合了小说对于元春这个人物的安排。元妃省亲的盛极一时犹如海市蜃楼，贾府的兴衰荣辱到头来不过是一枕黄粱美梦，正所谓"到头一梦，万境皆空"。也正如黛玉等人时常感叹的"人生如梦，世事无常"，而梦终究是要醒的，"虎兔相逢大梦归"，元妃一死，贾府随即分崩离析，作者在此伏下这一笔。

写吕洞宾度卢生甫到仙境，张果老对他说："你虽然到了荒山，看你痴情未尽，我请众仙来提醒你一番，你一桩桩忏悔者。"众仙遂有【浪淘沙】点醒卢生：

> 【浪淘沙】〔汉〕什么大姻亲。太岁花神。粉骷髅门户一时新。那崔氏的人儿何处也。你个痴人〔生叩头答介〕我是个痴人。

这一个【浪淘沙】与《红楼梦》第一回中跛脚道人的《好了歌》如出一辙，都宣扬了"人生如梦"的思想，在不同程度上警示世人早日跳出功名利禄的羁绊，从荣华富贵的人生幻梦中醒来，能够早日意识到"一觉黄粱犹未熟，百年贵富已成空"①的人生实相。元妃所点这一出戏，脂批有云："伏甄宝玉送玉"，此处脂批比较费解。脂批"甄宝玉送玉"，主要把"送枕头"和"送玉"做了简单的等同和联系。卢生因为吕洞宾送的枕头，最终从黄粱一梦中觉醒过来，而宝玉最后的顿悟也和甄宝玉送玉有关。小说中宝玉出家也有人牵引，甄宝玉送玉，真假会合，最后悬崖撒手。由此可见，曹雪芹通过巧妙植入《邯郸梦》，在《红楼梦》这部小说中寄寓关于人如何超越有限和苦难的哲理思考，这是《邯郸梦》和《红楼梦》互文的深层意义。

《红楼梦》和《邯郸梦》都刻画了一种死生无常、富贵有时、悲喜交加的人生实相。清初宋琬有《满江红》词，其序云："铁崖、顾庵、西樵、雪洲小集寓中，看演《邯郸梦》传奇，殆为余五人写照也。"宋琬和朋友们看了《邯郸梦》，感觉是对自己人生和心境的一种真实的写照，词中

---

① 见梦觉本《红楼梦》第五回煞尾。

写道:"古陌邯郸,轮蹄路,红尘飞涨。恰半晌,卢生醒矣,龟兹无恙。三岛神仙游戏外,百年卿相羝羝上。叹人间、难熟是黄粱,谁能饷。沧海曲,桃花漾。茅店内,黄鸡唱。阅今来古往,一杯新酿。蒲类海边征伐碣,云阳市上修罗杖。笑吾侪、半本未收场,如斯状。"①一边是游魂梦境的荒唐,一边是现实人生的苦楚,看后令人心生"可笑亦可涕"之感,足见《邯郸记》的思想内涵和动人心魄的艺术魅力。《邯郸梦》二十三出《织恨》崔氏悲叹命运多舛,人生无常时,作者写有一个【渔家傲】:

> 【渔家傲】机房静,织妇思夫痛子身。海南路,叹孔雀南飞海图难认。〔贴〕到宫谱宜男双鸳处,怕钿愁晕。昔日个锦簇花围,今日傍宫坊布裙。〔合〕问天天,怎旧日今朝,今朝来是两人。

《红楼梦》同样如此,"满纸荒唐言,一把辛酸泪。都云作者痴,谁解其中味",这其中滋味就是苦乐参半,悲喜交加的人生体验。

其四,《红楼梦》与《邯郸梦》一样写出了人生幻梦中的真情和意义,这种真情和意义来自作者真实的人生经历。汤显祖和曹雪芹,各自有着不同的生活经历,一个经历了宦海风波,一个经历了家庭变故。他们既在作品中投射了自己所熟悉的生活和感受,又有着各自不同的创作意图,一个力图通过《邯郸梦》来谴责腐朽荒诞的封建政治,一个力图通过《红楼梦》来揭示封建家族的兴衰悲剧,二者的共同之处是实录人生经历,撷取事体情理。汤显祖的"四梦",大多照应了真实生活的经历,并不是随意捏造的故事,借助梦境,寄托理想和真情。正如徐扶名所指出的那样:"《邯郸梦》,乃是汤显祖力图用夸张的怪诞的梦境,尖锐地揭露封建政治的丑态,辛辣地对丑类人物投以讥讽和嘲笑,只有如此奚落一番,才觉得痛快,否则,就不足以倾泻出作者胸中郁结的愤慨。"②而曹雪芹写《红楼梦》也是力求根据自己半世亲见亲闻的事情作艺术的描绘,正如书中作者自云,"今日一技无成,半生潦倒之罪,编述

① 〔清〕宋琬:《二乡亭词》,见《宋琬全集》,齐鲁书社,2003年。
② 徐扶明:《〈邯郸梦〉与〈红楼梦〉》,《红楼梦学刊》1981年第4辑。

一集，以告天下人"；"取其事体情理"，并不"拘于朝代年纪"；较之"历来野史"更为"新奇别致"；他写自己"半世亲睹亲闻的这几个女子"，"不敢稍加穿凿，徒为供人之目而反失其真传者"；"不愿世人称奇道妙，也不定要世人喜悦检读，只愿他们当那醉淫饱卧之时，或避事去愁之际，把此一玩"，兴许可以"令世人换新眼目"；"虽其中大旨谈情，亦不过实录其事"。由此可见，《红楼梦》与《邯郸梦》一样在看似虚无缥缈的梦境的外壳之下，写出了真情实事的诗性感怀，强化了"情"的价值意义和生命追求。这是《红楼梦》对于汤显祖"情"的思想的继承和发展。

因此，我们不能把《红楼梦》与历史完全对应起来，《红楼梦》是作者的"心灵史"，既为心灵之史，就不能忽略对曹雪芹人生历程的研究和考察。《红楼梦》通过"石头之思"，思考了人从永恒坠入有限的短暂的存在，并追问这个有限的短暂的存在的根本意义，这是《红楼梦》不同于其他小说的最具形而上层面的思考。"天尽头何处有香丘"，《红楼梦》刻画了一个理想中的女儿国，唱出一曲对天下女儿的挽歌，发出救救女儿的呼声。大观园这个有情世界的毁灭，寄寓了《红楼梦》永恒的悲剧之美。蒋和森说："林黛玉是中国文学上最深印人心、最富有艺术成就的女性形象之一。人们熟悉她，甚于熟悉自己的亲人。只要一提起她的名字，就仿佛嗅到一股芳香，并立刻在心里引起琴弦一般的回响。林黛玉像高悬在艺术天空里的一轮明月，跟随着每一个《红楼梦》的读者走过了他们的一生。人们永远在它的清辉里低回沉思，升起感情的旋律。"[1]太虚幻境，也是世外桃源，是惨淡的人生中对于一个永恒的春天的向往，永恒的心灵追求和心灵寄托。

《牡丹亭·离魂》："恨西风，一霎无端碎绿摧红"

再看元妃所点第四出戏《牡丹亭·离魂》。汤显祖的《牡丹亭》全

---

① 蒋和森：《林黛玉论》，《红楼梦论稿》，人民文学出版社，1981年版，第88页。

本五十五出,第二十出【闹殇】,舞台本称为【离魂】。【离魂】主要刻画的是杜丽娘因梦生情,因情生病,她知道自己行将离世,于是画下自己的写真,临终前有一番肝肠寸断的感叹。我们不禁疑惑,大喜之日,省亲之时,为什么偏偏点这一个最富悲剧性的戏?关于这一出戏,脂批"伏黛玉之死",原因何在?如果说伏笔,这里伏元妃之死岂不是更为直接?为什么脂砚斋偏偏注明【离魂】伏"黛玉之死"呢,如何来理解?

我们看一看《离魂》中最重要的一支曲子就明白了。【离魂】有曲文【金珑璁】一支:

> 【金珑璁】〔贴上〕连宵风雨重,多娇多病愁中。仙少效,药无功。"颦有为颦,笑有为笑。不颦不笑,哀哉年少。"春香侍奉小姐,伤春病到深秋。今夕中秋佳节,风雨萧条。小姐病转沉吟,待我扶他消遣。正是:"从来雨打中秋月,更值风摇长命灯。"〔下〕

黛玉有诗"连宵脉脉复飕飕,灯前似伴离人泣",也许和"连宵风雨重,多娇多病愁中"的曲文不无关系。特别是"多娇多病愁中"正是黛玉的写照,而"颦有为颦,笑有为笑。不颦不笑,哀哉年少"这一句包含了黛玉的字"颦儿",《红楼梦》的作者在塑造林黛玉的时候,想必是受到了《牡丹亭·离魂》的直接影响,并且在塑造黛玉之死时,心中应该有着杜丽娘的影子。而《牡丹亭·离魂》中的【鹊侨仙】一支与黛玉的《秋窗风雨夕》也有着天然的相近和神似。

> 【鹊侨仙】〔贴扶病旦上〕拜月堂空,行云径拥,骨冷怕成秋梦。世间何物似情浓?整一片断魂心痛。〔旦〕枕函敲破漏声残,似醉如呆死不难。一段暗香迷夜雨,十分清瘦怯秋寒。春香,病境沉沉,不知今夕何夕?〔贴〕八月半了。〔旦〕哎也,是中秋佳节哩。

黛玉为情泪尽,死于深寂的夜晚,冷月葬花魂,悲悼寂寞骨。杜丽娘死在中秋之夜,所不同的是,黛玉死在春末。一朝春尽红颜老,花落人亡两不知,这是青春和爱情的一曲挽歌,黛玉之死的意境照应着杜丽娘之死的意境。此外,【离魂】还有一个极为动听感人的曲牌【集贤宾】。这个曲牌写杜丽娘中秋之夜即将离世时的一段唱，和黛玉之死和元妃之死皆有关联。

> 【集贤宾】海天悠，问冰蟾何处涌？玉杵秋空，凭谁窃药把嫦娥奉？甚西风吹梦无踪！人去难逢，须不是神挑鬼弄。在眉峰，心坎里别是一般疼痛。

大致意思是，今晚正值中秋之夜，本是团圆的日子，而此时，孤零零一轮明月悬挂于寂寞浩渺的海天，我丽娘想起了月中的嫦娥，想当日她也是这样孤独地飞升而去，如今在广寒宫中，该是多么寂寥清冷！恰逢西风吹入梦中，心上人思而不得，此生难见。令人怎能不愁上眉头，再上心头。《红楼梦》小说中关于黛玉的形象常以"嫦娥"的意象比喻，作者曹雪芹在此也以"嫦娥"的意象哀叹黛玉的寂寞和死亡。

对元妃而言，在这个骨肉离别的情境中，她不避讳借用最后所点的这一折戏暗示家人自己的真实处境。天下无不散的宴席，点完最后一个戏，就要离家了，这一别很有可能是生离死别。她想到自己置身皇宫其实和广寒宫中的嫦娥一样，有家不能回，没有人间的真情可以依托，其清冷无依的情形是一样的。正如杜丽娘的这段唱："轮时盼节想中秋，人到中秋不自由。奴命不中孤月照，残生今夜雨中休。"元春喟叹自己的命运正像孤月残照，无休无止。她既没有杜丽娘勇敢追求自己真爱和幸福的勇气，也没有柳梦梅这样可以生死相依的灵魂伴侣。《离魂》中杜丽娘自知不久于人世，嘱咐春香"你生小事依从，我情中你意中。春香，你小心奉事老爷奶奶"。元妃来去之间，三次落泪，不舍之情尽显。然而，戏中的杜丽娘等来了"月落重生灯再红"，而元妃注定"魂归冥漠魄归泉"。曹雪芹的这一处"戏谶"同时也勾连了黛玉和元妃，显示了一语双关的笔力。金玉良缘的促成首先不是贾母、凤姐等人，而是与元春、贾政、王夫人等人有很大的关系（元春赏赐时对钗黛厚薄有别）。现实中的元妃渴望人间真情，却下意识地导致了宝黛的离散，这不能不说是悲剧之悲，也是曹雪芹的深刻之处。

　　省亲四曲全面而又深刻地展现出了元妃这个人物的悲剧性。正如元春的判词所写："二十年来辨是非，榴花开处照宫闱。三春争及初春景，虎兔相逢大梦归。"关于元妃的"榴花意象"，有学者认为元妃有着作者曹雪芹创作《红楼梦》祭奠曹氏家族的内在隐衷，这是不无道理的。我们可以从曹寅本人与"榴花"①有关的两首诗②中进一步体会曹雪芹塑造元春这个人物的依据和启示：

　　　　触热愁惊眼，偏多烂漫舒。

　　　　乱烟裁细叶，新火照丛书。

　　　　未了红裙妒，空将绿鬓疏。

　　　　风前浑艳尽，过雨更何如。

　　　　　　　　　　　　　　　　　——《榴花》

　　　　繁花迷赤日，结子待清露。

　　　　凉燠知生苦，枯荣动客伤。

　　　　势低余鸟啄，叶瘦乱虫藏。

　　　　眼见秋风劲，累累压墙短。

　　　　　　　　　　　　　　　　　——《残榴》

第一首《榴花》诗中的"触热愁惊眼""过雨更何如"，这里的感触包含的其实是家族意义上的担忧，树大招风，登高必跌重，木秀于林风必摧

---

①　对于"榴花"的理解，历来学界也有争论。有人认为"榴花"出自曹寅的两首写石榴花的诗，也有学者认为出自《北齐书·魏收传》，认为北齐高延宗皇帝与李妃到李宅摆宴，妃母献一对石榴，取榴开百子之意祝贺，丁广惠《〈红楼梦〉诗词评注》和蔡义江《〈红楼梦〉诗词曲赋评注》都采此说。有学者认为《北齐书·魏收传》所说的赠石榴并非此意，这段话主要是祝安德王"子孙众多"，历史情节和元妃的身世很难比附。还有的认为是从韩愈诗《榴花》"五月榴花照眼明"化出。

②　这两首写榴花的诗并没有出现在《楝亭集》中，是曹寅有意在《楝亭诗抄》中删去的，曹寅死后才由其门下文士整理收集在《楝亭诗别集》卷二，排在"图版咸收异姓王"（平定三藩之乱）一诗的前面。有学者认为是写女子的失意寥落，我认为这样的解读并不完整，借物咏怀，曹寅借自然极盛繁华之物表达的更是对家族命运的一种忧思。

之，榴花过于热烈耀眼，潜伏着许多现实和未来的隐患。作者曹雪芹应该对祖父的诗文非常熟悉，曹寅的这两首诗正是表达了盛极而衰的担忧，对于风雨飘摇中的家族命运的预见。而小说中"榴花开处照宫闱"不能不说有内在的意指，"烈火烹油，鲜花着锦"的危险就隐含其中。第二首《残榴》显然写了炎夏过去，榴花凋谢准备结子的艰辛，而这个果实是否可以结成，在"势低余鸟啄，叶瘦乱虫藏"的处境下令人堪忧，这显然是对无法真正把握现、命运和未来的哀叹和忧思。"榴花意象"照应了元妃的命运，也照应了贾府的命运，也许正是这一意象触发了作者曹雪芹对于家中女性"枯荣动客伤""势低余鸟啄"的悲剧性命运的感怀，也触发了整部小说"眼见秋风劲，累累压墙短"的世态冷暖、荣辱枯荣的诗性想象。

大观园中的女儿尽管最终一个个陨落，但是毕竟在短暂的生命中还有大观园内那一段"有情"的时光，但是对于元春而言，她比大观园的任何一个女儿都要寂寞和凄楚，甚至比李纨这个年轻寡母还要不幸。因为身为贵妃的她非但没有自由可言，甚至完全不具备改变个人命运的可能；她非但没有得到皇帝的恩宠，甚至只能日复一日在后宫斗争的阴霾中，在那个"不得见人"的地方担惊受怕。然而，为了整个家族的利益，她别无选择，只能扮演好贵妃的这个角色。她对于龄官的欣赏，从某种程度而言，是对一个最底层的女伶的羡慕，因为她连最底层的优伶的自由都没有。女伶们一旦化身角色，是可以在角色的世界里体验自由的，对元妃而言，她个体生命的存在和贵妃的政治角色却是毫无自由可言的。如若说龄官迁怒于贾蔷买一只鸟给自己取乐，是因为"笼中之鸟"让她感到屈辱，感到在贾府不自由的命运和地位，那么较之龄官而言，元妃更是一只被囚禁在"黄金笼中的鸟"。

《红楼梦》多次刻画元宵节的场面，"元妃省亲"和"英莲被拐"相互照应，二者都发生在元宵节，英莲的丢失成为甄家败落的开始，而元妃省亲同样成为贾府败落的先声，元妃的出现总是作为小说重要的情节点和转折点而牵动叙事的大局。"团圆之日"被作者赋予了残缺和破碎的悲剧意蕴,上元节的张灯结彩、歌舞升平、春回大地,越发照出年轻生命凄然凋零的悲凄。虽然在省亲之后,元妃不再出场,但是她的眼泪仿佛浸湿了贾府的每一个元宵节。因此除了书中前八十回所提到的三次元宵节之外还有"元宵节猜灯谜"和"中秋赏月"的情节,每逢此时都预示着重要的事件即将发生,都以"谶语"的形式预示着贾府未来的命运,灯谜所呈现的那种"悲凉之雾,遍被华林"的气氛,赏月时"闻笛落泪"的预感,都照应着"树倒猢狲散"的终局。

戏剧是梦,曹雪芹在《红楼梦》中,巧设戏剧,梦中之梦,以梦破梦。"大观园"中,人们观照戏台上的历史沧桑;在更虚无缥缈,神秘莫测的太虚幻境中,时间和命运在观照世间的悲欢离合。曹雪芹在宇宙的角度,俯瞰人生历史的周而复始,在永恒的角度,回眸世间百态的瞬息万变。曹雪芹以小说和戏剧观人间百态,观历史禁锢,观人性善恶,观时世之变,观宇宙万物,以小技而证圣,入大乘智慧。

将《红楼梦》研究融入学术生命

——纪念"新红学"一百年,答学生记者问

1.您是从什么时候开始了解《红楼梦》的?后来反复重读《红楼梦》的过程中有什么新的感受?

我和《红楼梦》的结缘,没有特别刻意,《红楼梦》自然而然地出现在我的成长中,是我童年最深的记忆之一。我小时候,因为祖母办幼儿园的关系,家里的书还比较多,尤其是连环画特别多。我小时候印象最深的,就是和哥哥姐姐一起看各种各样的连环画,很多文学名著都有成套的连环画,我了解宝黛的爱情故事就是通过一套《红楼梦》的连环画。连环画的好处就是可以选择表现最突出的情节和人物。《红楼梦》连环画中的红楼十二钗都是古代仕女的线描画,人物和场景画得非常精美。我小时候特别喜欢比着连环画里的人物来临摹,连环画里的线描画是当时儿童学习中国画的摹本。这是我对《红楼梦》建立的最初印象。

我的表姐是个红迷,记得她在读中学的时候,特别喜欢看书,既有古典文学名著,也有文学刊物,四大名著中她非常喜欢《红楼梦》,所以我就跟着她读《红楼梦》,她看我也跟着看。当时越剧《红楼梦》在上海家喻户晓,徐玉兰和王文娟扮演的宝黛深入人心,"天上掉下个林妹妹"的唱段也特别流行,尤其是"葬花""哭灵"这些场面直到今天还是感人肺腑。到了1987版电视连续剧《红楼梦》播出的时候,我和姐姐早就对《红楼梦》里的人物比较熟悉了,我们对心目中的宝黛钗有着自己的想象。现在我们都觉得陈晓旭演得很好,也很为她的命运而惋惜,可是坦率地说,电视剧刚播放头几集的时候,印象很深的是当时有不少负面的评论,我和姐姐刚开始觉得这些电视剧里的红楼人物和我们的理想并不完全一样。两年之后谢铁骊导演了《红楼梦》,我们就拿电影和电视剧的人物进行比较。可见当时我们对《红楼梦》的痴迷,每个读过《红楼梦》小说的读者,都有自己对人物的理解和想象。

这些关于《红楼梦》的故事都发生在 90 年代以前。到了我读中学的时候,教我们的一位语文老师,她很喜欢《红楼梦》,可以背诵《葬花吟》,她讲课过程中会讲中外经典,当然也会谈到《红楼梦》。我本来就喜欢语文课,老师讲课文之外的文学经典自然是我最乐意听的,所以印象深刻。现在回想起来,我的成长始终有《红楼梦》这本书的存在。

但是在读大学之前,我对《红楼梦》的理解应该说都只是停留在一般的兴趣,比较粗浅,真正产生浓厚的兴趣并开始深入地研究,是在北京大学做博士后的那个时期。我师从叶朗教授学习中国美学,叶先生早年写过一本书——《中国小说美学》,他在长期研究中国美学的过程中发现以往对中国古典小说有偏见,研究也并不深入,他的小说美学研究开拓了中国古典小说研究的一个新的方向,当时他还给北大的本科生开设中国古典小说美学的课程,非常受欢迎。叶先生本人就非常推崇《红楼梦》这部小说,也写过相关的论文,比如《〈红楼梦〉的意蕴》《有情之天下就在此岸》等,所以我们潜移默化地受到他的影响。而有了一定阅历之后再重读《红楼梦》的体会,就和以前完全不一样了,这部小说的意义和价值也和从前完全不一样了。从那时候起,我开始从学术研究的角度去重读《红楼梦》。

重读《红楼梦》,结合从前的兴趣和研究的需要,我开始关注一些版本方面的问题,比如对于《红楼梦》不同版本的熟悉,为什么台湾用程乙本而大陆用庚辰本作为通行本的底本,两个版本有何不同,红学家们围绕这个问题有什么讨论。过去草草翻过的第一回和第五回，现在恨不得一字一句地去反复审读反复琢磨。叶先生倡导经典文本的细读，正是细读《红楼梦》，使我发现了一个研究《红楼梦》的全新的视角。我所从事的研究是戏剧学和电影学，戏剧方面主要研究戏剧史和戏剧美学，包括西方戏剧和中国戏曲。过去没有注意到《红楼梦》和中国戏曲之间的关系，因为之前只是将它当成长篇小说去读，没有带着专业的角度去思考《红楼梦》的叙事特色。重读《红楼梦》，不仅从小说中读出了作者和他笔下的人物生活、情感、经历的内在联系，还发现曹雪芹深谙中国艺术和中国文化，除了小说所展现的诗词、建筑、造园、礼仪、烹饪、服饰等博大精深的中国文化之外，作者对中国戏曲也非常熟悉。一个不精通曲学的人是根本不可能写出《红楼梦》这样的小说的。就拿"红楼十二曲"来说，就能见出作者的曲学修养，有学者说能写出这样的十二支曲已经是非常了不起了。此外，作者基本上把元明清最经典的戏曲全部编织到《红楼梦》里去了，可以说《红楼梦》里隐藏着一部元明清的经典戏曲史。通过《红楼梦》来研究戏曲，进而研究中国戏曲和古典小说之间的关系，我认为这是一个从跨学科的角度值得深入研究的方向。

《红楼梦戏曲研究论稿》是我这些年在红学方面的研究成果，与此同时，我这些年一直给博士研究生开设《红楼梦和中国戏曲》的课程。这个课程不仅是小说美学的课程，也是中国戏曲史和戏曲经典的研究课程，还是研究生阶段最好的学术训练的抓手，因为做《红楼梦》的文本研究可以全面地训练研究生的学术基本功。在这门课程的影响下，北京大学艺术学院的硕士研究生、博士研究生也从最初对于《红楼梦》的兴趣慢慢转变为一种专业性的关注和思考，有的还发表了很有原创性的论文。这门课程给我的启发是，我们在做红学研究的过程中要格外注重弘扬和教育，让红学作为学科得以传承和发展，而传承和发展的关键是后继有人。

2. 您在读《红楼梦》的过程中,有什么比较有趣的或者印象深刻的事情吗?

我在北京大学美学和美育研究中心负责"美学散步文化沙龙"的工作,这个学术沙龙每年会举办人文学的一些学术会议,主题设计了人文学科的方方面面,有哲学、美学、博物学、艺术学、美术学、音乐学等等。2015 年在做学术会议策划的时候,我们想组织一些和中国优秀传统文化有关的学术研讨会,《红楼梦》当然是一个非常重要的议题。北大是新旧红学的发源地,我感到有必要策划举办一次《红楼梦》研讨会,这个想法得到了中心领导的认可与支持。2015 年 12 月 27 日,印象中那天北京刚下过一场大雪,由北京大学美学与美育研究中心、北京曹雪芹文化发展基金会联合举办的"北大与红学"美学沙龙在北大燕南园 56 号举行。这次会议,我们把最知名的红学家都请到了北大,来自全国三十多家高校和学术科研机构的四十多位学者参与了此次学术盛会。叶朗先生主持了这次会议,中国艺术研究院研究员胡文彬、中国红楼梦学会会长张庆善、首都师范大学中文系教授段启明、北京大学中文系教授刘勇强四位红学学者作为主讲人,从不同角度对红学研究与北大、《红楼梦》与中国大学的教育、如何在已有成果基础上推进《红楼梦》的当代研究等红学研究的核心问题做了主题发言。

"北大与红学"的研讨会开了整整一天,上午是红学家们做专题发言,下午由北大中文系的刘勇强教授和陈熙中教授在英杰交流中心做了两场报告。这次研讨会开完之后反响比较大,因为在此之前红学界较长时间没有这样广泛深入地探讨一些红学的关键问题了。现在我的书架上还放着当时的合影,这张照片非常珍贵,遗憾的是当时做主题发言的红学家胡文彬先生前不久离开了我们。

红学的会议结束之后,我一直想怎样才能让红学研究和经典传播在北大发扬光大。早在 2014 年秋,习近平总书记提出"弘扬中华美学精神"的号召,美学教育是公民素质教育的重要组成部分,艺术素养与个体的创新能力和创造力紧密相关,互联网+、体验经济的时代,公民的审美能力关乎国家的可持续发展力。2015年初，在教育部体卫艺司的积极倡导和支持下，北京大学为理事长单位的东西部联盟与智慧树网合作，策划和建设了《艺术与审美》网络共享课程（MOOC）。由叶朗先生领衔，来自北大、清华、人大、中央美院等九所大学及校外近20位大师联袂主讲。那时网络慕课还是个新生事物，很多老师对这样的教学形式比较排斥，要走下课堂走进演播室录课，老师们一时无法适应。但是我们预感到网络慕课在未来可能是一个趋势。于是，在教育部的牵头下我们做了"艺术与审美"慕课系列，一共有五门课，第一门课是《艺术与审美》。紧接着做了一门关于中国传统文化的课程，就是《伟大的红楼梦》。《伟大的红楼梦》这门课在许多大学落地后反响很大，现在《伟大的红楼梦》和其他四门课程全部被评为教育部首批国家精品课程，现在依然每学期都开课。继《伟大的红楼梦》之后，我又在三联中读组织了名叫《永远的红楼梦》的精品课，现在也已经上线了。

2017年我和叶朗、刘勇强两位先生联合在北大开设了《红楼梦和中国文化》的课程，这是首次由艺术学院、哲学系和中文系三个院系联合起来开设的一门关于中国文化的公选课。与此同时，我还继续给研究生开设《红楼梦和中国戏曲》的课程。我在授课过程中发现学生使用的工具书大多老旧且很不方便，于是就萌生了编一套工具书的想法，以便学生结合《红楼梦》的阅读查阅相关的资料。我把这个想法和叶朗、刘勇强两位先生做了交流，我说学生在读《红楼梦》的时候也应该了解《红楼梦》的学术史，我们是不是可以编一套百年红学的论著集成。我的想法得到了大家的赞同，于是我们开了多次会议确定编辑体例。编辑这样一套大型工具书，版权是最大的难题。由于版权问题，很多书不能马上编入，恐难做成一套集成性质的书，于是只得把原来的书名改为《百年红学经典论著辑要》，准备有计划地逐步地推出红学研究的重要书籍。这项工作从2018年开始，到2021年年初完成了第一辑的编校工作。《百年红学经典论著辑要》第一辑共六卷，每一卷都请了一位红学家写了导言,便于学生在学习的时候对该卷有一个总体性的认知。2021年正好是新红学100年,由安徽教育出版社出版的这套书非常精美,我想这是对新红学百年最好的纪念。

徐扶明先生的这一卷是由我主编并撰写的导言,因为他的研究对我的研究很有启发。我把徐扶明先生写于80年代的《红楼梦与戏曲比较研究》找出来进行了校对,徐先生的儿子还为我们提供了关于他的生平资料,这些资料对我们了解徐扶明先生的红学研究很有帮助,我们也结合这些资料做了徐先生的年谱。现在我们想继续推进这项工作,把这套书的第二辑尽快编出来,虽然具体落实过程中可能会有各种各样的困难,但是只要是对红学的当代研究和传播有益,再苦再累也是值得的。

总的来说,从2015年到2018年,因为与《红楼梦》有关的事情密集地发生在我的生活中,我也得以结识了许多红学家,还能够经常得到他们的指教,这是非常宝贵的经历。我自己对《红楼梦》的研究不仅是出于兴趣,而且有一种使命感。北大有研究《红楼梦》的传统,从蔡元培、胡适、俞平伯到现在,应该说不少院系都有研究《红楼梦》的学者,红学在北大的学术传统应该发扬下去。2017年北大设立曹雪芹美学和艺术研究中心,这个学术机构也是致力于《红楼梦》在北大继往开来的发展。从2015到2017年,一个会议,一门系列慕课,两个实体课程,一套大书,一个学术机构,短短的两年内我们实现了让当代红学研究走进大学的愿望。我今年刚刚申报了一个项目,就是编辑《红楼梦戏曲全编》,从《红楼梦》诞生以来,有很多曲家改编过这部小说,这些现存的剧本如果整理编辑出来,可以丰富读者对《红楼梦》的认识。现在编辑方案基本落实了,希望能够尽快出版以飨读者,能够为红学百年和北大做点事情是我的荣幸。

你问我有没有关于《红楼梦》印象深刻的故事,我想这些故事对我来说,就是我真实经历的生活,这些生活又与我的学术追求息息相关,不管是今天还是未来都是难忘的。特别是在这个过程中我认识了很多了不起的学者，虽然我们各自的研究方向不同，专业不同，各自有各自的专长。但我们有一种共同的价值观，在《红楼梦》的轨道上，我们交会在一起，形成一股合力，希望把《红楼梦》的当代研究继续推进下去，我觉得非常有意义。

3. 在您读《红楼梦》的过程中，您最喜欢的或者印象最深刻的人物或情节是什么？

这太多了，精彩的情节和人物比比皆是，不一而足。我撰写的《红楼梦戏曲研究论稿》，主要想从戏曲史和戏曲美学的角度，思考"戏曲"对曹雪芹创作《红楼梦》的影响，从另一个角度研究《红楼梦》的叙事美学，并且深入解读《红楼梦》中出现的"戏曲"对于小说本身的美学意义。所以我格外关注和戏曲有关的情节及人物描写。

比方说第二十二回，"听曲文宝玉悟禅机"，我的印象就非常深刻。这一回剧情是元宵节全家看戏，猜灯谜，恰逢宝钗生日，老太太发话凤姐张罗外请了戏班子，在院子里搭台唱戏。悟禅机这段跟一个戏有关联，就是"鲁智深醉打山门"，《醉打山门》里面有北【点绛唇】套曲，中间有一个曲牌叫做【寄生草】。贾宝玉本来一听说是要演《西游记》或者《醉打山门》，他觉得这一类戏可能很俗，但是宝钗对他说，你孤陋寡闻了，这里面有一个曲牌非常好。果然，当贾宝玉听到【寄生草】后，大喜过望，喜得拍膝画圈，称赏不已，连连赞叹宝钗无所不知。因为在此之前他在看《南华经》，听了【寄生草】之后，他就觉得自己开悟了，回到怡红院后也填写了一支【寄生草】。这就引出第二天宝黛钗关于禅宗的一番讨论，这是非常有意思的一个章回。这个曲牌的曲词是整部小说的点睛之笔，涉及曹雪芹为什么写这部小说的问题。《红楼梦》起于言情，终于言情，但不止于言情。他的根本是要借宝玉这个人物追问人生意义的终极问题。《醉打山门》中的鲁智深是一个叛逆者形象，他破的是佛门规矩，而贾宝玉是封建社会清规戒律的叛逆者。宝玉从"赤条条，来去无牵挂"的曲文中似乎领悟了一些人生的真相。

还比如说第二十三回宝黛共读《西厢》，这也是令人印象深刻的场面。在一个万物复苏的春天，宝玉百无聊赖，茗烟就给他找来很多闲书，他偷偷揣了一本《会真记》(《西厢记》)来到沁芳闸桥畔。这时小说描写一阵风吹过来，树上的桃花簌簌地飘落下来，贾宝玉就用他的衣袂接着桃花，把桃花撒到水里去，他与前来葬花的黛玉不期而遇。黛玉问宝玉在看什么，宝玉就说自己在看四书五经，但事实上看的是《会真记》。书里面这一段描写特别精彩，我们本来觉得林黛玉对任何事情都很敏感，她看到这样一本书的时候可能会有强烈的反应。但书里面写，当林黛玉发现宝玉看的是《会真记》的时候，她放下花锄，大大方方地跟贾宝玉一起读这本书，而且一读就放不下来，一口气把十六回全部读完，自觉辞藻警人、满口余香。这是一个青春觉醒的时刻，是描写宝黛爱情非常动人的一笔。将《西厢记》里面张生和崔莺莺的爱情编织进《红楼梦》的小说里，与宝黛爱情交相辉映，增加了审美的余韵。

如果说有令人印象深刻的人物除了宝黛钗和凤姐之外，那就是贾母。《红楼梦》里面见识最广、品位最高的人是谁，我想应该是贾母。或许大家觉得贾母这个人最喜欢热闹，格调不高，但其实她有极高的艺术鉴赏力。比如第五十四回写家里来了客人，薛姨妈、李纨寡婶等亲戚都在，贾母想让自己的家班出来亮个相，贾母就说，今天要叫他们几个女孩子出来，不用化妆，就是清唱。她叫芳官唱一出《寻梦》，只提琴至管箫合，笙笛一概不用。叫葵官唱一出《惠明下书》，也不用抹脸。清唱的《寻梦》、"吹箫合"的《楼会》，一律清冷哀婉，既烘托了月夜之清幽，又暗含一丝人生的凄怆，营造出一种超然世外的情调和意境。《寻梦》写的是杜丽娘次日寻梦，重游梦地，然而物是人非、梦境茫然，便生出无限的哀愁和情思。贾母提出只用箫来伴奏，可使得唱腔更加柔和动听，倘用笛，则唱者嗓音如不够，或许笛声反将肉声给掩盖了。《惠明下书》是王实甫的《北西厢》第二本楔子，这是一出音域高亢的净角阔口戏，要用"宽阔宏亮的真嗓"演唱，非常考验演员的功力。而这一回提到的《续琵琶》就是曹雪芹的祖父曹寅所作，这个传奇写了蔡邕托付蔡文姬续写《汉书》，蔡文姬颠沛流离，最后归汉的故事。现在唯一能够看到的是三十五出的残本。贾母所点的这几出戏除了反衬出贾母的不俗，曹雪芹在这几出戏中还别有一番深意。

4.《红楼梦》会改编成戏曲，曹雪芹在《红楼梦》中也将很多戏曲融汇进去，《红楼梦》和戏曲其实是互相影响的，您可以展开讲一讲这种互相影响的关系吗？

《红楼梦》里面大概有 40 多个章回出现了和戏曲、传奇有关的内容，这些传奇剧目、典故和整个小说的结构、情节、人物、主旨都是有关系的，这给我们提供了一个《红楼梦》研究的全新的思路。以前有不少学者对此进行过相关的考察，最系统的是徐扶明先生做的研究，他的著作《〈红楼梦〉与戏曲比较研究》是 1984 年出版的，这是以往研究《红楼梦》小说和戏曲关系最具有原创性的一本书。

《红楼梦》里面出现的戏曲、传奇主要有三类：第一类就是各种生日宴会、家庭庆典，以及家班正式演出的一些传奇；还有一类是各类生日宴会、家庭庆典上演出的，但是并没有提到它的剧名；第三类就是诗句、对话、酒令、谜语，甚至是礼品里涉及的戏曲、传奇。

昆曲是《红楼梦》里出现最多的一个声腔。昆曲是明代中叶至清代中叶中国戏曲中影响最大的一个声腔，清康熙时代弋阳腔作为一种南曲声腔已经失落了，但是在此之前一度出现过昆弋争胜的局面，最终昆曲将弋阳腔排挤出了大城市，成为最重要的、最具影响力的一种戏曲形式。小说还提到杂剧，《红楼梦》里出现的杂剧大多指的是元杂剧。也提到了南戏，南戏和北方的杂剧几乎是同时存在的，但是南戏是北宋末到元末明初，也就是 12 世纪到 14 世纪这段时期比较重要的中国南方地区的戏曲。如果从现代戏剧的界定来看，当时的演出艺术中还有曲艺表演，比如女先生说书这样的曲艺表演；还有民间的娱乐形式，比如打十番；还有唱小曲儿、动物把戏等等，这些都是《红楼梦》里面出现的和戏曲、曲艺有关的内容。作者最为关注的戏曲形式还是杂剧、昆曲和弋阳腔,这是作者生活的历史时代的最重要的戏剧样式。这些在我的几篇论文里也有比较详细的论述。

5. 在重读《红楼梦》的过程中,除了找到了自己的研究方向,您有没有其他方面的新的感受或者发现?

今年是新红学百年,在北大的历史上,《红楼梦》的研究源远流长,北京大学是新旧红学的发源地,也是 20 世纪红学传播和人才培养的一个摇篮。在《红楼梦》的传播过程中,北大也做出过重要的贡献。置身《红楼梦》当代的学术史和传播史当中,自然会有截然不同的体验和感受。我为什么要做《红楼梦》的研究?

《红楼梦》对我的生命发生作用的深度和程度是逐渐变化的。原本我也只是喜欢这本小说的普通读者,如果不做研究这本书和自己的生命好像也并没有产生特别深刻的关系。但重读的过程中,共鸣的地方越来越多,我好像全身心融入了《红楼梦》这本书,或者说这本书完全进入了我的学术生命。因为自己也从事文学工作,因而越发觉得这部小说的登峰造极,是一个小说写作的无尽藏,同时也感到或许可以为这本书做些什么。源于兴趣也好,出于学术的责任也好,总而言之我觉得,北大应该把这样的一个红学研究的学术传统发扬下去。

旧红学有蔡元培先生的《石头记索隐》,这是他 1915 年 11 月写成,1916 年发表之后,商务印书馆在 1917 年刊印了这部书。新红学的代表是胡适的《红楼梦考证》,1921 年发表,次年俞平伯写了《红楼梦辨》,1923 年由上海亚东图书馆出版。蔡先生的研究被归为"索隐派",胡适的研究被归为"考证派"。当年胡适做《红楼梦考证》的时候,他请顾颉刚和俞平伯来帮他的忙。顾颉刚对于胡适的研究有一句话的评论:"旧红学的打倒,新红学的确立。"胡适开创了《红楼梦》研究的新方法,就是反对穿凿附会的想象式研究,并且直截了当批评了蔡元培的《红楼梦》研究,胡适是蔡元培引进北大的,胡适公开在此问题上批评蔡先生,而蔡先生不愠不怒地写了反批评,由此可见当时的学风是多么纯正。胡适提倡实证的方法，以具有说服力的材料来对小说文本进行深入的阐释。现代研究方法介入传统经典文本的研究，对于《红楼梦》在 20 世纪的学术发展是至关重要的。

在继承和发展新旧红学方面，北大历史上也出现过不少的学者，20世纪以来，中文系、外国语学院、历史系、哲学系、物理系都有研究《红楼梦》的学者，这是一个非常值得研究的现象。比如承继旧红学的钟云霄，她是北京大学物理学教授，她认为《红楼梦》的出现是"吊明之亡，揭清之失"，她的观点延续了蔡元培先生的研究理路。20 世纪 20 年代到 40 年代末。红学发展的重要学者有在校老师也有毕业的学生，除了蔡元培、胡适、俞平伯，还有鲁迅、顾颉刚、王利器、周汝昌、吴世昌、吴晓玲、李辰冬、吴组缃、邓云乡、钟云霄等。50 年代以来，比如说俞平伯先生曾经带的学生和助手王佩璋，还有梅杰、刘世德、陈熙中，包括北大哲学系叶朗教授、中文系刘勇强教授、李鹏飞教授都是当代红学研究的重要学者。北京大学的历史上还有过第一个学生组织发起的《红楼梦》研究小组。北京大学有着红学研究的传统，在大学执教的学者有专门做《红楼梦》研究或者是跨学科研究《红楼梦》的，还有许许多多热爱《红楼梦》的北大学生，他们对于这部小说以及中华优秀文化的研究和传播做出了重要的贡献。可以说百年新红学，北大是重镇，北大学者们的研究角度百花齐放，有的做文献整理，有的从小说史的角度、小说美学的角度展开研究，也有人做考证、考据，版本校勘，还有的从事红楼诗词研究、民俗研究、风物研究等等。《红楼梦》的经典化的过程是通过一代又一代红学的阐释者得以实现的，这些阐释开启了多样化的研究视角，使《红楼梦》的研究不断深入，成为一个常谈常新的永恒命题。

我在叶朗先生的影响下进入红学研究的领域，我进入的方法就是文本细读和艺术阐释，细读《红楼梦》可以让我们真正发现研究《红楼梦》的独特角度，以便更加深入地认识这部小说的意义和价值。在重读《红楼梦》的过程中，阅读的方式也会发生变化，之前读完一章就放一边了，但现在是念念不忘，而且自觉不自觉地和许多经典小说进行对照和比较,无论做西方戏剧的研究,还是做美学的研究,只要看到《红楼梦》的书,就非常关切,就想把它买回来看,只要发现《红楼梦》有新的研究,就非常渴望能够了解它,随时随地都会关注这个话题。比如要我给外国人推荐一本可以最快了解中国文化的书,我就推荐《红楼梦》。比如我现在正在编写美育的教材,我就自然地把《红楼梦》的品赏放到美育教材里面去,作为高中阶段的课程内容。

6. 在您的藏书和资料里,对您影响比较大的有哪些?

我个人的藏书是有限的,但是我们身处一个互联网、高科技、电子媒介的时代,我们可以通过纸质书籍,更多地可能依赖电子书籍,今天的学者可以充分共享一个学科领域的研究资料和数据库。我做《红楼梦》研究有一个得天独厚的条件,就是北京大学图书馆有很丰富的《红楼梦》以及与之相关的藏书。去年新馆开馆的时候,还展出了有胡适题签的庚辰本底本,非常珍贵。此外,曹雪芹文化发展基金会在西山植物园有一个很好的藏书楼,这个藏书楼的全部书籍都是和《红楼梦》有关的,这些资料当然可以随时借阅。此外,我也收藏并购买了一批书,都是不同时期买的,有的是从旧书市场淘来的。对于这些书我都看,也有不同程度的受益,其实每本书都有可取之处。不过结合自己的学术兴趣,翻得最多的就是各种版本。徐扶明先生的这本《〈红楼梦〉与戏曲比较研究》我研究得最深入,我在他考证的三十六个戏的基础上,发现并增补了一些新的剧目。胡文彬先生的《红楼梦与中国文化论稿》对我也比较有启发。在人物论当中,我喜欢蒋和森先生的书,他的文风在红学研究中独树一帜,激情澎湃且文字充满了诗意。还有俞平伯先生、周汝昌先生的著作,简练严谨的文风我很喜欢,还有余英时先生《〈红楼梦〉的两个世界》,都是对我影响比较大的书。

7. 您在研究的过程中有什么印象深刻的事情吗?

在研究的过程中,印象深刻的就是有了新发现,有了新发现就觉得很高兴。新的发现很多很多，比方说在后 40 回是续书还是补书的问题方面，我确实从戏曲的角度有一些发现，统计结果显示小说提到的戏曲绝大多数集中在前 80 回，后 40 回非常少，这当然也和家族衰败、演不了戏有关。但这只是一个方面的原因，对于一个伟大的小说家来说，他善用弦外之音的方法是不会轻易断裂的。

另外，我是南方人，在前 80 回我发现了许多只有南方人才懂的方言，但是后 40 回基本没有了南方方言。比如说"假撇清"是什么意思？北方人基本上不知道这是什么意思，"假撇清"在南方就是假装正经、体面的样子，而背地里却专干人所不齿的阴暗勾当。

此外，如果说有价值的发现，那就是对红楼梦叙事艺术的重新阐释。比如元妃省亲为什么要点四支曲子，原本小说里面就是一笔带过的，而我觉得作者写"省亲四曲"太重要了，我通过分析四个戏以及元妃省亲前后的过程阐释了元妃在宫中的真实状况，论证了相连带的贾府岌岌可危的处境，并由此深入探讨了元妃的心理是怎么通过四出戏被暗示出来的。脂批对这四出戏有评点，以往也对这个问题的关注，但我始终觉得阐释得还不够，我自认为有了些新的发现，所以就写了《细读〈红楼梦〉省亲四曲》这篇论文。学术研究中新的发现和思考是自己最为高兴的。

再比如说王熙凤这个人物，大家都觉得她是霸王式的人物，杀伐决断，可是她也有真情和真意的一面。第十一回她去看望秦可卿的时候，就写了王熙凤的真情和真意，写了她不为人见的一面。《红楼梦》全书贯穿了一种"情之天下"的思想，哪怕是王熙凤这样的人物，她的身上也有一种真情和真意。此外，我的专著里面还着重阐释了第 42 回《西厢记》《琵琶记》《牡丹亭》和小说的互文关系，还有 85 回《蕊珠记》的《冥升》和《琵琶记》的《吃糠》和小说之间的关系。再比如在清虚观打醮神前拈戏的三本戏，第一本是《白蛇记》，然后是《满床笏》，第三本是《南柯梦》。关于这三本戏在小说中出现的作用，我也进行了比较充分的阐释。

　　总之，每每细读就会有一些新的思考和发现。人的一生很短暂，倘若能够为自己所在的研究领域贡献哪怕微小的创造也是很有意义的。无数人的点滴创造最终可以汇集成一条学术的星河。

　　8. 在《红楼梦》研究的领域，您最近关注的最新问题是什么？

　　有时候做研究就像种树，树种播下以后，它会慢慢生长出许多枝叶。除了戏曲的研究以外，我还做了其他学科的研究，艺术学理论、戏剧学和电影学是我一直关心的方向。中国文化研究的领域中，目前主要专注于《红楼梦》戏曲和《红楼梦》香学的研究。香学是中国文化非常重要的组成部分，它非常古老，中国人用香的文化从原始社会就开始了，自古以来人们都要用香。曹雪芹出身贵族世家，不会不知道中国人用香的传统文化，香文化渗透在中国人的日常生活中，我的记忆中新中国成立之后，南方地区一直有用香的习惯。我对我小时候母亲攒香，在黄梅天气气候潮湿的时候焚烧茉莉线香的情景记忆犹新。《红楼梦》中频繁出现各类香品、香具，是香文化的重要文化载体。可以说《红楼梦》中包含香史、香料、香品、香识、香道等各方面关于中国香学的知识，《红楼梦》里潜藏了一部中国香学的历史。

　　其次是哲学和美学的研究，《红楼梦》里的生活美学是从生活美学角度研究红楼梦的一个尝试。《红楼梦》是一部家喻户晓的小说，那么这本书到底跟我们当下有什么样的关系？《红楼梦》里有许多对中国古代文化生活的极致描写，这样一种生活美学和我们当下的世界有什么关系？我曾在教育部给一些大学校长做过《红楼梦里的生活美学》的讲座，从题目来看，一般以为我要讲讲《红楼梦》里富贵优雅的生活，但是听了以后他们发现不是这样。在这些富贵优雅的生活背后，我要阐释的是《红楼梦》到底是一本什么样的书，以及如何来证实和确认自我的人生意义和价值的问题，这是对《红楼梦》形而上的思考。我的思考如果用最简单的语言来表述就是，大观园之外固然是有污泥浊水的，是污浊甚至是丑陋的世界，但是也有大观园里这样一个纯洁而又美好的世界。曹雪芹在这样一个苦难的有限的人生中，为什么要制造这样一个大观园？而这个大观园最后又走向了毁灭，我们从它的存在和毁灭，可以感悟到一些什么？我自己的感悟是，其实大观园不在别处，而在人间，在我们每个人的心里。一个有形的大观园可以被毁灭，可是无形的、存在于我们每个人心里的大观园，是无法被摧毁的。我们品读《红楼梦》的生活美学，最终应该感悟的是，不要因为外在世界的世俗和丑陋而忘记甚至否定了理想和美好世界的存在，相反，我们更要为这样一个理想和美好的世界永驻人间，而尽到我们个体生命的责任。这就是我从生活美学解读《红楼梦》的自我感悟。

美好而理想的世界不是一个等待恩赐的或者外在的存在，而是需要我们的内心保有和培植，需要我们去创造和捍卫的当下和未来。对于美好的坚守和捍卫当然是比较艰难的，美和丑、真和假、正与邪的矛盾从来都存在，曹雪芹写《红楼梦》也有这样一种基本的认识，但如果我们每个人心里保有一个美好的大观园，并且敢于为这样的美好尽到我们个体的责任，那么美好的"大观园"才会真正永驻人间。这是我对《红楼梦》的一点体悟。在我心里，《红楼梦》是一本洋溢着生活美学、充满美学智慧的一本书。

9. 今天我们想要发扬光大红学的话，您觉得还可以做一些什么呢？

《红楼梦》的发扬光大，我觉得要抓住两个方面。

第一就是学术层面，当代学者要把红学继续往前推进，就要做出有全局性影响的学术成果来。从某种方面来说，台湾也好，香港也好，大陆也好，海外汉学家也好，凡是世界上有《红楼梦》研究的学术群体，大家都处在一种无形的竞争当中。红学研究的著作已经汗牛充栋了，还能做出什么样的创新研究？今天红学一定要在跨学科的视野中，才能够在原有研究的基础上开拓一个新的局面。

前人的研究虽然涉及了多个领域，但并不是说前人已经研究过的地方就不能再进一步研究了，因为前人做研究的时代、历史情境、具体条件跟我们不同,在今天这样的全球化电子媒介时代,我们所掌握的资料和拥有的视野远远超过前人。所以我觉得在前人研究过的许多领域,我们可以继续沿着他们的足迹往前推进或深入。

另外,从哲学美学的角度来研究《红楼梦》是非常不足的,是未来研究的一个重点。过去就小说来研究小说,或者就文化来研究小说比较多,而哲学研究或美学研究是比较匮乏的,我就想从哲学和美学的角度来做一些探索,这就是为什么我要把《红楼梦》与生活美学上升到形而上的高度来研究的原因。《红楼梦》的研究,百年来始终有一些悬而未决的问题,比如作者问题、版本问题等等。随着新材料的发现,这些老问题会有向前推进的可能性。但首先是要耐得住寂寞,坐得住冷板凳,才能真正把学问做好、做得扎实。

第二个层面就是普及和通识教育。一定要有大量的年轻人热爱这部小说,喜欢上《红楼梦》,红学才可能有源头活水。因此,我们今天的普及推广或者通识教育,对这部小说的弘扬发展很有好处,也十分必要。无论是《红楼梦》相关慕课的开设,还是在大学里面开设实体的课程,无非就是为了播下《红楼梦》的这一颗美好的种子,希望它将来能够在更多的人心里生根发芽。有些人觉得通识教育好像没什么学术性可言,可事实上通识教育也是一门学问和艺术,是学术土壤培植的基础工程。比如说我们现在要给中学生讲《红楼梦》,要讲好其实很难,如何做到深入浅出,让中学生因为爱听而建立对《红楼梦》的强烈的兴趣,激发他们对《红楼梦》的热爱和钻研,这是需要教育者下功夫的。

还有《红楼梦》的翻译问题,现在《红楼梦》的英文译本比较多,法文比较少,西班牙文只有一个版本。但是《堂吉诃德》有多少个中文版本?北京大学外国语学院的赵振江教授告诉我《堂吉诃德》大约有70多个中文版本。为什么《红楼梦》的译本这么少?因为《红楼梦》太难翻译,其中很多诗词是很难翻译出来的,最能代表一个民族的语言高度的作品往往是很难翻译的,所以未来也期待大翻译家的出现,使得这样一部承载着中国文化的伟大小说,能够通过精良的译本产生更大的、更广泛的世界性影响力。希望有朝一日能够像莎士比亚戏剧一样,凡是有人类的地方都有莎士比亚的戏剧,凡是有人类的地方都知道中国有一部《红楼梦》。我衷心期望我们这个国家越来越强大,越来越欣欣向荣,我们的文化越来越具有吸引力。这是一项永远也不会终止的事业,需要一代又一代人不断地往前推动。

10. 您如何看待《红楼梦》改编的影视剧?

我觉得87版的《红楼梦》体现了一种非常严肃的对待古典小说的创作态度,因为围绕着87版《红楼梦》的拍摄,前期组织了很多红学专家作为顾问,这个剧组的构成中就有一个强大的学术顾问团队。在正式开机之前还将演员集中起来进行授课,每个人都要精读《红楼梦》,还要进行《红楼梦》的相关培训。这样的创作态度非常难能可贵。在那样一个电视作为最重要的媒介传播的时代,87版《红楼梦》所达到的影响力,也是后来所没有的。我相信87版《红楼梦》电视剧影响了许多电视观众去关注和喜欢《红楼梦》这部小说。人们从心里非常感激出演红楼人物的演员们,陈晓旭去世后中国的电视观众没有忘记她,大家依然关心着这些艺术家,为什么? 因为他们对中华优秀文化的传播作出了贡献。凡是对民族和国家有真正贡献的人和事业,人民就不会忘记。87版电视剧《红楼梦》不仅是一个文化现象,也是一个文化事件,是永远留在中国电视观众心目当中的非常美好的文化记忆。

30年过去了,人们还在谈论这个作品,这很了不起。有多少作品是能够经历30年甚至更长时间的淘洗,能够让老百姓记住的,87版电视连续剧《红楼梦》做到了,87版没有对不起《红楼梦》这部伟大的小说。尽管我们不能说它是绝对完美的,尽管任何一本书都有不同程度的遗憾,但我刚才所说的都是它很了不起的地方。

11. 演绎《红楼梦》的戏曲是什么样的状况?

演绎《红楼梦》的戏曲有很多。接下来我们准备出版的这套《红楼梦戏曲全编》,就是想把历史上《红楼梦》改编成戏曲的文本全部整理出来,希望复原《红楼梦》戏曲改编的历史,重现《红楼梦》的另一种呈现方式。

由于戏剧抒情的艺术特征,它需要人物形象非常饱满,所以剧作家往往会选取《红楼梦》里最重要的一些人物来写,比如林黛玉、晴雯等人。仲振奎的昆曲折子戏《葬花》为最早的"红楼戏","黛玉葬花"的场面是《红楼梦》中最诗意、最感人的、最脍炙人口,也是最适合戏曲表现的段落。《红楼梦》的戏曲改编从清末民初一直延续到今天。前几年江苏省昆剧院在北大百周年纪念讲堂演出了折子戏《红楼梦》,令人耳目一新。北方昆曲剧院也有《红楼梦》的舞台剧,后来还拍成了戏曲电影。围绕着《红楼梦》的文本,纯粹的学术研究,或是其他媒介的一种转换和呈现,共同构成了《红楼梦》的当代阐释史。

2021 年新红学百年北京大学宣传部专访

敦 煌 美 学

敦煌艺术遗产与中国美学精神

　　一般认为敦煌艺术遗产包括敦煌石窟壁画、雕塑、建筑,藏经洞的文书以及艺术品。我认为这些敦煌莫高窟以及藏经洞的出土文物,是有形的遗产,还有另一种无形的遗产,那就是蕴含在敦煌艺术遗产中,需要我们加以感悟的中国人的文化基因和心灵世界。

　　自中华人民共和国成立以来,经过几代学者的开拓耕耘,我们对于有形的敦煌遗产的保护和利用贡献卓著,对于无形的精神遗产的研究和阐释尚待进一步开拓和发展。如果说敦煌的有形遗产作为历代工匠的创造物,它们当初的诞生主要服务于宗教和开窟者的世俗追求,那么无形的敦煌遗产是超越了宗教信仰的心灵的创造物,这一心灵的创造物与中华民族生生不息的民族精神密切相关。

　　关于敦煌艺术遗产的问题,段文杰先生在《漫谈敦煌艺术和学习敦煌艺术遗产问题》一文中曾经指出:"学习敦煌艺术,不是信手从壁画里拿出点什么就行了,要解答这个问题不是几句话可以说清楚的。这里包括两方面的问题:一是理论问题,那就是如何批判性地继承民族艺术遗产;二是实践问题,那就是在创造社会主义新艺术中,如何体现民族艺术优秀传统。"他说在敦煌艺术中学点东西并不是一件容易的事,"关键是从根本上理解敦煌艺术"①。我们如何从根本上理解敦煌

---

① 段文杰:《漫谈敦煌艺术和学习敦煌艺术遗产问题》,《敦煌研究》1991年第4期。

艺术？一百多年来，伴随着对敦煌莫高窟的保护、发展和弘扬的过程，几代学者不断地试图思考并回答这个问题。

敦煌，是一座绵延千年的石窟艺术圣地，在历史上处于中国、印度、伊斯兰、希腊四大文明交汇之地。敦煌艺术各个时期的艺术风格呈现出前后的变化，在这变化中什么是不变的？可以呈现出中国艺术最本质的美学特征呢？丝绸之路上东西方贸易和文化往来的过程中，中原文化和西域文明难以避免地会发生碰撞和交融，又是什么在文化的交融和碰撞中使中华文化显示出如此强大的稳定性和包容性？这些是理解敦煌艺术必须要思考的美学问题。

正如史苇湘先生在《敦煌佛教艺术的再认识》一文中所指出的那样："几十年来，我们入窟面壁临摹，出窟埋头经史，从形象到义理，反复认识，仅仅探索了492座洞窟45000平方米壁画画的是什么，什么时候画的，什么人和社会集团建造的，至于'为什么要这样画'这个今人最需要了解的问题，我们却涉及得很少。因此，让敦煌佛教艺术研究进入文化史、美学史、艺术学的领域，应该是时候了。"[1]

美学的研究对象是人类审美活动的本质、特点和规律。敦煌艺术遗产包含着极为重要和丰富的美学资源。敦煌艺术遗产在各个方面均蕴含着中国人的心灵和精神密码，敦煌艺术遗产也见证着丝绸之路上中外文明的交相辉映和相互融通，蕴含着中华民族以和为贵、海纳百川、天下一家的思想传统，彰显了中华文明对人类文明进步的精神价值。因此，研究敦煌艺术遗产中包含的中国美学精神，就是研究中国美学和中国文化的独一无二的意义体系和价值体系。探讨这一问题的目标是从美学的角度把蕴含在敦煌艺术遗产中重要的美学意义萃取出来，从而让敦煌学这一意义体系和价值体系更好地发挥其应有的时代价值。

这是研究《敦煌艺术遗产和中国美学精神》的思想和学术出发点。

---

[1]　史苇湘：《敦煌佛教艺术的再认识》，《文史知识》1988年第8期。

什么是中华民族的文化基因和文化精神？如何运用好考古发现的成果，进行有价值的当代阐释？如何让伟大的民族精神和优秀的传统文化发扬光大？中华民族的伟大复兴的历史要求给我们提出了重要的时代命题。要回答这一问题，意味着我们要对中华文化的形成、发展和延续，对统一的多样性文化，对中华民族之所以生生不息、绵延发展的文化根源，对物质和非物质文化所包含的中国人的精神史和心灵史做出正确回答。也意味着我们要从形而上的角度，从中国美学的深层找到支撑和确证中华民族生生不息的民族精神的内在基因。

以往对于敦煌艺术的研究，最有代表性的有三个方面：一、敦煌美术史研究；二、敦煌图像学研究；三、其他敦煌艺术专题研究。目前已经出版有《敦煌莫高窟内容总录》《敦煌莫高窟供养人题记》《中国敦煌壁画全集》10 卷、敦煌石窟的专题分类《敦煌石窟全集》26 卷、以研究单个精华洞窟为特点的《敦煌石窟艺术》22 卷，以及中日合作撰写的《敦煌莫高窟》（五卷本）和《榆林窟》等等一系列的出版物。敦煌研究院的学术团队长期致力于敦煌石窟艺术和敦煌美术史的研究，为敦煌艺术遗产的当代研究贡献丰硕的成果。海外的敦煌学研究、敦煌文献的研究等方面也涌现出一大批学者，产生了许多优秀的成果。但敦煌文献和敦煌石窟的研究还远未开发完，还有很多未知的领域需要去探索，敦煌学还要继续发展。

相较于敦煌学的基础性、综合性研究，虽然敦煌艺术美学的相关研究较为薄弱，但还是涌现出不少原创性的成果。其中比较有代表性的如常书鸿《敦煌艺术的源流与内容》《谈敦煌图案》；段文杰《敦煌石窟艺术的特点》《试论敦煌壁画的传神艺术》《漫谈敦煌艺术和学习敦煌艺术遗产问题》；史苇湘《信仰与审美》《形象思维与法性》《论敦煌佛教艺术的世俗性》《敦煌佛教艺术审美与敦煌文学的关系》《论敦煌佛教艺术的想象力》《再论产生敦煌佛教艺术审美的社会因素》；宗白华《略谈敦煌艺术的意义与价值》；吴作人《谈敦煌艺术》、李泽厚《神的世间风貌》；关友惠《敦煌北朝石窟中的南朝艺术之风》；李浴《简谈敦煌壁画的艺术本质及现实意义》《敦煌莫高窟艺术杂感》；赵声良《敦煌写卷书法》《敦煌艺术与大唐气象》《从敦煌壁画看唐代青绿山水》《中国传统艺术的两大系统》《敦煌早期彩塑的犍陀罗影响》《敦煌早期山水画与南北朝山水画风貌》等；杨雄《敦煌艺术与以形写神》《再论敦煌壁画的透视》；郑汝中《唐代书法艺术与敦煌写卷》《行草书法与敦煌写卷》；谢成水《敦煌艺术美学巡礼》《唐代佛教造像艺术理想美的形成》；胡同庆《论悲惨与悲壮之差异》《试探敦煌北朝时期供养人画像的美学意义》《敦煌壁画中的于对称中求不对称美学特征》《莫高窟第 275 窟外道人物及相关画面的艺术特色与美学特征》，以及胡朝阳、胡同庆《敦煌壁画艺术的美学特征》；汪泛舟《敦煌讲唱文学语言审美追求》；孙宜生《意象激荡的浪花——试论敦煌美学》等。

这些研究涉及了敦煌艺术的源流、各个时期的艺术风格、外来艺术的影响、宗教和艺术的关系、儒释道文化在艺术中的呈现、壁画技法中的中国艺术精神、壁画叙事的传奇性、佛教艺术的民族特色等诸多方面，但还是留下了许多可供继续研究和探索的空间。比如：中国人的形象思维和佛教传道的关系、意识形态和审美理想的演变、多神共处的文化基础、儒释道交融的美学风貌、如何从审美角度理解佛教艺术、空间中时间的展开问题、壁画技法的演变、形象与义理的关系、图像和文化如何互为表里、艺术和国家气象、僧尼和工匠群体关系的研究等都是需要深入研究的课题。我感到除了传统的考古、图像学、探索历史源流、艺术风格的分析之外还需要拓展一些新的研究面。

在过去一个多世纪的敦煌学研究中，经过国内外学者坚持不懈的努力，敦煌石窟中绝大部分壁画的佛教题材已经得到解读，敦煌石窟艺术发展的脉络也已基本理出。以往的石窟研究解决了"是什么"的问题，而对"为什么"的问题，即这些石窟内容所反映的思想、观念、信仰、审美意识、文化心理以及诸多更为复杂的社会问题、历史问题，以及它们之间的相互关系等深层次问题的研究无论深度和广度都有待推进，这是未来敦煌艺术研究面临的重点和难点。

我在莫高窟的几次考察中有一个深切的体会，敦煌艺术遗产的研究需要把石窟艺术的研究和历史学、哲学、美学、艺术学等其他人文学科结合起来，拓宽敦煌艺术研究的空间，多角度、多层次地对敦煌艺术作出新的阐释。特别要在研究方法和研究思路上有所创新，要突破以往就石窟而石窟、就图像而图像、就佛教而佛教的单一研究思路和格局，要综合利用其他人文学科的相关研究成果，抓住美学的关键问题，从中国美学史、美学范畴两个方面与敦煌艺术的互动关系，从个案阐释和横向的综合研究两个方面下功夫，力争在敦煌艺术遗产的美学研究方面探索新的学科方向和研究方法。

《敦煌艺术遗产和中华美学精神》可以集中研究四个方面的内容：一、这种审美意识与中国美学史的美学思想、美学观念和美学范畴的互渗交融；二、这种审美意识背后的美学观念和命题的产生、发展和演变的历史；三、这种审美意识在敦煌艺术遗产中的直观呈现；四、这种审美意识在漫长的东西方文化相遇和碰撞中稳定的存现方式。由此深入挖掘和阐明敦煌艺术遗产的意义，使之成为当代文化创新发展的思想资源，为传承弘扬中华优秀传统文化，涵养国民道德素质，增强民族文化自信心和自豪感，增强民族凝聚力，提升国家形象，实现中华民族伟大复兴发挥积极作用。

敦煌莫高窟以及藏经洞文物中蕴含着中国人的文化基因和精神追求，作为心灵的创造物，敦煌艺术遗产与中华民族生生不息的民族精神密切相关。敦煌艺术美学的研究方法是从美学的角度，综合利用思想史、哲学史、美学史、艺术史学、文化史的相关研究成果，抓住美学的关键问题，把握中国美学史、美学范畴两个方面与敦煌艺术的互动关系，把蕴含在敦煌艺术遗产中重要的美学意义萃取出来，从而让敦煌学这一意义体系和价值体系更好地发挥其应有的当代价值。《敦煌艺术遗产和中华美学精神》的研究有着深远的意义，其研究的价值在于：第一，从美学角度深入诠释敦煌艺术遗产所蕴含的中华民族的审美意识和精神追求。第二，敦煌艺术遗产也是中国美学独特的载体，从美学角度发现并确证敦煌艺术的价值体系、文化内涵和精神品质，同样也是对中国美学的当代贡献。第三，借此探寻中华民族生生不息、长盛不衰的文化基因和文化强国的精神力量。第四，弘扬中华优秀传统文化，推进国际文化交流和文明互鉴，促进中外文化和思想的理解与交流，强化人类命运共同体的价值纽带。

了不起的敦煌：溢出洞窟的妙音

以往对敦煌艺术的美学研究,多集中于其可视的造型与技法,而研究敦煌艺术之美还有一个重要的维度,那便是其总体艺术思维中音声和情境。

敦煌壁画中有大量音乐性的图像,比如手持乐器的飞天、天上的那些天宫伎乐,《阿弥陀经变》《观无量寿经变》《弥勒经变》《药师经变》《报恩经变》《金刚经变》《金光明最胜王经变》中随处可见的大型乐舞和演奏。还有一些佛教故事画里的伎乐,比如《乘象入胎》《夜半逾城》等佛传故事画里出现的乐伎,另外还有文殊、普贤菩萨两旁的乐队等。这些图像充满了音乐和节奏感,让观看者从洞窟有限的物理空间,进入到一个无限的佛国世界,从定格于墙上的静止画面,进入到一个永恒的灵境。

如果到过敦煌,一定会有一种体验,那就是当我们步出敦煌洞窟的时候,当视觉的景象消失,耳边还是会萦绕着那些美丽的迦陵频伽的妙音声,迦陵频伽是一种人首鸟身的神鸟,是印度神话中的美音鸟;还有我们的耳边依然会回荡着杖击羯鼓传出的雨点般的节奏;还有遥远的天籁一般的排箫,幽怨清凄的笙簧,悦耳动听的方响;还有庄严浑厚的法螺,余音缭绕的琵琶和阮咸等乐器;还有大量神奇的在天空中飞翔的不鼓自鸣的乐器流淌出摄人心魄的妙音,令人魂牵梦绕。

这些乐队和飞翔的乐器,使静止的画面获得了音声,仿佛从壁画中，正有摄人心魄的妙音源源不断地流淌出来。正是这些溢出洞窟的妙音，让本来只是静止的图像，只是表现瞬间场面的图像，在活泼泼的情境中灵动了起来，从而创造出一个个生意盎然的净土世界。特别是从出现在唐代壁画中的大型乐舞图像，我们可以强烈地感受到诗歌、音乐和舞蹈的融合，它创造了一个臻于圆熟精妙的审美境界，展现了大唐的气象，也展现了如美学家宗白华先生所说的"一个伟大的艺术热情的时代"。

敦煌艺术空间中的时间性想象

敦煌壁画中的音乐性图像呈现了有形空间中时间性想象。

敦煌艺术最为突出的是它的壁画和雕塑，作为定格于墙壁上的壁画，或固定在佛龛内的雕塑，主要诉诸视觉，是空间艺术的呈现。十六国早期洞窟里，就已经出现了伎乐演奏的图像，比如北凉时期的第272窟，它的藻井和洞窟上部就有伎乐图，围绕窟顶中央方形藻井图案四周绘制了一周天宫伎乐。到了北魏和西魏时期，图像显示的乐队编制，随着窟室的空间扩大而逐渐扩大，乐器的种类也越来越多，经过了汉代百戏以及南北朝中外乐舞的融合，隋唐时期的乐舞演出形式更加完善。

伴随着中西文化的交流，中原音乐和西域音乐的融合，乐队的规模和编制也日益扩大，乐队规模和乐器种类在唐代达到了鼎盛，在许多经变画中出现了规模非常宏大的乐舞场面。最典型的就是莫高窟第220窟，这是初唐时期的洞窟，在它的北壁有一铺《药师经变》的舞乐图，乐队规模非常庞大，大约有28人的大乐队，呈八字形，两组摆开，场面盛大，气势恢宏，而且乐伎表情的刻画非常传神和动人。

乐队中都有哪些乐器？比如腰鼓、横笛、筚篥、排箫、阮咸、琵琶、箜篌、筝、方响及拍板和笙。旁边还有表演胡旋舞的两组乐伎，踩着音乐的节奏翩然起舞。据统计，仅莫高窟就有描绘乐舞的洞窟200多个，绘有各种乐器4000余件，各种乐伎3000余身，还有不同类型的乐队大约

·敦煌壁画（局部）

心遊天地外

500 余组，以及大约 44 种乐器。

就乐器类别来说，第一类是打击乐器，第二类是吹奏乐器，第三类是弹拨类乐器。但是敦煌壁画上的弓弦类乐器并不多见。在榆林窟第 10 窟西壁的飞天乐伎中，发现有一件演奏的胡琴，这是非常罕见的胡琴，一个弓弦类乐器。由于这个乐器的发现，吹、弹、拉、打四大类乐器在敦煌壁画中就全了。另外也有学者研究发现，在东千佛洞第 7 窟《药师经变》中，也有四类乐器俱全的乐队组合。

当古代敦煌的音乐消失在遥远的历史中，它却以视觉的形态沉淀在了空间中，有的存现于壁画图像里，有的存现于音乐的文献资料里。在敦煌藏经洞的写卷中，就留下了许多关于音乐的珍贵资料。藏经洞发现的敦煌乐谱有编号 P.3539、P.3719 以及 P.3080 三种。P 字开头的表示是当年伯希和编的号。伯希和是法国语言学家，他 1908 年到敦煌藏经洞，在王道士手里以很少的银子买走过大量文献，伯希和编号的 P.3539 乐谱，在《佛本行集经·忧婆离品次》经卷的背面，经过学者考证，这个乐谱是个琵琶演奏的谱子，因为琵琶有四根弦，还有四个相，乐谱当中有"散打四声""次指四声""中指四声""名指四声""小指四声"，一共大概有 20 个左右的谱字。

还有一卷是伯希和编号为 P.3719 的敦煌乐谱，曲名是《浣溪沙》，不过这件乐谱是个残谱，只有一个曲名。最主要的敦煌乐谱也是大家研究最多的，是伯希和编号的 P.3080 的文书，上面总共抄写了大约 25 首乐曲，这是目前研究敦煌乐谱最为重要的一个文献。此外，敦煌写卷中留下的敦煌歌词，也向我们透露着中古时期河西地区的音乐生态和文化。

从中国美学角度来看，敦煌艺术最突出的美学特点是"在有限的空间中的无限的时间性的想象和呈现"。这种时间性的想象和呈现的载体之一，就是敦煌艺术中的音乐性图像。敦煌的艺术空间，通过大量的音乐性图像，赋予了有限的空间以流动的时间感，让遥远的乐舞图像成为永远的现在时。

信仰世界和世俗愿景的交融

敦煌壁画中的音乐性图像呈现了信仰世界和世俗愿景的融合。

敦煌艺术中存在着非常鲜明的两个世界，即信仰的世界和世俗的世界。信仰世界的终极图景是以世俗的人生追求的终极愿景作为基础的，在追求人类终极理想和幸福中，宗教和世俗相遇了。这两个世界在音乐性图像中各以天乐和俗乐为其表征。信仰世界的音乐形态，主要体现在天宫、飞天、化生、药叉，还有经变这类图像中；世俗世界的音乐形态，主要体现在供养人、宴饮、歌舞，还有出行、百戏等展现中古时期老百姓生活的图像中。

敦煌壁画中的乐伎类别，有伎乐天和伎乐人两种，分属天乐和俗乐，也分别照应着天界和人间。伎乐天主要有天宫乐伎、飞天乐伎、经变画乐伎、化生乐伎、护法神乐伎，还有雷公乐伎以及刚才说到的迦陵频伽等；伎乐人主要有供养人乐伎、出行图乐伎、嫁娶图乐伎、宴饮图乐伎等。音乐性图像中的伎乐人也被称为供养乐伎，这类图像是非常有价值的，这些伎乐人展现了当时的一种职业，礼佛和供佛当然要把人间最美好的音乐和歌舞作为供养。

还有比如第 275 窟、248 窟以及 85 窟，都是非常有代表性的洞窟，也是特别精美的洞窟，都出现了这两个世界的音乐性图像。比如第 275 窟和 248 窟里，呈现了北魏时期的菩萨乐伎和供养人乐伎。第 390 窟呈现的是隋代的飞天乐伎和供养乐伎。前面有三人组的乐伎和舞伎，后面有八人组的供养乐伎，身形非常高挑、修长，腰带高束，衣袂飘飘，潇洒自如。第 85 窟晚唐时期的洞窟，绘有飞天乐伎、经变乐伎、故事画乐伎以及大量的自鸣乐器，无不呈现出信仰世界的瑰丽想象以及世俗世界的人间情趣。信仰世界的天宫、飞天、化生、药叉和经变，以及世俗世界的宴饮、歌舞、出行和百戏，在敦煌壁画的信仰世界和世俗世界当中呈现交相辉映的景致。

敦煌壁画音乐性图像呈现出的信仰世界的盛景,是以世俗世界的终极愿景作为基础和参照的。经变画中大量出现的伎乐,表现的是极乐世界和西方净土,但图像中的伎乐形式实则来自于现实的生活,艺术家摄取现世人生的图景,并在这个基础上做了大胆想象,别开生面地展现了古代乐舞的生动场面。

比如莫高窟第225窟是一个盛唐时代的洞窟,在南壁正中佛龛龛顶绘有《阿弥陀经变》,观音、大势至合掌对坐,周围环绕着听法的菩萨,它们都是法相庄严、娴静美好的菩萨。空中彩云遍布,有飞舞的箜篌、古琴、排箫、琵琶、鸡娄鼓等乐器在空中和鸣,还有白鹤、孔雀、鹦鹉以及迦陵频伽展翅飞翔,呈现了广明净土的那样一番令人向往的境界。

此外,莫高窟第329窟南壁也绘有一铺《阿弥陀经变》,这铺壁画大约修建于唐贞观年间(627年—649年),最突出的是表现了绿水环绕、碧波荡漾的水域,还有两进结构的水上建筑空间。第一进是三座平台并列的,三座平台之间有桥相连,主尊和胁侍菩萨、供养菩萨在中间的平台上,左右两座平台站立着观世音菩萨、大势至菩萨以及其他诸菩萨。

第二进也有三座平台,中间平台上是巍峨的大殿和左右两座楼阁,还有七重行树,这是极乐国土的宝树。《佛说阿弥陀经》里讲:"极乐国土,七重栏楯,七重罗网,七重行树,皆是四宝,周匝围绕,是故彼国名为极乐。"宝树有七重,故曰七重之行树,营造了风吹宝树、法音遍布的佛国世界。

供养人乐伎最为著名的是莫高窟第156窟的《张议潮出行图》。《张议潮出行图》当中的乐舞仪仗队特别突出。首先介绍一下张议潮这个人,张议潮的父亲张谦逸就是一个虔诚的佛教徒,有两个文献可以说明:第一个是斯坦因编号为S.3303《大乘无量寿经》的背题上,有"张谦逸书"这样的字样;第二个是编号为S.5956的《般若心经》,尾题上有一句话:"弟子张谦□(逸)为亡妣皇甫氏,写观音经一卷,多心经一卷。"这说明张家作为世家大族虔诚礼佛的真实历史。

张氏家族的佛教信仰迎合了吐蕃时期统治者推崇佛教的政制形式，因此也受到了吐蕃王朝的重用。张议潮本人受到他父亲的影响，从小就在寺院接受寺学的教育，在北图编号为 59 号的《无量寿宗要经》以及斯坦因编号为 S.5835 的《大乘稻芉经释》这些文献里，我们都可以看到由张议潮本人亲自抄写并署名的佛经写本，他担任归义军节度使期间，和当时的僧团关系也是非常密切的。他与当时的洪辩、悟真、法成等高僧交游甚密。

唐天宝十四年（755 年），安禄山叛乱，西北的边防削弱，吐蕃趁机攻唐，在唐贞元二年（786 年）控制了敦煌，切断了河西和中原地区的联系，敦煌自此进入了吐蕃统治的时期。

张家是沙洲大族，张议潮率军在唐大中二年（848 年），攻克了吐蕃控制的地区。张议潮东征西讨，收复了大量唐朝的失地，驱逐了吐蕃的统治者，结束了吐蕃长达 60 多年对沙洲的统治。后来，张议潮的侄子张淮深修建了第 156 号功德窟（865 年），唐咸通六年前后，在主室南北两壁下部，分别绘制了《河西节度使检校司空兼御史大夫张议潮统军□除吐蕃收复河西一道（出）行图》，这幅图简称《张议潮出行图》。南壁《张议潮出行图》西端起画，画的是骑高头大马的二列骑士八人，每列四人，各二人击大鼓，二人吹画角（这大概是军乐吧），上述骑士两侧有全身盔甲的持戟将士。军乐的后面是"营伎"，有舞伎八人和伴奏乐伎十人，舞伎分为两列，每列四人，边行边舞；伴奏乐伎分为前后二排，其中一人背驮大鼓，另一人在其身侧双手持长槌击鼓，其余的乐伎演奏琵琶、竖笛、筚篥、拍板、腰鼓、笙、箜篌等乐器。北壁《宋国河内郡夫人宋氏出行图》西起，画散乐（百戏）载竿，旁边有四乐伎伴奏，一人吹横笛、一人背大鼓、一人双手持槌击鼓、一人持拍板；后画舞伎四人，正在挥袖起舞，伴奏乐伎七人，手持竖笛、腰鼓、琵琶、笙、拍板等乐器伴奏。在这个壁画的长卷上我们可以看到，旌旗舞动，鼓角争鸣。在号角和大鼓开道的军乐声中，表现的是张议潮获得了唐王嘉奖之后，意气风发、浩浩荡荡返回故乡的场景。走在队伍最前方的，目前我们只能看到壁画的残留部分,可以看见手握旌幡的骑兵,画幅中部是服饰统一、舞姿一致的八人舞队,分成两排,翩翩起舞。壁画还展现了庄严整肃的骑兵乐队和仪仗队。《张议潮出行图》反映的是晚唐张氏归义军时期,最具有历史纪念意义的时刻,这样一个音乐性壁画,增加了庆典时刻的庄严感和仪式感。

信仰世界和世俗愿景在音乐性图像中的融合,一方面反映了佛教图像的现实依据,另一方面也反映出在敦煌地区佛教和政治本身的千丝万缕的关系。

因此也有学者认为,在第 156 窟整体《张议潮出行图》的意象中,它包含着政治和宗教的互渗结构,透露了现实的政治追求和信仰体系的内在关系。这种政治和宗教的关系、地方统治的紧张感,全部潜藏在了歌舞升平的景致中。

天国中浪漫而富有情趣的精神性意象

接下来,我们说说富有深意和情趣的精神性背景,主要谈飞天。

在敦煌的音乐性壁画中,最动人和传神的形象就是飞天。飞天是石窟里最最优美的艺术形象,这些飞天翱翔于洞窟顶部的藻井平棋的岔角里,翱翔于经变画、佛像的背光里以及说法图的周围。飞天作为中国人自由想象的一个极致,它展现了丰富的和佛教艺术内容有关的形象,改变了过去对佛教艺术过于严肃的印象。

飞天的出现,为佛教艺术创造了一种非常灵动有趣的精神性背景。这些飞天在天空中或是散花或是歌舞、演奏,无忧无虑,飞来飞去,自由自在地往来于极乐世界,赋予了吉祥美好的祝福和希望。

敦煌石窟出现的飞天,据学者统计大概有 4500 余身,最大的达到了 2.5 米,最小的不足 5 厘米。他们用飞动的身形、婀娜的舞姿、缥缈的仙乐以及芬芳的香花,生动形象地向世人和众生展示了如来佛国世界的盛景,展示了五音繁会世界以及鲜花盛开的阆苑仙境。

伎乐天中最主要的形象就是飞天伎乐、天宫伎乐等。飞天伎乐这个词，最早可以从《洛阳伽蓝记》的卷二里读到，上面记载："石桥南道，有景兴尼寺，亦阉官等所共立也，有金像辇，去地三尺，施宝盖，四面垂金铃七宝珠，飞天伎乐，望之云表。"佛经里也有记载，当佛说法的时候，常常有天人、天女做散花，或者歌舞供养，比如《大庄严论经》里讲到，"虚空诸天女，散花满地中"。在天龙八部中，乾闼婆和紧那罗是主管音乐舞蹈的天人神，大多都表现为飞天的形象。

佛教从印度传来，敦煌的飞天和古代印度的佛教艺术有没有关系？这是一个非常重要的话题，也是很多学者探讨过的话题。古印度的神话传说，壁画和雕塑里确实有不少天人和天女的传说，比如印度最古老的史诗《罗摩衍那》里就塑造了天女阿卜沙罗的形象，表现了她的爱情故事。印度的桑奇大塔，还有阿旃陀石窟中也有雕刻或绘画飞天形象。

但是敦煌的飞天和印度飞天的裸体形象是截然不同的。敦煌飞天大多呈现的是中原风格，符合中国人的审美。所以敦煌艺术里出现的飞天，体态上非常自然，姿态上含蓄娴静，很少有像印度飞天出现的裸体性征。在形式上，敦煌的飞天奏乐或者是散花供养，姿态富有音乐韵律，体现中国画所追求的流动和飘逸之美。这种流动和飘逸之美很显然不是印度飞天的美感形态，而是符合中国美学精神。

在中国古代许多文学作品里，都有关于神仙的传说，比如《楚辞》《山海经》《淮南子》等，神仙的典型特征，就是会飞；在中国古代神话中，天上、山里、水中都住着仙人，神仙的思想是深入人心的，人死后最好的归宿就是升天，最好的生活也就是神仙的生活；在《太平御览》这本书里就有"飞行云中，神话轻举，以为天仙，亦云飞仙"的记载，表现了对神仙生活的向往；还有庄子《逍遥游》里提到，列子可以御风而行；还有屈原在《离骚》里也写了大量关于驾龙驭凤、载云逾水的自由想象，像神仙一样在空中自由翱翔。还有比如长沙出土的战国《人物龙凤帛画》《人物御龙帛画》，这两幅帛画都描绘了神仙羽人在彩云中自由飞翔。在洛阳出土的卜千秋墓中还有《升仙图》，表现的是太阳、月亮、伏羲、女娲、东王公以及西王母等形象。汉画像石中也有大量人与动物飞翔的图像。这些既成的美学观念，对于敦煌飞天的美感形成，产生了一定的影响。

特别是魏晋南北朝时期的文学和艺术，也常常表现神仙，比如在我们最熟悉的曹植最著名的《洛神赋》中，他描绘了"翩若惊鸿，婉若游龙"的洛神，那样的美好。还有南朝画像石中，也有许多飞翔着的仙人和灵兽。在唐代熟悉的诗人李白那首诗《梦游天姥吟留别》中，有"霓为衣兮风为马，云之君兮纷纷而来下"这样的诗句，最为充分地体现了天人自由自在的姿态。

这种自由自在在唐代的《霓裳羽衣曲》中也得到了全然的体现。白居易在《霓裳羽衣舞歌》中对唐代乐舞进行了最为细致的描写，他是这样写的："案前舞者颜如玉，不著人间俗衣服。虹裳霞帔步摇冠，钿璎累累佩珊珊。"还有写到杨贵妃的时候："飘然转旋回雪轻，嫣然纵送游龙惊。小垂手后柳无力，斜曳裾时云欲生。蟀蛾敛略不胜态，风袖低昂如有情。"

在《霓裳羽衣舞歌》中，白居易描绘了杨贵妃舞姿轻柔，旋转的时候犹如风吹动白雪，在空中回旋，地上的裙裾也是旋转、摇曳着，就像飞动的流云一样。白居易把杨贵妃想像成了天仙，刻画了她飘然若仙的轻盈的美，赞美了她不同凡响的美好舞姿。

段文杰先生认为敦煌壁画线描画上的艺术成就，最为突出地体现在飞天的造型上。在西魏第 249 窟的窟顶，出现了中国传统的神仙东王公和西王母，以及相关的朱雀玄武、雷公电母的形象。画在南披的西王母在凤辇前后各有一身飞天，一身乘鸾的仙人，画面上仙人、神兽，还有祥云和飞花，充满了飞动的气氛和神韵，以此烘托出了仙境的场面。

佛教的飞天，也具有和中国神仙思想的飞仙同样的美学特质，它们一起飞翔在了敦煌艺术的奇妙天国世界里。比如在 249 窟南北壁的《说法图》中，佛的两侧画了四身飞天，下部的飞天身体比较强壮，上面半裸，下着长裙，身体弯曲成了圆弧形，这样的飞天很显然还带有西域风格，而上部的飞天则穿着宽大的长袍，身材非常清瘦，显示了中原"秀骨清像"的特征。在同一个洞窟里，呈现了在风格上略有差异的飞天形象，也是西域和中原的风格在这里交融并存的明证。

类似这样的表现，在西魏第 285 窟的窟顶也可以看到。第 285 窟是目前最早有确切纪年体系的洞窟，是非常重要的洞窟，在这一窟北壁两幅《说法图》发愿文中，有明确的"大代大魏大统四年岁次戊午八月中旬造""大代大魏大统五年五月廿一日造讫"纪年，这表明第 285 窟建造于公元 538、539 年前后，是距今 1400 多年前北魏王族东阳王元荣任瓜州（敦煌）刺史期间的洞窟。因为历史记载，东阳王元荣曾在莫高窟造窟，所以有的专家也认为，可能第 285 窟就是东阳王建造的洞窟。

在昏暗的洞窟里发现的这两方题记是很令人兴奋的，当年是由段文杰先生和当时负责清理洞窟黄沙的研究所工作人员发现的。由于这个发现，我们可以准确地知道第 285 窟建造的时间。

第 285 窟的内容非常丰富，壁画的内容主要有尊像画，释迦牟尼本生、因缘故事画，有中国的本土传统的神仙，也有早期的无量寿佛信仰，也有供养人的发愿文题记、纪年，图案画，还有小禅室的龛楣图案画。

该洞窟除了内容极其丰富外，最大的特点就是不同文化和信仰同处一室，无论哪一个区域都不是根据某一部经典画成的，它有印度教的神像，有道教的神像，也有佛教的造像，主题和思想也不是单一的，呈现出了多种思想和多种文化的交融。有佛禅和道学的结合，有西域菩萨和中原神仙的结合，有佛教飞天和道教飞仙的共处，也有印度的诸天和中国的神怪，同时出现在这个空间里。可以说，第 285 窟就好像是不同信仰的众神，在此相遇，超越了信仰和地域的阻隔。

第 285 窟从洞窟的形制、壁画的内容和信仰的思想、艺术风格等方面，都体现了中原汉文化和西方文化的并存和交融，最直观地呈现了当时世界最重要的文明和文化的一种交汇，也证明了敦煌在 1000 多年前早已包容、吸纳着不同的文化。

这一窟的覆斗型顶窟顶是道家神像和佛教天人图像相融合的核心

区域,中心方井画华盖式的藻井,四披壁画象征的是天地宇宙。上端四周的四个角,有华美的垂帐悬铃装饰,类似于古代帝王出行的华盖,华盖的绘制也非常有特点,还画出了风吹动华盖的情形。在洞窟上部粉白底色上,画的是传统神话的诸神,比如伏羲、女娲、雷神,还有朱雀、三皇、乌获、开明等等,也绘有佛教的飞天。众神仙、飞天或是腾跃翱翔在空中,或是昂首奔驰于飘浮的天花和流云中,空中也是天花飞旋、流云飘动,画工以非常神奇的想象和精湛的手法,刻画出了满壁风动的艺术效果。所以第285窟的南壁是非常精美的图像,它的南壁也有着非常突出的十二身飞天,梳着双髻,柔美清秀、矜持娴雅,有的弹奏着箜篌,有的吹着横笛,在绘画风格上也呈现了魏晋"秀骨清像"的特征。

从249窟、285窟窟顶的壁画中,我们可以看出佛教的飞天和中国传统神仙完美地结合在了一起,共同表现出了对天国的向往。也可以看出,敦煌壁画中的飞天早期为西域式,上身半裸、宝冠长裙,到了晚期出现了中原式的"秀骨清像""褒衣博带"。我们也可以从中明显发现,佛教艺术中的飞天形象,一步步逐渐被改造为符合中国人审美的飞天形象。

西方绘画也有天使和天人,我们印象很深刻的是西方宗教壁画中出现的许多天使和天人,通常是长有翅膀的。隋唐以前的敦煌壁画中,也有一部分天人是有羽翼的,我们称之为"羽人"。羽人的形象早在汉代画像石上就已经大量出现,这是中国古代神仙信仰中诸多神仙中带领人羽化升天的那一类仙人。在隋唐以后,就很少出现带有翅膀的飞天。敦煌最有代表性的飞天是"无羽而飞"的飞天,飞天的飞翔并不依靠翅膀,而是依靠迎风招展的几根彩带,是用线条表现出来的飞舞,是通过缠绕在手臂上的轻盈的飘带,来呈现出飞翔的姿态,呈现中国人一种特殊的想象力。

隋代飞天多以群体的形式出现。在隋代一些洞窟中,飞天不是单个的,而是一群一群的,而且它的画法是呈现西域式画法和中原式画法的融合。既有中国画的线描特征,又把色彩晕染的技法发挥到了极致。

隋代的工匠非常喜欢表现飞天,在佛龛、藻井和四壁,画满了成群结队的飞天。比如莫高窟开凿于隋代开皇五年的第305窟,窟顶西披有一群飞天,她们簇拥在东王公和西王母前后,有的是侧身飞翔,有的是左顾右盼,神情非常生动,她们身后的飘带在云气中飞舞,流光溢彩。

隋代的飞天,画工们有意地突出了飞天身后长长的飘带,增强了凌空飞翔的动感和韵律。飞天动态的飞翔,在唐代音乐性壁画中,得到了更为成熟和极致的表达。在第39窟西壁龛顶,一共有五身非常可爱、传神的飞天,她们手托鲜花,从天而降,身姿的动态、动势体现出飞速而下的动感,特别是在龛顶中央的一身飞天,在一团祥云中呈四十五度直落下来,她的长长的飘带拖曳在身后,与下坠的身体形成了巨大的张力,展现了快速直落下来的速度。画工为了突出急速下落的速度,在空中描绘了差不多两倍于飞天长度的飘带,并且让飘带突破了画框的边界,来描绘飞天直落的动势,非常生动,妙不可言。

初唐第329窟西壁佛龛龛顶两侧,分别画了佛传故事里的《乘象入胎》和《夜半逾城》。太子一心要出家,太子的前面有仙人引导,还有四身飞天欢快地歌舞着,姿态各异,有的手中横握琵琶,有的举着箜篌,有的手托香花,身后也是飘着青、绿、蓝、黄、红五色的飘带。在她们后面还有风神和雷神,以及两身持花供养、体态轻盈的飞天跟随着太子。

在第321窟西壁佛龛顶部,特别有意思的是,深蓝色的苍穹中,沿着天宫栏杆,绘有一群体态婀娜的天人,她们的表情非常有意思,有的是悠闲逍遥的,有的在播撒香花,有的好奇地望着下面的人间世界。这种情形体现出了唐诗所写的"飘飘九霄外,下视望仙宫"的意境。靠近佛头光的地方,也有两身非常可爱的飞天,飘带舞动在晴空,右侧的飞天手托着花蕾,左侧的飞天轻柔地做散花状。在172窟西壁佛龛顶部,也画有两身飞天,右侧的这一身头枕着双手,身体非常舒展,浮游在高空,另一身则手托香花悠悠而下。所有飞天的形象,给我们营造了一种自由自在的印象,以及无比美好的佛国世界的境界。

敦煌飞天是一个非常重要的研究专题,很多学者都从各个方面去研究。过去也有日本学者长广敏雄等人,认为敦煌飞天的形象里有印度神话乾闼婆、紧那罗的影子。乾闼婆和紧那罗是帝释天的乐神。也有学者认为,敦煌飞天里有中国神话中西王母、女娲、瑶姬、姑获鸟的影子,所以飞天图像产生的历史原因很复杂,但是最重要的一点,敦煌的飞天艺术承载的是中国人对于精神自由的一种追求。"飞"的欲望作为一种精神性的冲动和世俗的羁绊,形成了巨大的张力。飞天中最突出的,就是以音乐、歌舞供养佛和天神的那一类,自由自在飞行在天空里的伎乐。不过敦煌壁画中的飞天,其实并不止音乐性图像这一类,也包括了敦煌壁画中的一切天人不拿乐器而飞舞的形象。

从美学角度来说,飞天漫天飘舞的飘带,吹奏的天乐,给人一种浪漫的天国想象。唐君毅先生曾经指出飞天蕴含的"飘带精神",并认为"飘带精神"是中国艺术的精髓,是中国艺术最为典型的呈现,是中国艺术最高意境的生动展现。由夸张飘带而带来的飞天飞动的韵律之美,使人感到亲切而圣洁。飘带之美,在其能游能飘,似虚似实而回旋自在。

飞天形象的民族风格,也主要体现在绘画的线描艺术上。飞天,尤其是敦煌飞天的舞姿,是理想和现实、浪漫和想象的产物。飞天艺术的灵魂在飞,飞动感的创造和表现是飞天艺术的关键。佛国世界的离尘拔俗主要通过自由的飞翔来体现。所以宗白华先生就认为,"敦煌艺术在中国整个艺术史上的特点和价值是在它的对象以人物为中心,而敦煌人像全是在飞腾的舞姿中,就连它的立像、坐像的躯体也是在扭曲的舞姿当中的。"宗白华先生说,"人像的着重点不在体积,而在那克服了地心引力的飞动旋律,而敦煌人像确系融化在线纹的旋律里。"这段话非常好。

所以宗先生在《美学散步》里说,飞天所体现的"舞"的精神是最高度的韵律、节奏、秩序、理性,同时是最高度的生命、旋动、力、热情。它不仅是一切艺术表现的极极状态,且是宇宙创化过程的象征。艺术家在这时失落自己于造化的核心,沉冥入神,"穷元妙于意表,合神变乎天机"（唐代大批评家张彦远论画语）。"是有真宰，与之浮沉"（司空图《诗品》语），从深不可测的玄冥的体验中升化而出，行神如空，行气如虹。在这时只有"舞"，这最紧密的律法和最热烈的旋动，能使这深不可测的玄冥的境界具象化、肉身化。

所以这段话是宗白华先生从中国美学角度论述敦煌飞天艺术非常精彩的一段阐释。在飞天的舞动中，天国的庄重和世俗的污浊被消解了，佛说法的严肃持重被中和了，佛教宣传人生苦难的内容被淡化了，神秘的来世变得生动和轻快了。飞天作为人的飞舞，灵动了佛国世界的严肃和庄重，使中国人追求自由的精神，得到了形象化的体现。

线条所刻画的艺术是一个方面，我认为飞天艺术的特点还在于从听觉和嗅觉两个方面，创造了极乐净土最有感召力的美妙氛围，他们就好像是古希腊戏剧中的合唱队，通过音乐创造了一种精神性的背景。

最早运用敦煌飞天形象进行艺术创造的，是京剧表演大师梅兰芳。梅兰芳的《奔月》《葬花》《天女散花》这些戏都是脱胎于绘画中的艺术形象。尤其是《天女散花》，为了表现天女飞翔的轻灵和超越，梅兰芳创制出了表演难度极高的绸带舞，绸带舞就是参考了敦煌飞天的形象姿态。由于这样一个天女形象，对他的启发，成就了一出非常经典的京剧剧目。

20 世纪 50 年代，著名舞蹈家戴爱莲的作品《飞天》，是新中国第一部取材于敦煌壁画的双人舞。根据敦煌飞天舞姿形象，创作出的这部成功的作品，是令人印象非常深刻的。

作为禁忌的声色，如何进入神圣的宗教图像

众所周知，佛教是要教人去除眼、耳、鼻、舌、身、意的妄念。在壁画中，我们可以看到敦煌的艺术却不计其余地传达了视觉、听觉、嗅觉、味觉以及所有肉身的感觉。我们看到一些大型经变画中的设乐供养，特别是在弥勒经变中，反映了人间对于净土世界，对于兜率天宫这一类空

间的向往。图像反映的是,希望用人间最美好的供养,特别是音乐和歌舞来供养三宝,以表明自己的虔诚。盛唐第 445 窟南壁的《阿弥陀经变》,中唐第 159 窟的《观无量寿经变》都是以音声供养的典型神圣图像。

那么我们的问题是:为什么作为佛教禁戒的声色歌舞,在敦煌壁画中却作为极乐世界的象征图像?佛家弟子的修行,首先就是要破除美色淫声的诱惑,比如在《大比丘三千威仪》就有"不得歌咏作唱伎。若有音乐不得观听"的戒律。为了消除这样的二律背反,音声供养被冠以净土世界的法音,法音就不同于凡音,法音是指超越世间一切音声的最美的声音形态,它具有清、唱、哀、亮、微、妙、和、雅等美的特质。众生闻到法音,闻之而悟道解脱。至于净土变中出现的佛国世界的自然、植物和动物的声音,也和现实生活中我们所听到的声音不同,它同样要符合妙音的最高要求。比如鸟鸣声要声震九皋,树音声要随风演妙,水流声要尽显妙意。于是作为禁忌的声色歌舞,转变为佛教明听和妙悟的非常重要的精神介质。

音声供养不仅是礼佛的内容,也是当时乐户的职责。这一类乐户也被称为"寺属音声人",他们的职能和寺庙的佛教仪式是密切相关的,但是他们又不离开世俗生活和风俗文化的色彩。因此,这些乐户本身是连接和沟通神圣世界和世俗世界的桥梁,是将世俗的愿景植入宗教图像的中介。比如在编号为 S. 831 号的《龙兴寺毗沙门天王灵验记》中,就有关于民间寒食节社乐的记载;编号为 P. 2638 号的后唐《清泰三年六月沙洲傔司教授福集等状》记载有在寺院举行的社乐活动;编号为 P. 4542 号的《某寺破历》中,还显示有以音声来替代税赋的事情。

敦煌文献证明,"寺属音声人"这类职业人,一方面要参与寺院的宗教仪式活动,同时也会参与民间的节庆活动。在边远地区是这样,在权力中心也是这样。唐代,在长安宫中的太常寺音声九部乐,不仅是皇帝御用的一种艺术形式,皇家乐队也会时常参与到皇室的礼佛活动中。

世俗的声乐由此便作为帝王的音声供养，出现在了佛教的仪典中，并且逐步成为宗教文化的一部分。

世俗的音乐性图像渗入佛国世界之后，便从美学意义上建构了美的不同层次和境界，被创造的佛国世界的妙音，溢出了物理空间意义上的洞窟，溢出了现实的世界，成为绝对的精神性空间的感召，也成为一种绝对的美的象征。所以这正是世俗和神圣在艺术中相互转化的一种内在张力，因为描绘的是西方净土和极乐世界，那里没有冲突，没有矛盾，音乐性的壁画总体洋溢着一片和谐、宁静、安详和庄严的氛围。

当我们走入敦煌石窟，会感受到一种在动态中的和谐和宁静之美，呈现出与安详庄严的总体气氛相合的内在美感精神。那些天宫伎乐中伎乐天的欢歌，弥勒兜率天宫的乐舞活动，礼赞、供奉、歌舞和花雨纷飞的图景，无不是对于极乐世界的美好想象。而这极乐世界的美好想象，也无不是以人间所追求的富足安乐作为参照的。那个绚烂璀璨、富丽堂皇的极乐世界图景的想象和构画，为的是通过世俗的快乐的极致诱惑和幻觉，增强信众死后进入极乐世界的信心。

所以，极乐世界是将帝王的生活加以神化，佛前的乐舞是人间歌舞的传移摹写，画工们对现实生活的乐舞形式和舞蹈姿态进行了大胆的艺术想象，运用到了壁画的创作中。本来献身于帝王之家的至高享乐，由此逾越了严格的宗教戒律，展现于经变画的乐舞体制中，创构出了净土世界、极乐世界的理想之境。在世俗的、物质的、现世的土壤里，由此生长出了神圣的、超越的、精神性的果实。由此，我们也在敦煌艺术中看到了世俗和宗教并存的图像模式，现实与超越并存的思想和文化形态。

时空交融的总体艺术观念

在这一讲的最后，我想谈一谈时空交融的总体艺术观念。

通过敦煌艺术中音乐性图像的研究和分析，我们可以发现，中国艺术史中总体艺术观念和思维的全然呈现。中国艺术精神中包含着时空交融的审美品格,正如《毛诗序》所云:"诗者,志之所之也。在心为志,发言为诗。情动于中,而形于言;言之不足,故嗟叹之;嗟叹之不足,故咏歌之;咏歌之不足,不知手之舞之足之蹈之也。"而在敦煌壁画中的伎乐表演、音乐,它是融诗歌、音乐和舞蹈为一体的总体艺术呈现。我们古代歌舞就具有全民性特点,参加歌舞演出的通常是所有的氏族成员,这是整个氏族群体最重要的公共仪式。

在《尚书·尧典》里记载,"予击石拊石,百兽率舞。"在《吕氏春秋·古乐》里也记载,"帝尧立,乃命质为乐",是说尧做皇帝之后,命"质"这个人来奏乐,"质乃效山林溪谷之音以(作)歌,乃以麋革置缶而鼓之。乃拊石击石,以象上帝玉磬之音,以致舞百兽"。这是《吕氏春秋·古乐》记载的传说,反映的正是展现族群狩猎生活的仪式,这种仪式离不开音乐。还有"昔葛天氏之乐,三人操牛尾,投足以歌八阙"的传说,同样展现了古老的仪式。所以我们中国古代鲜明的歌舞艺术,就已经具备了对生活的再现性,具备了诗、乐、舞的综合性。

敦煌艺术中体现了总体艺术的理想和追求。这一总体艺术特质体现在了艺术家对于空间和时间的双重感悟和追求中。正是时空综合的特性,让敦煌壁画不仅作为瞬间性的画面,而成为活动的图像,成为在时间中不断展开的动态画面。最集中的体现,就是莫高窟第112窟的反弹琵琶,作为敦煌壁画万千美妙的凝结,也作为大唐文化的永恒符号,第112窟的反弹琵琶淋漓尽致地展现着敦煌壁画里时空交融的总体艺术观念。唐代宫廷的绝美乐舞,舞蹈中的动感和韵律全都凝结在反弹琵琶的这一个瞬间。

第112窟的伎乐图是《观无量寿经变》的一部分,壁画中央的伎乐天神的体态是非常悠闲雍容、落落大方的。我们可以看到图像中的天神一举足一顿地,一个出跨旋身,凌空跃起,使出了反弹琵琶的绝技,仿佛胳膊上的臂钏、手上的腕钏叮当作响的声音,都从壁画里渗透出来。所以这一刻被天才的画工永远定格在了墙壁上,整个大唐盛世也好像被定格在了这一刻。时间和空间也仿佛被色彩和线条凝固了起来，成为中国艺术中不可替代的一个永恒的瞬间。"反弹琵琶"之所以具有永恒的审美价值，我认为还在于它的构图和造型，具有一种有意味的形式，我们能够在有限的空间中来体验无限的时间的流动感。

莫高窟第 220 窟，也是空前绝后的壁画杰作，描绘的是安乐国的种种庄严。在南壁的通壁大画《无量寿经变》是敦煌《无量寿经变》的一幅代表作，这个画面呈现了极乐世界的种种令人向往的美妙图景。《无量寿经》被誉为是净土的群经之首，是公认的净土教的根本佛典。《无量寿经》的大意是一个国王弃国捐王出家当了和尚，法号法藏，他发了四十八个大愿，如愿不成誓不成佛，最终他修成正果，在西方净土成佛，佛号无量寿。敦煌莫高窟的《无量寿经变》始于初唐，而终于西夏。

在《无量寿经变》的图像里，我们可以看到飞舞着的乐器，代表了十方世界的妙音，琴瑟、箜篌乐器诸乐伎，不鼓皆自作五音。极乐世界的精舍、宫殿、楼宇、树木、池水皆为七宝庄严自然化成，所谓七宝，即金、银、琉璃、珊瑚、琥珀、砗磲、玛瑙等宝石。在最重要的无量寿佛说法的场景中，所有天人都置身于碧波荡漾的象征八功德水的七宝池中。无量寿佛居中，左右两尊胁侍菩萨坐于莲台，周围还有三十三位菩萨。极乐世界的八功德水可以顺应人的心意，自然调和冷暖，如想吃饭，七宝钵器自然现前，百味饮食自然盈满，一切欲念皆可应念而至。特别是七宝池九朵含苞待放的莲花，能看见里面的化生童子，活泼可爱。第321 窟北壁也绘有通壁《无量寿经变》，以十身飞天，三十五件系着飘带的飞动的乐器，散花飞天撒下漫天花雨，万种伎乐勾画了十方佛飞来听法的妙不可言的盛景。

总体艺术的观念极尽了艺术的想象力，不仅让观者无法从梦幻泡影般的幻象中走出，更使观者沉醉于这无限美好的佛国世界的盛景。艺术好像是为宗教服务的，但是艺术又超越了宗教。随着时间的推移，艺术从宗教的内容中越来越确证了自己的意义和价值。

榆林窟中唐第 25 窟是中国石窟寺唐后期壁画的一个杰作,也是世所罕见的珍品。这一窟的《弥勒经变》和《观无量寿经变》是敦煌石窟经变中最精美的作品之一。在北壁绘有《弥勒经变》,这是根据《佛说弥勒下生成佛经》绘制的一幅壁画,是一幅构思精密的鸿篇巨制。画面正中,结跏趺坐的弥勒居中正在说法,宝盖高悬,弥勒为天龙八部和圣众围绕着,众多人物的姿态、性格和神情被画工刻画得迥然不同,佛的庄严肃穆,菩萨的恬静优雅,天王力士的勇猛有力,都表现得非常生动和传神,显示出了画家非凡的技艺。前有儴佉王献七宝台给弥勒,弥勒接受宝台之后又转世施给婆罗门,婆罗门得此宝台立即拆毁,弥勒见此七宝台瞬间化为乌有,然后悟出了人生无常,于是在龙华树下修道,当天就成佛了。儴佉王与八万四千大臣也出家学道,儴佉王的宝女和八万四千才女也一起出嫁了。所以画面正中的下部,表现的正是佛经中的这个情节。经变的两侧表现了弥勒下生世界翅头末城的种种美景。这个城市风调雨顺,一种七收,一年当中有七次收成,用功甚少,所收甚多,这是大多数人向往的人生美景;树上可以长出衣服来,随意取用;人们视金钱如粪土,夜不闭户,路不拾遗;大小便之后地面就裂开来了,便后即合,这是非常先进的;还有青庐婚礼,女子五百岁出嫁;人寿八万四千岁,临终之前,自诣墓园等。

所有无数的种种,描绘了弥勒下生世界的美景。在经变的上部描绘了弥勒世界的妙花园,辽阔的自然境界,画有山川、花木、蓝天、云霞,给观看的人带来一种美的享受,也给信众带来精神的寄托和慰藉。画面构图是根据内容需要,按照对称、均衡、稳定、和谐的审美要求来进行布局的。这一窟色彩的美,和唐代开元天宝时代金碧辉煌、富丽堂皇的风格是有所不同的。这一窟的色彩美展现为质朴的、纯正的、清雅的风格,人物的晕染也是薄施淡彩,似有若无,含蓄雅致。肤色方法上用了涂色、衬色、变色、填色,多种多样的方法,使得线、色、形的关系呈现为更加和谐的状态。在南壁《观无量寿经变》中部的佛国建筑空间里,继承了盛唐宫廷结构的布局,展现出了豪华壮丽、歌舞升平的宫廷景象。

七宝池中的化身童子，七宝池上的曲栏平台，平台中央的无量寿佛坐在莲花宝座上，观音、势至菩萨分列左右，罗汉、菩萨、天人作向心结构，呈现了一个统一和谐的构图形式，超越现世的极乐境界的情境，依然是通过乐舞的形式来展现的。

我们可以看到，正中的舞伎挥臂击鼓，踏脚而舞，秀带旋飞，形象非常洒脱自在。空气中弥漫着海螺、竖笛、琵琶、笙、横笛、排箫和拍板的合奏，迦陵频伽也参与到恢宏的乐舞中，拨弄着琵琶，载歌载舞，经变画与时空交融的总体艺术形式，通过帝王宫廷豪华壮丽和歌舞升平的景象，想象并构画了佛国世界的富贵美好。

敦煌壁画中的音乐性图像是以总体艺术的形式来展开想象的，这充分体现了中国美学精神。这些在总体艺术观念中展开的叙事想象，仿佛构建了关于信仰的天上人间的大戏。在这出大戏中，神圣的宗教性叙事，宏大的政治叙事和丰富多彩的世俗叙事，结合在了壁画和雕塑主导的空间叙事里，并且由总体艺术的形式，构建了理想的审美境界，从而创造出了关于信仰的完美图像。

总体艺术的观念，让绘画和雕塑作为"不可显相的显相"，创造出了有情有景的戏剧，创造出了活色生香的景致，也创造出了真实具体的此岸，以及令人神往的彼岸。

敦煌壁画艺术中的音乐性图像，为我们提供了研究中古时期的音乐史、乐器史和佛教音乐史的珍贵信息。从中国美学的角度来看，敦煌壁画中的音乐性图像，让定格在壁画上的图像，有了时间性的生命动感，有了超越静默的音声流转和生命活力，从而使存在于各种故事情节、宗教场景中的信仰和世俗的图像，获得了神韵和姿色。

2021年三联中读"了不起的敦煌"讲座

从美学角度拓展敦煌艺术研究的意义

　　敦煌，在历史上处中国、印度、伊斯兰、希腊四大文明交汇之地。莫高窟创建于公元 366 年，迄至 14 世纪，连续建造达千年之久。莫高窟是世界上现存规模最大、保存最完好的佛教石窟艺术圣地，至今在1700 米长的断崖上保存了 735 个洞窟，45000 平方米壁画，2000 多身彩塑。此外，1900 年在莫高窟藏经洞出土了 4—11 世纪初的 50000 多件文献和艺术品。敦煌西千佛洞保存 5—14 世纪 22 个洞窟，818 平方米壁画，56 身彩塑。安西榆林窟保存公元 7—14 世纪 43 个洞窟，近 5200平方米壁画，近 200 多身彩塑。世界上没有一处佛教遗址能绵延千年建造，又保存如此丰厚博大的艺术宝库和文献宝藏。

　　古代敦煌有"华戎所交一都会"之称，西域胡商与中原汉族商客在这里从事中原的丝绸和瓷器、西域的珍宝、北方的驼马与当地粮食的交易。与此同时，自汉代东西交通畅通以来，中原文化不断传播到敦煌，在这里深深扎了根。地接西域的敦煌，较早地就接受了发源于印度的佛教文化。西亚、中亚文化随着印度佛教文化的东传，也不断传到了敦煌。中西文化在此汇聚、碰撞、交融。著名的敦煌学者季羡林先生指出："世界上历史悠久、地域广阔、自成体系、影响深远的文化体系只有四个：中国、印度、希腊、伊斯兰，再没有第五个；而这四个文化体系汇聚的地方只有一个，就是中国的敦煌和新疆地区，再没有第二个。"季先生的论说充分说明敦煌在世界文化史上的重要地位。

莫高窟石窟开窟和造像的历史，是一部在戈壁荒漠中营造人类精神家园的历史，是一部贯通东西方文化的历史，也是一部中华民族谋求发展和繁荣的历史。在历史长河中，中华民族形成了伟大民族精神和优秀传统文化，这是中华民族生生不息、长盛不衰的文化基因，也是实现中华民族伟大复兴的精神力量。灿烂瑰丽、博大精深的敦煌莫高窟佛教艺术，是中西文化和多民族文化交融荟萃的结晶，是中华优秀传统文化的杰出代表，是当代中国精神文明传承创新的重要资源，也是不同文明之间和平共处、相互交融、和谐发展的历史见证。藏经洞发现之后，西方许多汉学、藏学、东方学等领域的学者竞相研究，特别是法国、英国、俄国和日本等国产生了一批在国际学术界有影响力的敦煌学学者和研究成果，使敦煌学成为一门国际性学问。

敦煌学是一门"方面异常广泛，内容无限丰富"的学问，其研究对象主要包括敦煌石窟艺术和藏经洞文献两大方面，它属于交叉学科，其中也含有"绝学""冷门"的领域。敦煌艺术遗产包括敦煌石窟壁画、雕塑、建筑；藏经洞的文书、经卷、典籍、方志、信札、曲子等，特别是藏经洞文书中的变文、讲经文、词文、因缘、话本、诗话、讲唱、歌辞、俗文学、写卷书法等和艺术相关的全部内容。

对于敦煌艺术的研究，最有代表性的有三个方面：一、敦煌图像志研究；二、敦煌美术史研究；三、其他敦煌艺术专题研究。敦煌图像志研究的意义在于确定石窟艺术的内容以及洞窟的时代。目前出版有《敦煌莫高窟内容总录》《敦煌莫高窟供养人题记》《中国敦煌壁画全集》10卷、敦煌石窟的专题分类《敦煌石窟全集》26卷、以研究单个精华洞窟为特点的《敦煌石窟艺术》22卷，以及中日合作撰写的《敦煌莫高窟》（五卷本）和《榆林窟》等等一系列的出版物。敦煌美术史研究对敦煌石窟的艺术做了整体性的梳理，常书鸿先生发表过《敦煌艺术的特点》《敦煌艺术的源流与内容》《礼失而求诸野》《从敦煌艺术看中国民族艺术风格及其发展特点》等论文。段文杰先生发表有《早期的莫高窟艺术》《唐代前期的莫高窟艺术》《唐代后期的莫高窟艺术》《晚期的莫高窟艺术》等论文,出版有《段文杰敦煌艺术研究文集》《敦煌石窟艺术研究》等著作。贺世哲先生对敦煌早期石窟图像深入考察与解读,对敦煌石窟营造史总体把握,著有《敦煌图像研究:十六国北朝卷》;史苇湘先生对敦煌石窟艺术与敦煌社会历史关系、敦煌艺术美学深入解读,著有《敦煌历史与莫高窟艺术研究》;孙修身对敦煌佛教史迹画的系统论述,李正宇对敦煌文献从历史、地理、文学、宗教、硬笔书法等多方面的研究,马德对敦煌石窟营造史、敦煌工匠的专题研究,为敦煌艺术遗产的研究提供了基础。赵声良长期致力于敦煌美术史的研究,他对敦煌石窟艺术史进行了系统的考察,著有《敦煌石窟艺术简史》、《敦煌石窟美术史》(十六国北朝卷)、《敦煌艺术十讲》等。此外,还有罗华庆、王惠民、张元林、张小刚、赵晓星等中青年专家对敦煌石窟各种造像题材、图像的深入考察解读,刘永增对敦煌密教造像的考察解读,杨富学对回鹘、西夏等少数民族文献和历史文化的系统研究,张先堂对敦煌供养人文献和图像的综合考察,杨秀清、王志鹏等对敦煌历史文献、文学文献的考察研究,等等。专题研究是指对敦煌建筑、图案、飞天、山水画等专题的研究,敦煌研究院出版有《敦煌净土图像研究》《敦煌画稿研究》《敦煌风景画研究》等等。

在敦煌历史研究方面有宁可、沙知、姜伯勤、陈国灿、朱雷、赵和平、郝春文、郑炳林、刘进宝等;在敦煌语言文字研究方面有蒋礼鸿、郭在贻、张涌泉、黄征、江蓝生、徐建平等,在敦煌文学研究方面有项楚、柴剑虹、张锡厚、张鸿勋、颜廷亮、伏俊琏等;在敦煌宗教研究方面有杨增文、方广錩、林悟殊、王卡、刘屹、张勇、张小贵等;在敦煌民俗研究方面有高国藩等。北大学者在过去百年中对敦煌学和敦煌艺术的研究也有着巨大贡献,任半塘先生对于敦煌俗文学的研究著述甚厚,荣新江教授在敦煌历史研究方面也别开生面。

海外的敦煌学研究,上世纪五六十年代,魏礼研究了唐五代敦煌地区祆教的流行情况、敦煌变文的译注、敦煌的民谣与故事。英国的崔维泽教授发表了一系列研究唐史的文章。汉学家麦大维、杜德桥、巴瑞特等研究了唐代儒学、礼法、小说、道教、民间宗教等问题。上世纪八九十年代，著名学者韦陀教授（R. Whitfield）对敦煌绢纸绘画做了比较深入的研究。从上世纪五十年代开始，谢和耐、吴其昱、苏远鸣等利用伯希编著的《敦煌石窟图录》以及中国著名敦煌学者王重民的目录草稿，重新编纂了法国国立图书馆藏敦煌汉文写本目录。1973 年法国国立研究中心和高等实验学院第四系联合组成的 483 研究小组在上世纪八十年代陆续出版了《巴黎国立图书馆所藏伯希和写本目录》《伯希和敦煌石窟笔记》《巴黎国立图书馆所藏伯希和敦煌写本丛书》。值得注意的是，近二十多年来英国对于敦煌学的贡献，是附设在英国图书馆的"国际敦煌学项目"（The International Dunhuang Project，简称 IDP），从上世纪九十年代开始致力于把英图乃至全世界所藏敦煌文献数字化的工作。现在全世界的学者都可以在 http://idp. bl. uk 这个网址上，看到斯坦因在敦煌和新疆所获部分文书的清晰照片。

对于敦煌文献的研究，目前已经出版有六卷本《甘肃藏敦煌文献》《敦煌遗书总目索引新编》，经过七十年的积累、发展，敦煌研究院汇集了 15 万册有关敦煌和丝绸之路上的历史、文化、宗教、民族、艺术等方面的专业图书和文献。潘重规的研究广涉敦煌文书中经学、文学、佛典、语言、文字等诸多领域，其所著《瀛涯敦煌韵辑新编》、《敦煌云谣集新书》、《敦煌俗字谱》、《敦煌变文集新书》（上下）、《敦煌坛经新书》等论著广受国内外学界推重。饶宗颐先生的《敦煌曲》《敦煌曲续论》是敦煌曲子词研究的先驱之作。海外敦煌文献的研究方面，马伯乐利用敦煌文献研究道教和汉语音韵，他找出了南朝道士宋文明和佚书《道教义渊》。苏远鸣主编了三册《敦煌研究论文集》，内容包括道教、道教史、民间宗教和占卜等等。二战后，法国学者的敦煌学研究有了进一步的发展。其中最有影响的是著名汉学家戴密微，他对敦煌文献中的禅宗文献的价值给予了充分关注，并与敦煌学者王重民研讨敦煌文书中有关汉地和印度僧人在吐蕃争论顿渐问题的材料，出版了《吐蕃僧净记》，拓展了敦煌禅宗文献研究的范围；他在汉藏佛教史、汉藏关系史等许多方面都有所贡献。上世纪末以来,法国远东学院教授郭丽英女士对敦煌的密教文书,特别是《金刚峻经》用力甚勤,发表多篇论文。上世纪 90 年代开始,俄国和上海古籍出版社合作编辑出版了《俄藏敦煌文献》15 卷,其中有《王梵志诗集》《历代法宝记》等等敦煌文学、佛教文献;还编辑出版了《俄藏敦煌艺术品》5 卷。日本学者从 20 世纪初开始从事佛教文献、中国古籍、历史文化、社会经济、法制文书、石窟壁画和藏经洞绢纸画等多方面的研究,产生了敦煌佛教史、经济史、敦煌历史、中晚唐以来敦煌佛教社会、文学方面一大批优秀的研究成果。上世纪 80 年代较突出的有梅维恒对通俗文学的研究,出版有《绘画与表演——中国看图讲唱及其印度起源》《唐代变文——佛教对中国白话小说与戏剧兴起的贡献之研究》,还研讨经变《劳度叉斗圣变并图》。一些学者对早期禅宗史、华严宗、密宗也有研究,赖华伦与兰卡斯编《汉藏两地的早期禅宗》《北宗与早期禅宗的形成》。美国还有一些学者注重佛教艺术,尤其关注敦煌为代表的佛教石窟艺术研究,如高居瀚(James Cahill)、方闻、巫鸿、胡素馨、汪悦进、王静芬等学者都曾发表过有关敦煌石窟研究的论著。

相较于敦煌学的基础性、综合性研究,与敦煌艺术美学相关的研究星星点点,比较薄弱,其中比较有原创性的如宗白华《略谈敦煌艺术的意义与价值》、段文杰《试论敦煌壁画的传神艺术》、史苇湘《信仰与审美》《论敦煌佛教艺术的世俗性》《敦煌佛教艺术审美与敦煌文学的关系》《再论产生敦煌佛教艺术审美的社会因素》、吴作人《谈敦煌艺术》、李泽厚《神的世间风貌》、李文生《中西风格及西传》、陈骁《敦煌美学谈》、杨雄《敦煌艺术与以形写神》《再论敦煌壁画的透视》、段文杰《漫谈敦煌艺术和学习敦煌艺术遗产问题》、关友惠《图文并茂雅俗共赏》、李浴《简谈敦煌壁画的艺术本质及现实意义》、王乃栋《丝绸之路与中国书法艺术》、王惠民《运思精妙,神韵满壁——莫高窟第 431 窟艺术鉴赏》、赵声良《敦煌南北朝写本的书法艺术》、郑汝中《唐代书法艺术与敦煌写卷》《行草书法与敦煌写卷》、谢成水《敦煌艺术美学巡礼》

《唐代佛教造像艺术理想美的形成》、胡朝阳、胡同庆《敦煌壁画艺术的美学特征》、汪泛舟《敦煌讲唱文学语言审美追求》、孙宜生《意象激荡的浪花》等等。

在过去一个多世纪的敦煌学研究中,经过国内外学者坚持不懈的努力,敦煌石窟中绝大部分壁画的佛教题材已经得到解读,敦煌石窟艺术发展的脉络也已基本理出。以往的学术研究解决了"是什么"的问题,而对"为什么"的问题,即这些石窟内容所反映的思想、观念、信仰、审美意识、文化心理以及诸多更为复杂的社会问题、历史问题,以及它们之间的相互关系等深层次问题的研究无论深度和广度都有待推进,这是未来敦煌艺术研究面临的重点和难点。

所以,特别要在研究方法和研究思路上有所创新,要突破以往就石窟而石窟、就图像而图像、就佛教而佛教的单一研究思路和格局,综合利用思想史、哲学史、美学史、艺术史学、文化史的相关研究成果,抓住美学的关键问题,从美学史、美学范畴两个方面与敦煌艺术的互动关系,从个案阐释和横向的综合研究两个方面下功夫,力争在敦煌艺术遗产的美学研究方面探索新的学科方向和研究方法。

近三十多年来我国学者在敦煌历史、语言文字、文学、考古、艺术、宗教、民族、民俗、科技以及中外文化交流等众多学科出产了大量的成果,其中在大多数方面都已在国际敦煌学领域居于先进和领先地位。敦煌学还要继续发展,百年来的敦煌文献和敦煌石窟研究,已经为我国古代历史、经济、政治、科技、文化、中外交流等方面的研究提供了大量珍贵的资料,丰富和更新了我们关于古代社会历史的认识。但敦煌文献和敦煌石窟的研究还远未开发完,还有很多未知的领域需要去探索。我以为今后一方面需要继续从不同的单一学科微观层面挖掘资料及其内涵,另一方面需要从宏观层面整合诸多学科的力量进行交叉学科研究,即把石窟艺术的研究和历史学、哲学、美学、艺术学等其他人文学科结合起来,拓宽敦煌莫高窟研究的空间,多角度、多层次地对敦煌艺术作出新的美学阐释和意义阐释。

　　敦煌艺术遗产,是通过丝绸之路两千多年来和印度文明、希腊文明、波斯文明、中亚文明等世界几大文明与中华文明交流、汇聚的结晶,体现了丝绸之路沿线许多国家共有的历史文化传统,是不同文明之间和平共处、相互交融、和谐发展的历史见证。敦煌艺术遗产包含着极为重要和丰富的美学资源。敦煌艺术遗产在各个方面均蕴含着中国人的心灵和精神密码,敦煌艺术遗产也见证着丝绸之路上中外文明的交相辉映和相互融通,蕴含着中华民族以和为贵、海纳百川、天下一家的思想传统,彰显了中华文明对人类文明进步的精神性意义。因此,敦煌艺术遗产的美学研究是一个研究中国美学和中国文化的独一无二的意义体系和价值体系。它要求在历史学、考古学、艺术史成果的基础上,对敦煌艺术遗产进行深入和系统性的美学研究,并在此基础上实现当代美学和艺术学理论的创造性转化,从而对蕴含在敦煌艺术遗产中的中国美学精神给予充分发掘。深入研究敦煌艺术遗产所蕴含的深刻的中国美学精神,让敦煌这一意义体系和美学体系更好地发挥其应有的价值。

我心归处是敦煌

——我与樊锦诗先生的相遇相知

一

这本书写完之后，一直没有合适的书名，想了很多名字，都不合适。

2019 年春天，我和樊锦诗老师在北大燕南园和出版社的几位编辑商定书名和版式，为了打开思路，出版社的同仁找来了许多历史人物的传记。

我看着身边瘦小的樊老师，想到我们朝夕相处的日日夜夜，想到她神情疲惫、手不释卷的样子，想到四年前在莫高窟送别我的那个身影，耳边始终萦绕她说过的那句话："只有在敦煌，我的心才能安下来。"

这本书的终篇是《敦煌人的墓地就在宕泉河畔》，我明白她的心。

宕泉河边安葬着包括常书鸿、段文杰先生在内的 27 人，他们是第一代坚守敦煌的莫高人。保护区是不允许有墓地的，这个墓地很隐蔽，在远处几乎看不见。这些人来自五湖四海，最终心归敦煌……"心归何处？书名就叫《我心归处是敦煌》吧！"大家沉默下来，接着是赞许，樊老师看着我说："嗯，还是你懂我！"

2014 年夏天，我初到敦煌，也初见樊锦诗。那次会面，匆匆而别，我没有想到命运会在我俩之间安排下如此深厚的缘分和情谊，我会成为这个世界上"懂她的人",她也成为这个世界上"懂我的人"。那年暑假我和几位北大的同事到莫高窟考察,樊老师亲自接待了我们这群北大校友,不仅安排我们参观洞窟,还安排我们和敦煌研究院的专家进行了座谈。座谈会就在研究院的小会议厅举行,那是我第一次面对面听樊老师讲述敦煌研究院的历史,以及关于壁画保护的艰辛,也是我第一次被"莫高人"坚守大漠、甘于奉献的精神深深触动。

临别之际,她对我们说:"这次你们在敦煌的时间比较短,没有看好。期待你们下一次再来敦煌,在这里住上一段时间,这样就可以慢慢看。有时间的话还可以去榆林窟看看。"

从 2014 到 2016 年,樊老师多次向我们发出邀请。那段时间,北京大学美学与美育中心正在策划人文学的书系,计划访谈一些代表时代精神、代表中国当代人文精神的学者,出版一系列书籍。当我们和樊老师交流这个想法时,她很快就答应接受我们的访谈。2016 年暑假,我们再次赴敦煌考察,此行的任务有两项,一是深入研究敦煌艺术,二是完成对樊老师的访谈。

从 2016 年 6 月 25 号到 7 月 5 号,我们在莫高窟和榆林窟考察了整整十天。

二

莫高窟的清净令人心生敬畏。

许多洞窟都有沿着墙角一字排开的禅修窟,这是历代僧侣在此禅修的明证。如今人去窟空,对于颇有悟性和慧根的人而言,目击空空的禅窟或有如棒喝一样的启示。即便不能顿悟,眼前也一定会浮现当年那些枯瘦如柴的禅僧,在阴暗寒冷的洞子里默坐冥想的情景,心中必定生出一种谦恭和敬意。在莫高窟,那一尊尊苦修佛并不是虚假的幻象,而是一种日常的真实。

在敦煌研究院工作的人时时让我想起出家人。他们把自己的生命完全交付给敦煌的流沙和千佛洞方圆百里上匆匆消逝的光影,在一种貌似荒寒的人生景致中等待一个又一个莫高窟的春天。他们虽然不念经、不拜佛,但是临摹壁画、修复洞窟、保护遗址、宣传讲解,这些工作在我看来无异于出家人的修行。

莫高窟是一种考验,只有那些经最终经受住考验的人才能修得正果。

夏夜的傍晚,太阳还没有落下时,莫高窟上空明澈无比的蓝天令人陶醉。游客散去之后,位于鸣沙山东麓、宕泉河西岸的莫高窟就显得格外神圣。那些开凿在长长的石壁上,如蜂房一般密密麻麻的石窟群蔚为壮观,那看似灰头土脸的外表下隐藏着的是圣洁而又神秘的伟大文明。走近石窟,就能强烈地感觉到每一个洞窟透出的五彩斑斓的神光。

敦煌日照时间长,特别是夏天,晚上九、十点钟左右,天还是亮的。白天我们按年代参观洞窟,晚上我们就天南海北地聊天。每天傍晚六点左右,樊老师就会准时来到莫高山庄。七月的敦煌,正是李广杏成熟的季节,每次她来的时候,手里都会提上一袋子洗好了的李广杏,"李广杏"这个名字,与汉代飞将军李广有关。这是只有敦煌才有的水果,那是她特意在当地农民那里买来的。据说每年只有这一个月的时间才能在敦煌品尝到这种格外美味的黄杏。

为了这个访谈,我拟出了一百多个问题。但真正进入访谈,我拟出的题目基本失效。她的健谈,她阅历的丰富,思路的开阔,还有那些从来不为人知的往事,远远超出我的预想,似乎每一个小问题都可以打开她记忆的宝藏。樊老师的讲述有她自然内在的逻辑,只需一点触发便能源源不断地喷涌而出。而我要做的就是把她所说的话全部记录下来。近 60 年的敦煌生活,她对那里的每一寸土,每一棵树,每一方壁画都如此熟悉,莫高窟的历史、洞窟壁画艺术到考古保护工作的方方面面,她都如数家珍。

我们每天平均采访 3 到 4 个小时,最多的时候,樊老师一口气说了 5 个小时,我边听边做笔记,同时以最快的速度整理谈话的内容,以便后期整理。我负责提问和记录,董书海博士负责录音。十天后,当我们离开敦煌时,已经积累了将近 20 万字的访谈稿件。

樊老师有每晚散步的习惯。她最喜欢从家里走到九层楼,听听悬在檐下的铃铎,听听晚风掠过白杨的声音,然后在满天繁星升起之时,踩着月光,散步回家。离开敦煌前的一天晚上,她提议大家一起散步去九层楼。

散步的时候她告诉我,沿着道路两旁的是钻天银白杨,因为起风时发出噼里啪啦的声音,当地人管这种树叫"鬼拍掌"。冬天的时候,树叶落光,枝干直指蓝天,这些白杨树就更加气宇轩昂了。那是我第一次眼睁睁看着夜晚的寂静缓缓降临,那是一种无边无际的寂寞覆盖下来的感觉。远处是宕泉河,再远处是宕泉河河谷地带星星点点的绿洲,绿洲的外面是戈壁,戈壁的再远处是人迹罕至的荒野和山脉。人在这样的地方,就好像坠入了一个无涯的时空的深渊,有一种无助感和失落感。她说过去有位前辈对她说过一句话,要想在莫高窟生活,首要的功夫是要耐受住这里的寂寞。

也是在那天晚上,她对我说,大家都认为留在敦煌是她自己的选择,其实她有几次想过离开敦煌,我问她:"最后为什么留下来?"她说:"这是一个人的命。"鸠摩罗什当年随吕光滞留凉州达 17 年,也是在一种并非自己选择的情形下开始佛法的弘扬,而樊锦诗是随历史与命运的风浪流徙至此,所不同的是鸠摩罗什当年是东去长安,后来在草堂寺负责佛经的翻译工作;而樊锦诗是西来敦煌,在莫高窟守护人类的神圣遗产。好在有彭金章这匹"天马",在她最艰难的时候,"伴她西行",不离不弃,陪伴左右,和她一起守护千年莫高,一直到他生命的终点。

夜幕降临时,九层楼的四周愈发安静,安静得彼此仿佛都能听到对方的心跳。我们的耳畔是随风传来的一阵阵叮叮当当的铃声,断断续续,若隐若现,似有若无……樊老师说那是九层楼的铃铎,铃铎的声音跃动在黑夜和白天交替之际,让人感到仿佛游走在变幻莫测的梦境。直到满天星斗闪耀在我们的头顶,微风从耳际拂过,那壁画里飞天弹奏的音乐也好像弥漫在我们的周围……

我突然明白了樊锦诗愿意一辈子留在敦煌的原因了。尘世间人们苦苦追求的心灵的安顿，在这里无须寻找，只要九层楼的铃铎响起，世界就安静了，时间就停止了，永恒就在此刻。

三

我把录音和访谈稿件带回了北京，很快就整理出了文字稿。

我把口述的内容整理出十三个部分，分别涵盖了"童年""大学""实习""历史""学术""劫难""至爱""艺术""保护""管理""抢救""考古报告"和"莫高精神"，这就是这本书十三章的最初框架结构。按照这个框架，不仅包含樊锦诗的个人命运、人生经历，还涉及敦煌的历史、艺术、学术以及敦煌保护管理等各方面的问题。但是，我不能确定樊老师是否同意这样的框架，当我忐忑不安地给她看全书的框架设计时，她的话让我心中的这块石头落了地，她说："我很赞同你的设想，我没有什么传奇故事，我的人生意义正是和敦煌联系在一起的，我和敦煌是不可分的。我樊锦诗个人的经历应该和具体的时代联系在一起，你的想法也是我所希望的。"

完成此书，除了跨学科的难度之外，还有各章内容的不平衡。因为口述带来的一个直接问题就是章节内容不均衡，有的充实，有的薄弱，需要事后翻阅资料，查漏补缺；此外，口头表达避免不了口语化，而其中涉及敦煌历史、敦煌艺术、敦煌学、考古学以及遗产保护等问题却是专业性、学术性极强的话题，必须确保知识性的内容准确无误……如此一来，我深感访谈的稿件离最终成书距离遥远。究竟如何来处理这20万字的采访稿，成了我面临的一个难题。怎么办？樊老师远在敦煌，我在北京，不可能每天和她通电话，也不可能把所有的问题全部抛给她，毕竟她重任在身，不能因为这本书占用她全部的时间。并且大多数写作中遇到的问题是无法通过电话采访解决的，必须查阅相关资料，才能加以丰富和充实。

我找来了樊老师全部的著作、论文以及讲演,通过阅读她的文章,我理清了她在学术上始终关切的核心问题,在敦煌学研究上已经或试图突破的问题,在遗产保护方面主要抓住的问题,以及她在时代转型时把握的重大问题。随着对她的学术思想、思维方式、表达方式越来越熟悉,整个写作过程也变得异常神奇,我常常听到她在我耳边叙述,这些文字不像是我写出来的,而像是她以特有的语气、思路和节奏说给我听的。

为了更好地了解 1958 年樊老师入学时候的北大,帮助她回忆起当时的真实情况,我们特意去北京大学档案馆借出了樊锦诗在校期间的学籍卡以及各门功课的成绩,查看了北京大学历史系和考古系的相关历史档案,查阅了 1958 年左右入学的北大校友的回忆录,力求真实地再现樊老师大学期间每个学期的课程学习、下工厂劳动情况、食堂伙食情况,力求还原大学时代的樊锦诗在北大求学的那段生活。当我把那些档案复印给她的时候,她惊喜地说:“这些资料你都是从哪儿挖出来的?”

比如樊老师回忆苏秉琦先生,她只是简单提到毕业之际苏先生找她去朗润园谈话的往事,至于谈了什么,为什么找她谈话,这些记忆都已经非常模糊了。然而,只有在我自己的意识中复活一个活生生的苏秉琦,才能真正理解并懂得苏先生为什么要找樊锦诗作一次谈话。仅仅这一章,就需要对苏秉琦先生考古学的研究成果、他对中国考古学的贡献、他的考古学理念,他何以成为考古大家等诸多方面进行必要的研究。没想到,樊老师看到这一章时非常感动,她说:“谢谢你! 我以前觉得苏先生很了不起,现在我更加觉得苏先生了不起,我的一生能有这样的老师真是幸运!”

此外,关于她如何度过最艰难的岁月,从哪里汲取精神动力,一直是我反复思考的问题。这些问题没有任何资料可考,需要我自己用心去探寻。樊老师最喜欢第 259 窟的“禅定佛”和第 158 窟的“涅槃佛”,

她心灵的答案就藏在这些伟大艺术之中。当我介绍敦煌的壁画和雕塑时,不是从陈述敦煌艺术知识的角度来讲敦煌,而是从存在的角度体悟樊锦诗和敦煌艺术之间的生命关联,这需要我阐释敦煌艺术的意义,如何以潜移默化的方式影响了樊锦诗的整个生命。在这个过程中,我的艺术学理论的专业积累,我的艺术阐释学的学术思考帮助我完成了这项难度最大的工作。

这本书不仅是樊锦诗个人的传记,书的内容涉及了对几代敦煌人的回忆,这既是樊锦诗个人的奋斗史,也照应着敦煌研究院的发展史,是几代莫高窟人守望莫高窟的一份历史见证。樊锦诗是第一个做出了莫高窟考古报告的人。从考古学的角度来说,《敦煌石窟全集·第266—275窟考古报告》作为中国考古学的当代成果,意义重大,她在书中毫无保留地贡献了对于石窟寺考古的全部思想和观念;关于世界遗产的保护,未来所要面临的问题,遗产保护过程中如何建设数字化保护工程。因此,这本书也具有档案的价值,凝聚了樊老师毕生的智慧和心血。

四

2017年春天,彭金章老师查出晚期胰腺癌,这是不治之症,这件事犹如晴天霹雳。

樊老师一边陪护在彭老师身边,一边还要为敦煌的工作四处奔波,她当时已是一位八旬老人了,我们都非常担心她的身体,每次通话我就在电话里安慰她。那段时间几乎每天我们都通电话,我感到她为彭老师的病情非常着急、痛苦和焦虑。她始终觉得这一辈子老彭为自己、为这个家付出太多了,自己对不起老彭,因为忙于工作,自己没有尽到做妻子的责任。

两位老师最后一次来到北大,我记得很清楚,那一天是2016年9月8号,北大人文学院的院长邓小南教授(邓广铭先生的女儿)请樊老师做关于敦煌保护的演讲。那是我第一次也是最后一次聆听彭老师热情洋溢的发言,他说起两地分居的艰难,说起他引以为豪的敦煌北区考古发掘,说起和樊老师的爱情,"相识未名湖,相爱珞珈山,相守莫高窟",说起自己无悔的一生……场面令人动容,那一天很多与会者都落泪了。那一次会后,他们俩一同去蓝旗营看望了宿白先生,没想到这次探望竟成永别。

2017 年 7 月 29 日,彭老师去世,葬礼异常朴素,她没有惊动任何人。次年 2 月,宿白先生也去世了。

2017 年中秋节那天,我的手机上显示了樊老师发来的一条短信,她说:"今天是中秋,我一个人在九层楼下散步,今天莫高窟的月亮非常圆,每逢佳节倍思亲,我现在非常想念你……"当时我的眼泪就止不住往外涌,我知道痛失爱人的樊老师把我当成了自己的亲人。我拨通了她的电话,我听到了九层楼夜晚的风声,风中传来她疲惫的令人心疼的声音,她说自己每天整理彭老师的遗物,还找出了一些供我参考的研究材料和关于敦煌学的书,准备打包整理好寄给我。

2016 年下半年,我对全书又进行了核对和修改,准备择时与樊老师核对书稿。没有想到的是 2017 年年初,我父亲确诊为晚期肺癌,之后的一年我陷入了极度的忙乱和焦虑中。2018 年 7 月,我父亲去世,整整一年我无暇顾及其他事情。出版的时间一推再推。令我永远难忘的是,从我父亲生病到去世的这段时间,樊老师两三天就会来一个电话宽慰我、鼓励我。她刚刚失去了亲爱的丈夫,而我失去了最疼爱我的父亲,她在电话里反复劝我要想开,要往前看,我从她的安慰里获得力量和信心。2019 年大年三十,我知道樊老师一个人在敦煌过,没有彭老师在一起过年,一定很孤单,我给她去了电话,她告诉我她把老彭的照片放在餐桌前,她和老彭一起吃了年夜饭,她对老彭说:"老彭,今儿晚上就我们俩过春节,一起看春晚。"

2019 年 3 月,樊老师对我说:"顾老师,我想好了,我要到北京去住一段时间,我觉得我应该全力配合你校对书稿。"我很担心她是否抽得出时间，因为 2019 年年初，她刚刚荣获"改革先锋"的称号，有许多活动等着她参加。但是她执意要来北大和我一起修订书稿，并且不让我告诉任何人她在北京。就这样，从 3 月到 6 月，我们先后躲在北大勺园和中关新园，朝夕相处，分章校对，除了吃饭其余时间都在核对书稿，终于把这本书一章一章地修改完毕。

2019 年 5 月 28 日完稿的那天，樊老师提出一定要做东请大家吃个饭。那天，她特意带上她的钱包，请我们在北大"怡园"吃了顿丰盛的午餐。

五

这本书前后写了将近四年，对我来说，最大的收获是樊老师对我的言传身教。

这四年的时光有幸和樊老师在一起，从师生关系，到忘年之交。她把自己对于敦煌很多问题的思考毫无保留地告诉我，把许多人生的经验毫无保留地传授给我，让我在这个过程中零距离地接近她，了解她，认识她，体会她最真实的精神世界。

写作这本书的过程，让我真正走近樊锦诗，懂得樊锦诗。

她和双胞胎姐姐六个半月就出生，奇迹般地活了下来；她得过小儿麻痹症，几乎瘫痪，却没有落下后遗症；她遭遇过青霉素过敏，死而复生；她经历过父亲在"文化大革命"当中的非正常死亡，经受过含冤受辱的日子；她也忍受过夫妻两地分居十九年的艰难岁月……她能够活下来，还能活出她希望于自己的那个样子，做出一番令人动容的事业，是一个奇迹。她那两条瘦弱的腿，从上海走到了北京，从北京走到了西北，去到了万里之遥的敦煌，走过荒漠和戈壁，走过许多常人难以想象的坎坷和崎岖，这一走就是五十多年。

樊锦诗是善于观察，善于学习，善于自我约束的那种人，也许她在她父亲那里学会了谦虚和果敢，继承了父亲温柔敦厚的文人气质，以及在决定了任何事情之后,永不更改的决心;在母亲那里学到了安静慈悲以及简朴的生活方式;在他的老师苏秉琦和宿白等人那里,她懂得个体作为社会的一员,应该尽自己最大的努力,使自己在社会和整个的人生中实现自己的价值,摒除任何矜骄之心;她也在敦煌的前辈那里学会了意志的坚定,懂得了在任何时候都要学会坚持和隐忍,懂得了信赖自己的真心,懂得了要有大的作为必定要经历大的磨难,以艰苦求卓绝,在任何的艰难和痛苦中镇定如常,如如不动。

而所有这些在她身上所体现的美德,都是她生命中所敬慕的那些人以人格的方式传导给她的,每一位接触过樊锦诗的人都可以在她柔弱的躯体里感受到一种至刚的力量,感觉到一种坚定、谦逊、温和的精神气质。子夏曰:"君子有三变:望之俨然,即之也温,听其言也厉。"(《论语·子张》)意思是:君子的气质有三种变化:远望他的外表,很严肃;近距离接触他,很温和;听他说话,很严厉。樊锦诗就是那种达到大道似水、至柔至刚、刚柔并济的人。

正是这样一种内在的和谐,让我们看到她和她所从事和坚守的事业融为一体,她所在的地方就是敦煌,就是莫高窟,就是考古保护事业;而敦煌的所在就是她的所在,她的名字就代表着莫高窟。她选择的敦煌和莫高窟作为自己心灵的归宿,敦煌和莫高窟选择了樊锦诗向世人言说它的沧桑、寂寞、瑰丽和永恒。

也许当一个人真正了悟时,她的内心才会升起一种持续的欢乐和发自内心的喜悦,因为这是从心灵深处生发出的一种迷惘的解脱和无惑的快乐,而这样一种无惑和快乐是其他世俗意义上的快乐所无法比拟和超越的。古罗马的赛涅卡说,"正是心智让我们变得富有,在最蛮荒的旷野中,心智与我们一起流放,在找到维系身体所需要的一切后,它饱尝着对自己精神产品的享受。"

我想,可以用"守一不移"四个字来概括樊锦诗一生的追求和意义。这个"一"就是莫高窟,她来了就再也没有离开过;这个"一"是她作为北大人的自觉和自律,离开北大以后,一直在她身上传承和保留了的北大精神；这个"一"还是知识分子的良知，她从没有忘却也没有背叛过。所以，她的一生就是"守一不移"的觉悟的人生。唯有莫高窟的保护，才是她确证自己存在的最好方式和全部目的。用她自己的话来讲就是：躺下醒来都是莫高窟，就连梦中也是莫高窟。正是这种坚贞和执着，使她"饱尝着对自己精神产品的享受"，在世人面前呈现为这样的一个纯粹的人。

樊锦诗没有为自己的孩子们留下什么遗产，她捐出了所有个人获得的奖金用于敦煌的保护。她从来不留恋美食和华服，不留恋金钱和名利。她穿衣只求舒适，一件结婚时候置办的外套穿了四十多年，里子全磨坏了也不舍得扔；吃饭必须餐餐光盘，不仅要求自己也要求所有和他一起吃饭的人；酸奶喝完了，必须用清水把酸奶瓶涮干净，空瓶子带回去当药瓶子继续用；酒店里没有用完的小肥皂，必须带到下一个地方接着用；离开酒店的时候一定把里里外外打扫干净，她说这是对服务员的尊重……我曾问她："你为什么这么节省？"她说："我经历过困难的日子，觉得不应该铺张浪费。但主要原因是我父亲去世之后，家里很困难，母亲和两个弟弟都没有工作，我的大部分工资都要寄回上海家里，慢慢就养成了紧衣缩食的习惯。"

她是过着最质朴的生活的那一类人。对于这样质朴的人而言，质朴生活源自心灵最深处的自觉。她唯一感兴趣的就是不断地向外界和世界介绍她心爱的莫高窟，介绍她所从事的莫高窟的保护事业，仿佛她人生的意义全部都是在这一件事情上面。能够遇见这样的人，并且与这样的人行路和思考，是一种具有神圣意义的体验。她好像习惯于把每一件事当成人生的最后一件事情去做，时刻履行在有限的人生中的责任，能够完全控制并实现着自己的品质，按照自己的要求去严格地塑造自己，成为自己真正的造物主。

在樊锦诗的身上，呈现着一种少有的气质，单纯中的深厚，宁静中的高贵，深沉中的甜美。当我这样感觉她的神气的时候，我发现，这正是我面对敦煌壁画时候的关于美的体验。壁画穿越历史的美，那种沧桑中的清雅和灿烂,在这里以一种奇妙的方式渗透在一个人的气度之中。她的高贵来自她思想的严肃,庄重和纯正;而那种深沉也许来自于长年的关于文物保护的忧思,来自于她对于莫高窟这一人类绝无仅有的宝库的现在和未来的强烈的责任;而她的童真,年届八十却依然如少女一般纯真的笑容,是伟大的艺术和神圣的使命所赋予她的那种安宁和静谧的心灵所造就的。

她一生的成就都源自她的心,她一生最高的成就就是她的心!

莫高精神与时代之光

　　《我心归处是敦煌》是我 2019 年撰写的一本传记,这本书写完之后获得了读者和社会的认可,两年不到的时间,18 次印刷,出版了 30 多万册,获得了包括"2019 年度中国好书"等三十多个奖项。2020 年高考,"考古"成为最热门的一个专业,一些考生说自己就是看了这本书树立了人生的理想。2020 年 6 月在香港再版后,受到了包括香港同胞在内的广大读者朋友的喜爱。

　　2019 年 8 月 19 日,习近平总书记赴甘肃考察调研,首站来到敦煌莫高窟。为他讲解的就是被誉为敦煌女儿的樊锦诗。2019 年 9 月,樊锦诗被授予"文物保护杰出贡献者"国家荣誉称号,10 月她又荣获"吕志和奖——世界文明奖",上一届获奖者是袁隆平;紧接着又荣获法兰西学院颁发的"法兰西学院汪德迈中国学奖",这是第二位获得此奖的中国学者。在这么多荣誉面前,樊锦诗却始终非常单纯简朴、低调谦和。樊锦诗毕业于北大,扎根西北大漠,一生保护敦煌,并推动着敦煌让更多的世人所知;说她简单,是因为她这一辈子只做了一件事,那就是:保护敦煌。她说:"我为敦煌尽力了! 不觉寂寞,不觉遗憾,因为它值得。"

　　撰写《我心归处是敦煌》是一次探寻人生大美的过程,因为这本书我走近了樊锦诗,走近了一个独一无二的文化宝藏——敦煌莫高窟,走近了一群可爱的莫高窟人。

我想从五个方面谈谈这本书的写作,以及我眼中的樊锦诗和莫高精神。

一 心灵的在场

写作一本传记,撰写者和被写作的对象之间达成心意相通非常重要,这几乎是一切工作的基础。对方只有信任你,与你心意相通,才能对你敞开。你只有信任对方,与对方心意相通,才能下笔如有神。有人问我,你是如何与樊老师达成心意相通的?

2014 年夏天,甘肃省委宣传部邀请我们北大的几位老师去兰州开一个研讨会,研讨会之后就安排去敦煌莫高窟参观,这是我第一次到敦煌,也是第一次见到当时担任敦煌研究院院长的樊锦诗。她亲自接待了我们这群北大校友,不仅安排我们参观洞窟,还安排我们和敦煌研究院的专家进行了座谈。记得那次座谈会就在敦煌研究院的小会议厅举行,那是我第一次面对面听樊老师讲述敦煌研究院的历史,以及关于壁画保护的艰辛,也是我第一次被“莫高窟人”坚守大漠、甘于奉献的精神深深触动。

那次会面,匆匆而别,我没有想到命运会在我俩之间安排下如此深厚的缘分和情谊,我会成为这个世界上“懂她的人”,她也成为这个世界上“懂我的人”。临别之际,她对我们说:“这次你们在敦煌的时间比较短,没有看好。期待你们下一次再来敦煌,在这里住上一段时间,这样就可以慢慢看。有时间的话还可以去榆林窟看看。”

我陆陆续续收到不少樊老师送给我的书,其中有她自己的学术论文集,或是由她担任主编的大型敦煌图册和文集,内容涉及了敦煌学、研究院历史、人物传记以及敦煌美术史等方面,最珍贵的是她赠我的两册敦煌石窟考古报告,上面有她工工整整的题签。凡是樊老师寄给我的书,我都认真地读,最初是出于兴趣,后来才意识到那段时间的阅读为撰写这本樊老师的传记打下了一些基础。除了与敦煌相关的书籍,我还阅读了樊老师所有的文章，我理清了她在学术上始终关切的核心问题，在敦煌学研究上已经或试图突破的问题，在遗产保护方面主要抓住的问题，以及她在时代转型时把握的重大问题。

这期间，有一件特别令我难忘的事。一次，我无意中说起我想查阅一些敦煌关于佛教讲唱和古代戏曲相关的材料，过了不久，樊老师就给我来了一封信，信中说："顾老师：您好！您去年曾经问及我关于敦煌戏剧资料。敦煌资料中是否有戏剧材料，还不好说，我可进一步去查找。现给您介绍张广达先生的论文《论隋唐时期中原与西域文化交流的几个特点》，此文'三'专门介绍新疆地区发现的古代梵语、甲种吐火罗文、回鹘文、藏文等文字中有关宣传佛教的剧本和表演的资料，以及德国等国外学者，中国季羡林、耿世民先生对上述材料的研究。此文刊载于张广达著《西域史地丛稿初编》第 281 至第 310 页，戏剧这部分在第 296 页至第 301 页，注为七三至八八。这本书由上海古籍出版社出版，时间是 1995 年 5 月。特此告知。樊锦诗"不仅如此，还将张广达先生的那本书寄给了我，供我研究做参考。

过了不久，樊老师给我来了第二封信："顾老师：你好！季羡林新博本吐火罗语 A（焉耆语）《弥勒会见记剧本》刊于北京大学中国中古史研究中心编《敦煌吐鲁番文献研究论集》第二辑，第 43 至 70 页，北京大学出版社，1983 年 12 月。特此告知。樊锦诗"

这两封信令我非常感动，我感觉她是一位非常纯粹的学者，心胸开阔、为人谦和，我从心里非常敬慕她。从 2014 到 2016 年长达两年的交往中，我们逐渐成为无话不谈的忘年之交。在这过程中，我们还一起组织策划录制了"敦煌的艺术"系列慕课，为了这门课程樊老师倾注了大量心血，我们邀请了荣新江、王旭东、赵声良等十多位目前国内著名的敦煌学研究专家共同参与授课，这次课程也使我进一步了解了敦煌。

可以说我和樊锦诗一见如故，我们都是上海人，我在北大工作，从一开始她就特别信任我，在相处的两年间我们更是成了无话不谈的忘年之交。因为我和樊老师的结缘，使我对敦煌学和敦煌艺术产生了浓厚的兴趣,我们的交往,我们之间的信任和了解,我们对于敦煌的热爱,我们共同关心的问题,我们组织策划的慕课,为这本书的诞生做了最充分的准备。

从2014到2016年,樊老师多次向我发出去敦煌的邀请。那段时间,北京大学美学与美育中心正在策划人文学的书系,计划访谈一些代表时代精神、代表中国当代人文精神的学者,出版一系列书籍。当我们和樊老师交流这个想法时,她很快就答应接受我们的访谈。后来我才知道在这以前,她曾经拒绝过很多人、很多出版社和媒体为她写传的要求。

2016年暑假,我们再次赴敦煌考察,此行的任务有两项,一是深入研究敦煌艺术,二是完成对樊老师的访谈。从2016年6月25号到7月5号,我在莫高窟和榆林窟考察了整整十天。

为了这个访谈,我拟出了一百多个问题。但真正进入访谈,我拟出的题目基本失效。她的健谈,她阅历的丰富,思路的开阔,还有那些从来不为人知的往事,远远超出我的预想,似乎每一个小问题都可以打开她记忆的宝藏。樊老师的讲述有她自然内在的逻辑,只需一点触发便能源源不断地喷涌而出。而我要做的就是把她所说的话全部记录下来。近60年的敦煌生活,她对那里的每一寸土,每一棵树,每一方壁画都如此熟悉,莫高窟的历史、洞窟壁画艺术到考古保护工作的方方面面,她都如数家珍。她允许我问,也允许我写,她毫无保留地向我敞开,给予我极大的信任和创作的自由。没有樊老师的信任,没有我所在的北京大学各级领导的关心支持,我就不可能顺利完成这项工作。

令我印象深刻的是,她对我谈起的第一个话题就是关于她的父亲。她告诉我她的父亲是在"文革"中自杀的,这件事情所有敦煌研究院的人都不知道,她从来没有对任何人说起过。我当时就感到这是一个"沉甸甸的开端",也是无与伦比的信任,她把心都交给了我。所以,这本书只能写好,不能写坏,如果写坏了,我很对不起她。

我们每天平均采访3到4个小时,最多的时候,樊老师一口气说了

5个小时，我边听边做笔记，同时以最快的速度整理谈话的内容，以便后期整理。我负责提问和记录，董书海博士负责录音。十天后，当我们离开敦煌时，已经积累了将近20万字的访谈稿件。

我把录音和访谈稿件带回了北京，很快就整理出了文字稿。

可以说我和樊先生一见如故，我们都是上海人，我在北大工作，从一开始她就特别信任我，在相处的两年间我们更是成了无话不谈的忘年之交。我们之间的信任和了解，我们对于敦煌的热爱，我们共同关心的问题，我们组织策划的"敦煌的艺术"系列慕课，为这本书的诞生做了最充分的准备。

写作这本书的过程，让我真正走近樊锦诗，懂得樊锦诗。

她和双胞胎姐姐六个半月就出生，奇迹般地活了下来；她得过小儿麻痹症，几乎瘫痪，幸好没有落下后遗症，但腿脚不是很灵活；她遭遇过青霉素过敏，命悬一线……她能够活下来，还能做出一番事业，是一个奇迹。她的两条瘦弱的腿，从上海走到了北京，从北京走到了西北，走到了万里之遥的敦煌，走过荒漠和戈壁，走过许多常人难以想象的坎坷和崎岖，这一走就是五十多年。

写作这本书，也是一次跨度极大的多学科尝试。涉及敦煌艺术、敦煌学、考古学、文物保护等多个我从来没有接触过的学科领域，还有历史学、宗教学，以及关于一带一路沿线国家，西域文明和敦煌之间的一种交融互动。我并不是研究敦煌学和考古学的学者，敦煌学的相关文献、敦煌艺术的相关研究、考古学的相关知识、壁画保护的理念方法……都是需要逐一深入了解的领域，无论做多少准备都是不够的。

写作樊锦诗的传记当然要了解敦煌的学术史，但我并非写敦煌的学术史，我要写的是一个对敦煌学的方方面面有广泛研究并一生践行文物保护事业的学者的心灵史。一个人的真实的内心冲突，那些在人生最艰难的时刻如何自我超越的经验，那是关乎"人的觉悟和超越的根本性问题"，我认为这才是我要为这部传记注入的灵魂。

我把口述的内容整理出十三个部分，分别涵盖了"童年""大学"

"实习""历史""学术""劫难""至爱""艺术""保护""管理""抢救""考古报告"和"莫高精神",这就是这本书十三章的最初框架结构。按照这个框架,不仅包含樊锦诗的个人命运、人生经历,还涉及敦煌的历史、艺术、学术以及敦煌保护管理等各方面的问题。但是,我不能确定樊老师是否同意这样的框架,当我忐忑不安地给她看全书的框架设计时,她的话让我心中的这块石头落了地,她说:"我很赞同你的设想,我没有什么传奇故事,我的人生意义正是和敦煌联系在一起的,我和敦煌是不可分的。我樊锦诗个人的经历应该和具体的时代联系在一起,你的想法也是我所希望的。"

这本书前后写了将近四年,对我来说,最大的收获是樊老师对我的言传身教。

她把自己对于敦煌很多问题的思考毫无保留地告诉我,把关于人生的经验毫无保留地传授给我,让我在这个过程中零距离地接近她,了解她,认识她,体会她最真实的内在心灵节奏和精神世界。由于我对她的思维、语调、语气和心理节奏非常熟悉,以至于我在写这本书的时候,很多时候就好像听到她本人在我耳边叙述,尽管有些内容并不是她告诉我,但是我写的时候好像依然听到她以特有的语气、思路和节奏在我的耳边倾诉。我感到传记写作的灵魂是真实,是写出心灵的在场与表达。

以上我简单介绍了我和樊先生的缘分和写作这本书的简单经过。下面我想和读者朋友们进一步分享书中的一些内容。

我想先谈一谈敦煌莫高窟对于中华文化的重要性。

二 敦煌莫高窟

季羡林先生曾说:世界上历史悠久、地域广阔、自成体系、影响深远的文化体系只有四个:中国、印度、希腊、伊斯兰,再没有第五个;而这四个文化体系汇流的地方只有一个,就是中国的敦煌,再没有第二个。

敦煌,位于中国甘肃省河西走廊西端,北有北山(马鬃山),南有南山(祁连山),是一个冲积而成的绿洲,由南山流来的古氐置水(今党河)冲积扇带和疏勒河冲积平原构成了敦煌盆地,靠祁连山充沛的积雪融水和地下水的滋润,在这里形成了一块宝贵的绿洲。

公元前138、前119年,汉武帝两次派遣张骞出使西域,使"丝绸之路"全线打通。莫高窟第323窟留下了张骞出使西域的珍贵图像。后经霍去病两次河西之战的胜利,彻底击败侵入河西地区的匈奴人,切断了匈奴与羌人的联系,扫清了中原通向西域的障碍。元鼎六年(公元前111年),汉王朝采取"列四郡、据两关"的举措,行政上在兰州以西长1200公里的河西走廊上自东向西设武威、张掖、酒泉、敦煌四郡;军事上在四郡北面修筑长城,敦煌西面设置玉门关、阳关,并征召大量士兵在此戍边和屯田。两关设立后,敦煌成为汉王朝和西域往来出入的西大门。

之后,汉王朝对敦煌和河西走廊的移民和戍边,经营和开发,确立了敦煌在历史上的重要地位和作用。以儒家思想为主的中原文化也开始传入,中原文化在这里生根和发展,儒家思想为主的中原文化得到传播。汉代至唐代,作为古丝绸之路上的"咽喉之地",敦煌的地理位置十分重要。它既是东西方贸易的中转站,也是宗教和文化的交汇处,伴随着古丝绸之路的千年兴盛和繁荣,东西方文明在这里长期持续地交融荟萃。产生于印度的佛教文化也被传到了敦煌,西晋时号称"敦煌菩萨"的译经大师竺法护及其弟子在此译经传教。

关于莫高窟的初创,唐代圣历元年(698)的《李克让修莫高窟佛龛碑》(又称《圣历碑》)有比较清晰的记载。此碑文大意说,东晋十六国的前秦政权建元二年(366年),一位名叫乐僔的僧人,从中原云游到敦煌东南的鸣沙山东麓。因为天色已晚,旅途劳顿,乐僔和尚打算就地歇脚过夜。正当他准备躺下休息的时候,望见三危山方向金光万道,璀璨光明,仿佛有千佛化现,乐僔被这神奇的佛光盛景惊呆了。于是他发心在此开凿了第一个洞窟,在洞窟中禅修。乐僔之后又来了一个叫法良的僧人,接着开凿洞窟。莫高窟的营建就从这两个僧人开始,此后连续十个世纪,从未间断建窟、塑像、绘画的佛事活动,历经千年营造,从无到有,从没有人烟的蛮荒之地成为万佛之国。

自乐僔和尚在公元 366 年开凿第一窟,迄至 14 世纪,莫高窟连续建造千年,形成了世界上现存规模最大,保存最完好的佛教石窟艺术圣地。至今在全长 1700 米的断崖上,密集地布满了蜂房似的洞窟,现共保存了 735 个洞窟,窟内共保存 45000 平方米壁画,2000 多身彩塑。

莫高窟的文化和艺术是以中国文化艺术为基础,吸收了印度文化、希腊文化、波斯文化和中亚文化融汇而成的。难得这些古代的艺术能留存下来,展现给世人一部立体的绘画史、雕塑史、形象的佛教史。世界上没有一处佛教遗址能绵延千年建造,又保存如此丰厚博大的艺术宝库和文献宝藏。

作为中华民族古代艺术圣殿的甘肃敦煌莫高窟及其古代典籍宝藏的敦煌藏经洞的基本特点有五个方面:一、为世人展现了形象的和文字书写的佛教史;二、呈现了延续千年的建筑、彩塑、壁画、音乐等多种门类的艺术;三、敦煌壁画中保存了大量唐代和唐代以前稀有的人物画、山水画、建筑画、花鸟画、故事画、经变画、装饰图案画;四、保存了中古社会广阔的社会生活场景(如婚丧嫁娶、衣食住行、文化娱乐、风情民俗);五、展示了世界多元文明荟萃的历史画卷(如希腊、波斯、印度、中亚、东亚等等)。一百多年来,在国际上形成了以敦煌石窟和藏经洞文物为研究对象的显学——敦煌学。

在我看来,敦煌不仅是佛教艺术圣地,也是一部辉煌的人文史,是一部在戈壁包围的绿洲营造人的精神家园的历史。莫高窟开窟和造像的历史,是一部贯通中西文化交流的历史,也是一部佛教发展和传播的历史,更是一部中华民族谋求自由和强大的历史。敦煌莫高窟艺术和藏经洞文物,是当代中国精神文明传承创新的重要资源,也是不同文明之间和平共处、相互交融、和谐发展的历史见证。

1900 年,发生了两件中华民族历史上堪称耻辱的大事。一件是八国联军入侵北京，慈禧和光绪仓皇避难，北京陷落；另一件就是敦煌藏经洞的发现和被盗。

1900 年 6 月 22 日，敦煌莫高窟道士王圆箓在清理今编第 16 窟的积沙时，无意中发现了藏经洞，从洞内发现了公元 5 世纪初至 11 世纪初的宗教经卷、社会文书、中国四部书、非汉文文献，绢画和刺绣文物等共计五万余件。

藏经洞出土文物的特别珍贵之处，一是新资料。很多读书人的研究用书都是印刷的，很难见到写本，藏经洞里面的大多是失传的写本，特别珍贵。二是资料"方面异常广泛，内容无限丰富"，是名副其实的文化宝藏。敦煌文书涵盖了当时的政治、经济、军事、宗教、历史、地理，还有文学、艺术、医药、天文、科技、习俗等各个领域的文献。藏经洞里除汉文、藏文外，还有大量已不再使用的古老文字，保存的非汉文文献，有粟特文、古藏文、回鹘文、梵文、希伯来文、突厥文、于阗文等等。

可以说，藏经洞藏着一部中国古代的百科全书，是研究中国古代学术的一个浩瀚的海洋，具有极高的学术价值。季羡林先生认为，谁得到了敦煌及西域的文书文物，谁就能有机会复活中国及世界许多被遗忘的往事。不幸的是，在晚清政府腐败无能、西方列强侵略中国的特定历史背景下，藏经洞发现的消息很快被往来于中国新疆和中亚地区的西方列强探险家们获悉，他们接踵而至敦煌，从王道士手中骗购大量藏经洞文物，造成中国文化史上的空前浩劫。

敦煌藏经洞文献后来流散于西方十多个国家的数十家公私收藏机构，吸引了西方许多学者竞相研究，国际上一度流行"敦煌在中国，敦煌学在外国"的说法，这自然极大地刺伤了中国学者的自尊心。敦煌藏经洞文物的流散，给中国学者的研究带来了极大的不便。新中国成立前，王重民、向达、姜亮夫、王庆菽等学者，艰苦奔波于英法等国的图书馆，还要忍受刁难，眼观手抄。改革开放后，国内学者赴国外考察敦煌写卷条件虽然有所改善，但仍然面临许多困难。让敦煌学回到中国是几代学者的梦想。

为了让敦煌学回到中国，上世纪 80 年代，北京大学在周一良、邓广铭、季羡林等先生的建议和推动下，从北大图书馆大库调集了 500 多种古籍，以及大量敦煌藏经洞文献制作的缩微胶卷，开辟了一间图书室，专门用作敦煌学研究。希望尽快完成前辈学者未竟的心愿，夺回中国敦煌学的中心地位。20 世纪 80 年代以后，在以季羡林、常书鸿、段文杰等为代表的一批老学者的带动下，我国学者奋起直追，经过三十多年的辛勤努力，敦煌学在中国取得了历史性的成就，出现了一批研究有素、成果卓著的学者。现在我们可以骄傲地说，我们已经彻底改变了"敦煌在中国，敦煌学在外国"的落后局面。樊锦诗说："我们从来就没有失去过敦煌莫高窟，它一直在我们这里。他们搬走敦煌藏经洞的经卷和文书，他们搬不走莫高窟！"

1988 年 8 月 20 日，在中国敦煌吐鲁番学术研讨会的开幕式上，季羡林先生提出"敦煌在中国，敦煌学在世界"的看法，得到了与会学者一致赞赏。随着中国敦煌学的长足进步和繁荣发展，中国学者已经不再耿耿于怀于"敦煌学在外国"的说法，而是愿意张开双臂，欢迎全世界的学者都来从事敦煌学的研究。

今天回顾敦煌的这段历史，我强烈地感到，艺术和文化与国力有着紧密的关系，艺术和文化是国家气象的反映。盛唐时期的莫高窟和没落时期的莫高窟，在艺术的创造和文化的传承中，呈现的是截然不同的两种气象。

三　艰苦求卓绝

接下来我想谈谈樊锦诗和莫高窟人以"艰苦求卓绝"的精神。

樊锦诗生于北京，长于上海，1963 年北京大学历史系考古专业毕业后服从国家分配，到敦煌文物研究所（现敦煌研究院前身）工作，至今已有 58 年。

她最初知道敦煌是在中学的一篇历史课文里,那篇课文说莫高窟是祖国西北的一颗明珠,是一座辉煌灿烂的艺术殿堂。她一直憧憬能够去莫高窟看看,1962年大学毕业实习,她获得了跟随宿白先生去莫高窟考察的机会,并第一次来到敦煌莫高窟。在她的想象中,敦煌文物研究所应该是一个充满艺术气息的、很气派的地方,那里有大名鼎鼎的常书鸿、段文杰、史苇湘等前辈,可现实完全不是想象的样子。研究所当时的工作人员,一个个面黄肌瘦,穿的都是洗得发白的干部服,一个个都跟当地的老乡似的。原来,从1959年开始,连续三年的“困难时期”导致了全国性的粮食和副食品短缺,这个粮食短缺的危机还没有完全过去,甘肃当时是重灾区,敦煌地区依然食物紧缺,很多人打草籽充饥。除了令人震撼的石窟艺术之外,其他方面都不尽如人意。

最令她震撼的还是窟内的壁画和彩塑。当时负责给宿白先生和几个学生担任讲解的是大名鼎鼎的史苇湘先生。整整一个星期,史苇湘先生带领几个远道而来的北大青年学生,攀缘着被积沙掩埋的崖壁,一个洞窟一个洞窟地看过去。但是,那次实习樊锦诗中途离开了,原因是她出现了严重的水土不服,敦煌白天晚上温差大,气候干燥,她的体质本来就差,根本无法适应敦煌的天气。上洞实习的时候,也经常走不动路。宿白先生怕她出事,让她提前离开敦煌。到了第二年毕业分配的时候,学校和系里对毕业班学生进行毕业教育,鼓励北京大学考古专业的毕业生,服从分配,报效祖国,到祖国最需要的地方去。樊锦诗也表态服从分配。毕业分配的会议在北大第一教学楼举行,宣布分配名单的时候,她听到了自己和马世长被分到了敦煌。

第一次去敦煌是1962年8月,樊锦诗跟着宿白先生和三个同学一起去做毕业实习。第二次去敦煌,就只有她和马世长两个人。她心里知道,这一次去敦煌就不是在那里待几个月了,而是要长时间在那里生活。

火车行驶在河西走廊,经过武威、张掖、酒泉,在茫茫的戈壁中偶尔可以看到远处的绿洲。经过了三天三夜的长途跋涉,火车抵达了柳园这个地方。当时敦煌没有火车站,兰州到敦煌的火车是一天一夜,离敦煌最近的就是柳园火车站。从柳园到敦煌还有一百三十多公里的路程。这段路程没有火车,只能坐汽车,路很不好走。到了柳园后,坐敦煌文物研究所拉煤的卡车沿着公路继续往南,一路上更多时候只能看见一望无际的戈壁滩。

那时候敦煌研究院的生活极为艰苦。

20 世纪 60 年代的莫高窟和今天的莫高窟不可同日而语,那时的敦煌人都是住土房,睡土炕,吃杂粮。研究所绝大多数人员都住在土坯平房里,当时的整个研究所只有一部手摇电话,和外界联络非常困难。晚上只能用蜡烛或手电照明,周围根本没有商店,有了钱也没有地方可以买到东西。从莫高窟去一趟敦煌县城,有 25 公里的路程,因为离城太远,职工的孩子没有学上。樊锦诗回忆那时候住土房,喝咸水,还要在洞窟里临摹壁画,保护修复,调查内容,研究文献。敦煌的冬天极冷,气温一般在零下二十摄氏度左右,宕泉河的河水冻结成厚厚的冰层。老一辈研究院的人都得凿开冰层,取冰烧水。敦煌研究院的工作人员饮水、洗衣,用的都是宕泉河里的苦咸水。深色的衣服晾干后,上面泛着一道道的白碱。

平时吃饭,基本上没有什么菜。吃得最多的菜是"老三片",土豆片、萝卜片和白菜片。职工住的房子是曾经的马厩改造的。土地、土墙、土灶、土炕、土桌、土凳……土质干燥疏松,地上永远是扫不完的尘土。每间宿舍都在土墙上挖出一个土"壁橱",装一扇小门,屋顶是用废报纸糊的天花板。冬天,平房里没有暖气设备,必须架火炉子,晚上睡觉前要封火。封火是个技术活,封不好火就会灭,到了半夜,屋里的温度就很低。樊锦诗是南方人,所有这些生活常识都要从头学起。有时候睡到半夜感到极冷,起来一看,炉子的火灭了,冻得实在受不了,索性就把所有的衣服都穿上,把能盖的都盖上,再躺下去睡。有时候清早起来要用水,一看水桶里的水都结成冰了。每到夜晚,寒风夹杂着狼的嚎叫,令人不寒而栗。

　　最痛苦的是骨肉分离。常书鸿先生后来的遭遇大家也都知道，前妻因忍受不了莫高窟的生活走了，他只能独自带着两个孩子在莫高窟生活。记得 2014 年，我第一次在敦煌研究院和樊锦诗认识，樊老师安排我们参观了常书鸿先生的故居，我第一次看到常书鸿先生住过的土房子，那一次给我的震撼太大了。我知道在这之前，我们都知道常书鸿在巴黎的故事，我看到常书鸿先生亲手打的铁皮浴缸和脸盆架子的时候，我落泪了。常书鸿先生主持敦煌艺术研究所工作的时候，是所里生活最艰苦的时候。当年，常先生面对的莫高窟已经五百年无人管理，几乎是一片废墟，可他毫不畏惧，不仅没有走，反而把家在重庆的妻子、儿女全都接来了莫高窟，即便是后来遭遇家庭离散之痛他也选择继续坚守在莫高窟。看了常书鸿先生的故居后，很多人都非常震撼，真切地感到那时候敦煌的生活太艰苦了。常先生住的房子里，基本也没有像样的家具，床都是土制的，书架也是用土砌起来的。卧室里最显眼的是一个土炕，土炕侧壁旁边砌了个小炉子，可以烧开水。临窗有一个小小的书桌。

　　段文杰先生青年时代于重庆国立艺专求学五年，主攻国画，得到了吕凤子、陈之佛、傅抱石、李可染、黎雄才、潘天寿、林风眠等名师的真传和指导。20 世纪 40 年代，他被张大千在重庆举办的"张大千临摹敦煌壁画展览"深深地吸引，决心毕业后就去敦煌一睹敦煌艺术的风采。不料，他一到敦煌就沉醉在敦煌壁画艺术的海洋，从此再没有了离开的念头。莫高窟像磁铁一样把他吸引住了。1946 年，抗日战争胜利之后，国立敦煌艺术研究所的多数艺术家都选择了东返回家，唯有段先生和其他几位青年学子追随常书鸿所长西去敦煌。从此，他将一生奉献给了敦煌，为敦煌艺术临摹和研究，为推动敦煌学研究的前进，为促进敦煌石窟保护、研究和弘扬各项事业的发展，为铸就"莫高精神"，做出了重大的贡献。

　　莫高窟人的命运都非常相似，只要你选择了莫高窟，就不得不承受骨肉分离之苦。从常书鸿先生、段文杰先生到樊锦诗都有相似的境遇。

段文杰先生和妻儿也是长期两地分居,他们一家在分别十一年之后,才终于得到了文化部的调令,段先生把妻儿从四川接到了敦煌。2011年4月30日,段文杰先生的灵骨入葬,他们夫妇合葬在了三危山下,依然守望着他们为之奋斗终生、魂牵梦绕的莫高窟。

樊锦诗本人和丈夫老彭两地分居十九年,在这十九年中,孩子们的教育问题始终得不到很好的解决。她一直说我"不是一个好妻子,不是一个好妈妈"。王旭东决定来敦煌工作时,向院里提出的唯一条件就是把他妻子也调到敦煌,组织上批准了。但是到敦煌的第二年,他妻子因为对紫外线过敏,不得不带着儿子到兰州生活,在一所卫生学校从事教学工作,从此两地分居。家庭与工作,身心两处不能会合,好像是莫高窟人的宿命。

敦煌的医疗条件长期比较落后,有病不能得到及时治疗,如果发生紧急情况,连救护车也叫不到。敦煌研究院的前任书记刘鍱,他是一位好干部,为人正直真诚,非常尊重知识分子。去世的时候才六十岁,非常突然。他有心脏病,敦煌的冬天非常寒冷,有一天晚上他突然给樊锦诗打电话说他感觉很难受,樊锦诗就马上打电话叫救护车。当时救护车到莫高窟正常的话也要一个多小时,何况是深夜,路不好走。最后刘鍱书记没有救回来,每次谈到这件事,樊先生总是特别难过。

有一年夏天,樊锦诗从考古工地回来,身体感到很不舒服,就去医务室找医生看看。医生说要打青霉素,皮试之后的半小时并没有出现过敏反应,医生就放心地给她注射了青霉素。注射之后又观察了半小时也没有事,就让她回宿舍了。可是就在回宿舍的路上,樊锦诗开始感到浑身发冷。这是严重的青霉素过敏,为此她差一点醒不过来了。

然而最痛苦和迷茫的时候,就是父亲的突然去世。父亲一走,两个弟弟又都没有工作,全家人的生活没有了着落。从此以后樊锦诗要代替父亲养活全家人。回到敦煌后,她就每月给上海家里寄钱。每个月一拿到工资就给家里寄去60元,自己留15元生活费。一直到1998年她的母亲去世,她始终没有放下这个家。为什么?她说:"因为我不在母亲跟前，我照顾不了家里，我只能以这样的方式尽一点义务，以这样的方式尽一点孝心。"

在时代和命运的激流中，从繁华的都市流落到西北的荒漠。每到心情烦闷的时候，她就一个人向莫高窟九层楼的方向走去。在茫茫的戈壁上，在九层楼窟檐的铃铎声中，远望三危山，天地间好像就她一个人。在周围没别人的时候，她可以哭，哭过之后就释怀了。

但是，应该如何生活下去呢？如何在这样一个荒漠之地，继续走下去？常书鸿先生当年为了敦煌，从巴黎来到大西北，付出了家庭离散的惨痛代价。段文杰先生同样有着无法承受的伤痛。如今同样的命运也落在她的身上，这也许就是莫高窟人的宿命。她说："这样伤痛的人生，不是我樊锦诗一人经历过。"凡是历史上为一大事而来的人，无人可以幸免。

对当时那种处境下的她来说，她没有别的家了，只有莫高窟这一个家。能退到哪里去呢？如果是在繁华的都市，也许还可以找个地方去躲起来，可是她已经在一个荒无人烟的地方，还有哪里可以退，还有哪里可以躲呢？每当这时，樊锦诗都会想起第259窟的那尊禅定佛，他的笑容就是一种启示。

那段时间她反复追问自己，余下的人生究竟要用来做什么？留下，还是离开敦煌？随着对敦煌石窟价值认识的逐步深入，她对敦煌产生了割舍不断的感情。之所以最终没有离开，其中固然有命运的安排，但更重要的是樊锦诗自己从情感上越来越离不开敦煌。而最终让她安下心来，心无旁骛地守护敦煌的是老彭，如果没有老彭放弃自己的事业，和她一起来到莫高窟，她就不可能在莫高窟坚持下来。

她说："此生命定，我就是个莫高窟的守护人。"

樊锦诗已经习惯了和敦煌当地人一样，日出而作，日落而息，年复一年、日复一日地进洞调查、记录、研究。习惯了每天进洞窟，习惯了洞窟里的黑暗，并享受每天清晨照入洞窟的第一缕朝阳，然后看见壁画上菩萨的脸色微红，泛出微笑。她习惯了看着洞窟前的白杨树在春天长出第一片叶子,在秋天又一片片凋落。这就是最真实的生活！直到现在,她每年过年都愿意在敦煌,只有在敦煌才觉得有回家的感觉。有时候大年初一为了躲清静,她会搬上一个小马扎,进到洞窟里去,在里面看看壁画,回到宿舍查查资料,写写文章。只要进到洞窟里,什么烦心事都消失了,她的心就踏实了。

莫高窟的清净令人心生敬畏。

莫高窟许多洞窟都有着沿着墙角一字排开的禅修窟,这是数千年来历代僧侣在此禅修的明证。如今人去窟空,目击空空的禅窟,眼前会浮现当年那些枯瘦如柴的禅僧,在阴暗寒冷的洞子里默坐冥想的情景。在莫高窟,那一尊尊苦修佛并不是虚假的幻象,而是一种日常的真实。在敦煌研究院工作的人时时让我想起出家人。他们虽然不念经、不拜佛,但是临摹壁画、修复洞窟、保护遗址、宣传讲解,这些日常生活在我看来无异于出家人的修行。

莫高窟北魏第254窟的壁画《萨埵那太子舍身饲虎图》,讲述的是释迦牟尼佛的前世萨埵那太子在与两位兄长去山林游玩的途中,为了拯救一只因饥饿而濒死的母虎和它的虎崽们,慈悲而决绝地舍出自己肉身的故事。可以说,这个故事就是莫高窟人的精神写照。以常书鸿、段文杰、樊锦诗为代表的莫高窟人几十年如一日坚守大漠的精神,不就是当代的舍身弘道吗？

莫高窟是一种考验,只有那些最终经受住考验的人才能修得正果。

樊锦诗刚到敦煌工作时,想得很简单,就是做好自己石窟考古业务的本职工作。没有想到后来组织上将她调到了管理岗位,紧接着担任副所长、副院长、常务副院长,1998年,继常书鸿、段文杰之后,她成为敦煌研究院第三任院长。那一年她60岁,本该是退休的年龄,她接过了敦煌研究院院长的沉甸甸的担子。由于日常事务占据了大量时间,根本没有时间精力进行自己的考古研究。莫高窟的石窟考古报告迟迟没有做出来。这使她一直很内疚,觉得对不起母校师长的期望。40年后终成卷,到了21世纪《敦煌石窟全集》考古报告第一卷才得以完成和出版。

在担任敦煌研究院院长期间，可以说她每天如临深渊，如履薄冰，每时每刻都想着一件事：怎样真实、完整地保存并延续敦煌莫高窟的全部价值和历史信息，将莫高窟建成发扬光大敦煌艺术的世界级遗产博物馆。樊锦诗，从一名考古人成为一名莫高窟的守护人。她在临近退休的年纪接受任命，花甲之后拼尽全力。她带领敦煌研究院的同仁们，积极开展广泛的国际交流合作；推动保护工作从过去的抢救性保护到科学保护，进入现在的预防性保护；她倡导采用数字敦煌永久保存、永续利用敦煌石窟的珍贵价值和历史信息；使研究院成为国内外敦煌学研究的最大实体；她创新文物保护和旅游开放平衡发展的新模式，让敦煌文化艺术走近民众、走向世界，也让世界走近敦煌。敦煌莫高窟，从破败不堪的遗迹，到世界遗产的典范，这种变化也是一个民族和国家发生翻天覆地变化的缩影。

我之所以写这本书就是为了通过樊锦诗的故事告诉更多人，守护莫高窟是值得奉献一生的高尚的事业，是必然要奉献一生的艰苦的事业，也是需要一代又一代人为之奉献的永恒的事业。

樊锦诗先生常常对我说世界上如果有永恒，那就是一种精神。几代莫高窟人以他们的青春和生命诠释的正是"坚守大漠、勇于担当、甘于奉献、开拓进取"的"莫高精神"。在敦煌研究院的一面墙上，写着这样一句话："历史是脆弱的，因为她被写在了纸上，画在了墙上；历史又是坚强的，因为总有一批人愿意守护历史的真实，希望她永不磨灭。"这句话说的就是七十多年来那些打不走的莫高窟人。

庄子赞叹曾子这个人："养志者忘形，养形者忘利，致道者忘心矣！"以艰苦求卓绝，这就是曾子！以艰苦求卓绝，这也是莫高窟人！坚守和奉献源于对这份事业的热爱，对遗产保护的责任。寓保护于研究之中，寓热爱于责任之中，成为莫高窟人的自觉，也形成了身居大漠、志存高远的传统。

这本书也不仅是樊锦诗个人的传记，书的内容涉及了对几代敦煌人的回忆,这既是樊锦诗个人的奋斗史,也照应着敦煌研究院的发展史,这是守望莫高窟的一份历史见证。

四　永远的怀念

第四部分我想谈谈作为母亲和妻子的樊锦诗。

樊锦诗一直说自己不是个好妻子,好母亲。彭金章知道她离不开敦煌,一生毫无怨言地支持着她的事业,陪她走过风风雨雨。樊锦诗常常说:"我的先生是打着灯笼也找不到的好人。遇上他,是我一生的幸运。"

樊锦诗和丈夫彭金章两地分居19年,为了支持樊锦诗的工作,最后老彭做出了让步,他在调来敦煌研究院之后,从商周考古改为石窟寺考古,经过将近十年的努力,对莫高窟北区进行了清理发掘,不仅搞清楚了过去悬而未决的关于北区功能的猜想,还出土了许多重要的文物。

2017年春天,樊锦诗的先生彭金章查出晚期胰腺癌,这是不治之症,这件事犹如晴天霹雳。樊锦诗和老彭是大学的同班同学,毕业时老彭分配到了武汉大学,樊锦诗去了敦煌。1967年,樊锦诗与彭金章在武汉大学宿舍举行了简单的婚礼,此后便开始了长达十九年的两地分居生活。为了工作调动的事情,武大和敦煌拉锯了很长时间,最后老彭做出了让步,放弃一手创办的武汉大学考古系调去敦煌。他原来是做商周考古的,后来改为石窟考古,他到了敦煌之后完成了莫高窟北区243个洞窟的考古工作。2004年,老彭完成的《莫高窟北区考古报告》,被认为开辟了敦煌学研究新领域。这是研究所成立40多年以来想搞清而没有搞清的问题。令樊锦诗无法释怀的是丈夫小时候家境贫困,是兄嫂带大的;娶妻生子,两地分居,家也不像个家;他开创的考古专业为了自己而中途放弃;还没等享受天伦之乐,晚年又得了重病。

樊老师本来希望能够由她本人逐一校对书稿后再出版。但是由于彭老师在上海治疗期间,樊老师心力交瘁,我在这种情况下就不好意思再提出校对书稿的事情了。初稿完成后，出版的事就暂时搁置下来了。樊老师一边陪护在彭老师身边，一边还要为敦煌的工作四处奔波，她当时已是一位八旬老人了，我们都非常担心她的身体，每次通话我就在电话里安慰她。那段时间几乎每天我们都通电话，我感到她为彭老师的病情非常着急、痛苦和焦虑。她始终觉得自己对不起老彭，因为忙于工作，自己没有尽到做妻子的责任，这一辈子老彭为自己、为这个家付出太多了。

他们夫妇最后一次来到北大，我记得很清楚，那一天是 2016 年 9 月 8 号，北大人文研究院的院长请樊老师做关于敦煌保护的演讲，樊、彭两位老师共同参加了这次活动。那是我第一次也是最后一次聆听彭老师热情洋溢的发言，他说起两地分居的艰难，说起他引以为豪的敦煌北区考古发掘，说起和樊老师的爱情，说起自己无悔的一生……场面令人感动和难忘，那一天很多与会者都落泪了。那一次会后，他们俩一同去蓝旗营看望他们的老师宿白先生。

2017 年 7 月 29 彭金章先生去世，葬礼异常朴素，她没有惊动任何人。2018 年 2 月 1 日，宿白先生也去世了。老彭走后的半年，樊锦诗瘦了十斤。她想把老彭带回敦煌宕泉河边，两个儿子说，你带走了我们看不见，所以骨灰暂时存放在上海，孩子们清明、立冬，还有一些节日，都会去看看。

2017 年中秋节那天，我的手机上显示了樊老师发来的一条短信，她说："今天是中秋，我一个人在九层楼下散步，今天莫高窟的月亮非常圆，每逢佳节倍思亲，我现在非常想念你……"当时我的眼泪就止不住往外涌，我知道痛失爱人的樊老师已经把我当成了自己的亲人。我拨通了她的电话，我听到了九层楼夜晚的风声，风中传来她疲惫的令人心疼的声音，她说自己每天整理彭老师的遗物，一边还整理了一些供我参考的研究材料和关于敦煌学的书，准备打包整理好寄给我。

2019 年大年三十，我知道樊老师一个人在敦煌过，没有彭老师在一起过年，一定很孤单，我给她去了电话，她告诉我她把老彭的照片放在餐桌前,她和老彭一起吃了年夜饭,她对老彭说:"老彭,今儿晚上就我们俩过春节,一起看春晚。"

他们的爱情誓言是"相识未名湖,相爱珞珈山,相守莫高窟"。如今老彭驾鹤西去,陪伴樊锦诗的是他们曾经共读的书籍,以及俩人用一生完成的沉甸甸的两卷考古报告:《莫高窟第 266—275 窟考古报告》和《莫高窟北区考古报告》。

如今,只要在敦煌,樊锦诗依然喜欢从家里散步到九层楼,不同的是,她的身边没有了老彭。我常常想,鸠摩罗什当年随吕光滞留凉州达十七年,在一种并非自己选择的情形下开始佛法的弘扬,而樊锦诗是随历史与命运的风浪扎根西北。所不同的是鸠摩罗什当年是东去长安,后来在草堂寺负责佛经的翻译工作;而樊锦诗是西来敦煌,在莫高窟守护人类的神圣遗产。好在有彭金章这匹"天马",在她最艰难的时候,"伴她西行",不离不弃,陪伴左右,和她一起守护千年莫高,一直到他生命的终点。

五 莫高守护人

这本书写完之后,一直没有合适的书名,想了很多名字,都不合适。

2019 年春天,我和樊老师在燕南园和出版社的几位编辑商定书名和版式,为了打开思路,出版社的几位同仁找来了许多历史人物的传记。

我看着身边瘦小的樊老师,想到我们朝夕相处的日日夜夜,想到她神情疲惫、手不释卷的样子,想到四年前在莫高窟送别我的那个身影,耳边始终回响着她说过的那句话:"只有在敦煌,我的心才能安下来。"

这本书的终篇是《敦煌人的墓地就在宕泉河畔》,我明白她的心。

宕泉河边安葬着包括常书鸿、段文杰先生在内的 27 人,他们是第一代坚守敦煌的莫高窟人。保护区是不允许有墓地的,这个墓地很隐蔽,在远处几乎看不见。这些人来自五湖四海,最终心归敦煌……如有神明授意的那样，我脱口而出："心归何处？书名就叫《我心归处是敦煌》吧！"大家沉默下来，樊老师看着我说："嗯，还是你懂我！"

我在写这本书的过程中，有三个意象始终浮现在我的脑海，荒凉险绝的戈壁荒漠中居然延续着灿烂的人类文明；苦涩的咸水和贫瘠的土地居然可以长出甘甜无比的"李广杏"；大漠深处荒无人烟之地居然有一群"打不走的莫高人"。我在《樊锦诗和宿白的师生情缘》这篇文章里，曾用"守一不移"四字来概括樊锦诗一生的追求和意义。

这个"一"就是莫高窟，她来了就再也没有离开过。虽然大学毕业去敦煌工作看似别无选择，但后来她真的喜欢上了敦煌，觉得自己离不开敦煌，敦煌也需要她，她有责任有义务守护好这一人类宝贵的文化遗产。

这个"一"也是她作为北大人的自觉和自律，离开北大以后，一直在她身上传承和保留的北大精神。在北大的学术传统中，一直有着继承全人类所有文化遗产的眼光和气魄。北大的精神传统在某种意义上就是追求独立的人格，自由的思考，奋力开辟新的领域，投身国家和民族最为需要的事业。

这个"一"还是知识分子的良知，她从没有忘却也没有背叛过。所以，她的一生就是"守一不移"的觉悟的人生。唯有莫高窟和壁画的保护，才是她确证自己存在的最好的方式和全部的目的。用她自己的话来讲就是：躺下醒来都是莫高窟，就连梦中也是莫高窟。正是这种坚贞和执着，使她"饱尝着对自己精神产品的享受"，在世人面前呈现为这样的一个纯粹的人。

生活中的樊锦诗是非常朴实的，有一次我看到她的一件外套，外面的呢子都磨出了洞，里子却是新的，我感到很好奇？我说这衣服怎么里子反而是新的？樊老师说这件衣服是结婚时候置办的，穿了四十多年，有一次回上海她的双胞胎姐姐觉得破得太不像样了，就建议她扔了买件新的。但是樊老师觉得还可以穿，于是姐姐就找出一块料子把磨坏的里子给换了。她不仅要求自己也要求所有和他一起吃饭的人必须光盘;早上酸奶喝完了,她还要用清水把酸奶瓶涮干净,然后把空瓶子带回去当药瓶子继续用;有一次我发现宾馆里的牙具和肥皂都没有用过,就问她这是怎么回事?她说之前住的宾馆里没有用完的小肥皂、牙刷和梳子还可以继续用;离开酒店的时候她一定把里里外外打扫干净,把被子铺得整整齐齐,她说这是对服务员的尊重……这就是樊锦诗的修养。她过着朴素节俭的生活,却捐出了所有个人获得的奖金用于敦煌的保护。

樊锦诗得过小儿麻痹症,虽然没有落下终身残疾,自此以后她的腿脚却不是特别灵活。然而她就是用这双孱弱的脚走向了遥远的大西北,一走就是半个多世纪,成为莫高窟最坚强有力的守护人。

以前有文章提到过,经历丰富的人,是一本厚重的书。与樊老师相处那么久,从樊锦诗老师的言行举止中,最大的感受是人如何面对遥遥无期的磨难,如何安顿自己的心灵,如何获得智慧和勇气,并最终感悟人生真正的幸福和意义。

人生的幸福在哪里?就在人的本性要求他所做的事情里。一个人找到了促成他所有信念、爱好和行为的那个根本性的力量,就找到了真正的自己。正是这种力量,可以让他面对所有困难,让他最终可以坦然地面对时间,面对生活,面对死亡。所有的一切必然离去,而真正的幸福,就是在自己的心灵的召唤下,成为真正意义上的那个自我。

在樊锦诗的身上,呈现着一种少有的气质,单纯中的深厚,宁静中的高贵,深沉中的甜美。年届八十却依然纯真的笑容,是伟大的艺术和神圣的使命所赋予她的那种安宁和静谧的心灵所造就的。

她一生的成就都源自她的心,她一生最高的成就就是她的心!

2019年9月,樊锦诗被授予"文物保护杰出贡献者"国家荣誉称号,10月她又荣获"吕志和奖——世界文明奖",上一届获奖者是袁隆平;紧接着又荣获法兰西学院颁发的"法兰西学院汪德迈中国学奖",这是第二位获得此奖的中国学者。在这么多荣誉面前,樊锦诗却始终非常单纯简朴、低调谦和。樊锦诗毕业于北大,扎根西北大漠,一生保护敦煌，并推动着敦煌让更多的世人所知；说她简单，是因为她这一辈子只做了一件事，那就是：保护敦煌。她说："我为敦煌尽力了！不觉寂寞，不觉遗憾，因为它值得。"

有机会撰写这样一本书，有机会为樊老师和敦煌研究院，为文物保护事业尽一点绵薄之力，我感到非常荣幸！"人生至乐在相知"，我的人生能有樊老师这样一位忘年之交，我感到非常幸福。"莫高精神"是令人肃然起敬的时代之光。为了保护莫高窟这座人类绝无仅有的文化遗产，多少莫高窟人甘愿献出了自己的一生。坚守和奉献源于对这份事业的热爱，对宝贵的文化遗产的责任，这种热爱和责任会让人生出大勇猛、大无畏的精神来。

我由衷希望更多人读一读这本书，也希望这本书能发挥它的意义和价值，让"莫高精神"在我们这个时代继续发扬光大。

2021 年 7 月 17 日香港书展特邀讲座

云中谁寄锦书来

——樊锦诗的读书与行路

撰写《我心归处是敦煌》是一次探寻人生大美的过程,因为这本书,我走近了樊锦诗,我走近了一个文化宝藏——敦煌莫高窟,走近了一群可爱的莫高窟人。樊锦诗对敦煌莫高窟的每一寸土,每一棵树,每一方壁画都如此熟悉;对于莫高窟的历史、洞窟壁画艺术到考古保护工作的方方面面,她都如数家珍。在此过程中她毫无保留地向我敞开,给予我极大的信任和创作的自由。

2016 年夏天,我在莫高窟和榆林窟考察,同时在敦煌研究院的图书馆查阅我所需要的资料和书籍。在此过程中,罗振玉、王国维、陈寅恪、王重民、向达、姜亮夫、塚本善隆、山本达郎、藤枝晃、池田温等中外敦煌学的重要学者进入我的视野。《斯坦因敦煌所获绘画品目录》、《俄藏敦煌文献》、伯希和的《敦煌石窟图录》、松本荣一的《敦煌画的研究》、池田温的《中国古代籍帐研究》、竺沙雅章《中国佛教社会史研究》、梅维恒的《绘画与表演——中国看图讲唱及其印度起源》《唐代变文——佛教对中国白话小说与戏剧兴起的贡献之研究》等许多敦煌学的重要书籍打开了我跨学科的视野。

樊锦诗为我打开了一扇通往敦煌学的大门,我仿佛进入了一个浩瀚无垠的星系。在撰写这部传记的过程中,我们经常一起查阅书籍,交流阅读的体会和思考,而我也得以逐渐了解樊锦诗将近 60 年的敦煌生活，了解了她艰苦卓绝的读书和行路。

因敦煌艺术而结缘

我和樊锦诗因为敦煌艺术而相识，因为读书写书而结缘。

2014年夏天，我和几位北大同事去敦煌莫高窟参观。这是我第一次到敦煌，也是第一次见到当时担任敦煌研究院院长的樊锦诗。她亲自接待了我们这群北大校友，不仅安排我们参观洞窟，还安排我们和敦煌研究院的一些专家进行了座谈。座谈会在敦煌研究院的小会议厅举行，那是我第一次面对面听她讲述敦煌研究院的历史，以及壁画保护的艰辛，也是我第一次被"莫高窟人"坚守大漠、甘于奉献的精神深深触动。

回京之后，我整理了参观洞窟的笔记，写出了《莫高窟》和《月牙致鸣沙》两首诗，发表在《光明日报》上，后来又收入了我的诗集《四月的沉醉》。樊老师非常喜欢这两首诗，自那以后，我陆续收到不少她送给我的书，其中有她自己的学术论文集，或是由她担任主编的大型敦煌图册和文集，内容涉及了敦煌学、研究院历史、人物传记以及敦煌美术史等方面，最珍贵的是她赠我的两册《敦煌石窟全集》考古报告，上面有她工工整整的题签。

这期间发生了一件令我永远难忘的事。我在考察敦煌期间无意中说起我想查阅一些唐代佛教讲唱和古代戏曲方面的材料，樊老师就此事专门给我写来一封信，信中说：

> 顾老师：您好！您去年曾经问及我关于敦煌戏剧资料。敦煌资料中是否有戏剧材料，还不好说，我可进一步去查找。现给您介绍张广达先生的论文《论隋唐时期中原与西域文化交流的几个特点》，此文"三"专门介绍新疆地区发现的古代梵语、甲种吐火罗文、回鹘文、藏文等文字中有关于宣传佛教的剧本和表演的资料，以及德国等国外学者，中国季羡林、耿世民先生对上述材料的研

究。此文刊载于张广达著《西域史地丛稿初编》第 281 至第 310 页,戏剧这部分在第 296 页至第 301 页,注为七三至八八。这本书由上海古籍出版社出版,时间是 1995 年 5 月。特此告知。樊锦诗

樊老师还将张广达先生的这本书寄给了我,特别重要的章节还夹入了书签。过了不久,她认为季羡林先生整理辑录的《弥勒会见记》,可能会对我有所帮助,于是再次给我来信:

顾老师:你好! 季羡林新博本吐火罗语 A(焉耆语)《弥勒会见记剧本》刊于北京大学中国中古史研究中心编《敦煌吐鲁番文献研究论集》第二辑,第 43 至 70 页,北京大学出版社,1983 年 12 月。特此告知。樊锦诗

这两封信令我非常感动,我感觉她是一位非常纯粹的学者,心胸开阔、为人谦和,我从心里非常敬慕她。在 2014—2016 长达两年的交往中,我们逐渐成为无话不谈的忘年之交。在此期间,我们还一起组织策划录制了《敦煌的艺术》系列慕课,在她的召集下,荣新江、王旭东、赵声良等十多位目前国内著名的敦煌学研究专家共同参与授课。后来《敦煌的艺术》被评为首批教育部精品在线课程,组织这次课程也使我进一步了解了敦煌。

写作一本传记,撰写者和被写作的对象之间达成心意相通非常重要,这几乎是一切工作的基础。因我和樊锦诗的结缘,使我对敦煌学和敦煌艺术产生了浓厚的兴趣,我们的交往,我们之间的信任和了解,我们对于敦煌的热爱,我们共同关心的问题,我们组织策划的慕课,为《我心归处是敦煌》的诞生做了最充分的准备。

读万卷书,行万里路

1938 年 7 月 9 日樊锦诗出生于北京,祖籍是浙江杭州。

樊锦诗出生的时候,家里已经有了一个大姐姐,她和二姐是双生

子。按照家谱，樊家姐妹是梅字辈，大姐的名字中就有个"梅"，但是父亲希望女孩子也应该饱读诗书，于是以"诗""书"为名，给姐妹俩取了名字。双胞胎姐姐叫"樊锦书"，她也有了"樊锦诗"这个充满诗意的名字。

父亲樊际麟毕业于清华大学土木工程系，大学毕业后一度在北京的工部局工作。他的外语特别好，非常热爱中国古典艺术和文化。每逢新学期开始，樊锦诗和姐姐们领了新书回家后，父亲总要亲自和孩子们一起包书皮。那时候包书皮不像现在，有现成的漂亮的包书纸。当时就是找些干净的牛皮纸，把课本的封面包上。之后，父亲就会用楷书工工整整地在书封上写上"樊锦诗"三个字。樊锦诗告诉我，父亲的字写得非常漂亮，特别是小楷。他言传身教，要求孩子们练书法，父亲还时常在家中教樊锦诗背诵《古文观止》，这给她打下了很好的古文功底。

在父亲的影响下，樊锦诗从小喜欢读书，视野比较开阔，古典的、西方的，中国的，《水浒传》《西游记》《七侠五义》什么都看。她和那时候的许多学生一样喜欢看苏联小说，《钢铁是怎样炼成的》《静静的顿河》这些书她都认真读过。此外，她还阅读了大量19世纪欧洲文学的经典，如《牛虻》《基督山恩仇记》《茶花女》《悲惨世界》《包法利夫人》等，晚年的樊锦诗对这些小说中的情节和人物还可以如数家珍。

从小体弱多病的樊锦诗，曾经身患小儿麻痹症，如果不是医生把她看好了，可能就不会有未来的人生，她觉得医生的职业很神圣，心中暗自向往成为一名医生，有朝一日也能救死扶伤。但有人私下里提醒她："就你这个身体还想学医？恐怕不行，到底谁给谁看病？"后来治病救人的梦想被博览群书的梦想所替代，她对历史产生了兴趣。高考填报志愿的时候，她没有征求父母的意见，直接填报了北京大学历史学系，并如愿以偿地收到了北大的录取通知书。

她是一个人坐火车去北京大学报到的，那是1958年9月。

这是她第一次离家，第一次离开父母，她并不知道命运的安排，日后的她会越走越远。樊锦诗动身去北大报到前，并不知道那一年北大入学报到的时间推迟了，为了这件事，《人民日报》还特意登出了一个通告，但是她没有看见这则通告，也没有人告诉她。结果到了北京火车站之后，没有接站的人，她只能想办法摸到了北大。在等待报到的日子里，她每天到历史学系办公室抄文稿。有同学告诉她考古很好玩，可以经常到野外去游山玩水。她看见书架上放了许多线装书，边抄边想，如果考古真像他们说的那样，那不正是我想选择的专业吗？能够饱读诗书，还能游遍名山大川，这自然是天底下最有意思的事了。等到入学分专业的时候，她不假思索地就报了考古专业。樊锦诗后来说："现在想起来，其实我对考古工作究竟要干什么是一无所知，后来才知道其实并没有多少人愿意去学考古，因为考古要去田野，太苦了。我就这样稀里糊涂地选择了考古专业。"

1962年，是樊锦诗大学生活的最后一学年。按照北大历史系考古专业的惯例，毕业班学生可以选择洛阳、山西和敦煌等若干文化遗产地参加毕业实习。敦煌一直是她格外向往的地方，她梦想着去敦煌参加实习。最终当系里决定她和另外三个同学去敦煌的时候，樊锦诗欢喜雀跃。然而，正是1962年的这次实习彻底改变了她的命运。

由于她的体质差，无法适应敦煌的天气，还出现了严重的水土不服，几乎每天晚上都失眠，上洞实习的时候，根本走不动路。担任毕业实习导师的宿白先生怕她出事，让她提前离开了敦煌。然而，到了1963年毕业分配的时候，她和马世长两人被分到了敦煌。那个时候的樊锦诗，和许多年轻的大学生一样，异常单纯，只要是国家需要，就愿意无条件地服从。她把父亲写给院系领导的信藏了起来。她暗暗想，或许是命运要她以这样一种方式补偿上一回考古实习的半途而废。于是下决心，这一次去敦煌，一定要取得真经再回来，绝不能中途折返。就这样她做好了西行的准备，踏上了苍凉寂寞的万里敦煌道。

毕业离校前，苏秉琦先生突然派人来找樊锦诗，把她叫到朗润园的住处。苏先生当时是北大历史学系考古教研室主任，是与夏鼐先生齐名的考古学界的泰斗,是考古学界的一个重要人物。他语重心长地嘱咐樊锦诗:"你去的是敦煌。将来你要编写考古报告,这是考古的重要事情。比如你研究汉代历史,人家会问,你看过《史记》没有?看过《汉书》没有?不会问你看没看过某某的文章。考古报告就像二十四史一样,非常重要,必须得好好搞。"樊锦诗突然意识到学校把她分配去莫高窟,其实是要赋予她一项考古的重任,那就是完成对敦煌石窟的考古研究。

没想到这一去,就是半个多世纪。她更没有想到,自己要用尽一生的力量去完成敦煌石窟考古报告的任务,经过曲曲折折,反反复复,历经近半个多世纪,才得以完成其中的第一卷。当时的樊锦诗并不知道敦煌石窟考古报告何其重要,也想象不出这项工程的困难和艰巨,更想象不到,有一天敦煌研究院会让她走上领导管理岗位。之后,她把自己有限的生命和精力,几乎全都倾注到了敦煌石窟的保护、研究、弘扬和管理工作中。

樊锦诗曾经身患小儿麻痹症,虽然没有落下终身残疾,自此以后她的腿脚却不是特别灵活。然而她就是用这双羸弱的脚走向了万里之遥的大西北,一走就是半个多世纪,这一去就是一辈子,成为了莫高窟最坚强有力的守护人。

四十年后终成卷

对于从事考古研究的人来说,一生有没有可以录入考古史的重大发现是一回事,更重要的是有没有留下一部经得起时间检验的考古报告。考古学研究的基本方法就是田野调查和发掘,考古报告就是对田野考古发掘出来的遗迹和遗物进行全面、系统、准确的记录。

宿白先生是樊锦诗的授业老师,同时也是对她影响极大的一位先生。

宿先生 1944 年毕业于北京大学历史学系,是中国历史时期考古学学科体系的开创者和成就者,也是国内著名的考古学家。上世纪 50 年代,由他主持的河南禹县白沙镇北三座宋墓的发掘,以及根据此次发掘的考古资料撰写出版的考古报告——《白沙宋墓》(1957 年),颠覆了学术界对考古报告的认识,除了体现出考古报告应有的实证功夫之外,还展现了浓郁的学术气息和人文精神,在考古界曾引起过巨大的反响。《白沙宋墓》作为考古报告的典范,尽管已出版六十余年,至今仍在学界有重要影响。

白沙宋墓是北宋末年赵大翁及其家属的三座墓葬。自 1951 年起,宿白先生带队对这一墓葬进行田野调查与发掘工作,考古报告也由宿白先生主持编写,题目就叫《白沙宋墓》。翻开《白沙宋墓》,印象最深刻的是后面密密麻麻的注释,涉及宋史,包括宋代的政治、经济、文化、艺术和社会习俗等,注释的文字甚至超过了正文。宿先生凭借自己深厚的文献功底,查阅大量历史文献,与第一手考古资料相结合,对白沙宋墓的年代、墓主人的社会地位、宋代河南家族墓地中流行贯鱼葬的习俗等进行了深入分析,生动地刻画了宋人的生活图景。

宿先生有个外号,叫"活字典",无论是文献还是考古,他什么都能讲授,古代神话、卜辞研究、金石学、钟鼎文、佛教史、魏晋玄学皆有研究。他是学历史出身的,转向考古之后特别重视文献,在古籍版本目录方面也有着极深的造诣。他认为考古学者应具备史学和文献学的基本功,他自己的历史文献功夫也是有口皆碑。1947 年,宿白先生在整理北大图书馆善本书籍时,从缪荃孙的国子监抄《永乐大典》天字韵所收《析津志》八卷中,发现了《大金西京武州山重修大石窟寺碑》的碑文,这是云冈石窟研究史上尚不为人知的重要文献。没有深厚的文献功力,是不可能发现并确定这篇文献的重要价值的。他所撰写的《〈大金西京武州山重修大石窟寺碑〉校注》(1951 年撰写,1956 年发表),是研究云冈石窟历史的力作,也是他本人佛教考古的发轫之作,开启了他个人的石窟寺研究。

后来根据《金碑》记述与实地考察,宿白先生写成《云冈石窟分期试论》一文，发表在《考古学报》上。在此以前，有日本学者一直关注云冈的问题，宿先生对日本学者的分期方法提出了质疑。日本学者长广敏雄发表《驳宿白氏的云冈分期论》，对宿先生的研究进行了激烈的反驳，甚至质疑宿先生所用文献的真实性。后来，宿先生又发表文章，答复了日本学者的质疑，对《金碑》的真实性做出了论证，长广敏雄也不得不承认宿白先生的分期论。

樊锦诗从事的专业是石窟寺考古，石窟寺考古是一项非常复杂的工程，莫高窟的考古工作不是一个人能完成的，需要一个得力的团队，而研究所一度人员匮乏，加之时代的特殊原因，根本不具备做石窟考古报告的条件。虽然，宿白先生在《敦煌七讲》中首次提出过中国石窟寺考古学，系统阐述了中国石窟寺考古学的理论和方法，然而莫高窟考古报告完成的难度依然超乎想象。虽然日本学者采用文字、照片、测绘、拓片等手段，编写出版了大型《云冈石窟》报告，但也只能算是调查报告，称不上真正的石窟考古报告。可以说，石窟寺考古报告并无先例可参考。

但樊锦诗深知敦煌石窟考古报告是一项不可不做的考古工程。特别是在石窟遗存逐渐劣化甚至坍塌毁灭的情况下，科学而完整的档案资料将成为文物修缮乃至复原的依据。唯有做一部记录全部遗迹的敦煌石窟考古报告，成为真正能永存的科学、完整、系统的敦煌石窟科学档案资料。苏秉琦先生当年的期望和嘱咐，宿白先生的牵挂和敦促，让樊锦诗寝食难安，她说："我自大学毕业到 2000 年前后，我在敦煌工作已近四十年，关于莫高窟的考古报告迟迟没有完成，这是我平生欠下的最大的一笔债。"

樊锦诗和丈夫彭金章两地分居 19 年，为了支持樊锦诗的工作，最后老彭做出了让步，他在调来敦煌研究院之后，从商周考古改为石窟寺考古，经过将近十年的努力，对莫高窟北区进行了清理发掘，不仅搞清楚了过去悬而未决的关于北区功能的猜想，还出土了许多重要的文物。2004 年，由彭金章完成的《莫高窟北区考古报告》，被认为开辟了敦煌学研究新领域。宿白先生亲自为《敦煌莫高窟北区石窟》考古报告题写了书名。当他看到三卷本《敦煌莫高窟北区石窟》正式出版后,他对樊锦诗说,"彭金章不错,你瞎忙。"

多卷本考古报告的编排和体例、石窟测绘的方法、制作材料的提取和复杂的内容记录都是敦煌石窟考古最难解决的问题。由于工作量大、牵涉面广,缺乏专门的团队,这项工作进展迟缓。直到 2011 年,多卷本《敦煌石窟全集》第一卷《莫高窟第 266—275 窟考古报告》由文物出版社出版,这本考古报告被认为是永久地保存、保护世界文化遗产敦煌莫高窟及其他敦煌石窟的科学档案资料,推动了敦煌石窟文化遗产的深入研究,标志着石窟考古进入一个新的阶段。

云中谁寄锦书来

2020 年 4 月 22 日"世界读书日"之际,我和樊老师受邀参加上海图书馆"云上讲座",这次讲座樊老师为广大读者推荐了敦煌学方面她认为的好书,其中有赵声良撰写的《敦煌石窟艺术简史》,她与赵声良合写的《灿烂佛宫》,以及由她担任主编的《敦煌与隋唐城市文明》,这本书涉及了敦煌石窟的方方面面,包括工匠技艺、文学宗教等等。作为一名考古学家,她还推荐了台湾学者张光直的《考古学专题六讲》,这本书比较通俗地介绍了考古学的一些基本知识,书中也讲到中国文明与世界文明的比较。

她特别推荐了苏秉琦先生的《中国文明起源新探》。她认为敦煌的学术史中,始终有一群人在从事最基础的研究工作,毕生奉献于人类文化遗产的保护和研究。历史赋予他们的学术使命就是铺设研究的地基,犹如一座城市建造的地下工程。它不为人见,也不起眼,但是只有地下工程的坚实,城市地面以上的工程才能得到保证。考古学的书籍对中国人了解中华文化非常重要,她说:"中华文明是在文化融通的基础上发展起来的。莫高窟开窟和造像的历史,是一部贯通东西文化交流的历史，也是一部反映中华民族谋求发展和繁荣的历史。我们不会搞大国沙文主义，也不会搞狭隘的民族主义，好的文明我们都予以尊重，但是我们一定要了解我们自己的中国文明。中华文明5000多年绵延不断、经久不衰，大家应该知道，历史有起源，原始文明怎么发展到了部落，怎么发展到了帝国？统一的多样性文化以及统一的多民族国家是如何形成和发展的？多元文明的一体，包含的中国人的精神史和心灵史，每个中国人都应该要了解。"

上海一别，我又陆续收到樊老师寄给我的《中国敦煌学论著总目》《敦煌遗书最新目录》《敦煌学大辞典》《敦煌石窟全集》《敦煌石窟艺术研究》《唐代长安与西域文明》《敦煌变文集》以及2021年新出版的《敦煌艺术辞典》等工具书。其中，《敦煌艺术大辞典》是由她主编的一部敦煌艺术的专科辞典，全书收词2929条，图片1000余幅，是众多学者历经十余年共同完成的。内容包括石窟考古、各时代艺术代表窟、彩塑、音乐舞蹈建筑画、生产生活画、山水画、图案、服饰、壁画技法、石窟保护、书法印章、敦煌艺术研究学者及著作等24个门类。

鲜有人知道，晚年的樊锦诗对哲学发生了浓厚的兴趣，她请我推荐给她哲学和美学类的书籍，并认认真真地读完了冯友兰、张世英、叶朗等人的学术著作。她常说敦煌学的研究中缺少了形而上的研究不行，以往的学术研究解决了"是什么"的问题，而对"为什么"的问题，即这些石窟内容所反映的思想、观念、信仰、审美意识、文化心理以及诸多更为复杂的社会问题、历史问题，以及它们之间的相互关系等深层次问题的研究无论深度和广度都有待推进，这是未来敦煌艺术研究面临的重点和难点。要做到习总书记所说的，"深入挖掘敦煌文化和历史遗存背后蕴含的哲学思想、人文精神、价值理念、道德规范等，推动中华传统优秀文化的创造性转化、创新性发展，更要揭示蕴含其中的中华民族的文化精神、文化胸怀和文化自信，为新时代坚持和发展中国特色社会主义提供精神支撑。"需要我们在敦煌学的研究方法和研究思路上有所创新，综合利用思想史、哲学史、美学史、艺术史、文化史的相关研究成果,才能在敦煌艺术遗产的美学研究方面探索出新的学科方向和研究方法。

如今,只要在敦煌,樊锦诗依然喜欢从家里散步到九层楼,听听悬在檐下的铃铎,听听晚风拂过白杨的声音,然后在满天繁星升起之时,踩着月光散步回家。不同的是,她的身边没有了老彭。我常常想,鸠摩罗什当年随吕光滞留凉州达十七年,在一种并非自己选择的情形下开始佛法的弘扬,而樊锦诗是随历史与命运的风浪扎根西北。所不同的是鸠摩罗什当年是东去长安,后来在草堂寺负责佛经的翻译工作;而樊锦诗是西来敦煌,在莫高窟守护人类的神圣遗产。好在有彭金章这匹"天马",在她最艰难的时候,"伴她西行",不离不弃,陪伴左右,和她一起守护千年莫高,一直到他生命的终点。

他们的爱情誓言是"相识未名湖,相爱珞珈山,相守莫高窟"。如今老彭驾鹤西去,陪伴樊锦诗的是他们曾经共读的书籍,以及俩人用一生完成的沉甸甸的两卷考古报告:《莫高窟第 266—275 窟考古报告》和《莫高窟北区考古报告》。铃铎的声音依然跃动在黑夜和白天交替之际,远处是宕泉河,再远处是宕泉河河谷地带星星点点的绿洲,绿洲的外面是戈壁,戈壁的再远处是人迹罕至的荒野和山脉。我想她的心中时常会浮现《一剪梅》的词句:"云中谁寄锦书来,雁字回时,月满西楼。"

2021 年《光明日报》特邀撰写

樊锦诗与宿白先生的师生情缘

1962年,是樊锦诗大学生活的最后一学年。按照北大历史系考古专业的惯例,毕业班学生可以选择洛阳、山西和敦煌等若干文化遗产地参加毕业实习。当时考古专业的不少同学都想选择敦煌,因为敦煌莫高窟在他们心目中是中国佛教石窟寺遗迹中的典型。对樊锦诗而言,敦煌同样是内心格外向往的地方,可敦煌太远了,如果能趁着毕业实习的机会去看看敦煌,正好可以了却一桩心愿,所以她抢着要去敦煌实习。

1962年也是敦煌历史上的一个重要时刻。

正是这一年,周总理批示拨出巨款,启动敦煌莫高窟南区危崖加固工程。为配合1962—1966年大规模的加固工程,在窟前需要进行考古遗迹的发掘清理,可当时的敦煌文物研究所(现敦煌研究院)没有专业考古人员。是常书鸿先生向正在敦煌莫高窟带着北大考古专业学生毕业实习的宿白先生提出,希望北大考古专业可以推荐四个实习生到敦煌工作。

宿白先生是当时北大历史系考古教研室的副主任,也是国内著名的考古学家。上世纪50年代,由他主持的河南禹县白沙镇北三座宋墓的发掘,以及根据此次发掘的考古资料撰写出版的考古报告——《白沙宋墓》(1957年),是我国考古报告的经典,在考古界曾引起过巨大的反响。1962年,宿白先生挑选了四名学生去敦煌实习,他们是樊锦诗、马世长、段鹏琦和谢德根。谢德根和马世长如今都已离世,段鹏琦毕业之后分到了中国社科院考古所。到了正式毕业分配的时候,宿白先生向常书鸿推荐了樊锦诗和马世长两人,两人被正式分配去敦煌。马世长后来也是著名的佛教考古专家,回到北京大学考古文博学院教书,从事中国佛教考古的教学与研究。2013 年,马世长因病去世了。最终留在敦煌的,只有樊锦诗一人。

宿白先生是樊锦诗的授业老师,同时也是对她人生影响极大的一位先生。不过有一个问题,很长时间我都无法理解,像樊锦诗这样功成名就、德高望重的学者,为什么一直认为自己愧对老师,并且这种惭愧和内疚是发自内心的,是刻骨铭心的? 为什么宿白先生对已经六七十岁的樊锦诗依然可以直截了当地"敲打"和"棒喝"? 而樊锦诗却对宿白先生保持着终生的敬畏和尊崇。

樊锦诗素来对宿白先生的智慧、才华和博学佩服得五体投地。上世纪 50 年代的北大历史系,云集了当时最一流的考古学家,有苏秉琦、宿白、阎文儒、邹衡、吕遵谔、严文明、李仰松等多位著名学者。尤其是给考古专业学生讲授中国考古学课程的各位师长,如教授旧石器考古的吕遵谔先生、教授石窟寺考古和中国考古学史的阎文儒先生、教授新石器考古的严文明、李仰松先生、教授商周考古的邹衡先生、教授战国秦汉考古的苏秉琦、俞伟超先生,还有教授三国魏晋南北朝隋唐宋元考古的宿白先生、中国考古学史的阎文儒先生等,都是为新中国考古工作的开启和考古学科的建设,做出过重大贡献的开拓者。樊锦诗最喜欢三国两晋南北朝隋唐宋元考古这段,所以宿白先生的课她格外感兴趣。

宿白先生是樊锦诗的授业老师,同时也是对她的人生影响极大的一位先生。宿白先生 1944 年毕业于北京大学历史学系,是中国历史时期考古学学科体系的开创者和成就者,也是国内著名的考古学家。宿白先生在城市考古、墓葬考古、宗教考古、手工业遗存考古、古代建筑、版本目录和中外交流等多个领域、均有开创或拓展,已为学术界所公认。中国佛教石窟寺考古学,也是由宿白先生开启的一个研究分支。

自上世纪 50 年代以来，他身体力行，长期坚持对全国各地的石窟寺作全面系统的实地勘测和记录，特别着力于云冈石窟和敦煌莫高窟的考古。

宿白先生最初学的是历史，因为参与了向达先生的考古组，后来改做考古研究。这个事情还要从当年北大恢复文科研究所考古组说起，当时的考古组主任向达一时找不着人，他向北大历史系冯承钧先生偶尔说起此事，冯承钧先生马上向他推荐了宿白。冯先生非常赏识宿白先生，之前已经把他推荐到了北大图书馆。这样一来，宿白先生就一边在图书馆整理文献，一边参加文科研究所考古组的工作。1952 年北大院系调整时，宿白先生就正式调到了历史系。

对于宿白先生的智慧、才华和博学，樊锦诗一直佩服得五体投地。因为宿白先生是学历史出身的，他转向考古之后特别重视文献，当时有不少搞考古研究的人对文献并不是很重视，现在有不少考古专业的人好像还有这个问题。宿白先生希望自己的学生不仅要研究实物，也要精通文献，因为文献不好会影响一个人未来学术的发展。

樊锦诗说，她在敦煌实习期间，曾亲眼目睹宿白先生逐个考察莫高窟洞窟的景象。另一方面，宿白先生还多次主持北京大学石窟寺遗迹的考古实习，他按照考古学的规范方法，选择典型洞窟指导学生进行正规的实测和记录。在敦煌实习期间，樊锦诗还聆听过宿白先生为敦煌文物研究所讲授《敦煌七讲》（未刊）的专题讲座。樊锦诗告诉我，正是在这次系列讲座中，宿白先生第一次提出了中国石窟寺考古学，从理论到方法为建立中国石窟寺考古学奠定了基础。他的创见在于，一般的石窟考古都会从图像入手，宿白先生的石窟考古不仅对实物和图像的研究非常深入，而且格外重视石窟学术史和考古的结合，在针对佛教石窟考古的时候，提倡把佛集所提供的信息和考古资料结合起来进行综合研究。佛教考古涉及的研究面很广，包括断代研究、社会历史研究、佛教史研究、艺术史研究、综合研究、各种专题研究等等。他的石窟寺考古的创见，改变了上世纪 50 年代以前国内外学者都用美术史的方法调查研究石窟佛教遗迹的状况,为我国建立了用科学的考古学的方法调查记录和研究石窟寺佛教遗迹的基本理念和方法,对于全国石窟寺的研究具有普遍的理论指导意义。

宿白先生的历史文献功夫有口皆碑,这与他转益多师的学术背景有很大关系。他大学毕业之后,在北大文科研究所考古组做研究生,这段时间他到文史哲各个系听课,历史系冯承钧先生的中西交通、南海交通和中亚民族,中文系孙作云先生的中国古代神话,容庚先生的卜辞研究、金石学、钟鼎文,哲学系汤用彤先生的佛教史、魏晋玄学的课程,他都一一听过。此外,他自己还兼学版本目录,因而在古籍版本目录方面也有着极深的造诣。1947年,宿白先生在整理北大图书馆善本书籍时,从缪荃孙的国子监抄《永乐大典》天字韵所收《析津志》八卷中,发现了《大金西京武州山重修大石窟寺碑》的碑文,这是云冈石窟研究史上尚不为人知的重要文献。没有深厚的文献功力,是不可能发现并确定这篇文献的重要价值的。他所撰写的《〈大金西京武州山重修大石窟寺碑〉校注》(1951年撰写,1956年发表)的文章,是研究云冈石窟历史的力作,是他本人佛教考古的发轫之作,开启了他个人的石窟寺研究。

宿白先生转向考古之后,特别重视考古资料和历史文献的结合研究。他认为考古学不能离开田野考古,田野考古是考古生命力之所在,历史时期考古不同于史前考古,每一个历史时期的研究都伴随着丰富的历史文献资料,因此研究考古出土资料,也包括石窟寺遗迹的各种社会历史问题,离不开历史文献的引用。在他看来,从事历史考古研究的人,不仅要研究考古材料,而且也应精通历史文献,考古的学生应具备史料学的知识和鉴别能力。为此,他专门为从事佛教石窟寺考古的研究生开设了《汉文佛籍目录》(已出版),就是要求学生研究石窟寺要学习掌握如何检查汉文佛籍,汉文佛籍对研究佛教考古的用途的知识。樊锦诗说,宿白先生在讲《敦煌七讲》时,不仅讲了石窟寺考古学的内容和方法,还讲授了敦煌二千年的历史,敦煌石窟历史上的几个重要问题，以及石窟寺研究必须准备的"历史知识""艺术史知识""佛教著述和敦煌遗书的知识""石窟寺研究成果的知识"等，对她日后从事敦煌石窟考古产生了重要的影响。

佛教考古涉及的研究面很广，包括断代研究、社会历史研究、佛教史研究、艺术史研究、综合研究、各种专题研究等等。宿白先生认为从事考古研究的人可以从事各类研究，但在做考古研究之前，必须先做好两项基础研究，即"分期断代"和"考古报告"，否则无法开展石窟考古的深入研究。

"考古"一词，汉语早已有之，北宋金石学家吕大临就曾著《考古图》(1092年)一书，但当时所谓的"考古"，仅限于对一些传世的青铜器和石刻古物的搜集和整理。近代清末至中华民国时期的"古器物学"虽接近于近代考古学，但其含义和现代意义上的考古学还不是一回事。考古学研究的基本方法就是田野调查和发掘，考古报告简单说就是对于田野考古发掘出来的遗迹和遗物进行全面、系统、准确的记录。科学的田野考古和田野考古报告的出现，使考古学正式成为一门学科，正式成为历史科学的重要组成部分。

古代遗迹和遗物均具有不可再生性。古老的遗迹和遗物，均已经历了久远的时代，因自然和人为因素的作用，几乎都患有不同程度的病害，处于逐渐退化的状态，科学的保护纵然能延长它们的寿命，却很难阻挡它们逐渐退化，它们很难永久存在下去。具有全球性价值的敦煌石窟也不例外。宿白先生在讲《敦煌七讲》时，特别详细地讲了敦煌石窟"正规记录"的方法，记录的内容包括洞窟内外的结构、塑像和壁画的各种遗迹的测绘，尺寸登记表、照相草图和登记工作，墨拓工作，文字卡片记录和简单小结卡片等。他认为正规的石窟记录"即是考古学的全面记录"，"就是石窟的科学档案。也就是对石窟全面了解的材料"。这样可以永久地保存敦煌石窟的科学档案，永久地为各种人文社会科学研究提供科学资料。宿白先生认为"正规记录"的作用和意义还不止于此，他所要达到的最高标准，是可以根据正规记录，在石窟"破坏了的时候，能够进行复原。这一点对石窟遗迹来讲，尤其重要""从逐渐损坏到全部塌毁，要知道他的原来面目，就需要依靠全面详细的记录。"宿白先生在《敦煌七讲》中提出石窟"正规记录"的要求，就是建议敦煌文物研究所要把编写多卷本记录性的全面、系统、准确、科学的敦煌石窟考古报告，要提到议事日程上。

此外，由于考古课程需要给学生提供考古实物的图像资料，宿白先生备课时就在讲义上亲自画图，讲课时也当场在黑板上画图，无论是古建筑结构，还是天王、力士塑像，他都能画得惟妙惟肖，令同学们赞叹不已。1988 年，西藏文管会邀请宿白去参加一个活动，他发现西藏的很多寺庙在"文革"期间被毁掉了，回来后，他就开始整理当年的材料，还亲手绘制了其中好多幅插图，给未来的复原工作提供了可参考的图像。樊锦诗告诉我宿白先生有很好的绘画功底，他曾师从画家叶浅予学过素描。绘图对考古调查、发掘和研究都是必不可少的一项技能，所以宿白先生也十分重视培养学生在现场绘图记录遗迹遗物的技能。

樊锦诗说这就是宿白先生的为学，也是老师教给自己对待考古工作的严谨态度，然而自己一直愧对先生的是，莫高窟的石窟考古报告迟迟没有做出来。当年分到敦煌文物研究所，宿白先生给予自己的厚望就是做好莫高窟的考古报告。"文革"一来，什么都放下了，任何建树都没有。"文革"之后又被任命为研究所副所长，被日常事务占据了大量时间。考古工作不是一个人能完成的，需要一个得力的团队，而研究所当时人员匮乏，根本不具备做石窟考古报告的条件。樊锦诗说这些只是客观原因，最核心的问题是很长一段时间自己还没有真正想明白这个报告该怎么做，虽然毕业多年，但是自己觉得仍然没有把宿白先生的学问学透。尽管有各种困难，樊锦诗在潜意识中知道，这项工作迟早都要做，而且必须完成，还要完成得好，经得起时间的检验。

在后来考古报告编写的过程中，樊锦诗不时地向远在北大的宿白先生请教。可是，无论樊锦诗怎么做，宿白先生就是不认可，这个不对要重做，那个也不对也要重做，总是要提出异议，樊锦诗觉得近乎绝望。

特别是宿白先生对樊锦诗采用小平板和手工测绘的测绘图不满意，对她改为采用先进的测量仪器测量也存有疑问。樊锦诗认为，在今天的考古专业而言，学生搞野外调查和发掘清理，老师教学生用小平板做考古测量测绘，是让学生体会掌握考古测绘的基本方法，这是完全可行的，而且有些遗址用小平板做考古测绘，也能解决问题。但小平板和手工测绘方法做莫高窟洞窟考古报告却有困难。因为莫高窟洞窟建筑结构极不规整，窟内空间不是方方正正的，壁面与壁面的连接处不是直线，而是不规则的曲线；壁面也不平整，是波浪形的；塑像和壁画造型较为复杂，每尊塑像都要测绘正视图、左右侧视图、后视图、俯视图，多尊塑像又不在同一方位。用小平板和手工测绘，不管怎么测绘，其图形和数据都不准确。

后来，樊锦诗带领考古测绘专业人员与测量专业技术人员经过充分的切磋、磨合和密切合作，反复试验，改为采用三维激光扫描仪，结合先进的三维激光扫描测绘技术和计算机软件辅助绘图的方法，进行石窟考石测绘，终于使考古报告的所有测绘图和数据达到了准确的要求。她便放弃了传统的测量工具和手工绘图方法。樊锦诗将测绘的改变，专门向宿白先生做了说明，得到了他的认可。与此同时，樊锦诗的团队也对考古报告的全部文字和考古报告需要的图版照相，做了大量修改。总之，樊锦诗严格遵照宿白先生《敦煌七讲》的"正规记录"方法，最终完成了记录性的《敦煌石窟全集》第一卷《莫高窟第 266—275 窟考古报告》。在报告正式出版之前，稿子拿给宿先生看了好几遍，最后，他终于说了一句："嗯，可以出版了。"而这时他已经年近九十岁了。

现在，樊锦诗正带领她的团队做第二卷考古报告。第二卷又碰到了很多新的难题。她说因此卷洞窟结构复杂，塑像和壁画数量多，研究难度大，其工作量远远大于出版的第一卷。然而她说："再难，我们也要坚持做下去，把报告做出来。"

樊锦诗说："多卷本《敦煌石窟全集》的考古报告是一个庞大、艰巨、持续的工程。我估计像我现在这样的身体状况，最多再做两本。多卷本莫高窟的考古报告,那是几辈子都做不完的。令我感到欣慰的是,已出版的《敦煌石窟全集》第一卷《莫高窟第266—275窟考古报告》,到现在为止,还没有听见批它,我想至少我们给保护提供了科学的档案,为人文社会科学研究提供了准确的资料。这个报告的准确性,如果我们自己都说服不了自己,那是一定不能公之于众的。这也是宿白先生对我的要求,宿先生教会我的就是严谨。"她还对我说:"我真的感到很内疚!考古报告拿出来太晚了,心中一直很不安。"

1981年,宿白先生到敦煌讲学,顺便去看望樊锦诗。到了宿舍,发现桌子上放着一些关于文物保护方面的材料和文件。就问樊锦诗:"你弄这个干什么?"樊锦诗说,这些是洞窟保护的材料。宿白先生毫不客气地说:"你懂保护吗?"樊锦诗说:"不懂。"宿先生说:"你不懂你怎么管?"其实,樊锦诗非常明白老师的意思,就是让她好好做学问,做自己的石窟考古,其他和学术无关的事情少管,不能把大量时间耗费在与学术无关的事情上。此时的樊锦诗有苦说不出,因为给她的分工是负责主管石窟保护,她一定要干什么学什么。但是,她心中非常明白导师对自己的要求,是要她做好石窟考古,让自己不能忘了来敦煌的使命。她暗下决心,绝不能辜负宿白先生对自己的殷切期望,再忙也一定要做石窟考古。

2000年前后,当宿白先生看到了樊锦诗送来的莫高窟考古报告的草稿后,他直截了当地问樊锦诗:"你怎么现在想起写考古报告了?你是为了树碑立传吧?"这就是宿白先生的风格,他对自己,对学生严格了一辈子,他从来也不表扬学生,永远都是"敲打"。他可以对不认识的人非常客气,但一旦发现自己学生的问题就会直接"收拾他们"。其实,宿白先生的言下之意是,樊锦诗啊,你终于要回到正题了。因为从他当年把樊锦诗等几个学生送到敦煌的时候,就对他们寄予了很高的学术期望。樊锦诗听了老师的话,哭笑不得,内心实有委屈,只能说:"宿先生,我拿这个考古报告怎么树碑呢?"其实,宿白先生这么说是有原因的,因为他从电视里看到常有记者采访报导樊锦诗,甚至还有对她做莫高窟考古的新闻报道。宿先生的本意是想提醒樊锦诗,不要老在电视里晃来晃去,不要把时间都浪费在那些无意义的事情上,要专心致志对待自己的学术研究。

过了一阵子,宿白先生又问樊锦诗:"你是不是为了树立政绩?"樊锦诗笑着回答说:"我要是为政绩的话,反反复复地修改考古报告,就不知道把多少当官的机会丢掉了。"宿白先生不语。又过了一阵,宿白先生又问了樊锦诗一个问题,这一次樊锦诗不语,只是点头。宿先生问的是:"你是不是为了还债?"还债!这句话撞击着樊锦诗的心,就是还债,确实是还债。樊锦诗暗自心想,是啊!这一辈子到敦煌来干什么来了?不完成考古报告这件事,就白来了。这个债,在樊锦诗看来一辈子也还不了,就是把院长当得再好也没用。宿先生随即又慢悠悠地问:"你还继续做考古报告吗?"樊锦诗也慢悠悠地回答:"继续做,问题是考古报告不好做啊。聪明人、能干人都不爱做这件事,那么只有我这样的笨人来做吧。"

宿白先生和樊锦诗师徒之间的"四问四答",令我突然想到了古代的禅师和弟子之间的交流。法择师,师择人,反过来弟子也要选择师父。选择得当,方能师资道合。宿白先生和樊锦诗的师生关系正是到达了这种师资道合的境界。历史上,只有那些具备真正的智慧、觉悟和见地的人,只有那些无私忘我、持有正念的人,才可能行正确的教授方法。如宿白先生这般严谨和严格,时常"敲打"和"棒喝",现在很难见到了。现在的大学生普遍比较脆弱,总是需要老师的美言和鼓励。樊锦诗说,那是他们现在还体会不到什么是上大学,做学问需要什么样的导师。

我想,宿白先生之所以对学术如此看重,这是北大的一个人文传统和精神氛围,历史上北大的大学者全都把学术研究看作是自己精神的依托,生命的核心,把做学问看成是自己的生命所在。宿白先生的为人和为学,不知不觉也影响到了樊锦诗。有一回,一个年轻的博士来请教,樊锦诗说你既然叫我老师,我就有责任给你提醒几个事。不要以为博士就怎么样,你不过刚刚开始,你写的那个博士论文还有问题。听说要给你评优秀,我说你的论文如果评为优秀,就是把你给害了。"棒喝"有时可让学生驱散妄念,让学生歇下狂心,正是宿白先生的"棒喝",教会并成就了樊锦诗一辈子的守一不移。

像宿白先生这样的北大学者,永远不会轻易表达自己的感情,他们对人、对社会、对国家的情藏得很深,他们对人的爱都放在心里,而不是放在口头。每次谈到宿白先生,樊锦诗总是充满了敬意和感激,正是宿白先生这样的老师给予了樊锦诗一生的影响,如师如父。

樊锦诗至今还记得,有一年她在北京写论文,而宿白先生恰好外出。但宿白先生挂念学生没有地方住,就告诉樊锦诗去哪儿取他家里的钥匙,可以直接住到他家里去,还说等自己回来再邀请她吃饭。樊锦诗很多次拜访宿白先生,宿白先生都要留樊锦诗在家里吃饭。可能在潜意识中,宿白先生知道,樊锦诗少年离家,常年生活在敦煌大漠,她早已把北大和老师的家当成了自己的家。

2016年9月,北京大学人文社会科学研究院邀访学者项目启动,第一期就邀请樊锦诗回母校讲课。那一次樊锦诗和老伴彭金章一起回到母校。讲座结束之后,我想请他们二位老师吃饭,但是那天樊老师说他们两人计划去看望宿白先生。据后来樊老师告诉我,当时宿白先生已经94岁高龄了,见到樊锦诗和彭金章这两位自己的学生,感到格外开心,他还表扬了彭金章撰写的《敦煌莫高窟北区石窟》考古报告。樊锦诗说这是很少在宿白先生身上发生的,他从来不表扬学生。不承想这一次见面竟是永别,一年以后彭金章先于自己的老师离去了,半年后,宿白先生也永远地离开了这个世界,离开了爱他的学生们,离开了他眷恋的燕园,离开了他奉献一生的北京大学。

母校曾经教过樊锦诗的一些老师一个个都离去了,宿白先生也走了。第二卷莫高窟考古报告快做出来了,可是宿白先生再也看不到了,下一次回到母校的樊锦诗该有多么的寂寞。

樊锦诗和宿白先生高尚的师生情谊让我感到,在这世上总有一类人，在他们独立的灵魂迈向坚定的精神信仰的过程中，总有着常人所无法体会的孤独。然而这种孤独与他高贵和充实的精神世界同在，并由这高贵而充实的精神为他深邃的生命注入活力。这样的人，总是站在有益于人类文明和文化发展的历史潮流中，也始终处于一种伟大的平和和宁静中，一切的信念、勇气、力量、真、善、美均从那里流淌出来。

戏 剧 美 学

月落重生灯再红

—— 经典剧目的传承和传播在新时代的历史与美学意义

2017 年岁末，上海戏曲艺术中心携昆曲四本《长生殿》（每本九出）、新编历史京剧《曹操与杨修》、沪剧《雷雨》进京演出。被誉为"中华昆剧永恒经典、明清传奇中冠首"的《长生殿》能够以全本面貌重现于当代舞台，这是经典的幸事，也是时代的幸事。《牡丹亭》【离魂】杜丽娘离世之前有一句唱词，"月落重生灯再红"，古老的昆曲能够从垂垂老矣、奄奄一息的状态中得以重生，并以青春现代的完整面貌呈现在舞台上，这是中华文化当代复兴的一个象征，是昆曲自身的"月落重生灯再红"。上海戏曲艺术中心进京演出的"系列经典"带给我们诸多的启示。

第一，新时代的文化和艺术建设，应高度重视经典在当代戏曲发展中的引领作用。

经典剧目对于文化生态的改善有着极为重要的意义。民族经典关乎国家气象，季札在鲁国看周代的乐舞，乐工为他唱《邶风》《鄘风》《卫风》，他说："美哉，渊乎！忧而不困者也。吾闻卫康叔、武公之德如是，是其《卫风》乎！"为他唱《王风》，他说："美哉！思而不惧，其周之东乎！"为他唱《郑风》，他说：曰"美哉！其细已甚，民弗堪也。是其先亡乎！"这里体现的正是艺术和国家气象的关系，中华文化的伟大复兴如果缺乏标志性的传世经典是难以称其为复兴的。

纵观世界各国的国家剧院，无疑都有奠定自己剧院历史地位的经典之作。比如莎剧对于英国人而言，始终是英伦文化和民族精神的代言；比如俄罗斯 19 世纪的文学和戏剧对于其民族精神的传承和弘扬有着不可替代的意义；比如瓦格纳的《尼伯龙根的指环》让德国的拜罗伊特自 19 世纪以来一直成为全世界朝圣的文化圣地。2014 年，《齐格弗里德》（《尼伯龙根指环》四联剧之三）在中国国家大剧院上演，8 位演员，持续 5 小时的演出，我们不得不信服由瓦格纳营造的乐剧神殿，携带着德意志的思辨理性和民族精神，依然高耸在几个世纪以来的戏剧和舞台的极限梦想中，由音乐和演出所汇聚的神圣而庄严的精神光照足以超越历史、超越种族、超越文化的隔阂。正如主人公齐格弗里德的咏叹调所唱："我曾永恒，我今永恒！"伟大的经典是永恒的，它可以凝聚并持续引领一个民族的精神。2014 年和 2017 年在天津大剧院相继上演的俄罗斯歌剧《战争与和平》和现实主义话剧《兄弟姐妹》，让大多数国人领略了经典的舞台艺术和国家气象之间的关系。对戏剧艺术而言，至高的思想以及文化意义的追寻和表达，最终都要归属和凝结在民族与时代的经典剧目之中。

中华文化的伟大复兴必然召唤属于这个时代的艺术经典。什么样的作品才具备经典的基本品格？首先，经典戏剧需要具备足够强大的哲理内核和人文精神。《长生殿》之所以比一般的爱情悲剧深刻，在于洪昇思考的是有限人生的终极意义，他把"情"的价值推向了永恒与形而上的高度，其对于人性和自由意志的觉醒和张扬颠覆了理学的重压，向前延续着汤显祖在《牡丹亭》"至情"的观念，向后影响了曹雪芹《红楼梦》"有情之天下"的理想。《雷雨》不以"乱伦"的乖张取悦人群，它最根本的意义在于触及了存在的哲理命题，人的可贵的青春、爱情和生命在对命运的抗争中，最终被命运的风暴所吞噬的悲剧，伟大的经典凝结着人类关于存在的普遍体验。新编历史剧《曹操与杨修》，不停留于描绘一般层面的君臣矛盾,而着意于剖析伟人的精神黑洞。曹操纵然有旷世奇才,纵然懂得礼贤下士,广纳天下贤达,但是他不能正视自我精神世界的"黑洞"。这个"黑洞"就是"猜忌",就是"怕因猜忌而犯下的杀戮为天下人所耻笑和痛恨",为此他不惜制造"梦中杀人"的谎言,继而欲盖弥彰,杀人如麻,并且踏着无辜者的鲜血一步步走向权力的巅峰。他的可悲,集中起来就是他自己的那句台词:"难将赦免说出口!"多么深刻!一个不懂得反思的人是孱弱的!一个没有勇气挣脱谎言的人是可悲的!一个将错就错的人是没有希望的!曹操与古希腊悲剧中那位"杀父娶母"的俄狄浦斯的选择恰好相反,前者选择欺骗,后者选择求真,无论是欺骗还是求真,都深刻挖掘并展示了人性中那些促成其善或促成其恶的历史成因,而一切经典的基本品格正是基于对人性深刻的洞察和剖析。

其次,经典戏剧承载时代的精神和人学的传统。它需要艺术家站在哲学和思想的制高点,在整个人类戏剧史的宽广视野中,在连接戏剧传统和未来的历史坡道上,敏锐地发现和把握这个时代乃至整个世纪人类的普遍处境和命运。当前,中国戏剧如果要缔造经典,必须从创作意识中真正接续起"人学"的传统,坚守戏剧艺术的"人学之根"。戏剧艺术最强大的生命力和艺术张力就在于对真实和复杂的人性的思考与追问,对人类普遍生存的关注,对时代生活最深层的关注和思考。如果脱离了对人和人性的思考,脱离了对人的内在的心灵世界的探索,无视时代的真实以及由此真实照应的普遍性体验,甚至不屑传达时代精神,那么这样的戏剧作品注定是短命的。艺术创造究其本质而言,就是洞察潜藏在表象之下的"本真",表现出人类生活中具有普遍意义的事物和情感,通过艺术的审美创造尽人、尽己、尽物、尽性。

忧患意识和仁爱精神一直是中国戏剧思想取向的主流。这与儒家美学的深刻影响不无关系。忧患意识的呈现,仁爱精神的张扬,经世爱民的精神,责任使命的担当,"国家兴亡、匹夫有责"的道义承担,都是儒家美学思想在艺术追求和创作理念上的体现。"君子忧道不忧贫",

由"仁爱"精神所生发出的对家国命运和生民立命的关怀，乃至整个人类存在的责任和使命意识是历代艺术家的精神线索，也是知识分子心驰神往和亲躬履践的人格美的范式，它体现了中国文化传统根深蒂固的价值取向和价值判断。由此价值取向和价值判断在戏剧史中则表现为对社会历史的深刻反思，对真理和谬误的理性思辨，对至高的美以及希望的追寻与捍卫。

伟大的经典是人性的实验室。艺术品到底能否穿越历史时空而重生，到底越过了多少个历史朝代还保住它的生命力，关键是艺术本身所蕴含的人性的圆满程度。伟大的经典是人类的镜子。我们在里面照见自己、照见历史、照见良知、照见真理。只有那些承载文化使命、美学内涵和人文精神的作品，才有可能成为时代的经典、民族的经典乃至世界的经典。经典是民族精神的容器，是大国气象的呈现。

第二，昆曲经典全本大戏的演出具有重要的历史意义和美学意义。

有人认为，昆曲全本大戏的演出效果未必有折子戏好，昆曲传承要侧重折子戏，没有必要完整搬演曲折的传奇故事，唯有串演精彩的折子戏段落，才能吸引当代观众。我们认为，昆曲的传承和光大不能只搬演折子戏，不能只停留于把观众吸引到剧场里来。

首先，折子戏的演出传统是在特定历史条件下形成的，折子戏的确是昆曲艺术的精华所在，好的折子戏大多是从传统的全本大戏中撷取的最富有戏剧性的出目，在形式和内容上最能体现昆曲的艺术特征，矛盾冲突尖锐，人物形象生动，情节安排别出心裁，唱念做打也最能展现演员的功夫，故而最能吸引和赢得观众。"折子戏"曾经给乾嘉时期的昆曲活动创造出生动活泼的局面，经过历代表演艺术家的精心创造和打磨，积淀了一批生、旦、净、丑等本行为主的应工戏，不少昆曲折子戏甚至成为"名家传戏"的基础。比如《琴挑》《游园》《惊梦》《寻梦》《山门》《断桥》《夜奔》《哭像》《嫁妹》《出塞》等，这些都是历代观众百看不厌的精品。折子戏通过演员精湛的技艺,扎实的舞台功力,可以把人物的意绪和心境强烈而集中地传达给观众。折子戏的教习和演出,从历史和实践两方面看,确实有利于昆曲艺术表演艺术的传承,这一点毫无疑问。然而,昆曲的传承不仅仅是场上的传承,不仅仅是表演艺术的传承,更有文学深度和人文精神的传承,更有昆曲审美形态的最高呈现。唯有经典的昆曲全本大戏才可作为这一剧种的文学深度、人文精神和审美形态的最高呈现。

其次,昆曲经典折子戏固然是传统昆曲的精粹,除了可以展现演员的表演功力和人物塑造之外,它还应该自觉地确立自身作为国剧的思想高度和经典品位。我们看全本的《长生殿》和《牡丹亭》所获得的审美愉悦和思想启迪,是看几出折子戏所不能代替的。伟大的戏剧经典往往承载着深刻的哲理和思想,这个深刻的哲理和思想需要戏剧从案头到场上的完整呈现。一个只能演出折子戏而不能演出全本的演员是有局限的,一个只能演出折子戏而不能演出全本的剧院不可能跻身世界一流,一个只能欣赏折子戏而不善于欣赏全本的民族终归是没有深度的。从这个意义而言,昆曲未来的发展和延续,有一个重要的使命——它不仅要通过精彩的折子戏把观众吸引进剧场,更要培养他们欣赏戏剧文学的修养和深度。唯其如此,昆曲才不会沦为简单的娱乐方式,才能不断提升自身的人文品格。

近年来,南北各大剧院对于昆曲全本大戏的排演给予了高度重视,这是顺应昆曲自身发展和当代文化复兴的趋势的,无论是传统经典还是现代新编的演出都具有非常重要的历史意义和美学意义。最突出的是青春版《牡丹亭》、北昆和江苏省昆的《红楼梦》《桃花扇》以及上海昆剧院的《长生殿》和汤显祖"临川四梦"——《紫钗记》《牡丹亭》《南柯梦》《邯郸梦》的排演,这些全本大戏的现代呈现,对于昆曲在当代的传承发展以及海内外的传播,可谓意义重大。

特别值得一提的是以折子戏的编剧思维来创编经典大戏,让我们看到了昆曲原创的一种新的观念。比如江苏省昆的新编四折《红楼梦》，在选材、编戏、文辞、遣句方面无一不考究，无一不精妙，如出古人之手，不见今人造词之拙，曲词既白又雅，宜唱宜懂；既有创新，又见出处；既出"红楼"，又入"红楼"。在昆曲的改编中既不背离曹雪芹，又不囿于曹雪芹，而且全面体现昆曲修养、诗词功力确实并非易事，这绝非一个华丽的舞台外观所能替代的。江苏省昆《红楼梦》之所以"妙"，妙在取舍，妙在提炼，妙在传统演出之纯之真，妙在以质朴而又深厚的唱功做功淋漓尽致地刻画了红楼人物——宝玉、黛玉、王熙凤、袭人、晴雯的性格之真。抓住形象的真也就抓住了"红楼"的魂。而艺术形象刻画的真和美，是编剧、音乐唱腔设计、演员、导演共同努力的结果。

再次，全本大戏的复原和排演有利于艺术的代际传承与流派构建。全本大戏可以说是昆曲表演的极限运动，其难度是单纯折子戏的表演难以相提并论的。它对演员的基本功、体力、人物塑造、情感表达、临场发挥的综合锻炼，对演出团队的综合实力、合作精神的提升，对编导修养和整体驾驭能力都是全面的考验，因而唯有全本大戏演出的强度才能真正培养出一流的演员和一流的团队。上昆的"临川四梦"，四本《长生殿》，师生同台，薪火相传，已经积累了昆曲传承的实际经验，也形成了上昆独特的昆唱艺术和表演风格的流派。蔡正仁、张静娴等艺术家"老当益壮"，黎安、沈昳丽等青年演员"日趋成熟"，这种历史的交汇折射出昆曲自身的历史感、沧桑感和现代感，同时也能够体现出上昆代际变化中一脉相承的美学品位和艺术追求。

总体而言，全本《长生殿》导演的整体处理张弛有度，结构谨严，节奏紧凑，天上人间、宫闱民间、悲喜、冷热、刚柔、文武的交替转换，比较充分地实现了洪昇剧本在演出叙事上的艺术追求。其次，全剧一景到底，用天幕垂下的三块帘子分割前后演区，后景以宋元绘画渲染总体氛围（如果用唐代绘画也许更妥当），三块帘子可以自由起落，由此在纵横两个向度构成了空间变化的基本格局，保证了场景的自由转换以及舞台演出的流畅。值得一提的是，角色之间的交流很好地化用了话剧艺术的人物关系和内心动作的处理方式，创造出较为细腻传神的舞台交流形式,群戏场面的调度和节奏也比较清晰利落,这是导演艺术的成功。如果灯光的设计和运用在"天上""人间"的两个世界的总体色调和氛围的处理中有所区分,也许会更加强化"有情世界"与"世俗世界"和"天上仙界"的对照。对未来的昆曲而言,我以为灯光较之布景是更为重要的舞台技术手段,昆曲演出灯光的运用需要高度的节制,否则就不能很好地突出昆曲总体典雅、纯净、诗意的艺术品格。

在表演上,无论是李杨二人,还是郭子仪、安禄山以及其他角色,每个角色都找到了各自准确的人物感觉和心理节奏,表演的程式最终落实在人物形象和心理变化的刻画和塑造上。所以,观众看到的演出不是程式的堆砌和组装,而是人物心灵的表达和情感的抒发,这是《长生殿》表演上的追求和成功。上海昆剧院有一大批著名的表演艺术家,蔡振仁、计镇华、张静娴、岳美缇、张洵澎、梁谷音等昆曲艺术家,还有黎安、缪斌、沈昳丽、余彬、罗晨雪等一批中青年演员,在前辈艺术家的引领下,我们有理由相信上昆会出现未来的昆曲艺术大家。

经典之所以为经典,案头和场上缺一不可。表演铸造坚实地基,剧本呈现绝对高度。没有地基,高度无从体现;没有高度,戏剧就不可能具备足够的历史的穿透力和延伸力。伟大的戏剧经典必须鼓动起文学和表演的双翼。

十九大报告指出要"深入挖掘中华优秀传统文化蕴含的思想观念、人文精神、道德规范,结合时代要求继承创新,让中华文化展现出永久魅力和时代风采。"在目前比较有利于传统文化发展的历史条件下,在艺术创造对于中国美学精神的召唤中,在保护和积累经典折子戏的基础上,应该加紧全本经典传奇的复原和排演,这必将对昆曲艺术的复兴和传承起到积极作用。所以上昆全本《长生殿》坚持十年磨一戏,并立志"吾辈献身昆剧,精诚不散,千回万转志不渝"。这是历史的使命和远见,也是经典品格的追求,这是艺术的精神,更是中华文化的精神。

　　第三，经典文本的解读和阐释需要表导演整体把握和精确呈现经典的意蕴。

　　我个人比较注意《长生殿》文本改编中的取舍，但凡经典文本取舍不当就会伤及作品的哲理意蕴。《长生殿》原著五十出，演出本改编为四本三十六出，分别题为《钗盒情定》《霓裳羽衣》《马嵬惊变》《乐宫重圆》。《长生殿》并非一般意义上以离合写兴亡的爱情悲剧，而是一出思考存在的哲理悲剧，它的深刻性之所以超越一般爱情悲剧的主要原因在于，由情之世界、世俗世界、天上仙界三层环状套层的叙事结构构成一种极具现代性的叙事形式，这一叙事形式超越了同时期的帝王将相、才子佳人的陈腐旧套和叙事模式。特别是对杨贵妃这一艺术形象的塑造，突出地展现了前所未有的现代性意义，同时赋予了李杨二人的爱情以"永恒的意蕴"。

　　这一"永恒的意蕴"一方面延续并深化了汤显祖"至情观念"，通过刻画李杨二人的"至情"对于宗法朝纲和仙界永生的超越，其爱情所展现出来的自由人性的觉醒和追求（这一层意义类似于《牡丹亭》中柳梦梅和杜丽娘的"至情"对于法理世界和生死两界的超越）；另一方面《长生殿》虽然涉及爱情和政治的矛盾，君臣关系和政治斗争，但主要表现的是人生难以两全的处境，表现现实的不自由和意志的自由之间的冲突，表现有限人生的终极意义的追寻，为了体现这种终极追求，洪昇把"情"的价值推上了形而上的高度。

　　舞台本《长生殿》以李杨二人"情的坚守、抗争、牺牲和胜利"来取舍情节，呈现"有情世界"对于"世间礼法"和"仙界永生"两个世界的抗争，最终在剧本的深层构筑起了一个超越于前两个世界的"情之世界"，为经典大戏的改编提供了一个比较成功的范例。也正因如此，我们认为对于《长生殿》意蕴的开掘似可更深入一步，应该适当保留有些原作的笔墨。比如第二十二出"密誓"【越调过曲·山桃红】【下山虎头】中众仙议论李杨二人七夕盟誓的一场戏被删去了，原作【（合）天上留佳会,年年在斯,却笑他人世情缘顷刻时。(齐下)】这一句话在开头和结尾重复了两次,这句话大有深意,可说是一语道破《长生殿》剧名的意蕴。

【密誓】表现李杨二人在七夕之夜对天发愿,互诉在天愿作比翼鸟,在地愿为连理枝的爱情誓言。而此时,大唐正逢盛世繁荣,李杨二人恩爱缠绵之际,浑然不知命运的风暴就在附近,突如其来的安史之乱即将导致二人生死两隔。作者洪昇这一笔是要通过天上仙班对人间眷侣的评价,冷静地玩味,并且直接道出世间繁华的真相是"人世情缘顷刻时"。这样的叙事方式,其意图在于启示观众:人生的悲欢离合在人心的体验是悲剧,然而在更浩渺的天宇和仙界看来则是司空见惯的人间喜剧。从宇宙的角度俯瞰人世,人世的悲欢离合本就是幻梦一场。李杨二人"在天愿为比翼鸟,在地愿为连理枝"的永恒誓言在天界众仙看来是毫无永恒性可言的,因为一切在世的富贵荣华、永恒誓言只不过是时间中转瞬即逝的幻光。因此,在这一场戏中,对天盟誓生死相依的李杨二人仿佛就是众仙注视下正在经历"悲欢离合"的"戏中人",他们苦苦追求情的永恒,却根本无法识破尘世的虚幻和无常。剧本似乎是要在更广阔的宇宙视角表明,无论是台上敷演的传奇,或是台下正在发生的世事,无非是短暂的幻梦而已。

但是,如果剧本停留在这一层意义,《长生殿》的现代性意义根本无从谈起。《长生殿》并非是要代释家立言,而是写人在无常、突变、易逝和短暂的人生中对自由的渴望和对真爱的信念。尤其是洪昇笔下的杨玉环,不遵礼制,不羡神仙,上天入地,九死一生就是要和唐明皇长相厮守,即便因荒疏朝纲而带来不可挽回的灾难,并为之付出生命的代价,真爱之心依然不死,由此闪耀出经典内在动人无际的人文主义光辉。李杨二人的爱情及其所处地位的要求之间的尖锐矛盾,决定了其爱情悲剧的必然性,然而作者并不是要刻画这种悲剧的必然性从而鼓吹"情"的虚无,而是进一步肯定"情"的意义。他不仅写出了杨玉环对于命运的抗争,对于情的易逝的抗争,对于女性地位的抗争,更写出了她对于"永恒的至爱"的追求；不仅写出了她对于"永恒的至爱"的追求，还进一步写出了个体勇于承担自我过失所导致的伦理道德的谴责。【冥追】一折，在杨玉环的魂魄追随唐明皇的旅途中，当她看见虢国夫人的愁魂，不禁感慨"想当日天边夺笑歌，今日里地下同零落"；当她目睹安史之乱所带来的生灵涂炭，当下醒觉和忏悔"早则是五更短梦，瞥眼醒南柯。把荣华抛却，只留得罪殃多"。然而，最终杨玉环仍然拒绝通过证入仙班以换来永生的结局，她无视宇宙意义上的"长生"，而选择虚幻的心灵世界的"长生"，宁为"长生钿"（爱情信物）不羡"长生殿"（天上人间的富贵和永恒），这是原作撼人心魄的一笔。

"有情世界"的追寻是洪昇在剧中具有形而上意味的哲理思考，更是《长生殿》在剧本文学的哲理层面高出其他戏曲传奇的深刻性所在。这种思想的深刻性使《长生殿》这部经典超越了一般意义上才子佳人、帝王妃子的题材，而呈现出不朽的人文品格，足以媲美西方戏剧史上的人文经典。因此，如果舞台叙事能兼顾原作叙述层级所蕴含的深刻意义，在取舍上把握更准确的度，我以为《长生殿》的意蕴将会更加有力地呈现出来。

第四，戏曲原创必须稳固地构筑在对戏曲最根本的美学问题的体悟基础上。

戏曲程式作为一种艺术的抽象，需要从程式与生活、程式与形象等的内在联系的研究中，才能得出一些有利于戏曲艺术创造的规律性知识，需要从程式自身的美学追求中才能见出程式的本质意义。

《曹操与杨修》在舞台呈现方面最突出的特点是突破了京剧净角行当、流派乃至程式的界限，其程式浸润了人物真实的心理和情感，程式的背后有着坚实的内在情感与真实体验作为基础，这就是龚和德先生提出的"心理现实主义"的内涵。比如，当曹操被告知孔闻岱辗转南北的真相时，他后悔莫及但又不能当下忏悔，杨修的畅快的"笑"和曹操的假装畅快的"笑"形成了两人在规定情境中不同性格和心理的鲜明对照;当曹操逼死倩娘后伏身抱起她时突然下意识地猛回头,这个动作深刻地揭示出了曹操内心深陷恐惧和黑暗的真实感,可谓"无戏之处,处处是戏;无言之时,时时有言"。正是基于真实,历史剧与现实的那道鸿沟被人物真实的情,真实的心理和真实的舞台生活所弥合。程式承载起准确的人物感觉和心理节奏,落实在人物形象和心理动作的刻画和塑造上。得鱼而忘筌,观众看到的不是京剧程式技巧的堆砌,而是角色心灵的表达和情感的抒发,是舞台上真实生活着的人物。在这个最高的艺术理想的实现中,程式与真实并不对立。

《曹操与杨修》之所以对戏剧角色的内心动作、心理过程的呈现如此细腻传神,也许和戏曲取法话剧塑造人物角色"从体验到表现""从心理到行动"的一整套科学的理念和方法不无关系(当然传统的戏曲理论也有一套刻画人物心理和体验的方法和技术,如何更好帮助演员体验和外化角色的心理,加强人物之间的交流和动作,这与表导演的舞台观念密切相关)。流派、行当和程式不再是表演的目的,而成为塑造人物的手段;花脸行当、"架子"、"铜锤"归并于人物形象的创造。正如尚长荣先生自己总结的那样:"如果把人物形象的理解和切入作为内功的话,那么使这一形象展示于舞台的一切手段就是外功。在内外功的关系上,我的观点是'发于内、形于外',做到'内重、外准'。在深切感受和把握观众脉搏的同时,以最灵活的方式,力求准确地拨动观众的心弦。为了做到这一点,我突破了传统的净角行当界限,试图将架子的做、念、舞和铜锤的唱糅合在同一表演框架内,努力形成粗犷深厚又不失妩媚夸张的表演风格,这里我力图避免长久以来形成的为技术而技术,以行当演行当的倾向,使行当和技法为塑造人物服务。"《曹操与杨修》之所以成为新编现代历史剧的里程碑,它在表演方面的突破和高明正在于此。

新编历史剧《曹操与杨修》曾经为现代京剧画出了一个绝对的高度,这是原创京剧的一座高峰。原创不是一般意义上的创新,而是基于特定历史和时代的深刻认识，在叙事深度、形式语言和人文内涵三个维度，构成对原有的戏剧观念和戏剧传统的变革性的超越。《曹操与杨修》作为一出现代经典，体现了经典所应该承载的文化使命、美学内涵和人文精神。戏曲的传承一方面是对传统的领悟和吸纳，另一方面是要对传统艺术的外部形式和表现特点加以推升和创新。创新和化用的关键并不在外部符号的套用和装点，而在于中国艺术精神的涵养和体悟，唯其如此才能真正从道技两个层面吸收、借鉴、继承和发展戏曲传统。无论京剧还是昆曲，作为中国传统艺术瑰宝和文化精粹，一定要在守护好自己的精神主体、艺术特质、独特个性以及文化传统的基础上创新发展，不能轻易地被话剧、歌剧、音乐剧或者其他任何形态的戏剧所同化，一旦同化，也就是自身异化的开始。

当前，由全球化带来的戏剧文化的充分共享，许多世界公认的舞台经典正在不断提升当代中国观众的审美品位，而习惯了经典的观众更加渴望当代的原创剧作。纵观世界各国的国家剧院，无疑都有奠定自己剧院美学和历史地位的经典。对任何国家的戏剧和剧院而言，一切意义的寻找和表达最终都需要归属和凝结在民族和时代的经典剧目之中。

牟宗三先生曾说："为人不易，为学实难。"他接着说："这句话字面上很简单，就是说做人不容易，做学问也不是容易的事情。但是它的真实意义，却并不这么简单。我现在先笼统地说一句，就是：无论为人或为学同是要拿出我们的真实生命才能够有点真实的结果。"同样，经典剧目的缔造，也是要拿出我们的真实生命才能够有点真实的结果，不是自己生命所在的地方就没有真正的艺术，也不可能产生真正的艺术。究竟能不能从这个生命的核心里生发出力量和信念来对待艺术，本就非常困难和不易，因此对于那些把艺术看成自己生命所在的"真正的艺术家"而不是"伪艺术家"，这个时代应该创造一切条件给予尊重，让他起飞。

真正有意义的戏剧原创还必须稳固地构筑在对戏剧艺术最根本的

· 青春版《牡丹亭》剧照

美学问题的体悟基础上,戏剧理想的实现从来不是物理学意义上的繁华,而是精神和美学意义上的富足,戏剧的"黄金时代"虽然不能离开经济,更重要的是代表着人类艺术的经典的璀璨星空。对于当代戏剧而言,最根本性的问题,莫过于"人"的问题,作为创作者的"人才"和作为"人"的不朽艺术形象的出现。如果年轻的戏剧人在修养、智识、才能、社会责任以及思想深度方面时常放眼世界而反观自身。如果未来的艺术家可以从急功近利的创作生态中超脱出来,从日益僵化和陈旧的剧场和舞台观念中解放出来,不断砥砺和精进戏剧思维、戏剧观念和戏剧技能,不断完善内在的学养和智识,并不断改造和优化目前的戏剧生态,继而才能创构新的叙事观念、时空观念和演出形态,逐步缩小中国戏剧在审美层面和思想层面与世界戏剧的差距,同时彰显中国戏剧的主体意识和美学精神。

上海昆剧院 2017 年进京演出全本《长生殿》座谈会上的发言

京剧艺术的精神品格

世界戏剧史的经验告诉我们,凡是在历史上影响范围比较广,生命力比较强,传承度比较高的戏剧艺术,一般都具有强大的内在精神品格,甚至这种精神品格是整个民族哲学、美学、文化、心理、生命取向的一种集中凝结和呈现,其审美核心存在于它内在的精神性构成,落实于外在的表现形式。

京剧源于民间的文化和土壤,它的形态面貌和精神气度是晚清国运衰亡的中国所需要的沉郁庄严、中正大度。它在秦腔之激昂和昆曲之精微之间,独创出一种哀而不伤、乐而不淫的美学品格。这是中国人普遍的精神气度,也是中国人骨子里的民族特性。京剧艺术能够在一个家国离乱的年代从几百个其他地方剧种中脱颖而出,说明它绝不是简单的一种艺术形态。

我以为,体现在京剧的外在呈现形式之下的内在精神性构成归纳起来有五点:一是规范谨严的演出形式,二是不重实相的艺术思维,三是道技合一的审美追求,四是兼容并蓄的艺术态度,五是中正仁和的精神境界。从京剧传承发展来看,一切流派的传承和发展都不离这个内在的精神性构成,今天继承和发展京剧艺术也不应该忘记。

第一,对京剧艺术而言,演员的表演是一切综合性构成的核心。规范谨严的演出形式呈现于京剧演员依据角色行当的具体要求,进行四功五法的长期训练,最终通过有规则的唱念做打的艺术手段,落实并体现在舞台动作之中。京剧在漫长的演化中积淀了训练演员的系统性功法,这种功法和艺术规则严格规范,世代相袭,心口相传。但规范绝不能等同于僵化,在京剧总体流变的过程中规范是一个去粗取精、兼收并蓄的过程,四功五法、唱念做打的这套体系性的方法是其自身创化出的最能凝结艺术思想,确立艺术特征,传达美学观念,传承艺术精神的根本基础。

规范有度是对京剧的唱腔、功法的严格规定,也就是技术最基本的法格。西皮二黄,四功五法、身段论就是它的法格,万变不离其宗。故而要严格规范,要重点保护、传承和研究。围绕着这个规范,剧场形态、演出结构、师承关系、教育模式都可以做出整体的调整,甚至恢复。京剧的改良过去都围绕京剧本身,而京剧的改良现在要注意改良它的土壤、环境,搞理论的人的思维也要变革,回归到京剧艺术的美学的主航道上来,不要拿西方的理论来生搬硬套。也即是说,继承永远是创新的前提,而创新对基于前提性的继承而言则具有后置性。

正如齐如山当年认为:"国剧之本质,是艺术不是剧本。……所谓艺术者何也? 即说白、歌唱、神情、身段,四点是也。"显然,齐如山极为敏锐地意识到,虽然中国戏曲与西方话剧在剧本形态上有差异,但中国戏曲艺术的本质规定却并不在剧本上,而是在演员的舞台艺术上。

第二,京剧艺术承载了中国传统艺术精神,它有着不重实相的艺术思维,追求真境和真意的艺术取向,它与追求外部真实的西方戏剧从属于截然不同的两种美学范畴。中国戏曲美学总体而言与中国艺术论中虚而非实、幻而非真的思想有"血缘关系"。这一思想的源流是老子的哲学。老子认为,对一切事物的观照最后都应落实于对"道"的观照,"道"不仅包含着"有"也包含着"无",是有无虚实的统一。这个思想的影响下中国艺术通常不注重对事物的模仿。中国戏剧的独特性究竟在哪里? 如民国苏少卿所说"物无不呈,事无不举,脱经济缚,离一切相,此真中国之特色也。中国美术取向精神,弃物质,重空灵,舍迹象,戏剧其尤著……中国剧之各种动作物象,无非虚拟者也。世人徒观其成，习而不察，不知其从来艺人所费之观察力、模拟力、练习力为不少矣。此种精神表现不着实相之方法，吾敢谓世界戏剧所无。……中外音乐绘画武术均为内外虚实之分，戏剧尤为显著。"中国艺术向来不重实相，却要表现出最高的真实，这是和西方传统艺术根本的区别，也是京剧艺术承载的中国艺术精神。

第三，道技合一始终是京剧艺术家的审美追求。过去有人认为京剧的本体是行当程式、四功五法，如果仅仅这样认为，就容易陷入程式万能和技术至上主义，而忽略京剧内在的精神性构成。程式如果没有人的精神性的追求和承载，没有人的精神赋予他光照，它就是一种技术手段，而脱离了审美追求、精神意蕴的技术是一种无聊的杂耍。顾随当年悲痛于杨小楼的去世，甚至决意从此不再看戏，难道是因为杨小楼去世后那个技术没有了，功夫没有了吗？是因为这种人没有了。有人认为京剧现代性和国际性，就是让普通人、外国人看得欢、看得乐，为了博得几个掌声，获得几个奖项，这真是把堂堂国剧的气格降到了最低点。演员习艺的全部意义都应该凝结在人格修养的至高境界，并将之灌注到艺术的表现手段中去，这是区别艺术好坏优劣的根本标准。京剧艺术最珍贵的不仅是功法技艺和唱腔要领，更是世代流传的艺术思想和精神品格。

一个职业的精神性构成非常重要。医生是救死扶伤的，僧侣是普度众生的，演员是干什么的？如果仅满足于耳目之娱，这个艺术必死无疑！这个职业是没有尊严的，没有尊严的品格首先就不具备现代性，还奢谈什么现代性？如果国剧的演员和今天的演员没有精神实质的区别，那还有什么国剧的气派。如果演员缺少精神性追求，他就不能向世人展示一种生命状态的可贵和高尚！那么就永远不能让世人对这个职业有更高的认识！这个境界不仅是艺术表演层面的，更是艺人生活层面的，他要在整个的生活空间和人生里建立起一种类似于神职人员的庄严感和神圣感。成为世人追求人生的神圣价值的典范！过去的京剧大家，琴棋书画样样精通，四书五经无所不读，有极高的知识和文化修养。因此,学校培养一个专业京剧演员要设立等级,要广泛开设提高艺能的课程。这样才有可能培养出大艺术家。原有的家族传承、刻板传承和师徒传授的结构被打破之后,今天传授的过程根本缺失仪式感和神圣性,新的传授格局完全按照西方的模式建立起来,这是应该加以反思和改变的。如果没有这种至高的精神追求,京剧就仅仅只能退化于一般的大众文化,娱乐文化,而不能上升到人类最高贵的艺术,不能超越其自身"技"的一面而到达"道"的层面。

第四,兼容并蓄这一与生俱来的特性可以让京剧不至于止步不前,它一贯博采众家之长,过去是对各个剧种声腔,现在是对各类艺术,唯其如此才能在法格的基础上不断开宗立派。文化风尚的转移和刷新,旧的文化总是不可避免地萎缩甚至消失。物种如此,文化也如此。京剧艺术的传承如源头分出的支流,一些支流中途停滞了,枯竭了,一些支流至今还在绵延。为了延长京剧这种传统文化和戏剧形态的生命,必须取兼容并蓄的艺术态度。京剧自诞生以来就是在不断地博采众长和兼容并蓄中发展起来的。1912 年,17 岁的周信芳回到了上海。此时,新式剧场林立、时装新戏层出不穷,并且开始风靡各种"洋玩意儿"的上海滩,让周信芳在继承老辈艺术家传统的同时,也在吸收"海上新空气"里的氧分。他喜欢看电影,他演《坐楼杀惜》中刺杀阎惜娇的身段和内心表现,是从美国影星考尔门那里学来的;《萧何月下追韩信》里萧何看韩信墙上题诗时,背脊颤动的表演则是借鉴了美国影星约翰·巴里摩亚的演技。他还喜欢跳舞,在慢速华尔兹中,他发现了能让舞台上一些步法更美的奥妙。

但是,兼容并蓄不是来者不拒、组合杂糅。梅兰芳之所以愿意接受齐如山的指导,程砚秋之所以曾经希望建立导演制,不能说是中国戏曲演员在强势的西方话语面前失去自信,而应看成是对中国戏曲走向现代化的一种要求。可以建立导演制度和排演制度,但要从京剧艺术美学自身特性出发导演。不是把完全不相干的,另外一个美学范畴的戏剧观念移植进来,更不是拿着话剧的思路来导京戏。

第五,中正仁和既是人格境界也是艺术境界,是风格之下的内在精神气韵和格调。如果说日本能剧是幽玄、安静、缓慢之美,根本指向是禅宗美学的生命体验,那么中国人的京剧就是雍容中道,哀而不伤,乐而不淫的儒学美学气格,承载着中国人威武不屈、富贵不淫、贫贱不移的生命态度。一言以蔽之就是精气神、意心身的统一。此外京剧各流派之间的相互融合借鉴,你中有我我中有你的水乳交融,艺人之间的抛弃偏见、薪火相传,都呈现出中正仁和的人格境界,一种京剧艺术深层的精神构成。所以说京剧是中华民族高贵的精神器皿,承载中华民族的普遍性的精神气象。

如果一种优秀的文化找不到自己的审美核心,我们就可以说它根本上处于一种失魂的状态。如果没有至高的精神追求,京剧就仅仅只能退化为一般的大众文化,娱乐文化,而不能上升到人类最高贵的艺术,不能超越其自身"技"的一面而到达"道"的层面。21世纪京剧艺术的发展最重要的是产生能够引领时代精神的大戏剧家,人才靠灌输是灌输不出来的,要把京剧艺术的思考和实践,把从业人员的文化理念以及文化传承的结构设计上升到信仰层面、哲学层面、精神层面。京剧的传承和发展,传承是根本,发展的也不只是京剧本身,更是京剧的土壤、文化生态、精神追求。因此,要突出整个京剧文化内在庄严整肃的风气和礼仪,如果这种内在文化培植起来,也会给今天的社会一个精神垂范。

梅兰芳的美是如何养成的

对于梅兰芳,我们能够找出的最贴切的形容词,就是"美",美好的外表,美好的举止,美好的德性和心灵,他的身上凝结着大演员和伟大艺术家一切美好的特质。梅兰芳的"美"是如何养成的,特别是生逢乱世,一生坎坷之中如何才能保持这样的"精神之美",这是梅兰芳的艺术和人生留给世人的一个有价值的议题。

我觉得成就梅兰芳艺术心灵和精神之美的主要有几个方面:第一,天赋及美善仁爱的审美教育;第二,兴致盎然的生活乐趣和天性涵养;第三,人格和境界的典范与精神追求。这些内容已经写成文章刊登在会议手册上。不过这篇文章的其余部分还在修改,所以没有登出。时间关系,我想主要就这篇论文的第二部分"兴致盎然的生活乐趣和天性涵养"来谈一谈。

关于梅兰芳,我始终在想的一个问题是,为什么严格的科班教育没有损害梅兰芳的童心灿然的天性?

我在研究中发现了一些材料,这些材料让我了解了京剧名角之外的,在我看来非常重要的兴趣和爱好。这种兴趣和爱好对于他的艺术意义重大。

梅兰芳喜欢养鸽子。这是大家都知道的。他在十七岁的时候偶尔养了几对鸽子,起初当成业余游戏,后来发生了浓厚的兴趣,再忙也要抽出时间来照料这些鸽子,后来养鸽子竟然成为他演出之余的必要工作。最多的时候，梅兰芳养过一百五十对鸽子，中外品种兼有。每当鸽群整齐地站在房上等候他的指令，他就感到格外自豪和喜悦。因为鸽子太多了，他曾经在鞭子巷三号的四合院搭了两个鸽棚来养鸽子。在搬去无量大人胡同之前的约十年间，梅兰芳从未间断养鸽子。

养鸽子和梅兰芳的艺术有什么关系呢？对演员来说眼睛的重要性是不言而喻的，尤其对旦角演员来说，有一双神光四射、精气弥散的眼睛是极为重要的。梅兰芳幼年眼睛略带近视，眼皮有些下垂，也还有迎风流泪的毛病，眼珠子转动也不是特别灵活。梅兰芳自己说养鸽子的乐趣是不养鸽子的人无法体会的，特别是因为养鸽子竟然把自己的眼疾给治好了。此外，梅兰芳还总结了养鸽子的好处，首先是早起，因为早起就能呼吸到新鲜空气。其次是观飞，因为观飞要锻炼目力，望向天的尽头。天长日久，锻炼了眼力。再次是挥竿，养鸽子要用很粗的竹竿指挥鸽子，这样很好地锻炼了他的臂力。他能在舞台上长时间演出不觉膀子疲惫，这和他长期挥竿不无关系。

除了鸽子，梅兰芳还爱看花和养花，他说自己从小喜欢看花，二十多岁开始动手培植各色花卉，秋天养菊，冬天养梅，春天养海棠、芍药和牡丹；夏天最喜欢养牵牛花。在诸多的花中，梅兰芳最喜牵牛花。他买了许多参考书，以便对牵牛花的品种、花性进行研究。他在日本演出的时候，还特意留心日本园艺家栽培的一种名叫"大轮狮子笑"的色彩艳丽的牵牛花。回国之后略有不服气的梅兰芳钻研起牵牛花的品种来，一钻进去就是两年，最终他培植出了一种在他自己看来可以和日本的"狻猊"不相上下的新品种——"彩鸾笑"。他还组织有兴趣的朋友成立养牵牛花的团体，定期举行花会。齐白石当年也参加牵牛花会，还特地画过梅兰芳培养的牵牛花。

那么，养花和梅兰芳的艺术有关系吗？也有的。中国戏剧的服装道具色彩丰富，调和不好就会俗气，也会影响剧中人物的性格，损害舞台的美感。牵牛花的花色品种繁多，梅兰芳借助观察牵牛花的花色搭配体悟戏服的色彩。他说这样要比在绸缎铺子里拿出五颜六色的零碎绸子来现比画是要高明得多了。

梅兰芳还喜欢养猫。居住在上海思南路的时候,梅兰芳曾养过一只心爱的小白猫。这只猫是不下楼的,晚上就睡在梅兰芳的卧室,和他朝夕相伴。梅兰芳亲自负责给它梳洗,在小白猫生病的时候还给他喂药打针。遗憾的是这只小白猫后来生病死了,事后有位朋友为了安慰梅兰芳又给他送来一只白猫,起名"大白"。梅兰芳爱动物花草,爱自然的一切事物。梅兰芳风筝也扎得很好,很多风筝铺子不会的样式他都能学会。他还擅长书画,我在之前的三篇文章都讨论了他的旦角表演与书画的关系,这里就不再多说了。他留下的画作中有兰花、梅花和松柏,从他的爱好中,我们可以感受到这一丰富而有趣的灵魂。

天地有大美而不言,四时有明法而不议,万物有成理而不说。在梅兰芳的心中,天地万物都自有深意,他从天地万物中窥见宇宙人生的"大美",并将这样的体验融入日常生活和艺术创造。梅兰芳在繁忙的演出中,不忘人生的乐趣和性灵的陶冶,这就是中国人的生活美学和人生态度。

梅兰芳自己曾在很多场合下表示学艺要靠悟性,如何才能有发现并保持艺术家可贵的悟性呢?我想梅兰芳的多种爱好,对于他悟性的开启是大有帮助的。触类旁通,或许就是形容天才的悟性。他每做一事必然成一事,从来不会半途而废,也必然会从中产生有益的感悟。梅兰芳常常说自己是个笨拙的学艺者,没有充分的天才,全凭苦学。这实在是一种自谦,毫无疑问,他是一位有着极高悟性的天才。

要达到这种境界,需要两种修养:第一是中国文化和中国艺术的深厚修养,第二是要有纯粹精神性的追求,没有一种纯粹的精神追求是不可能到达这种艺术至境的。

王阳明在《传习录》中有一句话:"人到纯乎天理方是圣,金到足色方是精。"王阳明这句话的意思是说,金子的价值在于其纯度,而人的价值在于其成色。同样是人,成色是不同的。我们对一个人的价值判断,最重要的就是看他是不是纯粹。圣人之所以成圣的原因,是他的内心真纯毫无杂质,所以说人到至纯至善才是圣人,金到至纯足色才是精金。梅兰芳的"美"就是一种纯粹的美。对于中国美学而言,纯粹艺术的心灵需要超脱名利,进入至善至纯的审美之境和自由之境。从这一点而言,梅兰芳为如何成为一个纯粹的人,确立了一个绝对的高度。

因此,什么样的心灵才能创造伟大的艺术?

梅兰芳追求的是审美的人生和诗意的人生,这种人生追求也就是从尘俗的樊笼中超越出来,从而返回精神家园的过程。正是在这一过程中,真、善、美得到了统一,个体也就超越了个体生命的有限存在和有限意义,得到一种真正的自由和解放。唯有这样的自由心灵才能创造伟大的艺术。我想这一点对我们今天从事艺术工作的人来说是非常有启发的。

梅兰芳的笔法与功法

首先,简单说说中国画的笔墨和戏曲表演的精神性结构。

中国画的笔墨问题集中体现在笔法,京剧表演的美学集中体现在功法,而笔法与功法与其说是技巧层面的问题,不如说是美学层面的问题。绘画的笔法和表演的功法的共通之处在于:中国美学格外注重艺术在心灵层面的表达,一切艺术的形式和内容都是艺术家心灵世界的显现。

刘熙载《书概》说:"书,如也,如其学,如其才,如其志,总之曰如其人而已",又说"笔性墨情,皆以其人之性情为本",这里强调的是中国美学中艺术与心灵的关系。

表演的要义和中国笔墨的要义在美学的最高追求方面是完全一致的。我曾请潘公凯先生专门谈过笔墨的问题,他认为:

> 中国画的笔墨既是形式,也是内容,更有着精神性的内在构成,笔墨背后的精神性,并不是脱离形式的,而是寓于形式本身的。中国画的笔墨是一个文化结构,也是一个意义结构。

我认为以京剧为代表的戏曲的表演体系在世界文化史和艺术史上,之所以独特的最根本的原因在于其包含在形式之下的这种美学的、精神性的意义结构。

京剧表演中的程式和功法也不仅仅是形式,它同时也是文化结构和意义结构,并且是可以被不同艺术家赋予精神性内涵的意义结构。

过去有人认为京剧的本体是行当程式、四功五法,我曾在《京剧艺术内在的精神性构成》一文中思考了这个问题,我认为技术和程式没有人的精神性的追求和底蕴,没有人的精神的光照,它就仅仅是一种技术手段,如果把技术手段看成本体的话,我们很容易就掉进技术主义和程式万能的范畴中去。脱离了审美追求、精神意蕴,技术就是一种没有意义的杂耍。

其次,再谈谈梅兰芳表演艺术的融通和创化。

梅兰芳在京剧表演艺术上博采众长、终得大成,在书画艺术方面也是转益多师、自成一家。他本人对于京剧、昆曲、书画、诗文无不精通,研究梅兰芳及其艺术,不能不关注其各种技艺之间的相互关系,不能不关注其艺术中包含的中国古典美学精神。

第一,诗与画的融合,是中国文学艺术的美学传统。在戏剧中表现画境,目的是要诗画相通,使表演的画面诗意盎然。在强调"情之追求"的抒情品格的同时,又能借景写情、寓情于景、情景交融,达到诗画合一的境界。诗画合一是中国诗词书画艺术的根本精神,诗画合一也是梅兰芳艺术中非常重要的精神性追求,他的天女散花、洛神、杨贵妃无不与中国的水墨书画意境相通。

那么他是如何体现这种"诗画合一"的呢?

梅兰芳在《舞台艺术四十年》"从绘画谈到《天女散花》"一章中,专门论述了绘画和表演的关系。一、梅兰芳认为绘画艺术的布局结构、虚实处理和意境的产生密切相关,这一点和表演艺术是相通的。二、他特别指出,在自己遍览的历代名人书画中,"我感到色彩的调和,布局的完密,对于戏曲艺术有生息相通的地方;因为中国戏剧在服装、道具、化装、表演上综合起来可以说是一幅活动的彩墨画。"①三、他经常把家

---

① 梅兰芳:《舞台生活四十年》,中国戏剧出版社,1987年版,第499页。

中的画稿、画谱找出来加以临摹,为的是揣摩体悟绘画的用墨调色和布局章法如何运用在舞台表演中。在他看来"布局、下笔、用墨、调色的道理,指的虽是绘画,但对戏曲演员来讲也很有启发"①。

他的"诗画合一"所体现的风格是什么呢?

倘若将梅兰芳的绘画艺术所呈现的美学风格进一步同他的舞台表演相比较,我们不难发现他的绘画和表演一样,不求偏锋,不走险崎,体现了中和典雅之美。他的墨梅文弱中见刚劲,正如他的唱腔和做工平淡中显精彩,平和中见深邃。《贵妃醉酒》而言,如处理不当,人物便容易落入香艳,而梅先生塑造的杨贵妃在幽怨之余,从初醉到沉醉,展现出精神上的空虚和苦闷,从而深刻地表现了女性心灵世界。特别是梅兰芳对于杨贵妃"醉步"的刻画,他的处理方法就体现着他圆融中和的艺术思想,他说:"要把重心放在脚尖,才能显得身轻、脚浮。但是也要做得适可而止,如果脑袋乱晃、身体乱摇,观众看了反而讨厌。因为我们表演的是剧中的女子在台上的醉态,万不能忽略了'美'的条件的。"②他认为:"演员在台上,不单是唱腔有板,身段台步,无形中也有一定的尺寸。"③

第二,源于对笔墨境界的理解,梅兰芳的表演追求气韵生动。

画功注重传神写照,画法推崇气韵生动,传神写照、气韵生动,同样也是舞台表演艺术所要追求的境界。气韵生动体现的是活泼泼的生命感,是中国艺术追求的灵魂,是艺术家的生命合于天地自然节奏的至高境界。梅兰芳在《舞台生活四十年》中说:

> 在我心目中的谭鑫培、杨小楼的艺术境界,我自己没有适当的话来说,我借用张彦远《历代名画记》里面的话,我觉得更恰当些。他说:"顾恺之之迹,紧劲联绵,循环超忽,调格逸易,风驱电疾,意

---

① 梅兰芳:《舞台生活四十年》,中国戏剧出版社,1987年版,第500页。
② 梅兰芳:《舞台生活四十年》,中国戏剧出版社,1987年版,第238页。
③ 梅兰芳:《舞台生活四十年》,中国戏剧出版社,1987年版,第241页。

在笔先，画尽意在。"谭、杨二位的戏确实到了这个份……①

这种境界的获得在梅兰芳那里是一个知行合一的过程，梅兰芳说：

> 中国画里那种虚与实、简与繁、疏与密的关系和戏曲舞台的构图是有密切联系的，这是我们民族对美的一种艺术趣味和欣赏习惯。正因为这样，我们从事戏曲工作的人钻研绘画可以提高自己的艺术修养，变换气质，从画中去吸取养料，运用到戏曲舞台艺术中去。②

齐白石说"太似则媚俗，不似则欺世"，如何做到似与不似之间的传神，是一切艺术最难企及的境地。梅兰芳认为杨小楼在《青石山》里所扮演的关平之所以能够把天神的神态、气度，体现得淋漓尽致，主要原因是杨小楼有意识地吸收了唐宋名画里天王及八部天龙像。不追求"形似"而追求"神似"。梅兰芳说自己处理《生死恨》中韩玉娘《夜诉》的那一场表演，完全是从一幅旧画《寒灯课子图》的意境中感悟出来的，而《天女散花》中天女凌空飞翔姿态的处理也是从绘画和雕塑中直接吸收借鉴而来的。

不管是梅兰芳自己，还是他对谭、杨二人的评价，都体现了张彦远所说的书法艺术中的"一笔而成，气脉相通，隔行不断"。

第三，梅兰芳善于从绘画艺术中吸收创化，他善于把绘画艺术转化为戏曲舞台的意象世界，在任何时候，他始终站在戏曲表演艺术家的立场，一切感悟最终都转化为戏曲的艺术意象。梅兰芳的《奔月》《葬花》《天女散花》等戏，服装和扮相的创造，就脱胎于绘画中的艺术形象。尤其是《天女散花》这出戏，其灵感就来自于他偶尔在朋友家看到的一幅《散花图》，为了仔细感受画中人物的飘逸和轻灵，他还特意向友人借回这幅画，以便日夜观察揣摩，终获艺术实验的灵感。

---

① 梅兰芳：《舞台生活四十年》，中国戏剧出版社，1987年版，第678页。
② 梅兰芳：《舞台生活四十年》，中国戏剧出版社，1987年版，第508页。

　　然而,画家所画的形象是静止的,绘画总是选择意义最丰富的、最具包孕性的一刹那加以表现,而戏的美是流动的,是在时间中展开的。把"画"变成"戏",要把画中的瞬间最具包孕性的情境展开、演绎,从而生成一个活动的、戏的意象世界。将时间和生命引入静止的画面空间里,把人物的意态、表情、动感通过表演的唱、念、做、打展现出来。梅兰芳意识到这是不同的两种创造。塑造舞台上的"天女",固然需要反复琢磨绘画中的形象,但是为了演出画中的天女御风而行的轻盈,则需要在舞台上另创一套表现的手法。为了这一新的形象,梅兰芳在编剧、唱腔、服饰、造型等方面无不一一考量设计,最后发现舞台上表现天女的御风而行,关键是通过舞蹈,而舞蹈的关键是两根绸带,绸带在空中要造成轻盈翻飞、御风而行之感必须靠双手舞动。于是梅兰芳从老戏《陈塘关》【哪吒闹海】的"耍龙筋",《金山寺》【水斗】中白娘子舞动白彩绸的身段中加以借鉴,创排了天女的舞蹈。

　　因此,梅兰芳塑造的"天女",其灵感虽然来自绘画,但是他所创造的舞台上的"天女"这是画所表现不出来的,从来意趣画不出,而戏曲正要把这种画不出来的意趣表现出来。因此,梅兰芳创造的是"戏中之画",虽取自画中,然而经由他的创化,产生了崭新的意象世界。

　　梅兰芳绘画艺术的修养和最终指向是提升他的舞台表演艺术。在任何时候,他始终站在戏曲表演艺术家的立场,一切感悟最终都转化为戏曲的艺术意象。如何将绘画中的静态的画面转换到舞台上动态的形象,梅兰芳有一段非常精彩的描述,他说:

　　　　我们从绘画中可以学到不少东西,但是不可以依样画葫芦地生搬硬套,因为,画家能表现的,有许多是演员在舞台上演不出来的,我们能演出来的,有的也是画家画不出来的。我们只能略师其艺,不能舍己之长。①

　　借助中国画的笔墨功夫,梅兰芳更深地体悟并汲取了中国美学和

---

① 梅兰芳:《舞台生活四十年》,中国戏剧出版社,1987年版,第509页。

艺术的精神,并把它注入到了戏曲舞台表演艺术中去,并由此不断地推升舞台表演的境界。

中国历代绘画和画论中包含着戏曲可以借鉴的形式与意蕴的资源。以形写神、形神兼备的传统绘画艺术的基本造型法则等,均可为戏曲取法。梅兰芳的表演与中国绘画所体现出的古典美学精神是高度一致的。对于绘画中的梅兰芳和表演中的梅兰芳而言,两种不同艺术的审美表达可谓异源同流,二者都体现着中国传统美学的精神光照。

在我们思考梅兰芳的笔墨绘画和表演艺术的关系,思考梅兰芳艺术的审美价值和现代意义时,我以为特别要注重包含在梅兰芳艺术中的中国美学精神,也只有将这种极为精深的艺术精神、生命姿态和高贵品格萃取出来,凸显出来,我们才能找到梅兰芳艺术的灵魂,甚而找到京剧(不管是新剧还是旧剧)在当代的文化自信,并更好地传承和加以保护,更好地反思以往传承和保护中的得失。

2020 年 10 月 24 日"徽班进京与新世纪京剧发展学术研讨会"上的发言

异源同流　戏画合一

　　梅兰芳温柔敦厚、谦虚好学,曾经拜王梦白、汪蔼士、齐白石、陈师曾等大家学画,在绘画技能方面博采众长,转益多师,在书画收藏方面,他收藏了大量历代名家的书画作品。

　　就梅兰芳收藏的历代书画来看,出自名家之笔的多达百位①。这些作品大致分为几类:一类是清代以前的名家作品,例如金农,他是清代书画家,居扬州八怪之首,诗、书、画、印以及琴曲、鉴赏、收藏无所不通,其行书和隶书笔法高妙,尤擅画梅。

---

　　① 梅兰芳收藏的书画作品大多出自名家,有金农、翟继昌、改琦、管念慈、陆恢、倪田、胡锡珪、宋瑞、东海散人、吴俊、王震、汪吉麟、陈衡恪、陈年、王云、吴湖帆、汪亚尘、徐悲鸿、溥心畬、丰子恺、云霖、张大千、彭昭义、刘子谷、沈容圃、苏廷煜、翁方刚、张赐宁、黄钺、汤贻汾、陈铣、王垔、真然、蒋予检、罗岸先、杨澂、颜岳、黄润、李青、恽水、骆琦兰、陆钢、司马钟、绿筠庵主、陈榕恩、伍德彝、金心兰、吴昌硕、林纾、顾景梅、陈继、齐白石、姚华、凌文渊、金城、汤涤、何香凝、周肇祥、王瑶卿、汪孔祈、简经纶、汪榕、孔小瑜、马晋、郑岳、许梦梅、溥佺、张悲鹭、都俞、陈少鹿、胡景瑷、方洺、商笙伯、刘男石、张宏、梅清、董邦达、袁江、王宸、董诰、钱杜、罗辰、汪昉、黄宾虹、罗复堪、溥雪斋、张厚载、黄君璧、翁绶琪、袁佩箴、张研农、徐志钧、梁瓶父、张养初、田边华、蒋衡、杨法、刘墉、梁同书、桂馥、爱新觉罗·永瑆、宋湘、李宗翰、禧恩、姚元之、黄培芳、许乃普、周尔墉、张穆、孙毓汶、赵之谦、马相伯、梅巧玲、赵尔巽、樊增祥、俞粟庐、陈宝琛、黄士陵、沈曾植、爽良、张骞、费念慈、陈夔龙、陈衍、朱孝臧、易顺鼎、郑孝胥、朱益藩、罗振玉、程颂万、赵世骏、吴昌绶、虞和德、宝熙、李准、郑家溉、爱新觉罗·溥侗、罗瘿公、狄葆贤、瞿启甲、梁启超、许世英、赵世基、曹典球、林长民、李宣龚、袁励准、刘崇杰、叶恭绰、陈陶遗、程潜、李烈钧、郭泽沄、杨天骥、寇遐、沈昆三、袁克义、郭沫若、朱英、尚小云、武福甫、郑闿达、陈文潞、陈少梅、吴壁城、许姬传、赵朴初等。

改琦,曾宗法华嵒,画风近陈洪绶,喜用兰叶描,创立了仕女画新体格。

梅清,一位集诗、书、画于一身的大家,他是石涛的老师,"得黄山之真情",以画黄山著名,与石涛被誉为"黄山派"巨子。

董邦达,与董源、董其昌并称"三董",书、画、篆、隶皆得古法,山水取法"元四家"。

还有与郑板桥齐名的蒋予检,善绘墨兰。

真然,又称黄山樵子,山水有华曲遗意,画荷尤萧然出尘,有宋元之风,静穆之度,晚年善画兰竹。

陈铣,清代嘉兴人,尤长梅作小品,下笔迈古有金石气,而在这历代名家的收藏中梅花和兰花的作品比较多见。

第二类是近现代的名家名士的作品,比如梅兰芳的老师汪蔼士(汪吉麟)、王梦白(王云),包括与此二位先生过从甚密的陈师曾(陈衡恪)、陈半丁(陈年)、胡佩衡、于非闇、溥心畬等人,他们也间接地成为梅兰芳在绘画艺术上的师友,而吴昌硕、张大千、齐白石、黄宾虹、陈宝琛、郑孝胥、罗瘿公、姚华、林纾、梁启超等艺术家和名人的书画则是梅兰芳书画收藏的核心部分。

此外,梅兰芳还有一类特殊的收藏,那就是艺术家善书法笔墨者的作品,比如王瑶卿、俞粟庐、魏戫等人。王瑶卿和俞粟庐都是大名鼎鼎的艺术家,值得一提的是魏戫,此君字铁山,号匏公,浙江山阴(今绍兴)人,光绪十一年举人,工书法,宗魏碑,又精通诗词声律,悉晓昆、弋、徽、黄,并擅操胡琴、琵琶、筝笛等乐器。他曾应梅兰芳、程砚秋、余叔岩、俞振飞等名家之邀,讲授戏曲的有相关技艺。

由此我们可以看出,在梅兰芳的时代或者梅兰芳之前的时代,演员除本技之外还要学习琴棋书画,诗词歌赋,这是梨园中一个普遍的风气。艺人们大多懂得不同的艺术门类,都有着一个至高的境界,也就是艺术之"道",这个"道"决定了各类艺术殊途同归,它要求从艺者从外在的技术修养最终落实到内在的人格修养、人格精神和人格理想,也就是个体生命的修为和完满,这便是艺术之"道",也就是艺术在美学意义上最终的旨归。

梅兰芳本人的绘画作品等可以划分为人物、花鸟、梅花(红梅、墨梅)、扇面、画稿等类,其中人物类包括观音、佛祖、达摩、长眉罗汉、洛神、天女、仕女等,其中以佛像、仕女、观音为多,分别为 9 幅、9 幅、7 幅;梅花的作品最多,约 202 幅,占馆藏其作品总数的近四分之三,其中著录为红梅的 56 幅。

梅兰芳本人的画作以及他所收藏、临摹和效法的历代书画作品呈现了较为一致的美学旨趣,那就是清逸的文士精神、典雅的笔墨品格和精致的古典格调。中国诗学、中国古典美学都特别注重和雅中正的艺术精神,梅先生的艺术追求就是和雅中正的集中体现。梅兰芳对书画笔墨的自觉爱好和体悟,对历代名画的临摹和研究,这些艺术的修养对于戏画融通的艺术观念的形成至关重要。

梅兰芳痴迷于中国的书画艺术,他从书画艺术中体悟并汲取中国艺术精神,并把它注入到了戏曲舞台表演艺术中去。诗画合一是梅兰芳艺术中非常重要的精神性追求,他的天女散花、洛神、杨贵妃无不与中国的水墨书画意境相通。他所塑造的形象无论在哪个角度看都是美的。

梅兰芳在《舞台艺术四十年》"从绘画谈到《天女散花》"一章中,专门论述了绘画和表演的关系。首先,梅兰芳认为绘画艺术的布局结构、虚实处理和意境的产生密切相关,这一点和表演艺术是相通的。他特别指出,在自己遍览的历代名人书画中,"我感到色彩的调和,布局的完密,对于戏曲艺术有生息相通的地方;因为中国戏剧在服装、道具、化装、表演上综合起来可以说是一幅活动的彩墨画。"①他经常把家中的画稿、画谱找出来加以临摹,从无意识到有意识,从一般爱好到深度钻研,后来在王梦白等人的点拨和指导下,这种爱好和修养逐渐转变成

---

① 梅兰芳:《舞台生活四十年》,中国戏剧出版社,1987 年版,第 499 页。

一种格外珍贵的艺术探索，直到真正领会体悟到绘画的用墨调色和布局章法如何运用在舞台表演中。

第二，他认为中国绘画"神似"重于"形似"，绘画艺术的传神写照的艺术精神也是戏曲表演应该借鉴的。中国绘画视"气韵生动"为第一，"传神"是一切艺术最难企及的境地。梅兰芳认为："齐白石先生常说他的画法得力于青藤、石涛、吴昌硕，其实他还是从生活中去广泛接触真人真境、鸟虫花草以及其他美术作品如雕塑等等，吸取了鲜明形象，尽归腕底，有这样丰富的知识和天才，所以他的作品，疏密繁简，无不合宜，章法奇妙，意在笔先。"①梅兰芳最喜在绘画中琢磨这样的艺术妙境，他说自己处理《生死恨》中韩玉娘《夜诉》的那一场戏，完全是从一幅旧画《寒灯课子图》的意境中感悟出来的，而《天女散花》中天女凌空飞翔姿态的处理也是从绘画和雕塑中直接吸收借鉴而来的。

第三，他认为观画必须观一流的画，唯有一流画作方能真气弥漫、意味无穷，接触最好的艺术才是艺术家真正得到有效的滋养。他说："凡是名家作品，他总是能够从一个人千变万化的神情姿态中，在顷刻间抓住那最鲜明的一刹那，收入笔端。"②他对中国古代的绘画和雕塑有着格外浓厚的兴趣，尤其是对北魏雕塑、龙门石刻，无论是造型、敷彩、刀法、部位、线条、比例还是衣纹甚至莲台样式，他都力求从形式中深究内中真意。此外，他还从山西晋祠的宋塑群像，以及故宫博物院的《虢国夫人游春图》手卷中，从人物不同的造型姿态中吸收塑形传神的方法，并将之融入到身段舞姿的创造中去，丰富了舞台形象和艺术表现力。

梅兰芳认为绘画艺术中的许多形象可以作为舞台艺术形象的原型，可以启迪舞台艺术的创造。梅兰芳的《奔月》《葬花》《天女散花》

① 梅兰芳：《舞台生活四十年》，中国戏剧出版社，1987年版，第505页。
② 梅兰芳：《舞台生活四十年》，中国戏剧出版社，1987年版，第509页。

等戏中服装和扮相的创造,就脱胎于绘画中的艺术形象。尤其是《天女散花》这出戏,其灵感就来自于他偶尔在朋友家看到的一幅《散花图》,为了仔细感受画中人物的飘逸和轻灵,他还特意向友人借回这幅画,以便日夜观察揣摩,终获艺术实验的灵感。为了表现天女飞翔的轻灵超越的意境,他创制出表演难度极高的绸带舞。为了找到舞动绸带的飘逸劲儿,他用很长一段时间像练习书法那样反复练习琢磨,还参考了许多古代的木刻、石刻、雕塑、敦煌的飞天的形象姿态,最终完成了这一形象的塑造,成就了一出经典剧目。

把"画"变成"戏",要把画中的瞬间最具包孕性的情境展开、演绎,从而生成一个活动的、诗的意象世界,把人物的意态、表情、动感通过表演的唱、念、做、打展现出来,将时间和生命引入静止的画面空间里。

梅兰芳意识到这是两种不同的艺术创造,戏曲需要从绘画中吸收精神,但是不能改变戏曲的本性,最终是要站在戏曲的立场完成戏曲的创造。塑造舞台上的"天女",固然需要反复琢磨绘画中的形象,但是为了演出画中的天女御风而行的轻盈,则需要在舞台上另创一套表现的手法。为了这一新的形象,梅兰芳在编剧、唱腔、服饰、造型等方面无不一一考量设计,最后发现舞台上表现天女的御风而行,关键是通过舞蹈,而舞蹈的关键是两根绸带,绸带在空中要造成轻盈翻飞、御风而行之感必须要靠双手舞动。于是梅兰芳从《哪吒闹海》里用二尺长的小棍挑起一条长绸表现"耍龙筋"以及《金山寺·水斗》中白娘子舞动白彩绸的身段中加以借鉴,创排了天女的舞蹈。因此,梅兰芳创造的是"戏中之画",虽取自画中,然而经由他的创化,产生了崭新的意象世界。

如何将绘画中的静态的画面转换到舞台上动态的形象,梅兰芳有一段非常精彩的描述,他说:

> 我们从绘画中可以学到不少东西,但是不可以依样画葫芦地生搬硬套,因为,画家能表现的,有许多是演员在舞台上演不出来的,我们能演出来的,有的也是画家画不出来的。我们只能略师其

艺，不能舍己之长。①

　　就绘画中的梅兰芳和表演中的梅兰芳而言，两种不同艺术的审美表达可谓异源同流，二者都体现着中国传统美学的精神光照。梅兰芳善于从绘画艺术中吸收创化，他善于把绘画艺术转化为戏曲舞台的意象世界，在任何时候，他始终站在戏曲表演艺术家的立场，一切感悟最终都转化为戏曲的艺术意象。这也即是笔墨绘画的修养对于梅兰芳的根本意义。

2019 年"东瀛品梅——纪念梅兰芳首次访日一百周年"学术研讨会上的发言

---

① 梅兰芳：《舞台生活四十年》，中国戏剧出版社，1987 年版，第 509 页。

布莱希特与中国美学

亚里士多德在《诗学》中构想了戏剧的美学和秩序,其所规定下的戏剧审美范式成为西方戏剧布莱希特之前颠扑不破的经典和准则,西方戏剧两千多年基本沿着这条戏剧艺术的"中央大道"演变发展。其特点就是用逻辑的戏剧结构和戏剧秩序,对应并验证无序的混沌和存在,从而找出普遍性的真相。亚里士多德的"模仿论",深刻地影响了整个西方戏剧史的进程,建筑在"模仿论"基础上的逻辑和秩序的极端就是古典主义戏剧的"三一律"。西方戏剧的剧本创作、舞台布景、导演艺术、表演方法在模仿现实生活"真实"的进程中,经过了镜框式舞台时期,发展到摹写式舞台时期,逐步在 19 世纪后期进一步演变为追求"生活幻觉"的戏剧观念,直至幻觉戏剧的极致形式——"自然主义戏剧"的出现。"模仿论"构成了"幻觉戏剧"最深层的美学支撑。然而,自然主义戏剧由于忽视了艺术与生活存在本质区别,在太过极端地消融艺术与生活的界限、要求舞台再造生活的追求中,不可避免地走向了它的终局。20 世纪之后的现代戏剧和后现代戏剧,就是以破除亚里士多德这样一种基于逻各斯基础的戏剧观念的革新。

布莱希特的"叙述体戏剧"理论一度被誉为戏剧理论的"新诗学"。"戏剧体戏剧"依靠模仿生活,展现人物行动来反映生活,而"叙述体戏剧"则将史诗的表现形式——"叙述",同戏剧的表现形式——"行动"相结合,以此加强戏剧的表现力。布莱希特认为,通过在舞台制造的幻觉情境中进行体验的时代已经过去，依靠制造幻觉来再现今天的世界也日渐困难。20世纪是科学的时代，人类活动的范围已经无限扩大，人与人之间的关系也越加复杂。今天的观众已经不同于古希腊观众以获得共鸣和感动来接受艺术作品，观众的思索和选择更加自由，其中不乏批判思考。戏剧如何才能更准确和深入地反映今天的社会生活，如何帮助人们理性地研判社会，并以此推动文明前进，这是布莱希特创立叙述体戏剧的美学起点。从某种意义上说，他认为通过编织人物的命运故事，创造模仿现实的舞台意象，传递一些哲理和意趣，在一个灾难频发的世纪，在一个急需反思的时代里，已经显得微不足道。他认为戏剧真正有价值的工作就是通过"叙述体戏剧"将哲理思考直接引向舞台。

布莱希特的戏剧观念一方面产生于现代性思潮之中，另一方面形成于20世纪以来东西方文化的交融和碰撞，其艺术观念的核心是从形式到内容的现代性反思，其精神内核是戏剧和社会发展的互动关系。他的戏剧观推动了西方美学观念整体演变。在布莱希特叙事体戏剧及其陌生化效果的美学主张完善发展的过程中，受到过中国文化的影响，特别是梅兰芳表演艺术的启发。但是他对中国戏曲艺术的创造机制和意义生成存在显而易见的疏离和隔膜。本文将从三个方面谈一谈这个问题。第一，是青年布莱希特受到的中国美学和中国文化的影响；第二是老庄思想对布莱希特早期剧作《城市的丛林中》的叙事和思想的影响；第三是梅兰芳对布莱希特的影响以及布莱希特对梅兰芳的误读。

中国美学和中国文化对布莱希特的影响

布莱希特作为德国伟大的剧作家、戏剧理论家、导演和诗人，对中国话剧演剧观念的探索、发展与演进有深远影响。20世纪60年代，戏剧家黄佐临提出"写意戏剧观"时曾引证了三位重要的戏剧大师，其中就有布莱希特和他的演剧观念及方法。随着以黄佐临为代表的众多理论家对布莱希特及其作品和戏剧观的译介，学界对戏剧观的认识变得更加宽阔。可以说,在中国现代戏剧走向多元和革新的历史进程中,没有任何一位西方戏剧家比布莱希特的演剧理论和方法更具有醍醐灌顶般的重要意义。

布莱希特一生非常推崇中国文化,他对中国文化有着一种特殊的喜爱,他的书库珍藏着许多中国书籍和绘画,他的哲学思想和艺术原则和中国有着密切的关系。布莱希特和中国文化的关系可以追溯到一战后德国文学界的特殊情境。

一战以后,德国文学界弥漫着苦闷和彷徨的情绪,与此同时,在德国来华同善会传教士卫礼贤(Richard Wilhelm,1873—1930)等人的努力下,一批中国古代典籍翻译成德语出版。1911年老子《道德经》和列子《冲虚真经》德文版出版,1912年《庄子》德文版出版,1914年《易经》德文版出版,这些中国古代哲学经典的出版,在德国文化界掀起了一场"中国热"。① 一批德国知识分子试图在中国的"道学"中寻找智慧。

据张荫麟考察,自19世纪末期以来,德国共计出版了十余种《道德经》译本,连同解释性著作在内,达到了四五十种之多,其社会反响之强烈令人叹为观止。一时间"无为"一词成了那一代"表现主义"青年知识分子的口头禅,他们借此表达自己远离资产阶级意识形态,不与统治集团合作的叛逆情绪。

贝尔托特·布莱希特于1898年2月10日出生于德国南部城市奥格斯堡。奥格斯堡(Augsburg)是德国中南部城市,位于韦尔塔赫河汇入莱希河的河口地带,始建于公元前15年罗马皇帝奥古斯都时代,莫扎特家族、18世纪的建筑师威尔瑟家族曾在此生活过。1805年12月21日巴伐利亚军队占领奥格斯堡,奥格斯堡于1806年被归并于巴伐利亚王国。历史上的奥格斯堡是一个比较繁荣的贸易聚集地,曾因海路贸易赫赫有名。但因三十年战争(1618—1648)②而衰落,与当时德

---

① [德]夏瑞春编,陈爱政译:《德国思想家论中国》,江苏人民出版社,1997年版,第277页。
② 三十年战争(1618—1648):一场欧洲主要国家纷纷卷入神圣罗马帝国内战的大规模国际战争,又称"宗教战争",主战场在德国。

国工业发展更迅猛的其他城市如科隆、慕尼黑、纽伦堡等城市相比，已经沦为二流城市。布莱希特家庭环境较为宽裕，父亲是当地造纸厂商业部的经理，母亲出身小职员家庭。布莱希特从小阅读广泛，阿蒂尔·兰波①和弗朗索瓦·维庸②是布莱希特少年时代最喜读的作家，《在城市的丛林中》剧本中，布莱希特就将主人公加尔加塑造成了兰波式的人物。这些作家对布莱希特日后的精神世界有着持久的影响，这些影响主要指对享受现世生活的肯定，以及人应该冲破世俗见解和伪善的道德藩篱，遵循自我天性而生活等方面。

布莱希特首次接触老子的思想是在表现主义作家阿尔弗雷德·德布林的小说《王伦三跳》中。布莱希特在 1920 年秋天阅读了《王伦三跳》，被这部小说中的"无为"思想所感召。③《王伦三跳》以清乾隆年间山东寿张的王伦起义为题材，讲述了青年渔民王伦因不满于贫困的现状，经常以偷盗为生。一次他为了给朋友伸张正义，失手打死官吏而畏罪潜逃。在逃难期间，王伦逐渐信仰道教，认为"无为"是生活的真谛，并创立了"无为教"，身体力行助推善事。最终因为清朝军队对无为教残酷镇压，最终兵败临清，自焚身亡。"三跳"指的是王伦的三次思想转折。一跳：杀官后占山为王，接受道家思想；二跳：以无为立教，并对手下众好汉进行思想改造，终遭官兵剿灭；三跳：再次起事，遭到镇压，再度陷入哲学思考后自焚。《王伦三跳》对革命青年的刻画和对中国的想象影响了许多德语作家，如安娜·西格斯、贝托尔特·布莱希特和京特·格拉斯等。

布莱希特读完《王伦三跳》后不久，一次在文友弗兰克·华绍尔（Frank Warschauer）家借宿时，华绍尔将德文版《道德经》推荐给他。他发现自己的想法和老子的思想有很多契合之处。这些思想后来在其

---

① 阿蒂尔·兰波（Arthur Rimbaud，1854—1891），法国著名诗人，早期象征主义诗歌代表人物。

② 弗朗索瓦·维庸（François Villon，1431—1474），法国中世纪诗人，是市民抒情诗的主要代表。

③ 张黎：《布莱希特与庄子》，《中华读书报》2008 年 3 月 19 日。

早期剧作《在城市的丛林中》里得到了一定程度的体现。在该剧创作期间,他曾在日记里写下这样一句话:"我知道,水能淹没整个一座大山",布莱希特的这篇日记无疑是研读《道德经》"天下莫柔胜于水,而攻坚强者莫之能胜,以其无以易之"之后的感悟。弱之胜强,柔之胜刚,天下莫不知,莫能行。老子"以柔克刚"的思想被布莱希特运用到了《在城市的丛林中》这部剧里。

《在城市的丛林中》一剧所构建的那场怪诞的斗争本身包含着以柔克刚的思想。木材商史林克无论是地位和财富都胜过主人公加尔加,然而他把自己的财富全部送给加尔加,既解除了加尔加愤怒之下要杀死自己的危机,也牢牢控制住了加尔加。这种"以柔克刚"的斗争模式显然和西方戏剧自亚里士多德以来的戏剧范式中"以暴制暴"的斗争方式所包含的价值观和冲突观迥然不同。其人物行动背后的思想与《道德经》中"将欲取之,必固与之"的辩证法思想相契合。主人公加尔加在即将银铛入狱的时候,加尔加的父亲约翰责备他软弱,而加尔加就以布莱希特日记中"水的譬喻"回应他:

> 约翰:我看到的你总是脆弱的,没别的了。当我第一天目光落在你身上的时候我就知道了。离开我们吧。难道他们不应该把家具搬走吗?
>
> 加尔加:我曾经读到过涓涓细流可以淹没掉整座大山。不过我还是想看看你的脸,史林克,你的该死的看不清的脸,毛玻璃一样的脸。①

在布莱希特的后期作品中,他进一步接受柔弱胜刚强的辩证思维,并频繁运用在诗歌和剧本中,同时对"无为"显示出了较为矛盾的心态。布莱希特在1938年流亡丹麦时还曾写过《老子在流亡途中著〈道德经〉的传说》一首诗。这首诗描述了善良的中国哲人老子因为替穷人打抱不平,而受到邪恶势力的迫害,只好逃出关外。布莱希特想象并

---

① B. Brecht, R. Manheim and J. Willett. *Collected Plays* (1st American ed.) 1971.

描写了流亡途中的老子，愤然写下了流芳百世的《道德经》，发心明志并且预言柔弱必将战胜刚强：

> 柔水动起之后，
>
> 随着时间推移，
>
> 将战胜顽石，
>
> 你知道，强硬的会失败。①

布莱希特借用老子的故事，以诗歌的形式阐明柔弱胜刚强的辩证法思想，借此表达作者相信法西斯势力必将被战胜的乐观信念。

早期剧作《城市的丛林中》的叙事和思想受中国哲学的影响

正是通过老子的《道德经》，布莱希特对中国文化产生了兴趣，在他早期的作品中就已经有了中国元素的出现。《在城市的丛林中》一剧信奉"将欲取之，必固与之"的木材商人史林克就是一位马来裔华人，他的跟班斯基尼也是个中国人。该剧最重要的两个戏剧冲突场面也都发生在中式的旅馆内。由于这一时期布莱希特对中国文化的了解比较有限，他设定史林克这个人物来自横滨，并把横滨写成海河北边的一个中国城市（布莱希特对于"海河"这一地名的选用也来自《王伦三跳》的影响）。

与此同时，布莱希特很有可能阅读了一些与中国历史有关的小说，比如当时比较流行的马丁·马蒂尼的《鞑靼战记》、克里斯蒂安·哈格冬的《伟大的蒙古人》、达尼埃尔·洛恩施坦的《宽宏的统帅阿米尼乌斯》等。在他后期的作品中，中国元素出现得更为频繁，除了中国人物、中国地区的使用之外，有的将戏剧故事直接构建于中国背景之上，比如《四川好人》的故事就发生在中国四川，有的直接改编自中国戏曲，比如《高加索灰阑记》一剧则以中国元代李潜夫所作杂剧《包待制

---

① Bertolt Brecht, *Gesammelte Werke*, Band 9, S. 660—663.

智勘灰阑记》为蓝本改编而来。

国内对于布莱希特早期作品①的研究目前较少。纵观布莱希特早期戏剧作品,其人物形象塑造、风格、主题都与后期成熟的戏剧作品既有鲜明的差异,也有后期作品对早期作品的继承发展,这些早期作品可以看出布莱希特在形成成熟的"陌生化效果"和"叙事剧理论"之前的曲折探索道路。《在城市的丛林中》创作于 1921 至 1922 年间,剧本以社会底层人物的堕落与盲目反抗作为题材,在人物和地点设定、人物独白方面初步实践了叙事剧和陌生化效果的理念。

故事讲述了一个从美国西部来到大城市芝加哥的贫穷家庭,最终在斗争中走向解体和没落的结局,由此揭示了畸形发展的资本主义社会异化人的残酷性。这是青年布莱希特通过戏剧揭露社会问题的首次尝试,该剧也是他个人最具荒诞色彩,最难以解读的一部剧作。透过这部戏剧,我们可以品读出老庄思想对于青年布莱希特的影响。《在城市的丛林中》的主人公加尔加,是一个不被社会所认可的人,在同城市生活抗争的过程中,他无可避免地和自己的家族逐渐走向毁灭的悲剧。加尔加与资本主义社会的斗争的展开主要在于精神层面,剧本以怪诞的色彩描述了人如何在被金钱、名利所把持的社会中所产生的孤独感和幻灭感,人无法真正与他人亲近,斗争也难以成为可能。善良高尚的小人物由于没有社会财富和社会地位,处处受到歧视和压迫,人的自由在城市丛林中是注定被剥夺毁灭的。通过加尔加的悲剧,布莱希特揭露了人的价值、人的思想被怀疑和损毁的过程,人的精神遭受巨大的空虚和痛苦的折磨的真实。《在城市的丛林中》一剧打破了传统的"三一律",时间跨度长达三年之久,空间跨度也从城市中心延伸到野外,有利于向观众们更好地展开这场残酷斗争的图卷,展现人在社会现实的压迫下逐渐堕落、被异化的过程。布莱希特有意识地采用一些元素增

---

① 布莱希特的创作早期是指他 1926 年在柏林戏剧界立足,接受马克思主义之前,在奥格斯堡和慕尼黑的创作时期。这一时期布莱希特进行了大量的戏剧写作实践和理论探索,主要剧作有《巴尔》《小市民的婚礼》《夜半鼓声》《在城市的丛林中》。

加了观众和戏剧之间的间离感。

由于接受了中国道家思想，布莱希特有意识地在该剧中运用中国元素。通过布莱希特早期剧作《在城市的丛林中》①，我们可以看到中国文化和哲学对他的影响。该剧体现了布莱希特早期从《道德经》中接受了"柔弱胜刚强"的辩证法思想，可以视为布莱希特有意识接受中国文化的开端。

正是由于布莱希特对中国文化的浓厚兴趣，布莱希特在剧本创作中经常有意识地采用中国元素，一方面是为了达到陌生化效果，另一方面则体现了这位剧作家对中国文化特有的青睐。他从中国传统思想中汲取智慧的同时，也借用中国戏曲的理念丰富自己的戏剧理论。总之，布莱希特对中国思想的接受和中国元素的引用从早期到后期不断深入，并且逐渐有所取舍。后期布莱希特敢于将故事建立在更大跨度的时间空间之上，人物也更加繁多，并且广泛使用开放性结局来引发观众思考，并采用楔子、幕间戏、自报家门、歌唱元素等方法增加陌生化效果。

特别是 1935 年在莫斯科观看梅兰芳的演出之后，布莱希特对中国戏曲的陌生化手法产生了极为浓厚的兴趣，之后接连写了两篇重要的论文《中国戏剧表演艺术中的陌生化效果》《论中国人的传统戏剧》，并且在自己的剧本中有意识地使用幕间剧、唱段、与观众直接交流等方法。

梅兰芳对布莱希特的影响

布莱希特在 1935 年得以亲眼目睹梅兰芳的精彩表演并聆听梅兰芳的报告，并在次年发表了《中国戏剧表演艺术中的陌生化效果》和《论中国人的传统戏剧》这两篇重要论文，根据自己的观察和感受分析了陌生化效果在中国传统戏剧中的表现。

---

① 2017 年，我的一位学生郑伽辰在北京大学艺术学院就读本科期间，首次翻译了布莱希特早期剧作《在城市的丛林中》一剧。

　　他在梅兰芳的表演中为自己的"陌生化效果"理论找到了印证,也由于此理论在西方戏剧界产生影响,使得中国戏剧开始在西方戏剧理论中产生影响。由此我们可以发现梅兰芳为代表的中国戏曲美学对布莱希特的影响。

　　梅兰芳(中国戏曲)对布莱希特戏剧理论的影响,主要体现在几个方面。第一,从观众与角色的关系方面,布莱希特发现中国戏曲中人物角色可以跳出跳进,随时可以进入角色,又可以随时被打断表演。演员与角色保持某种距离,演员在舞台上并不完全融入角色之中,或者变成剧中人物,而是同他所扮演的角色并立在舞台上。演员既是角色又时刻表明自己是演员,是在扮演角色。演员一方面假扮角色,不进入角色,一方面"又像扮演者本人那样保持清醒",从而做到演员与角色相区分。布莱希特本人也不赞成演员在表演时把自己和角色融为一体,认为应该"用奇异的目光看待自己和自己的表演",这样演员与角色之间就可以始终保持一定的距离,演员的表演就可以让观众将平常司空见惯的事物从理所当然的范畴提升到思考的层面。与传统的提倡观众与角色之间的情感融合不同,布莱希特主张通过"陌生化效果",使观众在欣赏戏剧时不会完全进入情节而是保持清醒的理智。"陌生化效果"又称间离效果,布莱希特提倡理性思维"突出陌生化",让理性思考多于情感共鸣。他强调戏剧引发的思考作用,希望能激发观众思考,使观众从中受到教育。

　　在布莱希特的戏剧理论中,要达到叙事剧效果,"陌生化"(又称"间离效果")是不可或缺的手段之一。他在《戏剧小工具篇》中写道:"陌生化的反映是这样一种反映,对象是众所周知的,但同时又把它表现为陌生的。"①陌生化效果要求拉开生活与戏剧之间的距离,辩证处理演员、角色、观众三者之间关系。演员和其所表演的角色之间始终保

---

① ［德］贝尔托特·布莱希特:《布莱希特论戏剧》,丁扬忠译,中国戏剧出版社,1990年版,第22页。

持一定距离,演员是角色,同时又是他自己。观众对于角色和剧情也保持一定距离,观众体会剧情和角色,但不会浸入进去,而始终保持旁观和清醒的状态。布莱希特认为:"必须把观众从催眠状态中解放出来,必须使演员摆脱全面进入角色的需要。演员必须设法在表演的时候同他扮演的角色保持某种距离。演员必须对角色提出批评。演员除了表现角色的行为外,还必须能表演另一种与此不同的行为,从而使观众作出选择和提出批评。"①

第二,对于戏剧的叙事和结构,布莱希特在早期戏剧创作实践中就已认识到旧的戏剧形式无法满足社会发展的需要,无法体现现实社会中诸如经济危机、失业浪潮、战争爆发的矛盾,他认为戏剧的作用在于揭露和批判事实,而传统的环环相扣的封闭式戏剧中过多的矫饰和人为技巧不适合反应波澜壮阔的现代社会生活。1929 年他在剧本《马哈哥尼城的兴衰》的注释中提到了他的戏剧主张的雏形,将自己追求的戏剧形式称为"叙事诗体戏剧"(Episches Theater),或称"非亚里士多德戏剧"。布莱希特认为西方传统的亚里士多德式的戏剧追求模仿和逼真会使观众陷入幻觉中,屈服于剧中人物的命运,失去改变的动力。"非亚里多德戏剧"的基本特点是形式的自由朴实、舒展大度和表现手法的叙述性,它要求逼真地展示广阔的生活面貌,揭示社会发展规律,强调演剧方法以间离替代传统的共鸣,使观众的立场陌生化,从而促进思考,引发行动的动力。② 他在早期作品中已经开始自发地实践他的叙事剧理论和陌生化效果。布莱希特在《戏剧小工具篇》中写道:"戏剧必须提供人类不同的共同生活的不同形式的反映。"③

在布莱希特看来,戏剧艺术不应当仅仅模仿生活和表现生活,还应

<hr/>

① Grimm, Reinhold. Bertolt Brecht: *Gesammelte Werke in 5 Bänden*. vol. 61, University of Wisconsin Press, 1969, 315.
② [德]贝尔托特·布莱希特:《布莱希特论戏剧》,丁扬忠译,中国戏剧出版社,1990 年版,第 4 页。
③ [德]贝尔托特·布莱希特:《布莱希特论戏剧》,丁扬忠译,中国戏剧出版社,1990 年版,第 7 页。

该关注历史背景,引导观众辩证地认识生活,做出行动。因此,"叙事体戏剧"一方面展现生活的真实,另一方面需要让观众不沉迷其中,意识到自己所面对的只是虚构的故事和人物,调动观众的主观能动性,思考这一切发生的原因,是对以《诗学》中"模仿论"为基础的传统亚里士多德式传统戏剧在功能、题材、结构、审美等方面的挑战和突破。他认为:"表演一个神经错乱的人,应帮助观众辨认出神经错乱的原因。"①"观众不应当去跟随舞台产生感受,而是应当作理性批评。"②布莱希特试图创立一种采用叙述方式的、挣脱了传统戏剧在时空转换上所受的各种限制,能够像史诗般自由地展现广阔而复杂的社会生活的新型戏剧。

他认为中国戏曲除去整场戏的表演,演员也会演出"折子戏",即全出戏中相对独立的一场戏,折子戏按照西方戏剧"三一律"的标准是不具有完整性的。它在表演上完全脱离了西方戏剧的完形戏剧行动的模式,情节结构已不再是戏剧表现和观众接受欣赏的核心,只是成为形式化表现的载体。但正是这种相对独立性的表演特点与布莱希特在编剧结构方面的要求非常契合。布莱希特的陌生化是对亚里士多德戏剧的整一性结构的解构。

中国戏曲人物上场时往往"自报家门",或念或唱"上场诗",以自我介绍的方式叙述自己的身份和家世,以及和戏剧情节有关的因素这成为中国戏曲突出的叙述特点。同时,这种方式又具有点出主题的作用,给观众一些关于剧情和人物的初步概念。这一手法与布莱希特的叙述体戏剧有着相同之处,为了增强叙述性,布莱希特也在剧中设置"叙述者"或者"说唱人",由他们来串连剧情。通过叙述剧情而不是表演,达到间断戏剧的效果,从而拉大观众与舞台的距离,产生审美的别

① ［德］贝尔托特·布莱希特:《布莱希特论戏剧》,丁扬忠译,中国戏剧出版社,1990年版,第34页。
② Grimm,Reinhold. Bertolt Brecht:*Gesammelte Werke in 20 Bänden*. vol. 61,University of Wisconsin Press,1969,132.

样效果。

　　第三，布莱希特认为中国戏曲的动作和空间不是模仿现实而是象征性的。中国戏曲中常常只有一桌二椅，道具有着重要的象征功能。比如扬鞭表示骑马，几个士兵就代表千军万马，跑几个圆场就表示地点变换等等。由于道具都是象征性的，不受实物的局限，所以舞台为演员的表演提供了广阔的场地。布莱希特对舞台也进行了相似的探索，试图通过调动多种舞台元素，来丰富舞台表现力，比如在戏剧中加插标语、解说、照片、字幕和音乐。在布景方面，他既反对自然主义，也反对形式主义，拒绝写实布景，提出"景为戏用"，要求舞美设计"不必再创造一个房间或者一个地点的幻觉，只要暗示就足够了"之中体现的中国戏剧舞台上道具的象征作用，及其留给观众的遐想。

　　不同于西方戏剧，戏曲表演没有过多的舞台布景，也没有丰富的道具，戏曲舞台的表现性主要依赖于戏曲演员的身体语言的表现性。这就要求演员通过长期复杂的童子功训练练就极为精湛的唱腔技法、朗诵技法、身段和表情技法以及舞蹈化的武术技法等，戏曲艺术的时间性和空间性通过戏曲演员的身体性呈现出来。也就是说舞台空间的"空"，这种空要求观众格外专心，因为有了这种专心，演员只需做一个微不足道的手势，观众就能从宁静中感受到强大的力量。

　　值得注意的是，戏曲演员的身体性表演不是西方戏剧写实意义上的逼真模仿，而是经过写意性的抽取和提炼之后所形成的程式化表演。程式性是中国戏曲的主要艺术特征之一。所谓程式化动作就是按照一定的标准和规范对日常性动作进行概括、提炼和美化，进而凝练成具有丰富舞台表现意味并且可以重复使用的典型动作。戏曲表演中的关门、推窗、上马、登舟、上楼等动作皆有一套固定的程式，它们构成了美的典范。舞台表演的程式性决定了戏曲艺术的虚拟性。

　　布莱希特认为中国戏曲通过一系列严格的程式化来表现类型化的人物和情绪，将一切表现性元素充分审美化地呈现了出来。中国戏曲演员一登台亮相，人物角色的形象就已经程式化，剧中的情节线索、人物命运都已向观众和盘托出,并无西方戏剧刻意制造悬念的方法。戏剧故事的结局大多从一开始就告诉观众,观众不必再对结果充满好奇和期待,他们被导向关注事件发展的整个过程,被导向冷静的思考,被导向观察人物动作的展开。因此演员如何以独特的表现力纯粹地表演就成为戏曲艺术至关重要的核心。而西方演员在表演中则用尽一切办法,尽可能地引导他的观众接近被表现的事件和被表现的人物。为了达到这个目的,演员用尽他的一切力量将他本人尽量无保留地变成他所演的剧中人物。相比之下,他认为中国戏曲的"演技比较健康",它要求演员具有较高的修养,更丰富的生活知识,更敏锐的对社会价值的理解力。

布莱希特对梅兰芳表演艺术的误读

然而,布莱希特对于梅兰芳的表演艺术背后的中国美学精神几乎是隔膜的,他对中国艺术和文化的认识是极为表面和单薄的。他几乎不能从音乐声腔以及程式动作的核心处体认中国戏曲的美学特征。他所看到的梅兰芳的表演,基本停留于舞台上那些令西方观众耳目一新的形式而已。不过他隐隐约约感到中国戏曲的艺术是心灵世界的显现。中国美学格外注重心灵层面的表达,他感到蕴含在其中的真正的艺术精神,他在梅兰芳的艺术中看到的是艺术的神圣性。他说:

> 有哪一位沿袭老一套的西方演员(这一个或另一个喜剧演员除外)能够像中国戏曲演员梅兰芳那样,穿着男装便服,在一间没有特殊灯光照明的房间里,在一群专家的围绕中间表演他的戏剧艺术的片段呢?譬如说,能够表演李尔王分配遗产或奥赛罗发现手帕吗?如果他那样做,将会产生像一年一度的集市上魔术师玩把戏的效果,没有一个人看过他一次魔术以后还想再看第二遍。他所表演的仅是一种骗人的把戏而已。催眠状态过后,剩下来的就是一些糟糕透的无动于衷的表情,一种匆促参半起来的商品,在

黑夜里售给匆匆赶路的顾客。当然没有一个西方演员会这样把自己的货色陈列出来的，艺术的神圣在哪呢？是转化的神秘教义吗？他认为有价值的东西是不自觉地做出来的，否则将会失去价值，与亚洲戏剧艺术相比，我们的艺术还拘禁在僧侣的桎梏之中。①

然而，布莱希特实际上无法准确地辨识和总结出中国戏曲美的内在构成机制和意义生成。他当然也看不懂程式行当和四功五法的真正价值，他称其为可以"代代相传的动作"，看不懂程式行当和四功五法背后的纯粹精神性的追求。

首先，他没有从根本上发现中国戏曲的表演空间是完全不同于西方戏剧的"心灵空间"。中国戏曲的空间是一种诗性的"心灵空间"和"精神空间"，他不是以模仿现实物质世界的真实为其目标。它完成的不是一个真实的堪比生活的场景与画面，而是一种能够创造出感觉真实的想象和表现。它不是一个立体的凝固的画面，而是指向诗意空间的审美构成。西方剧场空间是需要实物填充的物质空间，而中国戏曲的表演空间是"空的空间"，是由演员高度写意、虚拟、诗意的动作所创造的艺术空间。正如宗白华所说："中国人对'道'的体验，是'于空寂处见流行，于流行处见空寂'，唯道集虚，体用不二，这构成中国人的生命情调和艺术意境的实相。"②构成西方剧场和中国剧场的符号系统完全不同，其潜在的符号的意义和美学也完全不同。诗意空间就成为生命空间的构成形态，诗意空间可以让我们从有限的戏剧空间进入无限的精神空间，而梅兰芳的表演所创造的正是这样一种诗意的空间。

其次，布莱希特并没有认识到中国戏曲表演有别于西方戏剧表演的"时间意识"和"生命意识"。决定了戏剧空间的意义和意境。这一点正契合了中国传统美学中的生命精神。中国戏曲怎样去创造蕴含在

---

① ［德］贝尔托特·布莱希特：《布莱希特论戏剧》，丁扬忠译，中国戏剧出版社，1990年版，第196页。

② 宗白华：《中国艺术意境之诞生》（增订稿），《宗白华全集》第2卷，安徽教育出版社，1994年版，第373页。

空间中的时间感呢？时间通过运动或者说先后承续的事物来表现。一般来说布景无法描述先后的运动，但可以通过暗示来表述先后的承续性。演出空间从动作的暗示性出发，经由欣赏者的精神活动来完成对"时间"的表达。

他认为陌生化的艺术效果，在中国古典戏曲中是通过以下方式达到的。第一，中国戏曲演员的表演除了围绕他的三堵墙之外，并不存在第四堵墙，戏曲演员的表演背离了欧洲舞台上的幻觉追求。第二，中国演员会目视自己的动作的发生。他举出演员表现云朵的例子，他认为演员表演的同时检视着自己的手和脚的动作。当然，这里有着明确的误读，其实布莱希特所指的"演员表现云朵"，大概指的是"云手"，这可能是在请教程式化动作的过程中，"云手"的翻译让他误以为是演员在"表现云朵"。第三，就演员和角色的距离而言，他说戏曲演员力求使自己出现在观众面前是陌生的，甚至使观众感到意外。他之所以能够达到这个目的，是因为他用奇异的目光看待自己和自己的表演。他列举《秋江》一类的戏表现"舟行江上"。他认为："戏曲演员在表演时的自我观察是一种艺术的和艺术化的，自我疏远的动作，他防止观众在感情上完全忘我的和舞台表演的事件融合为一，并十分出色地创造出二者之间的距离。"①布莱希特注意到中国戏剧演员不存在这些困难，他抛弃这种完全的转化，从开始他就控制自己，不要和被表现的人物完全融合在一起，他思考，中国演员用什么艺术手段做到这一点呢？他的答案是演员的幻想。这显然是没有触及中国戏曲美学的根本。

生命存在于现实的时空之中，现实的时空性特征正好导引了主体的生命意识。故而中国古人对时间和生命的感慨由来已久，《庄子·知北游》曰："人生天地之间，若白驹之过隙，忽然而已。"中国古人清醒而又理性的生命意识早已领悟出哲学关于生死的基本问题。在神奇和

① ［德］贝尔托特·布莱希特:《布莱希特论戏剧》,丁扬忠译,中国戏剧出版社,1990 年版,
　　 第 194 页。

未知的宇宙面前，没有惊愕、没有憧憬、没有喜悦也没有悲伤，有的只是在对时间的审美中，强烈的生命意识、宇宙意识。因此，经过审美化了的时态就不仅是物理意义上的时间概念，不是物时，而是心时；不是物象，而是心象。"观古今于须臾，抚四海于一瞬。"所以中国艺术历来认为，艺术家控制着正在消逝的"现在时间"，又创造了看不见却又真实存在的"精神时间"。

对中国艺术而言，艺术家不能做世界的陈述者，而要做世界的发现者，必须要超然于现实的时空之外。而布莱希特却认为中国古典戏剧中存在着一种陌生化效果的运用，他认为这种效果在德国被采用，乃是在尝试建立非亚里士多德式的戏剧，也就是史诗体戏剧。他说："这种尝试就是要在表演的时候，防止观众与剧中人物在感情上完全融合为一，接受或拒绝，剧中的观点或情节应该是在观众的意识范围内进行，而不是在沿袭至今的观众的下意识范围达到。"①布莱希特把这样一种陌生化效果的体验，和西方马戏团丑角演员的说话方式和全景的绘画手法做了类比，他认为马戏团丑角演员说话的方式，就采取这种陌生化的艺术手法。将中国戏曲表演和马戏团小丑的说话方式相提并论显然是不妥当的。事实上，中国戏曲的文本特点在很大程度上是由戏曲的起源决定的。戏曲是在平话、诸宫调、歌舞等多种艺术形式的基础上形成的，在从这些艺术形式中获得题材的同时，戏曲也很自然地继承了它们的体制和艺术表现手法。因此，对于中国戏曲的演员和观众来说，根本不存在实现"陌生化效果"的问题。舞台上所出现的所谓"陌生化效果"并不是他们自觉实践的产物，而是在中国戏曲漫长的发展历程中自然形成的，是由中国戏曲"以歌舞演故事"的艺术特征决定的。

梅兰芳的表演所代表戏曲的表演美学，其所蕴含的中国艺术精神没有主客之分、物我之分，那里是人生最终极的家园，人应该在那里

---

① ［德］贝尔托特·布莱希特：《布莱希特论戏剧》，丁扬忠译，中国戏剧出版社，1990 年版，第 191 页。

"诗意地栖居"。庄子所谓的"坐忘""心斋",也是为了到达人类可以栖居的家园和空间,一个真实本原的"诗意空间"。超越时间,目的在于触摸永恒。沉溺在时间的妄象中,习惯于过去、现在、未来的延伸的秩序,习惯于冬去春来的四季流变,沉湎于日月更迭、朝暮交替的生命过程,这是大多数人的时间体验,也是通常意义上,人被时间驱使和碾压的人生宿命。用一般的眼光看世界、体验人生,世界的真实的意义只能同心灵擦肩而过。戏剧造就的"诗意空间"应当去蔽存真,发现并创造澄明和本然。为了彰显澄明和本然,必须通达戏剧艺术的最高境界。

再次,布莱希特也没有能够看到将时间感寓于空间感中是作为戏剧诗的舞台艺术创造无限意境的一种独特的思维。将空间感寓于时间感中,时空意识的融合,身体作为时空融合的独特存在,是中国艺术独特的思维方式和感悟方式。而将时间感寓于空间感中则是作为戏剧诗的舞台艺术创造无限意境的一种独特的思维。西方式的诗意和东方式的诗意,两者之间存在诸多审美情趣上的不同,戏剧内容是不同民族、不同时代、不同文化背景下人类精神的集中反映,中国人精神的集中反映应该有对自身历史、文化、美学的自信、体悟、继承和发扬。

因此,在我们思考梅兰芳艺术的审美价值和现代意义时,特别要注重包含在梅兰芳艺术中的中国美学精神,也只有将这种极为精深的艺术精神、生命姿态和高贵品格萃取出来,凸显出来,才能更加清晰地对话世界戏剧,忠实传播中国戏曲的美学精神。

同时,我们在研究梅兰芳或中国文化对布莱希特的影响时,我们应该看到布莱希特的戏剧革新的立足点是:面向西方戏剧的未来。布莱希特对中国文化和中国智慧固然有极大的兴趣,梅兰芳的表演美学也助推了他自己的戏剧理想和革新之梦,但是这种影响是有限的,终究因为语言、文化的隔膜,布莱希特对以梅兰芳为代表的中国戏曲美学其实缺乏美学的根本体认。他更多地受到德国传统文学和艺术,乃至哲学和叙事方式的影响。文学上,布莱希特继承了德国自十九世纪中期以来的批判现实主义文学传统,受到了现实主义戏剧家格奥尔格·毕希纳（Georg Büchner，1813—1837）和弗兰克·魏德金德（Frank Weidner kinder，1864—1918）等人的影响。"叙述体戏剧"的美学支撑，一方面来源于柏拉图指出的史诗叙事传统，另一方面来源于德国古典哲学和艺术美学。这位戏剧家深受德国哲学传统和民族文化的影响，从德国古典艺术和美学中汲取思想和灵感，从莱辛的《汉堡剧评》和歌德、席勒的《美学书简》中找到了"叙述体戏剧"的美学支点。哲学上，受到马克思的影响，表演观念上受到了德国传统的粗俗的喜剧表演的影响。

我们应该看到我们对于布莱希特的研究的不足，很多布莱希特的早期剧作都没有被翻译过来。我们考察布莱希特这样的戏剧家的时候，也要看到他对于中国戏曲认识的不足，为了避免西方对于戏曲的误读，从美学角度总结中国戏曲的特点变得格外重要和迫切。

2018 年 10 月 22 日"东方与西方——梅兰芳、斯坦尼与布莱希特国际学术研讨会"上的发言

昆曲艺术之美

昆曲作为我国最古老的戏曲形式,它是全世界最古老的戏曲形态之一,是中国艺术和中华文化的重要载体,又被列为联合国口头非物质遗产,它究竟美在哪里?

首先,我们说说昆曲的起源。

昆山腔是明代中叶至清代中叶戏曲中影响最大的声腔剧种,早在元末明初之际,即十四世纪中叶,已作为南曲声腔的一个流派,在今天的昆山一带产生了。

魏良辅的《南词引证》中这样描述:"腔有数样,纷纭不类——惟昆山为正声,乃唐玄宗时黄幡绰所传。元朝有顾坚者,虽离昆山三十里,居千墩,精于南辞,善作古赋。扩廓帖木儿闻其善歌,屡招不屈。与杨铁笛、顾阿英、倪元积为友。自号风月散人。其著有《陶真野集》十卷,《风月散人乐府》八卷行于世。善发南曲之奥,故国初有'昆山腔'之称。"

魏良辅提到的昆山腔的形成有几个最重要的原因:一是昆山地区的经济繁荣;二是唐宋以来,昆山本地已流行着各种歌舞伎艺,特别是传说唐代宫廷乐师黄幡绰因安史之乱逃亡了昆山一代,并在那里传艺;三是北曲的逐渐衰落以及南曲的崛起。而南曲崛起很大的原因有赖于顾坚、杨维桢、顾阿英、倪瓒等文人的参与,包括昆山腔崛起前的吴中曲派祝希哲、郑若庸等人,以及"吴中四子"中唐寅、祝枝山、文徵明等文士的参与，对昆山腔的兴起起到了在特定历史条件下的作用。

《南词引证》中还提到当时南方地区除了昆山腔之外，还有海盐腔、余姚腔、弋阳腔、杭州腔等五种南曲声腔，其中昆山腔、海盐腔、弋阳腔、余姚强被称为"南曲四大声腔"。在昆山腔兴起之前，海盐腔的影响比较大，而昆山腔"止行于吴中"。

昆山腔清丽婉转、精致纤巧，又被称为"水磨调"。余澹心在《寄畅园闻歌记》中说："良辅初习北音，绌于北人王友山，退而缕心南曲，足迹不下楼十年。当是时，南曲率平直无意致，良辅转喉神调，度为新声。"钻研南曲，十年不下楼终于琢磨出一套新的昆山腔演唱技巧。沈崇绥在《度曲须知》中提到："尽洗乖声，别开堂奥，调用水磨，拍捱冷板"。魏良辅在嘉靖中晚期，完成昆山腔的改造，使其成为昆腔正宗延续六百余年。昆曲也被誉为"百戏之祖"。

接着，我们来说说魏良辅对昆山腔的改造。

没有魏良辅对昆山腔的改造，就谈不上今天的"昆曲之美"。魏良辅是昆曲艺术走向成熟的关键人物，后人尊其为"乐圣"。魏良辅，字尚泉，生于弘治末年，太仓人，有学者认为他原籍江西，后来寓居太仓县。他娴通音律，酷爱唱曲艺术。魏良辅对昆腔的改造主要有四个方面的贡献：第一，调理腔调和语音的关系；第二，完善和提升曲调的音乐性；第三，兼容并蓄熔南北曲为一炉；第四，伴奏场面和乐队编制的完善。

先简要介绍魏良辅如何调理腔调和语音的关系。

关于南曲的渊源，徐渭在《南词叙录》中认为是"宋人词而益以里巷歌谣"，本无宫调，也讲究接走，只是市井村坊流行的小曲。依照"歌咏言""律和声"的要求，这样的村坊小曲难登大雅之堂。

魏良辅声腔改革的首要任务是理顺腔调和语音的关系，使字音和腔调能够保持和谐。为此他提出了水磨调的审美标准："曲有三绝：字清为一绝；腔纯为二绝；板正为三绝。"就是说，唱曲有三大诀窍：第一是字的发音要清晰，第二是腔调要纯正，第三是节奏板眼要准确。

"曲有三绝"指的就是三方面的审美标准:字、腔、板。三绝归雅,而"字清"列于三绝之首。魏良辅认为:"五音以四声为主,四声不得其主,则五音废矣。"所以对字音必须逐一考究平上去入。有些字宜于唱平声,平声又分为"阴、阳"两类;有些字宜于唱仄声,仄声又分"上、去、入"。不照规矩唱就会"拗嗓",即字音与乐音不协调。

魏良辅制定昆山腔腔格的主要语言依据是苏州话,苏州话是"吴侬软语"的典范,本身语言富有音乐性。魏良辅"字清、腔纯、板正"的音韵学意义上的追求和规范,使得昆山腔尽洗乖声,跨越了"俗乐"和"雅乐"的鸿沟,成为文人乐于接受的艺术形式。

总之,南北曲字音的问题,是非常复杂的曲韵问题,魏良辅做了开拓性的工作,经过沈璟、王骥德等人的研究,一直到清代沈乘麐的《曲韵骊珠》的出版才基本上尘埃落定。

魏良辅改造昆腔的第二个方面是完善和提升曲调的音乐性。

昆曲曲调的音乐性主要体现在两个方面:一、板眼(也就是节奏);二、腔调(也就是旋律)。魏良辅认为"惟腔与板两工者,乃为上乘"。专于腔调而不顾板眼或专于板眼而不审腔调的,都离开了唱曲的要义。

魏良辅改革后的昆山腔的板眼格式非常严格,每一曲牌有几拍,每一唱字在什么位置,以及曲牌之间的衔接,都有规矩。比如《牡丹亭·游园》【南仙吕套】,共六支曲牌,除引子、尾声用散板外,四支上板曲依次为【步步娇】(十三板)、【醉扶归】(十二板)、【皂罗袍】(二十五板)、【好姐姐】(二十板),【步步娇】【醉扶归】是一般三眼带赠板的极慢板,【皂罗袍】和【好姐姐】是一板三眼不带赠板的慢板。

魏良辅以协调曲词和声腔关系为切入点,腔板两工为目标,把昆腔正式改造成纤徐婉转、细腻清雅的声腔艺术。沈崇绥在《度曲须知》一书中称其为:"功深熔琢,气无烟火,启口轻圆,收音纯细。"真是很好地概括了昆曲声腔的美感特点。

所以,内行听曲讲究"听曲不可喧哗,听其吐字、板眼、过腔得宜,方可辨其工拙。不可以喉音清亮,便为击节称赏。"欣赏昆曲的要旨在于,不可喧哗,要听唱者的吐字、板眼、过腔是否得宜,才可分辨其艺术的高下。不可单凭唱着喉音清亮,就为之击节赞赏。一般来说老师只能教授最基本的规范,至于达到最高的演唱境界,就只能依靠演员的天赋和悟性了,并非老师可以教会的。

魏良辅改造昆腔的第三个方面是兼容并蓄熔南北曲为一炉。

北曲以遒劲为主,南曲以委婉为主。魏良辅说:"北曲字多而调促,促处见筋,故词情多而生情少;南曲字少而调缓,缓处见眼,故词情少而生情多。"这是对南北曲差异的准确的分析。

魏良辅早年学习过北曲,后来专心于南曲。北方人学好南曲不容易,南方人学北曲有时候也是吃力不讨好。要把南北曲的优点糅合一处,各取其长,更非易事。

魏良辅是在"北曲昆唱"的基础上推动并最后完成南北声腔的融合的。他走了一条什么路呢?也就是用基本成型的昆山腔曲唱规范直到北曲演唱,同时巧妙地保留北曲在昆化之前的主要声腔特点。

为了实现南北相融,他甚至把女儿嫁给了当时因获罪而发配到太仓的一个犯人,名叫张野塘。因为这个人精通北曲,魏良辅曾经专程去听张野塘唱曲,一连听了三天三夜,大加赞赏,不仅和他结为知己,更不惜把女儿嫁给他,为的是和张野塘可以日夜切磋南北曲的融合问题。

最终,在成功构建南北通用的曲律和曲唱规范的同时,维护了南北量大曲乐体系格子的声腔特点和演唱风格。在此基础上他提出"南曲不可杂北调,北曲不可杂南字",也就是南北曲必须保持各自的语音规范。北曲风格的融入,使柔缓的昆腔也可以用以表现英雄意气和阳刚之美,开拓了昆腔艺术的表现力,为昆腔进一步成为全国性的大剧种奠定了基础。

第四个方面就是对于伴奏场面和乐队编制的完善。

明中叶以前,南曲演唱主要采用徒歌的形式,不用丝竹伴奏。其他声腔比如海盐、弋阳、余姚腔也基本不用竹管弦乐伴奏,通过"鼓板和锣鼓"控制演员上下场。魏良辅改造昆山腔,沈宠绥《弦索辨讹》说得很清楚:"昆山有魏良辅者,乃渐改旧习,始备众乐器而剧场大成,至今遵之。"

那么魏良辅怎么进行乐队的完善呢?昆曲演唱用哪些乐器伴奏呢?北曲"力在弦索",魏良辅没有直接把当时北曲的伴奏方法直接移植到南曲中去,他抓住伴奏的两大功能进行改制。一、控制节奏;二、衬托旋律。他把控制节奏的任务交给鼓师,鼓师左手执拍板,右手执鼓签,类似于乐队指挥,控制演出进程;又根据南曲声腔柔缓自由的特性,把主奏旋律的任务交给笛箫,所以我们今天听昆曲,主奏乐器不是琵琶、弦索等弹拨乐器,而主要是曲笛等竹管乐器。魏良辅身边还曾聚集了善洞箫的张梅谷,善笛子的谢林泉等人。优秀的笛师因为会的曲子比较多,常常为演员教曲说戏,辅导演唱。

魏良辅对伴奏乐器的改革也为弦索在昆曲中的作用保留了一席之地。并对弦索乐器进行了改造,出现了专门用于昆腔伴奏的曲弦,和只有两弦的提琴。自此,他为昆唱实践和曲学建树的最终完善奠定了正确的方向,也确立了他乐坛至尊的地位。

经魏良辅改造的昆山腔美在哪里?我们如何来欣赏昆曲之美呢?接下来我们说说"昆曲演唱的审美观"的问题。

总体说来,昆曲演唱的美感有四个方面:第一,丝不如竹,竹不如肉;第二,声中有字,字中有声;第三,歌舞合一,唱做并重;第四,高度写意,意境之美。

"丝不如竹,竹不如肉"是指以昆腔为代表的中国人自古的音乐审美理念,重视声乐终于器乐。《乐记》说:"诗言其志也,歌咏其声也,舞动其容也。三者本于心,然后乐器从之。"晋代恒温曾问孟嘉这个人:"听伎,丝不如竹,竹不如肉,何也?"孟嘉说:"渐进自然。"

宋元以来,重视自然人声的音乐的审美观,一方面对于"腔""拍"的注意。所谓"声要圆熟,腔要彻满"(燕南芝庵),"声与乐声相应,拍于乐拍相合"(张炎);另一方面"字""腔""板"虽亦源于人声,却只是外在的形式,唯有"情"是主导性和决定性的,就审美的要求来说"情"

就是回到内心，所谓"情动于中而形于外"。

自然的人声可贵！因为言发于心，而语可通情。这样的审美要求慢慢发展出"情"的审美要求。清代戏曲家李渔在《闲情偶寄》中说："丝竹肉三音……三籁齐鸣，天人合一，亦金声玉振之遗意也……但须以肉为主，而丝竹副之，使不出自然者，亦渐进自然，始有主行客随之妙。"情，是昆曲的灵魂。

明末清初的张岱在《陶庵梦忆》中记载明代虎丘中秋曲会，最后的高手在深夜出场，不用任何伴奏乐器，"声出如丝，裂石穿云，串度抑扬，一字一刻，听者寻入针芥，心血为枯，不敢击节，惟有点头。"能充分欣赏这样无伴奏的清音的观众，自然是深明曲道的"昆腔知音"了。

"声中无字，字中有声"这是北宋沈括在《梦溪笔谈》提出的，他是这样说的："古之善歌者，谓'当使声中无字，字中有声'。"什么是"声中无字，字中有声"呢？指的是古代对演唱者的要求，这也是关于音乐的一个很重要的美学问题。

关于这个问题美学家宗白华有一段话说得很清晰，他说："……什么叫声中无字呢？是不是说在歌唱重要把'字'取消呢？是的，正是说要把'字'取消。但是又并非完全取消，而是把它融化了，把'字'解剖为头、腹、尾三个部分，化成为'腔'。'字'被否定了，但'字'的内容在歌唱中反而得到了充分的表达。取消了'字'，却把它提高和充实了……"

也就是说字腔和唱腔要化为一体。在演唱过程中，作为表达思想情感的字音，应完全融化在声腔之中，通过优美的旋律表现出来，这就是"声中无字"；每个乐音也要与字音融成一片，不分彼此，这就是"字中有声"。

昆曲表演第三个美感特点就是歌舞合一，唱做并重。王国维认为中国戏曲是"以歌舞演故事"，这个定义指出了中国戏曲的整体特征。昆曲艺术也是歌舞合一，唱做并重。与西方戏剧多强调语言和动作来模仿现实生活不同，昆曲的主要艺术特征在于：一、诗歌舞的综合性；

二、高度的写意性。西方话剧只说不唱,歌剧只唱不舞,舞剧只舞不唱。昆曲是"无动不歌,无歌不舞"。昆曲表演还讲究"四功五法",四功就是"唱、念、做、打","唱"为四功之首;五法就是昆曲形体技术要求的"手、眼、身、法、步"。

昆曲表演第四个美感特点在于高度写意,追求意境之美。昆曲是以高度写意性的程式化的表现手法来塑造形象和审美情境的。和中国画一样,在舞台上,用艺术的、有意味的形式来再现生活,不重视表面的真实,而注重神似与意境。这一艺术原则集中体现在四个方面:一、时空的高度自由;二、表演的程式化;三、砌末(道具)的虚拟化;四、人物的行当化。昆曲表演讲究形神兼备,虚实相生、以一当十、有无相生,突破对自然的简单模仿,而意在创造一个审美和诗性的意象世界。

所以,昆曲是心灵化的艺术。它要展现的不是一般的现实生活,它更注重人物内心世界的呈现,故事往往很简单,不在表面事件上下功夫,而在人物的心灵状态和生命情调上下功夫。比如《长生殿》并不正面写"安史之乱",通过"哭像"一折把老年唐明皇对于杨贵妃的思念以及家国离乱、恩怨情仇表达得淋漓尽致,让观众沉浸在此恨绵绵无尽期的惆怅之中。昆曲艺术并不强调对某一个具体事件的直接描绘,而是强调表现整个人生和存在的心灵感受,从而创造一种充满人生感和历史感的审美意境。

正如宗白华先生所说:"以宇宙人生的具体为对象,赏玩它的色相、秩序、节奏、和谐,借以窥见自我的最深心灵的反映;化实景而为虚境,创形象以为象征,使人类最高的心灵具体化、肉身化,这就是'艺术境界'。艺术境界主于美。所以一切美的光是来自心灵的源泉:没有心灵的映射,是无所谓美的。"

最后我们谈谈昆曲传奇的人文之美。

首先,和欧洲文艺复兴同时期繁荣的昆腔传奇显现了人文精神的光芒。

公元十四到十六世纪前后是人类文明史上一个灿烂辉煌的华章。

欧洲经历了一场轰轰烈烈的人文主义运动，产生了一批文学艺术的巨匠。莎士比亚、塞万提斯都是这一时期欧洲伟大的戏剧家。

与此同时，昆腔在明代也会出现了最伟大的戏剧家：梁辰鱼、汤显祖、沈璟、冯梦龙、李玉等人。汤显祖和莎士比亚、塞万提斯居然逝世于同一年 1616 年，这是历史奇妙的巧合。

在梁辰鱼、汤显祖、李玉等人的传奇中也显现出一种全新的时代精神。和莎剧一样，在舞台上展现出真实和宏阔的社会图景，以及永恒的人性之美，呈现出人文精神的光照。

也显示出人性的复苏和觉醒。梁辰鱼《浣纱记》中西施和范蠡的高度理想主义的奉献和苦恋、《牡丹亭》"情不知所起，一往而情深，生者可以死，死者可以生"的至情，与宋元南戏中钱玉莲、赵五娘等哀守妇道的女性形象迥然不同，也有了更加丰富的平民百姓的生动形象的描写和塑造。

其次，传奇中出现了大量表现忠贞爱情题材的作品和人物形象。

《浣纱记》（梁辰鱼）中，展现了西施、范蠡为家国大业，不惜牺牲个人感情。范蠡将未婚妻西施进献给吴王夫差，当西施从吴国归来，范蠡又打破陈腐的贞操观，仍与西施完婚，并放弃功名富贵，与爱人飘然远行。开创了"借离合之情，写兴亡之感"的传奇思维。给洪昇的《长生殿》，孔尚任的《桃花扇》以深刻的影响。

《占花魁》（李玉）写一个沿街叫卖的卖油郎秦钟在西湖边偶遇名妓"西湖花魁"莘瑶琴（艺名为王美娘）。卖油郎辛苦一年，积得十两银子，为求见瑶琴一面，在付出十两银子之后居然连话也没有能说上一句，非但不怨还不惜用自己的新衣服接醉酒的瑶琴呕吐出的秽物。在搭救落难的心上人之后也不在乎对方是否记得自己，只是一味献上挚爱，最终以无私的爱赢得了恋人的心。浪漫主义的情怀于此可见。

《牡丹亭》（汤显祖）更是谱写了亘古未有的"爱的篇章"。杜丽娘因梦生情，因情而病，因病而亡，即便身亡也要寻找爱人与他幽会直至最终因爱还魂。汤显祖在《牡丹题》"题词"中说："如杜丽娘者，乃可谓之有情人耳。情不知所起，一往而深。生者可以死，死亦可生。生而不可与死，死而不可复生者，皆非情之至也。"这部传奇是汤显祖一生最得意之作，他曾言"吾一生四梦，得意处唯在《牡丹》。"杜丽娘与柳梦梅追求情的自由和爱的解放，这种"至情"的表达，对后来曹雪芹创作《红楼梦》也有深刻的影响。

再次，明代昆腔传奇改写了帝王的形象。

《千忠戮》（李玉）中建文帝遭遇国变，僧服出逃。当他"收拾起大地山河一担装"，"历尽了渺渺征途""一瓢一笠到襄阳"时，一个万人之上的帝王沦落为前朝遗民和乱世百姓，引发了无限惆怅的历史感和人生感。

《渔家乐》（朱佐朝）中清河王刘蒜惊慌失措地躲进了渔家女邬飞霞的船舱，谁能不感叹一代君王竟遭遇如此狼狈的境遇呢？

《长生殿》中唐明皇因杨贵妃吃醋而把她逐出后宫之后，懊悔不已，亲自将她接回。七夕之夜一个皇帝抛却自己的身份地位，像普通男子一样和自己的爱人对天盟誓，希望以纯粹的生命生生世世结合在一起。然而好景不长，杨贵妃身死马嵬，为了慰藉相思之苦，唐明皇命人用檀木雕出杨贵妃的生像，朝夕供养，对之倾吐心声。这位皇帝的人间真情和生死恋情令人动容。

此外，明代传奇中还塑造了不少离经叛道的僧道形象。

僧道的叛逆是对泯灭人性的戒律说教的反抗，也是追求美好的人间真情的一种希望。《玉簪记》（高濂）中的陈妙常就是一位敢于追求幸福爱情的道姑。她置身于清冷寂寞的道观，心中仍时常怀有"暗想分中恩爱，月下姻缘，不知曾了相思债"。面对潘必正的挑逗，她表面上严辞拒绝，可是内心却掩饰不了对潘的好感和爱慕，直至在戒律森严的宗教场所掀起一场两情相悦的波澜。这种大胆地冲破"礼教"和"戒律"的对真爱的投入，展现了对人间幸福的渴望和追求。

还比如《思凡》中的小尼姑色空"年方二八，被师父削去了头发"，她渴望嫁人生子，过世俗生活，并愿意为之遭受来世的报应。下山路上他遇见和尚本无,本无和她一样厌倦青灯古佛的生活,憧憬"一年二年养起了头发,三年四年做起了人家,五年六年讨一个浑家,七年八年养一个娃娃"。于是男有心女有意,约定在夕阳西下会,双双投奔充满希望的世俗生活而去。

传奇描写了青春和人性的觉醒,美好人生的寄托和希望,出现了许多洋溢着人性之美的艺术形象,显现了人文主义的精神光照。

守护和传承昆曲艺术和文化

前不久翻阅故宫博物院掌故部编《掌故丛编》时,发现一则康熙的谕旨,这则谕旨显示康熙对戏曲非常有见地,令我印象深刻。康熙列数唐代以后的许多演剧和声腔的失传,发人深思。特摘录一二:

> 魏珠传旨,尔等向之所司者,昆弋丝竹,各有职掌,岂可一日少闲,况食厚赐,家给人足,非常天恩,无以可报。昆山腔,当勉声依咏,律和声察,板眼明出,调分南北,宫商不相混乱,丝竹与曲律相合为一家,手足与举止睛转而成自然,可称梨园之美何如也。又弋阳佳传,其来久矣,自唐霓裳失传之后,惟元人百种世所共喜。渐至有明,有院本北调不下数十种,今皆废弃不问,只剩弋阳腔而已。近来弋阳亦被外边俗曲乱道,所存十中无一二矣。独大内因旧教习,口传心授,故未失真。尔等益加温习,朝夕诵读,细察平上去入,因字而得腔,因腔而得理。[①]

其中最重要的意思是说,自唐代《霓裳羽衣曲》失传之后,元杂剧是世所共喜的一种戏文和演剧。可到了明代也已经所剩无几,到了清代更是废弃不问,只剩下弋阳腔。康熙特别指出昆弋两腔原是清朝内廷演剧的两个正统声腔,弋阳腔本来的声律是很好的,但是因为受到外

---

① 故宫博物院掌故部编《掌故丛编》"圣祖谕旨二",北京和济印刷局,1928 年版,中华书局,1990 年影印本,第 51 页。

边花部和俗曲的影响呈现变味的趋势。但是由于宫中大内采用了正统的教习，口传心授，因而尚未失真。因此，他责令内廷演出弋阳腔的子弟要益加温习、继承传统，好好传习弋阳腔的曲唱美学，不要令它再萧条失传了。当然，最终弋阳腔还是被昆曲排挤出了历史舞台，而昆曲也在晚清后面临了自身的衰落。

这段文字表明，其实对于非物质遗产的保护理念由来已久。历朝历代都在尽力保护历史上遗留下来的优秀的文化形态，有时候还是皇帝亲自主持，但往往收效甚微。比如康熙提到的《霓裳羽衣曲》原是唐玄宗亲自参与的演出形式，最终却只能成为一个美好的盛唐想象；崔令钦《教坊记》中所记载的 327 支唐代大曲的旋律早已荡然无存[①]；明初朱权的《太和正音谱》中所记载的 689 种杂剧剧目还见于舞台者寥寥；元杂剧是中国戏曲史的绝对高度，北曲杂剧今天只能在有些昆曲的剧目中看到吉光片羽……世界万物没有永恒，美好事物的消逝是必然的。多少成熟的、风靡一时的戏曲样式今天都已经没有了。从这个角度而言，或许我们必须面对一个事实，那就是昆曲或许总有一天是要消亡的。但是，不能因为这个必然的结果，就任其自生自灭，而是应该尽可能延续她的生命，让更多人能够看到这一中国人优雅文化的极致形态。

2021 年 5 月 18 日是昆曲入选首批"人类口述和非物质遗产代表作"20 周年，这 20 年，是昆曲还魂重生的 20 年，这期间昆曲的繁荣和发展包含着国家的重视以及各界的合力。但是昆曲的保护和传承在我看来，依然不容乐观，我以为昆曲的当下困境主要表现在四个方面：

第一，大量老戏失传，昆曲演员会的戏越来越少。传字辈（剔除不具备昆腔戏声腔、文本特征的吹腔戏、开场吉祥戏、新编自串戏以及移植自京剧的武戏后），大约有 566 出（折）。现在还能演的有多少？现在一个演员会一二十出戏就了不起了，更毋庸说能够完整地传下去了。

第二，近 50 年来，有过演出或教学记录的昆腔戏曲共计大约 414

---

① 中国戏曲研究院编：《中国古典戏曲论著集成》，中国戏剧出版社，2020 年版。

出（折）。据苏州大学周秦教授在《昆曲的遗产价值及保护传承》这篇文章里的统计，近年来，各昆剧院团累计教排并演出折子戏不到250出。[①] 很显然，昆曲和很多地方剧种一样也面临着老戏的失传。昆曲是"人类口述和非物质遗产代表作"，鉴于国家对昆曲作为非遗传承的重视，鉴于各院团肩负非遗保护的使命，我们建议各个剧院在大力宣发新编昆曲的同时，把当下能演的剧目和有待传承的剧目公布在网站上，并拟定明确的传承计划，告知有关部门和热爱昆曲的国人。还有各院团录制当代名家主演的传统折子戏，可以考虑数字化并公开发布到网络，以惠及广大昆曲爱好者。

第三，近年来昆曲传承剧目比较重视小生、闺门旦，行当不够齐全，一些行当正在消失。蔡正仁先生曾提到过"冷水二面"，即邋遢白面，这类脚色应工的角色有《绣襦记·教歌》中的扬州阿二，《白兔记·赛愿》中的庙祝，《打花鼓》中的龟奴。还如《写状》贾主文，看人不正视，而用秃灰蛇眼睛横瞟着；《借茶》张文远和《挑帘裁衣》西门庆，背着人牵动两颊肌肉，以及双肩上下耸动和前后牵动等等，都是这类脚色特有的表演程式。这些行当表演的底色为"冷"，不同于丑角的"热"，而今这类脚色在当今舞台上已不太容易看到了。昆曲的传承发展需要重视行当戏的传承，不能只有生旦戏。因为即便是在昆曲回暖的时期，各院团的优秀演员的数量还是有限的，如果主要的力量全部投入排演新戏，那势必会导致没有多少人去挖掘和传承老戏。此外，各个地方的昆曲院团，原本有自己的风格和特色，是否应该充分发挥自己的风格特色，而不能所有剧团都去演一两个生旦戏。

第四，作曲人才匮乏，懂得曲律、谙熟大量曲牌的作曲家和学者寥寥，能谈得上精深研究的更是少数。很难想象，没有精通这门学问又怎么能够很好地加以传承？传承本身要加强曲学的研究，大学的昆曲传承更要钻研精深的问题，应该在大学生中培养曲学研究的未来人才，不

---

① 周秦：《昆曲的遗产价值及保护传承》，《民族艺术研究》2017年第5期。

能华而不实。

因为撰写《我心归处是敦煌》，我得以经常向樊锦诗先生请教莫高窟的保护，给我很重要的启发就是，做非遗保护不能做表面文章，要夯实基础工程。敦煌莫高窟保护如果做表面文章那就是大力发展旅游，去参观的人越多越好。表面上看很繁荣，可是对于壁画的保护而言，如果不研究洞窟的承载量盲目地放开参观会导致壁画的加速毁坏。基础工程就是践行"保护为主、抢救第一、合理利用、加强管理"的十六字方针，保护工作就是要沉住气，一寸一寸地修复有病患的壁画，一辈子可能就修复一两个洞；基础工程就是要耐得住寂寞，一寸一寸地临摹古代的壁画，一辈子可能就临摹几幅壁画。这样的速度相较于快速的现代社会，确实很慢，慢得似乎见不出什么成效，且需要一代代人前赴后继去做。但是我想，没有这种慢的节奏，整个时代或许就会显得肤浅。

为了今天昆曲申遗成功 20 年的会，我特意把周恩来总理 1956 年《关于昆曲〈十五贯〉的两次谈话》找出来仔细读了一遍，真是很有启发：

他说："有的剧种一时不适应演现代戏，可以先多演些古装戏、历史戏。不要以为只有演现代戏才是进步的。"

他说："昆曲的一些保留剧目和曲牌不要轻易改动，不要急。凡适合于目前演的要多演，熟悉了以后再改。改，也要先在内部改，不要乱改，不要听到一些意见就改。"

这些话越想越有道理，敦煌莫高窟能去开挖新洞窟吗？现在的科技那么发达，开挖一个新洞窟那太快了，可能一天就能挖出一个洞。画壁画的速度也可以很快，为什么不去挖新洞，不能挖新洞，几代莫高窟人非要慢慢修复充满病害的洞窟，要把无可救药的壁画救回来，把不可能变为可能。这其实是为了中国人的诚信和担当，中国向联合国承诺保护"世界遗产"，不是去挖新的洞，而是想方设法去保护作为文物的洞窟艺术。同样，我们向世界承诺保护昆曲这样人类绝无仅有的"非物质遗产"，首先也是应该把现有的剧目保存好，传下去，而不是任其轻易流失、变样甚至毁灭。我们不能拿一个复制洞窟去冒充文物,就好像不能拿一个新编戏去冒充非遗一样,这是对于文化遗产应该有的基本共识。有人说昆曲有些传统折子戏思想陈旧、形式也不好看,没有也不可惜,应该改造甚至放弃算了,应该去做观众爱看的,好看的,有市场的,能够得国家大奖的。我们能以这样的好恶去对待文物吗?能以这样的好恶去对待非遗吗?这就是我们对联合国的承诺吗?

周总理说:"有人认为,现代题材教育意义大,我看不见得,要看剧本如何。现代戏如果写不好,教育意义也不会大。"他还说:"不要认为古的东西没有演头。昆曲有许多剧目,要整理改革。很多民族财富要好好挖掘、继承,不能埋没。"对于昆曲这样古老的艺术和民族遗产,需要沉下心来在研究和整理中不断加以改革和传承,周总理六十多年前的这些思考如今依然散发着智慧,对昆曲未来的传承和保护有着深远的意义。

昆曲的保护传承意义重大,可以说出很多理由,做出很多文章。但归根结底最重要的意义在于,昆曲艺术代表着中华传统文化中最精致优雅的形态,对昆曲的保护、传承和弘扬也是百年来中国人持之以恒的文化接力和文化守护。习近平总书记指出:"中华文明 5000 多年绵延不断、经久不衰,在长期演进过程中,形成了中国人看待世界、看待社会、看待人生的独特价值体系、文化内涵和精神品质,这是我们区别于其他国家和民族的根本特征。"我想昆曲的保护、传承和弘扬,实质就是保护、传承和弘扬这样一个具有着丰富的文化内涵和精神品质的独特的价值体系。

习近平总书记指出,历史文化遗产是不可再生、不可替代的宝贵资源,保护文物功在当代、利在千秋,要像爱惜自己的生命一样保护好历史文化遗产。要树立保护文物也是政绩的科学理念。

第一,对戏剧而言,人在艺在。人没有了,再伟大的艺术就不可能传下去。所以作为非遗的昆曲艺术的保护、研究和弘扬,关键是人才培养,这是非遗工作的核心。试想,如果没有当年传字辈的坚守,566 出

(折)戏的传承,恐怕昆曲早就消亡了。

第二,对作为非遗的昆曲保护和传承,新编戏当然应该加以鼓励,但核心还是要踏踏实实地把老戏传承好,尽可能把这一独特的美学体系完整地交给下一代。这一点要学习莫高窟人修复壁画的精神,不能急功近利,老戏只能一个个复原,一个个保护,还需要通过培养人才来传承,没有捷径可以走,不可能一蹴而就。这样古老的艺术的传承,其本身既是艺术也是学术。我们也要为之呼吁,不应该让这样古老而又脆弱的艺术去经受"优胜劣汰"的丛林法则。昆曲艺术是很特殊的文化生态,也需要特殊的保护机制,也需要适当地给予真正做出贡献的传承者以支持和肯定。

第三,昆曲艺术的保护和弘扬,应当依靠科学的、综合的、体系化的研究。研究是非遗保护、弘扬和管理的基础。没有研究,保护就会不得法;没有研究,弘扬就会有偏差;没有研究,管理就会走弯路。

从艺术发展的规律而言,就是我们尽心尽力,如此古老而又危机重重的昆曲最终不可避免地会走向衰亡,但是如果我们不尽心尽力,她消亡得更快。正是为了保护世界范围内这些不可再生,无可替代的"非物质遗产",联合国才会设立"人类口述和非物质遗产代表作"。因此,保护和传承昆曲艺术和文化,不仅仅是戏剧界的事情,也是全体中国人民的事业。伟大的民族精神和优秀传统文化承载并延续着国家和民族的精神血脉,我们应该而且必须努力将其所承载的中华文化的无可替代的价值植入人心并将守护的责任交给下一代。

在昆曲入选首批"人类口述和非物质遗产代表作"

20周年研讨会上的发言

全球语境下中国话剧的主体性追求

步入新时代,中国话剧界关于原创问题的讨论不绝于耳,2015年至2018年,中国国家话剧院连续举办四届"中国原创话剧邀请展",从国家剧院的层面,回应中国话剧自上而下原创的追问。这充分说明中国话剧的原创问题已成为戏剧界乃至国家文化层面共同关注的迫切问题。中国话剧的原创问题,包含着戏剧观、戏剧史观、戏剧美学、剧场观念等诸多方面的问题,也暴露了历史眼光、精神追求、审美修养以及艺术创造力等诸多方面的局限。2016年,我在《原创话剧之核——指向时代的经典》一文中思考了中国当代话剧原创力匮乏的几个原因[①],本文将接着这个话题进一步比较和反思改革开放四十年来中国原创话剧的若干问题。

一 全球语境和历史要求的转变

从"新时期"到"新时代",中国话剧面临全球语境和历史要求的转变。从新时期到新时代,中国话剧走过了40年的岁月,在这并不漫长的时间里,中国话剧所处的历史和时代语境却发生着前所未有的急遽变化。当代中国话剧一方面置身全球化时代,中国话剧天然携带着汇

---

① 参阅顾春芳:《原创之核——指向时代的经典》,《文艺研究》2016年第9期。

入世界戏剧潮流的迫切愿望,有意识地发扬中国话剧的现实主义传统和美学品格,积极寻求和效仿西方经典剧本的叙事和舞台表达,另一方面从新时期到新时代,它又不断被赋予新的意识形态的要求,同时被如火如荼的商业文化所规制和绑架。在多元的价值取向和诉求中,中国话剧所面临的主要矛盾是话剧艺术自身发展的现代性需求,与主流意识形态要求其所履行的社会功能,以及它与商业化之间的矛盾。

回顾新时期以来中国话剧的40年,是中国话剧慢慢消化西方从现代到后现代的思潮、观念、形式和方法的40年。在话剧危机和改革大潮的双重夹击和驱动中涌现的探索戏剧的浪潮,在反思戏剧本质的过程中出现的小剧场戏剧的变革,其革新的主要姿态主要是模仿、借鉴和学习西方现代戏剧。中国话剧用30年左右的时间重走了西方戏剧300年走过的现代性道路,艺术上呈现"模仿者的姿态",理论上运用"他者的语言"。在新时期话剧革新探索的热潮中,曾经涌现出一大批优秀的中青年剧作家,从戏剧观念上表现出前所未有的革新意识,演剧形式上大胆运用象征、隐喻、变形夸张的手法,内容上"人的意识觉醒"的时代精神得以张目。新时期话剧在对人、人的价值和尊严的重新审视、发现和开掘上显现了它最为强劲的反思精神。它深入反思了中国话剧一度在政治功利和观念束缚下出现的公式化、概念化、说教化、图解化的创作倾向。围绕"现代化""民族化","海派""京派"问题的探讨,理论界出现了前所未有的戏剧观的讨论和探索意识的觉醒。

如果说新时期探索戏剧以其启蒙现代性的思想内核,赋予了戏剧艺术参与历史和文化重建的神圣使命的话,90年代以来的中国话剧则逐渐受到政治和商业自上而下的规制和塑形。经济快速发展所带来的直接后果是价值观的分崩离析,世纪之交的文化政治的困惑和思索,时代的主题向着"经济建设和财富网罗"快速倾斜,衡量人的价值的根本理念发生了急速而又残酷的变化。中国话剧在主流意识形态、商业和审美现代性的多频震动中呈现为"主旋律""商业戏剧"或者"先锋实验"的多样化。在歌颂类题材大行其道,商业化戏剧莺歌燕舞的文化环境中,在商业社会对戏剧文化和戏剧文化人的严酷考验中,知识分子对于社会历史的沉思品格和批判理性逐渐消退。最明显的表征就是先锋派的得势与失势,后现代解构的兴起,以及传统的舞台观念的日渐式微。

今天话剧艺术所面对的是一个"启蒙现代性"和"审美现代性"全部失效的全球化的"娱乐至死"的世界文化图景,启蒙理性的神圣性渐次消解,戏剧艺术面临着前所未有的意义层面和价值层面的挑战,由价值观分崩离析带来群体性的精神危机和社会隐忧。话剧在各种各样的探索中找不到行之有效的方法来干预或引导整个社会的价值取向和精神追求,中国话剧如何延续新时期戏剧的启蒙精神,坚守道德良知和人文品格,如何履行它的社会责任和文化使命,历史给当代中国话剧提出了较之新时期更具有挑战性的难题。

从"新时期"到"新时代",全球语境和历史要求发生了重大转变。新世纪以来中国话剧所面临的历史和时代语境与新时期完全不同,一方面历史给我们遗留下许多悬而未决的问题,另一方面戏剧领域又生发出许多崭新的现象。21世纪全球化时代的科技变革和媒介革命,再一次刷新了人类的价值观和艺术观,互联网深刻地影响着传统艺术门类的发展和创新方式,也带给世界戏剧前所未有的影响,这种影响已经波及了人类生活的各个层面。

互联网作为一个开放的结构,它提供了人类历史上一切优秀的文化共享的可能,并且将人类置于一种全新的文化生态中。首先,互联网更新了戏剧原有的传播方式,新的媒介方式创造了全新的认识世界戏剧的途径和方法。东西方戏剧壁垒分明的状态已经被打破,互联网加速了东西方戏剧形态和戏剧文化的相互影响与融合,这种前所未有的交互影响必将释放出更为强烈的引发东西方戏剧深层变化的引力波。其次,互联网拓展了剧场空间和审美边界。一种有形的、物理的、实体意义上的舞台空间的观念已经被打破,"身体的现场性"经由"媒介"的传播把在场呈现的演出同步扩展到更广阔的空间,并以高度现场感的复制延伸了原有的观演形式，"舞台—剧场—世界"所构成的环形扩展的审美空间使莎士比亚所说的"全世界是一个舞台"成为事实。可以预见，互联网时代戏剧的未来将会从单纯的技术实验走向艺术和审美的深层，催生全新的舞台叙事和审美呈现。与此同时，戏剧遭遇了前所未有的严峻挑战。对话剧艺术而言，原有的两座大山（电影、电视）变成了三座大山（电影、电视、网剧）。这种全新的文化生态对中国当代话剧提出了新的要求。一方面中国话剧有责任参与构建全人类普遍共识的价值体系，另一方面也应该呈现自身独特的文化属性和美学精神。

我们应该清晰地认识到，互联网已经从某种程度上将世界戏剧连接成为一个整体，而这个整体正处于一个转型的历史坡道，西方戏剧也在闹"剧本荒"，也面临原创萎缩的问题。就 2015 年之后来华演出的剧目来看，大多是几十年前的旧作，其间充斥着大量经典改编和解构的作品。以 2018 年英国国家剧院来京演出的《小狗深夜离奇死亡》为例，剧本所展现的是一个关于自闭症儿童的励志故事，并没有多少深刻的文学性，它的吸引力主要来自高科技与多媒体融合所造成的舞台叙事和舞台奇观。我们也应该清晰地意识到，中国话剧经历了四十年对于现代和后现代艺术观念和舞台手段的消化之后，在高科技推动的舞台技术的认识和掌握方面，中国和世界并无太大的差距，有的是观念、思想和艺术修养上的差距。中国戏剧能否通过互联网这个开放的结构，确立美学的主体意识，产生更大的世界性影响力，这是新时代给我们提出的新的要求。

互联网和融媒体时代带给我们最大的难题是：如何从高科技推动的舞台奇观中彰显戏剧最根本的意义，把观众从表层的娱乐和感官诱惑导向真正的戏剧，导向真正的艺术，导向一个更为广阔的意义空间和精神空间。需要强调的是，戏剧真正意义上的成熟永远不在于技术层面综合化的程度，而在于戏剧内在的艺术精神。这种艺术精神概括起来说就是戏剧艺术在价值层面和人文层面对全人类的影响和作用。而新时代的戏剧艺术如何在一个互联网时代，借助一切综合的手段在价值层面和人文层面对全球化的时代贡献中国力量和中国精神,这是时代赋予我们的使命。

二 中国话剧原创力的思想积弊

当奥斯特玛雅、陆帕、图米纳斯、列夫朵金、铃木忠志等世界级的导演携带其作品在国内各大戏剧邀请展上频频现身,当国内的观众满怀激情、心甘情愿地送上票房,对国外戏剧和戏剧家的赞叹和追捧映衬出中国话剧的落寞,映衬出中国戏剧人的尴尬。中国话剧是选择东施效颦还是走出自己的道路?如果我们的编剧和导演还仅仅满足于在世界各大戏剧节上进行浅层次的"技术与形式的淘宝",既不珍惜当下也不立足未来,既缺乏文化的自信又没有艺术的真知,而仅仅满足于对西方戏剧演出形态的表面的模仿和复制,再过一百年中国话剧也无法赢得世界的尊重。中国的戏剧舞台可以容纳世界的风景,但更应该构建并立足于自己那一片独特的风景。

中国话剧原创力的思想积弊在于文化自信的不足。原创精神首先在于文化自信,在于让自己的传统和文化焕发现代灵光的信心,在于让现代艺术承载优秀的文化传统和艺术精神的创新,在于努力寻找并确立自身的美学品格和美学体系。中国传统美学中有许多值得借鉴和学习的思想,中国戏曲史也有从案头到场上的丰富的理论,学习研究中国传统的哲学美学,探索中国戏剧和中国文化的内在关系,吸收借鉴中国戏曲的美学思想,对于寻找中国话剧独特的戏剧叙事和时空观念意义重大。

中国话剧原创力的思想积弊还在于创作的急功近利。急功近利是原创的死敌!商业大潮的侵袭造成了中国话剧内部生态的隐患,名利的诉求推动了对奖项的追逐超越了对艺术本身的热爱,急功近利的创作心态毁了许多原本很好的题材。权力和金钱主导的社会轻而易举地篡改了艺术家的身份。为鼓励原创所设立的各种艺术基金和项目,催生出一批速成的舞台剧；各类奖项不以艺术为旨归，而被官员的政绩需求所绑架；地方剧院缺乏长远的可持续发展和人才计划，不培养自己的编剧和导演，急就章似的到处邀请名编剧、名导演为自己的台柱子写戏排戏；各剧种之间的艺术风格也在被迅速拉平；命题作文限制了剧作家的自由选题，"后现代戏剧"氛围造成人们轻视甚至忽视戏剧文学性。虽然各类演出空前繁荣，可是中国话剧依然游走在世界戏剧的边缘，游离在世界各大戏剧节之外。在急功近利的风气之下，精神层面、审美层面和价值层面的"原创"很容易被置换成文化产业层面的"创意"。

中国话剧原创力的思想积弊的第三个问题在于人文精神的迷失。原创的根本在于彰显一个民族的人文力量。一个时代出不了伟大的作品，说明人文的精神和力量没有得到充分的焕发。我们是一个多灾多难的民族，但是那种凝聚民族精神的人文力量始终没有能够在这个多灾多难的背景上被充分激发。今天，戏剧界重视思想和理论的传统失落了，戏剧人很少思考戏剧以外的事物。思想对于艺术家有根本意义，伟大的戏剧家具备自我反思的精神，易卜生说：

> 我写的每一首诗、每一个剧本，都旨在实现我自己的精神解放与心灵净化——因为没有一个人可以逃脱他所属的社会的责任与罪过。因此。我曾在我的一本书上题写了以下诗句作为我的座右铭：生活就是与心中的魔鬼搏斗；写作就是对自我进行审判。①

好的戏剧可以撬动重大的社会问题，伟大的戏剧无法离开人生最重大的哲理命题，这是经典叙事的基本要求。中国话剧编剧的创作相较而言过于局限，这种局限性和原创力无法持久大有关系。戏剧编导如果根本不从事其他文学活动，就很难从其他文学中汲取灵光②。回顾中

---

① ［挪］易卜生：《易卜生书信演讲集》，汪余礼、戴丹妮译，人民文学出版社，2012 年版，第 6 页。

② 中国话剧已经意识到了这个问题，近年来刘恒、莫言等小说家都参与了话剧的创作，虽然由小说家参与创编的话剧不一定就会成功，毕竟戏剧是最难以驾驭的一种文学体裁，然而这对中国话剧而言无疑是一个好的现象。

国话剧史,我们不难发现从曹禺、老舍到焦菊隐、黄佐临,到 20 世纪 80 年代的导演群体,无不呈现出一种注重思想、重视研究、注重深厚的人文修养的风气。

中国话剧原创力的思想积弊的第四个问题在于对现实主义理解的狭窄。无论是现实主义或现代主义,无论是写实或写意,无论是再现或表现,无论是具象还是抽象,他们提炼生活的原则可能不一样,艺术观念与美学原则可能不一样,但是在密切艺术与现实的联系方面是一致的。原创问题如果缺乏现实的反思能力,艺术家触摸问题和解决问题的办法只能是虚假的、幻想的、无力的。如果中国当代话剧脱离问题意识和反思精神,脱离了生活而寻找所谓的创作灵感,如果对我们身处的这个世界所面临的问题和危机视而不见,如果我们的剧场停止了思想,那么,我们既不能寻找到原创之根,也会迷失真正的戏剧精神,我们只会给未来留下一大堆艺术的赝品。从舞台观念而言,现实主义的演剧传统倘若要发展,那种将现实主义与写实风格混同起来的观念早已被扬弃,早在 20 世纪 30 年代,布莱希特就提出了把"现实主义概念概括得、理解得深一些、广一些、宽一些"的主张。他认为:"现实主义不是也不应该是僵化的模式,它必须随着时代的发展不断地更新和充实自身的表现形式和创作手法,人类的审美意识具有时代性,美学的发展也应当与人类的现实生活面貌相一致地发展。"①

20 世纪已经过去,在对历史经验的回顾和反思中,在对世界现代戏剧的多种流派广为吸收的过程中,社会的审美观念和欣赏趣味发生了重大变化,如何继承现实主义戏剧美学传统,在更高的层次上学习和继承现代话剧艺术的美学原则,批判性地吸收世界戏剧史一切有价值的成果,辩证地兼容并蓄,以我为主,洞悉艺术与科技融合创新的奥秘,是中国话剧在理论和实践层面面临的问题。

---

① [德]布莱希特:《人民性与现实主义》,《戏剧小工作篇》,中国戏剧出版社,1992 年版。

三 话剧"民族化"与美学主体性追求

新时期话剧,在对易卜生式的社会问题剧和斯坦尼斯拉夫斯基体系影响下制造生活幻觉的写实主义戏剧的反思与争鸣中,引发了美学观念、导演思维、舞台美术等各个层面的变革。黄佐临的"写意戏剧观"被重提,舞台形式上由"再现"向"表现"转化,美学观念上由"写实"向"写意"拓展,中国美学精神的自觉意识和探索,呈现出中国戏剧美学强烈的主体意识。

早在50年代,毛泽东和周恩来对艺术"民族化"的指示,直接引发了学界关于文艺创作"民族形式"的讨论,"民族化"问题一度成为繁荣社会主义文艺的指导方针。在艺术"民族化"方针的推动下,1957年1月,由焦菊隐导演、北京人民艺术剧院演出的《虎符》,尝试运用戏曲的台步、身段、水袖、手势、眼神等,富有表现力的程式、动作来"表现"人物的思想、感情、性格;化用戏曲的韵白、京白、锣鼓点用以表现人物的思想感情,内心节奏,创造出了与写实主义舞台艺术不同的演出样式,突破了舞台空间的局限,创造出了诗意的舞台意境。在《虎符》座谈会上,田汉等人也提出了话剧艺术应该突破固有的话剧形式,创造出话剧的民族形式。

话剧"民族化"的实质就是中国话剧如何体现中国美学精神的问题,这个问题是中国话剧寻找美学主体性的根本问题,围绕着这个根本的美学问题形成了前后相续的舞台理论和舞台实践。焦菊隐先生提出的"心象说",黄佐临提出的"写意的戏剧观",徐晓钟提出的"形象种子",林兆华的"心灵自由"以及王晓鹰的"诗化意象"无不是围绕这个美学问题所展开的理论思考和实践探索。

原创应该承载中国文化传统和艺术精神,努力寻找和确立自身的美学话语。十九大报告把文化强国放在和中华民族伟大复兴休戚相关的重要位置,是因为文化是一个国家、一个民族的灵魂和气象的显现。

没有高度的文化自信,没有文化的繁荣兴盛,就谈不上中华民族的伟大复兴。今天,中国话剧正在突破单一的戏剧观和美学追求,在这个过程中寻找并奠定中国话剧的美学精神是新的时代赋予话剧人的使命。继承和发扬中华文化传统和中国艺术精神,对于寻找中国话剧独特的戏剧叙事和时空观念有极为重要的意义。那么中国艺术精神中哪些是特别值得我们重视的呢?

在中国古典美学中,"意象"是关于"美"的核心概念,历代美学家、艺术家对这个问题都进行过深入的研究,逐渐形成了中国传统美学的"意象说"。对于戏剧而言,审美意象是在传统和当代两个维度上都具备深刻意义的美学范畴。从中国戏剧史来看,戏曲艺术所包含的中国美学精神是显而易见的,而中国现代话剧观念中,无论是黄佐临的"写意戏剧观",焦菊隐的"心象说",都自觉或不自觉地从中国美学的"意象"理论中撷取养分,强调舞台艺术审美创造过程中对审美意象直觉把握的重要性。中国美学在艺术的观念和实践中不仅赋予戏剧以独特的美学品格,并且从文化属性上而言,也呈现出现当代艺术思想对于中国美学精神的自觉延续。近年来,越来越多的艺术家和学者逐渐关注"审美意象"这一美学命题。然而对于"意象"究竟是什么,"意象"作为美的本体在艺术中如何彰显,"意象"对于中国美学和当代艺术有何意义,认识往往并不统一,急待戏剧界进一步加以厘清和阐释。

对"意象"的研究有助于澄清许多悬而未决的理论上的纠葛,对于"意象"的体悟有助于艺术观念的澄澈和提升。对艺术而言,一切外在的表现形式或手段,是以最终表达和呈现舞台意象世界的那个"最高的真实和最本质的意义"为目的的。舞台意象呈现一个美感的世界和意义的世界,同时也在戏剧演出中敞开和呈现一个有别于生活本身的更加真实的世界和本真的世界。真正的艺术之所以不同于匠艺,艺术家不同于匠人,舞台艺术之所以不再沦为表象真实的摹本,不再成为展示技巧和堆砌符号的场所,其内在奥秘皆源于此。意象世界的把握和创造体现了艺术家对于社会历史和宇宙人生的整体性、本真性的把握,它呈现了一个美感和有意义的世界，同时也敞开一个比生活表象更加深刻和本真的世界。

舞台意象的体悟和把握是区分"艺匠"和"艺术家"的标尺。由意象所聚积而达到浑然的舞台形式就不会是一个个孤立的形象和画面的凑合，也不是场面与场面的随意组接，更不是舞台手段的复杂堆砌，而是演出意象在诗性直觉中的本然呈现。目前，有些舞台作品采用的形式也很新颖，但是不能打动人心，原因就在于只拿捏了"技"，而未曾触摸及"道"，是招数的展览和堆砌，触摸不到真正的审美意象。艺术符号不等于艺术，未经审美意象所滤析和聚积的符号堆砌得越多，就越流于粗浅和平庸。作为实现"道"的"意象世界"指向无限的想象，指向本真的人生，是有限与无限，虚与实，无和有的高度统一，并最终实现演出艺术的完整性。我们在世界范围的舞台艺术中发现，一些伟大的作品，其真正的魅力和引力都与把握了深刻的本真性的"审美意象"有关，比如德国邵宾纳剧版的《哈姆雷特》以及俄罗斯的《兄弟姐妹》《白卫军》等剧。虽然西方美学并没有"意象"这个美学概念，但在某些西方艺术中"意象"的存在和呈现让感性的艺术空间成为"灵的空间"，成为艺术充满魅力的"在场呈现"的审美空间。而这一点也是 21 世纪中西方戏剧美学相通相融的关键所在，值得我们重视。

中国话剧的原创，迫切需要有一种文化的自觉，在关注当代中国戏剧的未来走向的时候，需要关注中国传统文化和中国传统美学的当代呈现，有意识地把中国美学精神和中国人的美感追求融入戏剧艺术。中国话剧是中国文化的一个组成部分，它无法摆脱中国人的思维方法、人生经验、哲理思考，它总是要受到民族文化和传统美学的深刻影响。中国话剧比任何时候都应该坚守中国的文化和美学坐标。中国话剧的根本气质不只是使用中文对白的舞台剧，而是指不管在何种历史情境和时代土壤中，它自身都能够体现一种稳定的中国美学的精神坐标。中国话剧要在全球确立其应有的地位和价值，呈现其特有的气格和精神，也必须在美学层面重塑和实现自己的品格。一个国家的科技发明不能全部指向日用,更要指向高度指向未来,正像一个国家的艺术不能全部指向世俗娱乐,更要指向人类更高的审美追求。从某种意义上说,确立中国话剧的美学品格和精神气质就是中国话剧未来的方向。

今天,中国话剧身处"媒介狂欢下的百年孤独"的一个历史阶段,如何发挥国家院团、地方剧院以及独立导演的智慧和力量,提升我们这个时代的原创力,为他们创造更好的平台和条件以展示他们的才华,从而提升中国话剧 21 世纪的世界影响,孕育并催生属于我们这个时代的最有力量的经典之作,我以为这是中国话剧的希望所在。目前,中国话剧的原创力要得到持续性的提升,亟待解决两个层面的问题:第一个层面就是重视剧作,第二个层面就是人才培养。戏剧艺术的发展有其自身的规律,也许中国话剧正是在今天的彷徨和痛苦中积蓄她的力量。

中国国家话剧院"改革开放四十年中国原创话剧的
反思与展望"研讨会上的发言

当曹禺遇见契诃夫

曹禺(1910—1996)和契诃夫出生相差整50年,曹禺本人对契诃夫有着特殊的敬意,他说自己的创作深受契诃夫的影响。在《日出·跋》中,他曾这样写道:

> 写完《雷雨》,渐渐生出一种对于《雷雨》的厌倦。我很讨厌它的结构,我觉出有些"太像戏"了。技巧上,我用的过分。……我很想平铺直叙地写点东西,想敲碎了我从前拾得那一点点浅薄的技巧,老老实实重新学一点较为深刻的。我记起几年前着了迷,沉醉于契诃夫深邃艰深的艺术里,一颗沉重的心怎样为他的戏感动着。读毕了《三姊妹》,我阖上眼,眼前展开那一幅秋天的忧郁,玛夏,哀琳娜,阿尔加那三个有大眼睛的姐妹悲哀地倚在一起,眼里浮起湿润的忧愁,静静地听着窗外远远奏着欢乐的进行曲,那充满了欢欣的生命的愉快的军乐渐远渐微,也消失在空虚里,静默中,仿佛年长的姐姐阿尔加喃喃地低述她们生活的悒郁,希望的渺茫,徒然地工作,徒然地生存着,我的眼渐为浮起的泪水模糊起来成了一片,再也抬不起头来。然而在这出伟大的戏里没有一点张牙舞爪的穿插,走进走出,是活人,有灵魂的活人,不见一段惊心动魄的场面。结构很平淡,剧情人物也没有什么起伏生展,却那样抓牢了我的魂魄,我几乎停住了气息,一直昏迷在那悲哀的氛围里。我想再拜一个伟大的老师,低首下

气地做个低劣的学徒。①

不仅曹禺崇拜契诃夫，曹禺一生的挚友巴金也崇拜契诃夫。巴金曾说契诃夫在 20 岁左右写出的小说，其间透出的智慧和深刻，是一个平常的人要多走 20 年或 30 年才能够体会到的。而事实上曹禺在 20 多岁写出的剧本，也是一般剧作家多走 20 年或 30 年也写不出的。

曹禺和契诃夫都是戏剧天才！

曹禺怎样遇见契诃夫的呢？他可能早就在张彭春那里知道了易卜生和契诃夫，他在南开读书时期，张彭春曾经赠给他一套英文版的《易卜生全集》。他读过的早起契诃夫戏剧应该是哪些版本呢？他有可能读过 1921 年商务印书馆的俄罗斯文学丛书中的四个剧本：《海鸥》《伊凡诺夫》《万尼亚舅舅》《樱桃园》，其中，除《海鸥》是郑振铎根据英译本翻译的外，其余三种都是耿式之从俄文直接翻译的。② 1925 年北京商务印书馆又出版了曹靖华译契诃夫的另一个多幕剧《三姊妹》。此后，曹靖华继续翻译了契诃夫的独幕剧《纪念日》《蠢货》《求婚》《婚礼》，1929 年被收入未名丛刊出版。之后，何妨又根据苏俄中央文艺原稿保存馆于 1920 年新发现的契诃夫的一部无题四幕剧，翻译了《未名剧本》，由正中书局于 1935 年出版。40 年代是契诃夫戏剧的中译进入了系统化的大收获时期。文化生活出版社选编了《契诃夫戏剧选集》六种，除收入契诃夫的五个多幕剧外，契诃夫的 9 出独幕剧也由李健吾翻译，全部编入《契诃夫独幕剧集》。③这些契诃夫戏剧的早期译本，应该是成长期的曹禺最有可能接触到的通行版本。曹禺于 1928 年进入南开大学政治系学习，由于缺乏兴趣，次年转入清华大学西洋文学系，开始广泛接触西方文学，他也可以直接阅读英文原版的西方古典和现代戏剧作品，包括古希腊戏剧、莎士比亚戏剧、契诃夫、萧伯纳、奥尼尔

---

① 曹禺:《曹禺选集》,人民文学出版社,2004 年版,第 389 页。

②③ 李今:《论三四十年代契诃夫的中译及其影响》,《俄罗斯文艺》2004 年第 4 期,第 42 页。

等人的戏剧。①

曹禺把契诃夫誉为自己的老师，契诃夫在哪些方面影响了曹禺呢？我想契诃夫对曹禺在剧作方面的影响主要有三个方面：一、苦闷的情绪的底色；二、静默如谜的象征意象；三、"戏核"及人物关系的架构方式和形象塑造。

一　苦闷的情绪的底色

首先，二人的精神世界和戏剧世界都有着苦闷的情绪的底色。曹禺和契诃夫的性格气质比较相近，除了天性中的忧郁气质，曹禺个人性格中有软弱、胆小的一面。万方回忆曹禺时谈到他的性格："我了解我爸爸，他不是一个斗士，也不是思想家，恰恰相反，他是一个很容易自我否定的人。但我深知他是一个真正的艺术家，他的生命是一种半感官半理智的形态，始终被美好和自由的情感所吸引，但他的情感和思想又充满了矛盾。当美好的东西被彻底打碎，所有的路都被堵死，而他觉得自己没有任何力量时，绝望和恐惧就会把他压垮。"

根据邹红研究田本相《曹禺传》后的描述，曹禺的创作内驱力很大程度源于自身的情感苦闷。他当时陷入了郑秀和方瑞的三角关系之中，所以对《家》中觉新、瑞珏、梅表姐的情感纠葛感应最为强烈。另外，曹禺个人性格中的软弱、胆小的一面，也非常像奉行"作揖主义"和不抵抗的觉新。

苦闷也是契诃夫的底色。契诃夫的苦闷和他二十多岁就身患肺结核，以及高负荷的工作有关。他尽管有过快乐的时光，也有自己的兴趣和爱好，每创作出一篇成功的作品的喜悦，但是所有这一切，都驱赶不了那浓厚的精神上的苦闷，这种苦闷一直延续到他生命的最后时刻。

---

① 张映勤：《戏剧天才曹禺》，《故人·故居·故事　天津卷》，河北人民出版社，2017 年版，第 282 页。

被美好和自由的情感所吸引,情感和思想又充满了矛盾,容易自我否定,这同样也是契诃夫的性格气质。曾经想以"将军的身份进入专业戏剧作家群"的契诃夫,因为《海鸥》首演的失败,对自己的戏剧才能产生了怀疑。

曹禺和契诃夫笔下的人物都充满了苦闷的情绪。曹禺笔下的繁漪、侍萍、周萍、陈白露、曾文清和愫方都是苦闷的,契诃夫笔下的普拉东诺夫、伊凡诺夫、特里波列夫、万尼亚舅舅也都是苦闷的。《家》第一幕,觉新独自发出的感叹:"活着真没有一件如意的事:你要的,是你得不到的,你得到的,又是你不要的。哦,天哪!"这儿吐露的既是觉新的苦闷,实际上也是曹禺自己的心声,是他的刻骨铭心的人生体验。小说人物之间感情上的痛苦复杂的心态,也是作者自己在现实生活中的真切体验,是从作者本人的心底深处流淌出来的真切的情感。

曹禺和契诃夫一样虚心和谦逊。他自己批评《雷雨》"太像戏了",甚至说每读《雷雨》"便有点要作呕的感觉"。①写完《日出》,说里面"充满了各种荒疏、漏失和不成熟","发表之后,以为大错已经铸成,便想任它消逝,日后再兢兢业业地写一篇比较看得过去的东西,弥补这次冒失、草率的罪愆。"②契诃夫总是真诚地赞美他所认可的朋友,而且把他们的作品捧得很高,把自己放得很低。他居住雅尔塔时,曾对前来探望的蒲宁说,人们读我的作品还能再读七年。但一百多年过去了,我们仍然在阅读契诃夫的小说,排演他的戏剧。

两人都有着明确的人道主义情怀以及致力于社会启蒙的价值观和艺术观。契诃夫曾经远行萨哈林,了解苦役犯的真实情况和俄罗斯社会恐怖的专政;曹禺曾经冒着危险和底层妓女交流,考察她们的生活,到最黑暗的底层"鸡毛店"去了解社会最底层妇女的苦难。契诃夫差点死在西伯利亚,曹禺差点被打瞎了一只眼睛,他们各自为文学付出了惨痛的

① 曹禺:《曹禺选集》,人民文学出版社,2004年版,第388页。
② 曹禺:《曹禺选集》,人民文学出版社,2004年版,第382页。

代价。他们的文学观和世界观，也都是在对社会做了深入考察之后发生根本性的变化的，同情心和悲悯是两位作家的戏剧中相同的特质。

二　静默如谜的象征意象

其次，两人戏剧中出现了具有阐释意义的静默如谜的象征意象。

艺术创造的根本问题始终是审美意象生成的问题。戏剧意象不是一般意义上的造型和形式，它是在艺术的直觉和情感的质地上，从形而上的理性和哲思中提炼出的最准确的形式。它既可以直击事物的本质，又可以表达极为强烈的艺术情感。它呈现出深刻的理性，也呈现出灿烂的感性。一些伟大的作品，其真正的魅力和引力都在于把握了完整的"审美意象"。艺术的全部奥秘和难度就在于领悟和把握"审美意象的完整性"。契诃夫和曹禺的戏剧意象世界就体现了"审美意象的完整性"。

在契诃夫戏剧中最频繁出现的就是"暴风雨的意象"。与"海鸥"的意象对应的就是"暴风雨"的意象。《海鸥》整个的故事发生在暴风雨即将来临的前夕，第一幕中，玛莎说："天气真闷，今天夜里准会有一场暴风雨。"《三姐妹》也出现了"暴风雨"的意象。《三姐妹》的第四幕，在军队离开小城之后，在经历了彻底绝望之后，就好像它能在暴风雨中找寻到宁静一样。第四幕最后一个画面，索列尼被屠森巴赫击毙的消息传来之后，契诃夫写"三姐妹站在那里，互相紧紧地靠着"。这个画面，仿佛刻画了在暴风雨中的三姐妹。暴雨将至，预示着一种不可更改的大自然的破坏的力量，这种力量不可遏制，摧枯拉朽。它既是自然的生命力所在，也是极大的破坏力所在。第四幕的开端，戏剧的背景依然是暴风雨快来了。我们可以从中体会到一种弦外之音。① 这个僵

① 契诃夫在很多小说和戏剧中都用了"暴风雨"的意象，曹禺读契诃夫，不可能不受到这一意象的深刻启发和影响。

化的没有生气的时代需要一场暴风雨的冲刷和荡涤,以便荡除腐朽的没有生气的事物,寻找到重生的希望。

曹禺的《雷雨》,即将到来的雷雨更是整个戏剧的真实情景和形而上的背景。开幕时,"屋里家具非常洁净,有金属的地方都放着光彩。屋中很气闷,郁热逼人,空气低压着。外面没有阳光,天空灰暗,是将要落暴雨的神气"①。剧中反复出现雷雨即将到来的压迫感,沉闷感,"一早晨黑云就遮满了天"②。随后乌云沉沉、郁闷的气氛就越来越深重地裹卷了整个周家,每个人的心中也积累着雷雨般即将爆发的敌意和仇恨。

曹禺还应该受到契诃夫戏剧中"活埋意象"的启示。《海鸥》《三姐妹》和《樱桃园》中,我们时刻感受到"埋葬活人的无形的坟墓"。《三姐妹》中的家和所在的小城是走不出去的宿命,是既厌恶又无法割舍的永远的摇篮,小城中庸俗的空气把她们挤压得无处可逃。和《三姐妹》中的玛莎一样,《海鸥》中的玛莎也总是身穿黑色衣服,她一出场就说:"我在为我的生活挂孝!"玛莎·普洛佐洛夫不仅仅是为亡夫服丧,而是在对一切幸福被埋葬表示哀悼。在《樱桃园》中樱桃园最终成为仆人费尔斯的坟墓,也是埋葬朗涅夫斯卡娅的母亲和儿子的坟墓,剧中朗涅夫斯卡娅几乎每时每刻都能看见亲人的亡魂在这所园子里。樱桃园也是一个埋葬她童年和少年的美梦的永远的婴儿房,而可怜的、兢兢业业的瓦里雅只不过是这个墓园的守墓人。

万尼亚舅舅的心灵犹如没有光的这个"黑屋子",沃伊尼茨基害怕生活和未来,他说生活没有光。《万尼亚舅舅》的最后一幕,阿斯特洛夫和沃依尼茨基谈话时,阿斯特洛夫医生说:

> 至于我们两个人哪……我们只剩下一个希望了:只有到坟墓里去看些个梦境吧,可是,谁知道呢?说不定还是很如意的

---

① 曹禺:《曹禺选集》,人民文学出版社,2004 年版,第 15 页。
② 曹禺:《曹禺选集》,人民文学出版社,2004 年版,第 37 页。

梦呢。①

每当读者读到这里的时候，就有一种仿佛在参加埋葬活人葬礼的感受，特别是结尾当教授离去，只剩下万尼亚舅舅和索尼雅的时候，我们仿佛看到即将到来的漫天大雪将会把这两个美好的生命彻底封存在这个狭窄的、透不过气来的地方。对于这出戏的结尾，屠尔科夫曾说："对这些被埋葬的活人来说，把他们与生活联系起来的最后一线光线也消失了。"②走不出去的农庄是自由生命的空间上的坟墓，平庸的生活就是人的无所不在的精神上的坟墓。"家"对于契诃夫笔下的女性而言是笼子，更是囚禁和扼杀青春和激情的坟墓。《林妖》中的叶莲娜是"黄金笼中的金丝雀"，沃依尼茨基的母亲玛丽雅在随身的那本小册子里寻找答案，人都好像生活在自己亲手制造的精神的牢笼中，遇到风浪的时候，人们不由自主地退回到他们暗无天日的，密不透风的，庸俗的笼子里去。

不仅是多幕剧，在契诃夫的独幕剧中，也有"坟墓"和"活埋"的意象。

在契诃夫的独幕剧中最富有悲剧性的作品就是《天鹅之歌》③，这个独幕剧的故事讲了一位名叫史威特洛维多夫的剧团老演员第一次在夜深人静的时候看到"一个熄了灯的黑夜的戏园子"，突然感到自己在这个"坟墓"，这个"鬼地方"居然待了四十五年，他的一生"就像田野里吹过去的风"，没有人记得也不会有人怀念。这个黑色的"坟墓"彻底把他给"吞了"，把他的全部才华给葬送了。

---

① ［俄］契诃夫：《契诃夫戏剧全集》，《万尼亚舅舅》《三姐妹》《樱桃园》卷，焦菊隐译，上海译文出版社，2014 年版，第 68 页。

② ［俄］屠尔科夫：《安·巴·契诃夫和他的时代》，朱逸森译，中国社会科学出版社，1984 年版，第 234 页。

③ 独幕剧《天鹅之歌》是由契诃夫的短篇小说《卡尔卡斯》（1886）改编而来。《卡尔卡斯》发表于 1886 年 11 月，两个月之后 1887 年 1 月契诃夫便将它改编成了独幕剧《天鹅之歌》。他在给朋友的一封信中写道："我用四页四开纸写了一个剧本，用 15 到 20 分钟就能把它演完。这是世界上最短的一个剧本，我花了一个小时零五分钟的工夫就把它写完了。"

"坟墓"和"活埋"的意象贯穿了曹禺所有的戏剧。《雷雨》中周家就是一座黑黢黢的坟墓,"周家的祖宗就不曾清白过……永远是不干净"①,整部《雷雨》的主要动作就是周朴园想要搬出这个屋子,但终究没有能够出得去,不仅如此,这座屋子成了家破人亡的坟场。繁漪就是在这座坟墓中挣扎的受难的灵魂,她说:"这老房子永远是这样闷气,家具都发了霉,人们也都是鬼里鬼气的!"总感到会被"活活地闷死",②但是又总觉得"这房子有点灵气,它拉着我,不让我走"。③ 繁漪的这番话别具深意,她已经是被"活埋"在这里的死魂灵。她十八年前被周朴园骗到周公馆,让她怀孕生下了周冲,十几年来,把她渐渐地"折磨成了石头样的死人"④。又被周家大少爷引诱做了他的情妇,"把她引到一条母亲不像母亲,情妇不像情妇的路上去"⑤。

后来这座房子成了埋葬四凤、周冲、周萍、繁漪和鲁侍萍的"坟墓"。繁漪对周冲说"我不是你的母亲,你的母亲早死了,早叫你的父亲压死了……我忍了多少年了,我在这个死地方,监狱似的周公馆,陪着一个阎王十八年了……"⑥在鲁大海的眼中,周公馆"阴沉沉地都是矿上埋死的苦工人给换来的"⑦。四凤说:"这屋子里常听见叹气的声音,有时哭,有时笑的,听说这屋子死过人,屈死鬼。"⑧周公馆壁炉上悬挂着耶稣基督的画像,犹如上帝俯瞰人间的地狱,这里的人正在遭受煎熬。

曹禺在写周萍看到四凤的第一眼时,这样写道:"她见着四凤,当时就觉得她新鲜,她的'活'! 他发现他最需要的那一点东西,是充满

---

① 曹禺:《曹禺选集》,人民文学出版社,2004 年版,第 68 页。
② 曹禺:《曹禺选集》,人民文学出版社,2004 年版,第 68 页。
③ 曹禺:《曹禺选集》,人民文学出版社,2004 年版,第 39 页。
④ 曹禺:《曹禺选集》,人民文学出版社,2004 年版,第 67 页。
⑤ 曹禺:《曹禺选集》,人民文学出版社,2004 年版,第 67 页。
⑥ 曹禺:《曹禺选集》,人民文学出版社,2004 年版,第 169 页。
⑦ 曹禺:《曹禺选集》,人民文学出版社,2004 年版,第 25 页。
⑧ 曹禺:《曹禺选集》,人民文学出版社,2004 年版,第 29 页。

地流动着在四凤的身里。"①一个"活"字写出了四凤的青春和活力，写出了照亮一个死气沉沉的屋子的活生生的生命，写出了没有生意的坟墓中的生意多么珍贵，写出了周萍渴望从坟墓中爬出去获得拯救的希望。然而就是这最后的一点"活"意也被扼杀了，这就是悲剧之悲。

《日出》中陈白露寄居的旅馆豪华套间是死魂灵们夜夜狂欢的地方，也是活埋她的一个坟墓，曹禺在舞台提示中特意指出："虽在白昼，有着宽阔的窗，屋里也嫌过于阴暗，除了在早上斜射过来的朝日使这间屋有些光明之外，整天是见不着一线自然的光亮的。"②这个"坟墓"在张乔治的梦里呈现了恐怖的景象：

> 可怕极了，啊，Terrible！ Terrible！ 啊，我梦见着一楼满是鬼，乱蹦乱蹦，楼梯、饭厅、床、沙发底下，桌子上面，一个个啃着活人的脑袋，活人的胳膊，活人的大腿，又笑又闹，拿着人的脑袋壳丢过来，扔过去，戛戛地乱叫。③

翠喜所在的三等妓院更是蹂躏和折磨女性的魔窟，曹禺写道："在各种叫卖、喧嚣、诟骂女人，打情卖笑的声浪沸油似的煮成一锅地狱的宝和下处。"在这个人间地狱，活死人的墓穴里"走出来一个一个没有一丝血色的动物，机械般地立刻簇拥起来"④。那些三等妓院的妓女们，走马灯似的来来往往如同活死人，如同地狱的幽灵。不仅如此，银行和金融机构也是一个"人吃人"的魔窟，黄省三就是一具折磨成了只剩最后一口气的骷髅，当他第二次找到李石清的时候，曹禺写道："他叫人想起鬼，想起从坟墓里夜半爬出来的僵尸。"⑤而李石清自己也是和潘月亭在尔虞我诈、勾心斗角、你死我活的地狱中相互撕咬的饿鬼。包括陈白露在内的所有人都是走不出这个魔窟而被最终吞噬的生命，

① 曹禺：《曹禺选集》，人民文学出版社，2004年版，第48页。
② 曹禺：《曹禺选集》，人民文学出版社，2004年版，第197页。
③ 曹禺：《曹禺选集》，人民文学出版社，2004年版，第373页。
④ 曹禺：《曹禺选集》，人民文学出版社，2004年版，第293页。
⑤ 曹禺：《曹禺选集》，人民文学出版社，2004年版，第354页。

陈白露失去了对阳光和春天的信心,她最终被黑暗所压垮和制服,她听不见那夯歌里所包含的原始的、永恒的、生生不息的、充塞于宇宙之间的生命力,可是无力从那个沉重的土层下挣扎出来了,于是只能眼看着"太阳升起来了,黑暗留在后面"①。

作者的悲悯是照亮这个坟墓的光,他要让"人们睁开眼看看这一段现实"②。曹禺说自己面对人间的不平,梦魇般可怖的人事,一不能像那些"有一双透明的慧眼的人,静静地沉思体会着包罗万象的人生,参悟出来个中的道理",也不能像那些"朴野的耕田大汉,睁大一对孩子似的无邪的眼,健旺得如一条母牛,不深虑地过着纯朴真挚的日子",而只能"如痴如醉地陷在煎灼的火坑里……纠缠在失望的铁网中,解不开,丢不下的"③。

曹禺和契诃夫一样,相信希望在未来,曹禺说:"《日出》写成了,然而太阳并没有能够露出全面。我描摹的只是日出以前的事情,有了阳光的人们始终藏在背景后,没有显明地走到面前。我写出了希望,一种令人兴奋的希望;我暗示出一个伟大的未来,但也只是暗示着。"④

《北京人》中曾家的旧宅就是一个死气沉沉的腐朽的旧时代的墓穴。曾文清已经被这个北平士大夫世家的规矩和习气给毁了,一半成了精神上的瘫痪,他"懒于动作,懒于思想,懒于用心,懒于说话,懒于举步,懒于起床,懒于见人,懒于做任何严重费力的事情。种种对生活的厌倦和失望使他懒于宣泄心中的苦痛。懒到他不想感觉自己还有感觉,懒到能使一个有眼的人看得穿:这只是一个生命的空壳。"⑤瑞贞年纪轻轻,只有十八岁,然而已经"使人不相信她是不到二十的年轻女子。她无时不在极度的压抑中讨生活",当年她糊里糊涂地被送进了

---

① 曹禺:《曹禺选集》,人民文学出版社,2004 年版,第 377 页。
② 曹禺:《曹禺选集》,人民文学出版社,2004 年版,第 379 页。
③ 曹禺:《曹禺选集》,人民文学出版社,2004 年版,第 381 页。
④ 曹禺:《曹禺选集》,人民文学出版社,2004 年版,第 384 页。
⑤ 曹禺:《曹禺选集》,人民文学出版社,2004 年版,第 423 页。

这个精神上的樊笼，她隐隐感到"这幽灵似的门庭必须步出"。① 至于愫方，"成天在这样一个家庭里朽掉，像老坟里的棺材，慢慢地朽，慢慢地烂，成天就知道叹气做梦，忍耐、苦恼、懒、懒、懒得动也不动，爱不敢爱，恨不敢恨，哭不敢哭，喊不敢喊……"②而她的内在道德感，又完全扼杀了原本自由的人性，自己甘愿杀死自己，作为殉葬品。曹禺写出了旧时代知识女性的命运，因为经济上的不独立，所以毫无尊严和自由可言，她们要么依附于自己的家族，要么就是依附于自己的丈夫，但对于既没有家庭也没有丈夫的愫方而言，她表面是曾家的亲戚实际上是曾家的奴仆，这种无依感是更为强烈的。

曹禺赋予愫方以温柔的天性，善良宽容的性格，也赋予她同时代许多女性的忠诚和道德感。她因为真心爱着文清而愿意替他守家，又因为道德和忠诚而甘愿忍受残酷的寄人篱下的生活。她最后也没有明白对他人道德，对自己不道德的生活，终究是不道德的。这种忠实缺乏合理性，因为她极力扑灭自己的可怜的青春和活跃的感情，窒息自己的生命和希望，她丝毫没有察觉到让自己被活活扼杀才是每时每刻在发生的不道德的事件。这就是愫方的悲剧。

但是她又要假装若无其事，她要为自己的行为寻找一个说得过去的理由，那就是她无条件地爱着文清，他们的内心有过这样精神上的相依，为了这种精神上的相依她愿意义无反顾的珍贵的付出，她眷恋着这一点点人生的温度，眷恋着这一个短暂的快乐的梦。她留在曾家，与其说是爱，不如说是她幻想着他和文清的精神恋爱是值得守护的。没有这样的一种信念，或许愫方就再也活不下去。天真的愫方把美好的生命和年华当做供奉，接受了被活埋的命运。因为她和剧中关在笼里的那只鸽子一样，"已经不会飞了"③。

---

① 曹禺：《曹禺选集》，人民文学出版社，2004 年版，第 442 页。
② 曹禺：《曹禺选集》，人民文学出版社，2004 年版，第 493 页。
③ 曹禺：《曹禺选集》，人民文学出版社，2004 年版，第 570 页。

三 "戏核"及戏剧人物的设置

曹禺的戏剧人物的设置也受到了契诃夫戏剧潜移默化的影响。

比如《雷雨》的人物关系——母亲的情人和儿子爱上了同一位少女的情节和《海鸥》很相似,到了《万尼亚舅舅》演变成为父亲的妻子和女儿爱上了同一个人。

稍稍比较《雷雨》和《万尼亚舅舅》的情节,就可以发现二者的相似之处。谢列波列雅科夫教授在前妻去世后娶了一位年轻貌美的妻子叶莲娜,叶莲娜跟随他来到乡下的庄园,爱上了俊朗富有才情的阿斯特洛夫医生,而阿斯特洛夫医生却不愿意发展和叶莲娜的情感。《万尼亚舅舅》人物关系的结构和情节与周朴园在侍萍(相当于"前妻")"死"后,娶了年轻貌美的繁漪,繁漪又爱上了周家长子周萍,而周萍始乱终弃终止了与繁漪的乱伦关系是比较相似的。万尼亚舅舅让叶莲娜露出性子,但叶莲娜走不出来,而曹禺笔下的繁漪是"露出了性子"的叶莲娜,"她有更原始的一点野性:在她的心,她的胆量,她的狂热的思想,在她莫名其妙的决断时忽然来的力量"①。

已婚女子爱上一个有学识、有名望的男子,她的美貌的外表,她目前压抑的心灵状态,她所遭受的来自于丈夫的折磨,她那内心深处渴望被爱,渴望自由的强烈的感情,叶莲娜这个形象,我想一定启发过青年时期的曹禺,曹禺在塑造繁漪的时候,他的脑海中一定是有叶莲娜的影子。或许,青年曹禺在读到叶莲娜的时候,他的头脑中闪过一些问题:如果叶莲娜和家庭成员沃依尼茨基相爱了,那么这个家庭将会面临什么?在《万尼亚舅舅》中,叶莲娜和阿斯特洛夫医生没有结果,两人匆匆吻别,但是在曹禺的《雷雨》中,或许阿斯特洛夫和沃依尼茨基合体为周萍,前者赋予周萍的外表和心灵,后者赋予周萍以家庭内部的血缘

---

① 曹禺:《曹禺选集》,人民文学出版社,2004年版,第35页。

关系。谢列勃利雅科夫教授是又一个周朴园，索尼娅或许变形成为单纯美好的周冲。

对叶莲娜而言，从过去跨入现在，从坟墓跨入生活，是一个需要用尽一生智慧和勇气的事情。她和阿斯特洛夫告别的时候，趁着四下没人的时候，阿斯特洛夫亲吻伊莲娜，而叶莲娜也不顾一切地拥抱了阿斯特洛夫。她说，"活该啦，一辈子也不过这一次。"蘩漪则会"爱你如一只饿了三天的狗咬着它最喜欢的骨头，她恨起你来也会像只恶狗狺狺地，不，多不声不响地恨恨地吃了你的。"①蘩漪说：

> 热极了、闷极了，这里真是再也不能住的。我希望我今天变成火山的口，热烈地冒一次，什么我都烧个干净，那时我就再掉在冰川里，冻成死灰，一生只热热地烧一次，也就算够了。我过去是完了，希望大概也是死了的。②

她们都渴望着一辈子就一次燃烧自己，他们的外形都是沉静的、忧烦的，然而蘩漪比叶莲娜遭受的压迫更重，反抗越强烈，命运对她也越残酷。谢雷波列雅科夫教授的专制独裁则完全转移到了周朴园身上，他们一样具有着天生的操纵欲，以自我为中心，虚伪残忍，周朴园逼蘩漪吃药，就如同谢列波利亚科夫教授不允许叶莲娜弹琴。

周萍和阿斯特洛夫也有几分相似，他们都是外表俊朗富于才情风度翩翩招人喜欢的男子，周萍是学矿科的，阿斯特洛夫喜欢挖地下的泥煤。阿斯特洛夫的精神世界如今有一种无意义感，他怀疑一切，缺乏爱的能力；而周萍也一样"厌恶一切忧郁过分的女人，忧郁已经腐蚀了他的心"③。他们对自己内心的残疾都是看得很清楚的人，他们对女人不是真正为求"心灵的药"，而是因为"渴"④。周萍甚至是没有目标，内

---

① 曹禺：《曹禺选集》，人民文学出版社，2004年版，第35页。
② 曹禺：《曹禺选集》，人民文学出版社，2004年版，第71页。
③ 曹禺：《曹禺选集》，人民文学出版社，2004年版，第48页。
④ 曹禺：《曹禺选集》，人民文学出版社，2004年版，第48页。

心颓废,"活厌了的人"①。他也未必懂得真爱,她对四凤也未必是真爱,要不然不会在风雨之夜潜入鲁家只是为了"亲一亲"四凤,要不然也不会对鲁大海说:"我们都年轻,我们都是人,两个人天天在一起,结果免不了有点荒唐",他把四凤的纯真等同于无聊荒唐的日久生情。②他还是一个不负责任、没有担当的人,明明是他勾引了蘩漪,却对鲁大海说:"她看见我就跟我发生感情,她要我——那自然我也要负一部分责任。"③鲁大海的眼光是犀利的,他对周萍说:"你父亲虽坏,看着还顺眼。你真是世界上最用不着,最没有劲的东西。"④

愫方和叶莲娜也有几分相似。叶莲娜的悲剧在于,她被囚禁在他人的道德判断之中。

契诃夫赋予这位年轻绝美的少妇以温柔的天性,善良宽容的性格,也赋予她同时代许多女性的忠诚和道德感。她因为真心爱上教授而嫁给他,又因为道德和忠诚而忍受婚后并不如意的生活。她最后也没有明白对他人道德,但是对自己不道德的生活,终究是不道德的。和愫方一样,她丝毫没有察觉到让自己被活活扼杀才是每时每刻在发生的不道德的事件。现在的生活是地狱一般的生活,但是她们要假装若无其事,还要为自己的行为寻找一个说得过去的理由,叶莲娜眷恋着自己曾经一往情深的选择,愫方幻想着自己的存在可以为文清带来希望,没有这点信念,她们就再也活不下去,她们把活下去的理由建立在高尚的幻想中,建立在作为牺牲的守护中。

索尼娅是灰暗的人生图景中的一抹明丽纯粹的色彩,就犹如四凤和周冲是周公馆美好纯真的两个灵魂。索尼娅对阿斯特洛夫的纯真的爱,和四凤对周萍的爱,周冲对四凤的爱一样令人感到美好和干净。

契诃夫的"海鸥",曹禺的"鸽子",都象征了被不假思索地杀害又

---

① 曹禺:《曹禺选集》,人民文学出版社,2004 年版,第 154 页。
② 曹禺:《曹禺选集》,人民文学出版社,2004 年版,第 155 页。
③ 曹禺:《曹禺选集》,人民文学出版社,2004 年版,第 155 页。
④ 曹禺:《曹禺选集》,人民文学出版社,2004 年版,第 157 页。

被无情忘却的生灵,象征了充满勇气和无畏而又脆弱、渺小的种群,所要呈现的日常生活的悲剧和残酷性。契诃夫对于声音意象的使用也影响了曹禺,雷声、打夯声、鸽哨声等许多声音都赋予了剧本以悠远深致的意境。"声音意象"作为隐喻也是契诃夫的戏剧中经常出现的笔法。契诃夫的许多剧作中,都时常穿插着手风琴或者吉他的声音。这种声音渲染了对于往日生活的无可奈何的一曲哀歌。声音的意象在剧本中往往呈现情景交融,在叙事性的场面过后,插入抒情性的音乐或音响,以产生戏剧节奏的变化,营造意味隽永、发人深思的抒情场面。《三姐妹》父亲临死前那种"屋外烟囱的声音"一样的轰隆声强烈地刻画出了一个旧的时代背景,即将被工业时代的隆隆的机器声所埋葬。这种不祥的神秘的声音也出现在《樱桃园》中,天边传来"琴弦绷断的声音"①。

四　契诃夫与曹禺对中国话剧的启示

曹禺之于中国现代话剧的意义,犹如契诃夫之于俄罗斯现代戏剧的意义。然而这两位剧作家都在在世的时候面临过残酷的创作环境和土壤,曹禺为此过早折断了创作的翅膀,契诃夫为此差点停止创作戏剧,比较这两位剧作家的意义在于帮助我们进一步思考戏剧生态、戏剧观念、戏剧文化如何有利于产生属于我们这个时代的大戏剧家和戏剧经典。

第一,真正的艺术家都是为情而造文,不是为名利而造文。美国悲剧之父奥尼尔在写完《进入黑夜的漫长旅程》的那一天,他的妻子觉得他仿佛老了十岁;汤显祖写到"赏春香还是旧罗裙"这一句的时候,家

---

① 契诃夫诸多小说中都有重要的声音意象的捕捉,比如《大学生》的开端描写:"起初天气很好,没有风。鸫鸟噪鸣,附近沼泽里有个什么活东西在发出悲凉的声音,像是往一个空瓶子里吹气。有一只山鹬飞过,向它打过去的那一枪,在春天的空气里,发出轰隆一声欢畅的音响。然而临到树林里黑下来,却大煞风景,有一股冷冽刺骨的风从东方刮来,一切声音就都停息了。"

人寻他不见,原来他因思念早夭的女儿而独自饮泣于后花园;巴金写《家》的时候,仿佛在跟笔下的人物一同受苦,一同在魔爪下挣扎;福楼拜写《包法利夫人》的时候,嘴巴里竟然好像有砒霜的味道;拜伦《与你再见》的原稿上留有诗人的泪迹;曹雪芹感叹《红楼梦》"满纸荒唐言,一把辛酸泪,都云作者痴,谁解其中味"。"为情而造文"是原创的起点、原点和终点。戏剧作为诗的艺术,需要艺术家忘我地沉浸于神圣的时刻。不同的两种诉求自然催生不同的创作,创意写作更多地考虑市场,它是应景的,是短暂的;生命写作更多地面对永恒,原创的根本意义在于缔造具有历史穿透力的永恒的经典。不是自己生命所在的地方就没有真正的艺术,也不可能产生真正的艺术。所以真正的剧作家都会比较敏感于社会问题,也特别容易感到痛苦,在常人眼里还挺脆弱,他们要生存下去比一般人更难。但迄今为止,没有一个时代同情过真正的艺术家。

第二,中国话剧不能迷失人文精神。人和人性的思考是一切现实主义叙事艺术的灵魂。古今中外,没有一位伟大的戏剧家不关注人的问题,没有一个伟大的戏剧家不关心人类的心灵世界和精神世界的问题,这一点是戏剧史上一切经典在其所在的时代呈现原创之魂的根本要素,也是一切真正的原创能够向经典转化的深层原因。曹禺和契诃夫的剧作的意义在于对人学之根的坚守。戏剧艺术最强大的生命力和艺术张力就在于——最真实和复杂的人和人性的思考和追问,对社会苦难的最深切的同情,对时代生活的最真实的呈现和反思。我们应该看到,西方原发性的戏剧思想和创新观念并非仅仅源于形式的创新,更是源于强烈的批判理性和艺术自反精神,我们要深入研究而不能简单地模仿一些表面的形式。如果中国当代话剧脱离最根本的问题意识和反思精神,而仅仅停留于移植一些外在的形式,如果我们的剧场停止了思想,那么,我们既不能寻找到原创之根,也会迷失真正的戏剧精神。

第三,中国话剧不能丢失求真精神。世界戏剧史的经验告诉我们,原创不能脱离开具体的历史时代,不能脱离具体时代的文化和语境,原创的天职就在于写出这个时代最真实的中国人的生存，表现这个时代中国人最真实的生活，以独特的形式展现我们所置身的时代的真实面貌。戏剧应该是承载真理和良知的高贵的精神器皿，它需要艺术家在有限的舞台时空里展现一个时代最真实的面貌和风气，让未来的眼睛和心灵在戏剧这个"精神器皿"中体验和反刍一个民族、一个时代的人生的普遍经验，体验个体在具体的历史情境中的存在，以及存在的困境、追求和意义。如果缺乏现实的反思能力，艺术家触摸问题和解决问题的办法只能是虚假的、幻想的、无力的。如果中国当代话剧脱离问题意识和反思精神，脱离了生活而寻找所谓的创作灵感，如果对我们身处的这个世界所面临的问题和危机视而不见，如果我们的剧场停止了思想，那么，我们既不能寻找到原创之根，也会迷失真正的戏剧精神。

中国话剧不能丧失哲理品格。好的戏剧可以撬动重大的社会问题，伟大的戏剧无法离开人生最重大的哲理命题，这是经典叙事的基本要求。戏剧不是要去表现一个具有社会普遍意义的道德命题，它要表现的是人在各种不同社会环境下的真实的精神世界。契诃夫的戏剧以历史中的卑微和堕落作为鉴戒，告诉世人不能向神圣的灵魂撒谎，作为社会的良知，19 世纪俄罗斯文学的"高贵气质"主要表现为面对大地和人民。

互联网和融媒体时代带给我们最大的难题是：如何从高科技推动的舞台奇观中彰显戏剧最根本的意义。戏剧真正意义上的成熟永远不在于技术层面综合化的程度，而在于戏剧内在的艺术精神。这种艺术精神概括起来说就是戏剧艺术在价值层面和人文层面对全人类的影响和作用。

尚长荣"三部曲"的历史贡献和美学价值

尚长荣三部曲《曹操与杨修》《贞观盛事》《廉吏于成龙》是新时期以来优秀新编历史剧的当代经典,分别代表了当代京剧艺术在改革开放之后不同历史时期所达到的艺术高度。其中《曹操与杨修》是新时期京剧现代性进程中高山仰止的巅峰之作,《贞观盛事》呈现了世纪之交新编历史剧的人文追求,《廉吏于成龙》在新世纪发出了时代共同的呼声。

对尚长荣三部曲的集中研讨,具有非常重要的历史意义:

其一,它标志着在全球化时代,中国戏曲界以充分的文化自信和自觉,思考和总结中国戏曲以京剧为代表的剧种所取得的历史成就。思考和总结尚长荣先生个人所达到的表演艺术的崇高境界,他的京剧表演艺术中所蕴含的中国艺术精神,特别是对他的艺术思想,我觉得应当在表演美学的层面给予更加充分的重视和发扬。

其二,阐释和发扬尚长荣先生的表演艺术和艺术思想,其京剧表演艺术所蕴含的中国艺术精神,是当前一项重要的学术工作。因为尚长荣是我们这个时代为数不多的站在艺术巅峰的人,他是亲证现代京剧的历史阵痛和革新发展的开拓者,同时也是一位即使放在世界视野也熠熠生辉的属于我们这个时代的大艺术家。

其三,对尚长荣先生的艺术和人生,以及围绕着他的诸多层面的改革和探索的研究,在理论上有助于确证京剧艺术"自己的灵魂",厘清现代京剧发展道路上的得失,在实践上也有助于把握当代戏曲舞台的关于传统和创新的关系。

讨论尚长荣的艺术及其"三部曲"的评论已出版有厚厚四大本评论集,这四本书几乎云集了当代戏剧学界最智慧的头脑和最有见地的思想。然而,尚长荣及其"三部曲"是个意犹未尽的话题,本文将围绕尚长荣先生的艺术和人生,再谈几个问题。

一 "三部曲"创造了人民意愿与国家互动的人文形式

尚长荣的"三部曲"是雅俗共赏的新编历史剧,他在艺术上的追求既不曲高和寡,也不从众随俗,他追求的是雅俗共赏的艺术境界。有学者说京剧就是要走通俗的道路,我们认为京剧可以通俗,但还是不要太俗,俗得过头,需要雅俗共赏。戏剧从来不是一种孤芳自赏的艺术,其价值需要在文化的公共空间实现。纵观世界戏剧史,伟大的戏剧时代有一些共同的特征:形魂合一(文本和演出),政经支持(政治经济),一流人才(伟大演员),经典艺术(传世之作)。还有一个重要的表征,那就是创造一种人民意愿和国家意识形态互动的人文形式,古希腊如此,英国文艺复兴时期的戏剧也是如此。

尚长荣新编历史剧三部曲作为创造人民意愿和国家互动的方式体现在,一方面它借助虚构的历史故事集中而又深刻地表达了当代中国社会对于国家兴亡和历史命运的关注,三部戏在不同的历史时期都捕捉到了历史民心和主流意识形态的共振。另一方面它把握住了人类情感带有普遍性的共性,这种共性表现在历史剧当中,就是政治命题的人文化。以人文精神化解政治矛盾、君臣矛盾,最终以崇高人格的光照,渲染和张扬了以儒家美学所倡导的人格范式。这种互动和交融,通过雅俗共赏的戏剧内容和富有情趣的剧场效应得以宣发。演出不仅提供给观众京剧的唱腔做功的审美意义,还让观众在历史的想象中产生了超越历史的某种激情,引发了对于当代社会的严肃的思考。

　　无论是创作历史剧,还是塑造历史人物,都要有一种入乎其内的学识胸襟,以及出乎其外的想象和洒脱。入乎其内是只要有太史公所说的"究天人之际,通古今之变",要能够开万古之心胸。要做到这一点,需要具备相当的学养和思想的高度。历史剧的写作要做史料和文献研究,这是基础,而历史剧不同于历史研究的地方还在于它可以提炼出单个的历史事件背后更具普遍性的真实。另一方面也不能故意和历史学研究的基本常识和逻辑唱反调,把历史剧的创作降格为新编古装剧。在贞观之治中,李世民两次释放宫女,长孙皇后选定郑仁基之女册封,后李世民知其有婚约而停册的这些事件,是史料中确有记载而为许多史学名著所忽略的。而戏剧正是以区别于历史写作的方式,发现了那些"具有包孕性"的事件,从而集中地呈现历史矛盾和人物关系。由此可见,历史剧写作对于历史资料必须建立在详实深广的研究基础之上,单凭主观的意象意念是很难编出具有高度的历史真实感和深刻性的作品来的。另一方面,对待历史剧应有的态度,就是从史学中发现史学家所不注意的那些可以入戏的史料和细节。

　　《曹操与杨修》没有写赤壁之战,没有写曹操挟天子以令诸侯,而是写他"求贤不得";《贞观盛事》放着那么多大唐壮观的历史故事不讲,偏偏把焦点放在后宫三千宫女的去留问题上;《廉吏于成龙》一个堂堂的钦差大臣和亲王居然用斗酒的方式来权衡左右国家大事。原因何在? 因为这符合剧场"戏剧性"的美学要求,观众渴望从某些特殊情境中看到更丰富集中的道义与温情。"孟姜女哭倒长城"这是绝然不可能的事情,但中国老百姓就这么相信了,包含在其中的正是对秦朝残酷暴政和阴冷统治背景下"真情"的瞩望。如果历史剧只是拘于历史史实而不做诗的想象,如果舞台作品只是一味说教,甚至采用主题先行的做法,最终只能把艺术创作引入歧途。美学家叶朗说:

　　　　议论所包含的思想是确定的,有限的,往往"言未穷而意已先竭",很难引发读者无限的情思。所以,他(指王夫之)认为,如果要发议论，那就和诗的特性相违背，不如"废诗而著论辩"了。[1]

所以尚长荣"三部曲"给予我们京剧历史剧创作的可贵的经验，那就是京剧的故事和唱词一定不能过于学究和艰深，而是要选择那些具有巨大的情感包孕性的题材。此外，尚长荣"三部曲"之所以能够成为新的时代经典还有以下几点原因。

首先，这三部戏作为盛演不衰的舞台精品以历史剧的形式创造了人民意愿与国家命运互动的人文形式。从历史上看，历史剧是时代精神的显影。古希腊悲剧从原始祭祀的歌舞仪式最终走向完善，其美学和内容是伯里克利执政时期民主城邦的政治理想和文化需求所孕育的产物。英国文艺复兴时期戏剧的辉煌是在摆脱梵蒂冈教会谋求民族国家自由独立的政治诉求和文化转型中出现的。凡是奠定绝对高度的经典，都具有某些共性，其中最重要的一点那就是伟大的艺术必定触及国家公共生活中普遍关注的大问题，要反映人民的心声，并创造了一种人民与国家互动的新形式。

文艺家对时代社会的弊端和问题是不能够袖手旁观的。尚长荣"三部曲"都表现出了戏剧对于国家民族兴衰存亡的一种忧思以及廉政与民生的关注。这种关注于尚长荣而言是自觉的，正如他在《传承弘扬中华优秀传统文化是戏曲人的责任与使命》中所提到的艺术家要成为三种人：

第一，要做明白人。首先是做政治上的明白人，坚定拥护党的文艺方针政策。其次，还要做艺术上的明白人，既要有文化自信也要有文化自觉。在继承传统戏曲深邃底蕴和艺术精华的同时，充分认识戏曲艺术生命力在于创新，要善于激活传统、坚持转化创新，让传统融入时代、服务社会。

第二，要做知心人。戏曲工作者要感知和体贴人民群众的所思所想、所求所好，才能拨动人民群众的心灵潜藏，才能创作出满

---

[1]　叶朗：《中国美学史大纲》，北京大学出版社，1985年版，第477页。

足他们精神需求的作品。要力戒功利主义的政绩观、浅近浮夸的创作观，要自觉摒弃"假大空""高大全"，要多接地气，多贴人心。

第三，要做有灵魂、有本事、有血性、有品德的戏曲人。这四点本是军人的理想信念，但是我以为对于戏曲工作者同样适用。无论时代如何发展，做一个堂堂正正的中国人，做一个有思想有情怀的当代人，良知和气节是我们的灵魂与脊梁。当然，我们还要有精湛的艺术、过人的本领。①

对于关系国家前途、人民命运的社会责任感，是每一个文艺工作者都应该具备的基本政治热情。魏征在《贞观盛事》中说过一段令人深思的话："君臣社稷原为一体，倘若君王不利，社稷不保，做臣子的，纵被后人奉为神明又有何用？"尚长荣"三部曲"有着"为天地立心，为生民立命"的儒者情怀，有着胸怀天下、忧济苍生的历史使命感，其艺术追求的核心是民本的思想和人的精神。"三部曲"，如果说有一个共同关注的焦点，那就是民意与人情。《曹操与杨修》写伟大人物的心灵黑洞造成的难以弥补的历史遗憾；《贞观盛事》写的是皇帝应该体恤黎民苍生的疾苦；《廉吏于成龙》写两件事，一件是牵连万人的通海通敌大案的冤狱平反，另一件是为智筹军粮，以解民困献计献策。于成龙为官十八年，所谓的千金不换，万金难买的无价之宝，竟然是竹箱里积攒的泥土。魏征宁死也要向唐太宗谏言："君臣社稷原为一体，倘若君王不利，社稷不保，做臣子的，纵被后人奉为神明，又有何用？陛下，你可讲过，怨之所积，乱之本也。你可讲过，上者，民之表也，表正则何物不正。隋亡哀歌尚可闻。"剧本以令人动容的真情写出了魏征这个人物作为良臣的特质。"白头宫女"的舞台意象最为神妙，如何展现后宫女性的凄苦，导演让前朝的老宫女已经疯癫了的茫娥反复这一句话："又来了一个"，紧接着荡气回肠的情歌响起，这一笔写出了茫娥与后宫女子全

① 尚长荣：《传承弘扬中华优秀传统文化是戏曲人的责任与使命》，《文艺报》2015 年 8 月 3 日第 4 版。

部悲剧性命运的真实所在，写出了帝王之家骄奢淫逸的残酷性所在，也写出了魏征劝谏的人文意义所在。这就是中国美学所说的"以有限表现无限"，在一个瞬间生成的意象中，蕴含着无限丰富的意蕴，蕴含着深刻的理性和灿烂的感性。

历史剧的本质是什么？就是针砭时弊，以史为鉴，是以历史剧这把刀来解剖历史和人性，是以人情至理来化解难以化解的矛盾与隔阂。历史的真实从来也不是黑白分明的，对待历史和历史人物也要存有温情和敬意，对历史人物不能一味地褒扬，或者是一味地贬低，我们在提倡魏征精神的时候，也应该倡导太宗胸怀，因为没有太宗胸怀，也就显示不了魏征精神。历史剧在任何时候，都不应该丢失人文精神的光照。正如龚和德先生评价《贞观盛事》所说："古代明君身上，这点基于民本思想的人文精神，经过现代戏剧家们的关照，发扬光大，成了流动于该剧的一种氛围，一种境界，一种激动人心的力量。"①

《曹操与杨修》启示我们，艺术一定要把握时代的精神，尚长荣的后两部作品的成功正因为没有背离时代精神。刘厚生先生认为时代的精神要比政治服务宽广得多，深刻得多，我非常同意。文艺作品应该反映、表现乃至促进、引领丰富的时代精神。艺术家和文艺家不要在艺术上看轻自己，觉得自己只能够匍匐在地上。《曹操和杨修》就是许多文艺作品匍匐在地上的时候，站起来的一个巨人，崛起的一座高峰。什么是文艺复兴的时代？文艺复兴的时代就是巨人辈出的时代。刘厚生先生说的这段话，格外值得我们珍惜，他说，"这个伟大时代的主流精神是什么？我想应该是一个同过去告别深刻反思的时代，是一个放眼未来，改革创新的时代，是一个团结奋进，和谐宽容的时代，是一个以人为本，发扬民主的时代，是一个科学发展，求真务实的时代。总之是一个弘扬社会主义人文精神的时代。"②

---

① 单跃进、毛时安：《京剧〈贞观盛事〉创作评论集》，上海文化出版社，2005年5月版，第168页。
② 刘厚生：《尚长荣三部曲，新史剧，时代精神》，《"尚长荣三部曲"研究评论集》，上海文化出版社，2018年8月版，第72页。

因此,尚长荣"三部曲"的成功,其一,在于遵循京剧的传统和艺术法则,同时将程式行当、表演手段作为塑造人物的基本语汇。其二,在于坚持以演员表演为核心的京剧艺术的本质特征,致力于创造出一种京剧和时代互动的形式,避免了京剧落入曲高和寡的境地。其三,在于坚持出人出戏,坚持京剧艺术对于现代文学价值观念的接受和取法。尚长荣的表演艺术,体现了阿甲先生所说的"戏曲表演文学的内涵",即不仅有对剧本内容的体现,也还有剧本文学所无法包蕴的深刻的内容。①

二　尚长荣的艺术思想对京剧表演美学的突出价值

尚长荣先生谈表演理论的几篇文章,诸如《演员的"内功"与"外功"》《艺无坦途》《戏曲要死学而用活》《我的艺术人生》《铜山崩而洛钟应》《我的京剧苦旅》《激活传统　融入时代》等,有许多专家都从不同角度加以研究和引用,但其中的美学思想和价值似乎还没有被充分地发掘和提炼出来。尚长荣有着丰富的学养和深邃的思想,他的一些文章篇幅虽不长,但触及的却是表演美学最根本性的问题。

学术界一般认为,尚长荣先生表演艺术的奥秘在于抓住了程式行当是为人物性格服务的这一关键。以曹操的塑造为例,过去京剧舞台上的曹操基本上是以《三国演义》中的那个白脸奸雄为蓝本的,而尚先生之所以可以突破原有的形象的范型,关键在于他把程式行当作为塑造人物的手段,将花脸行当、"架子""铜锤"归并于人物形象的创造。这个观点尚先生自己在《演员的内功和外功》中也讲到了,他说:

　　　　我突破了传统的净角行当界限,试图将架子的做、念、舞和铜锤的唱糅合在同一表演框架内,努力形成粗犷深厚又不失妩媚夸

① 参见阿甲《戏曲艺术最高的美学原则》第三节,"戏曲的语言文学和戏曲的表演文学的关系",原载《戏曲表演规律再探》,中国戏剧出版社,1990 年 11 月第 1 版,第 177 页。

张的表演风格，这里我力图避免长久以来形成的为技术而技术，以行当演行当的倾向，使行当和技法为塑造人物服务。

然而，倘若把程式和行当作为塑造角色的手段，就可以塑造好人物的话，京剧表演就没有什么秘密可言了。事实是，许多演员懂得程式行当要服务于人物，懂得塑造好人物可以突破流派的界限，但是为什么富有永恒魅力的艺术形象还是那么稀缺呢？京剧表演其内在创造的根本动力，京剧艺术突破人物类型化的奥秘究竟在哪里？尚长荣表演艺术的奥秘究竟在哪里？这个问题似乎没有进一步深入下去。

从中国艺术的角度看，状物摹写追求的是形神兼备，而最难达到的境界是"传神"，塑造人物最难的也是"传神"，那么戏曲人物的塑造如何达到"传神"？黄维钧在《感悟尚长荣》一文中注意到了演员创造的最根本的美学动力，以及京剧艺术突破人物类型化的奥秘所在，那就是——意象。他认为：

> 意象就是人物的内在与外在，已经统一存在于创造者的想象之中。尚长荣先生一旦肯定了自己的创作念头，便对把花脸的魅力和优长，如何在这个人物身上挥洒驰骋，有了想象和自信，这是尚长荣先生创造性艺术思维和从不固步自封，喜欢挑战的艺术个性的呈现。①

这是非常有见地而且至关重要的京剧表演艺术的美学思考。

审美意象，是演员创造角色的美学根本。焦菊隐曾在排练《龙须沟》时对演员有过一个谈话，涉及"心象"的问题。他说："没有心象就没有形象"，"先有心象才能够创造形象"。那么尚长荣先生是否有意识地在思考这个问题呢？或者说他有没有自觉地思考过这个问题呢？

幸运的是，我在尚长荣先生的文章中找到了也许很容易被人忽略的一些文字。关于曹操这个人物塑造他说：

---

① 黄维钧：《感悟尚长荣》，《中国戏剧》2002 年第 4 期。

对于人性和人类情感的探究是现代艺术的基本主题,同时也是历史人物本来面目的必由之路。沿着这个思路,我顺理成章地找到了一个为人性的卑微所深深束缚、缠绕着的历史伟人形象。在"伟"和"卑"两者不可调和的冲突中,曹丞相一切悖谬的举止都获得了合理的内核与注释,从而解决了我的第一个难题。①

这段文字表明尚长荣的曹操之所以有别于历史上的其他演员塑造的曹操,关键不是简单地以程式服务于人物,而是抓住了曹操这个人物在他内心生成的审美意象——"人性中'伟大'和'卑微'的不可调和的冲突"。这是我们看到的这个呈现的深刻的人性的曹操的真正胚胎,是尚长荣之所以塑造出前所未有的曹操形象的关键所在,也是他自己所说的"从内到外","从体验到表现"的方法所在,也是为什么一切程式和技法是为人物服务的奥义所在。

有些演员的表演,技术非常高超,形式也很新颖,但就是不能打动人心,原因就在于只拿捏了"技",而未曾触摸及"道",是招数的展览和堆砌,触摸不到真正的审美意象。作为实现"道"的"意象世界"指向无限的想象,指向本质的真实,是区分一般的"匠艺"和纯粹的"艺术"的根本所在。

再比如用花脸塑造文官形象,魏征和于成龙,同样是贤臣,如何区别这两个人物?只是造型上一个红脸,一个俊扮这样简单吗?魏征是一个什么样的人?尚长荣这样写:"魏征朴实刚正,坦诚直谏,敢于犯颜。在执拗的个性中,又带着机趣幽默、能谏会谏。"就这样"机趣幽默,能谏会谏的布衣良臣"的审美意象就成为尚长荣塑造魏征这个人物的支柱,而净行的豪迈又给这个人物的性格中注入了豪放之美。塑造于成龙这个清官,尚长荣在文中说他捕捉这个形象的审美意象是"揭示一颗平常而又善良的心",最终他将于成龙的平常人的情感世界以及朴实无华的品格刻画得惟妙惟肖。

① 尚长荣:《演员的"内功"与"外功"》,原载《光明日报》1995 年 12 月 12 日。

意象如月，方法手段仅是"指月之指，登岸之筏"，那个意象才是"月亮"，才是"彼岸"。宗白华先生说，"象如日，创化万物，明朗万物"，这个在演员心中的生成的角色的审美意象，便指引着这样一种创化。

京剧和程式和行当是固定的，但是新的属于不同时代的艺术形象是层出不穷的。历史上凡是成气候的演员皆善于结合个人的特点利用程式行当的规律加以创化。海纳百川，有容乃大，真正的艺术大家都是在博采众长，融会贯通后，逐渐形成了自己的流派。正因如此，尚先生才能继承并超越过去黄润甫、郝寿臣、侯喜瑞等活曹操的旧的表演程式体系，才可以在充分尊重传统，激活传统的基础上，在不伤害传统的前提下"立足传统、引用传统、激活传统"。才可以塑造出三个独特的，不可替代的，具有深刻的人学内涵和审美内涵的人物，用他自己的话来说就是塑造独一无二的"这一个"，这个独一无二的"这一个"是艺术家美学理想和艺术气质的积淀和彰显。也就是石涛在体现绘画大法的"一画说"中所说的，这个大法不是一笔一画，不是技法手段，乃是"众有之本，万象之根"，是艺术家对自己所体悟到的那个独特的意象世界的精妙的表达。

在演出意象的世界里，不应该有僵化的"法""格""宗""派""体""例"过度地限制艺术家的想象力和创造力。天才总是具有自己的"法"。这个"法"就是激活传统的既定的"成法"，创化自由的无限的"意象"，这是艺术家的"我之为我，自有我在"的生命力和创造力所在。唯有这样的创化，京剧才能不死，才能常新，才能永远创造出自由的充满生命力和创造力的活的艺术，美的艺术。

审美意象不是形象，它是最深刻的理性和最灿烂的感性的融合，最终通往它的条件不只是形式，而是艺术家全部的修养、阅历和智慧。意象的把握最能体现艺术家的哲学深度和生命境界。审美意象最终放之舞台，就形成了艺术家的风格，它是独一的，很难为他人所模仿。即便可模仿，也只能模仿其"形"，而无法模仿其"神"。

尚长荣的表演观念和艺术实践启示我们,需要把握京剧艺术的自身规律,才能够全面地展示京剧艺术审美的特质。创新和化用的关键并不在外部符号的套用和装点,而在于中国艺术精神的涵养和体悟,唯其如此才能真正从道技两个层面吸收、借鉴、继承和发展戏曲传统。由此我建议尚长荣先生要尽快把自己舞台艺术创作的心得整理出来,就像梅兰芳的《舞台生活四十年》,一定会成为一本传世的表演理论经典。

什么是大演员?大演员可以从一般的技法传承中超越出来,上升到生命层面和精神层面的思考,除了在表演美学上见微知著,还能有胸怀天下的胸襟和气象。也就是从一般的技能的层面超越出来,从个体的名闻利养中超越出来,关注历史和人文,关注一个国家和时代的大问题。曹操这个人物在尚先生心里酝酿了很多年,魏征这个人物在尚长荣心里一搁就是 18 年,于成龙这个人物的塑造好像是上天的授意。回望自己的"三部曲",尚长荣这样写道:

> 作为京剧人,徜徉在这条深邃涌动、海纳百川的京剧之河中,伴随着历史、文学、音乐、服饰等层层叠叠的文化山川,用正能量的故事、真善美的人物、出动心灵的细节架构起民族强大的精神脉络,这是我们的时代责任和义务,也是我们最大的幸福与享受。①

尚长荣先生是一个博学多才、中正品格、与时俱进的大演员,他之所以可以塑造这么多深入人心的艺术形象,是基于它深厚的文化积淀。他的唱腔从没有流露出一丝媚俗,表演挥洒自如,念白和唱腔丝丝入扣、动人心弦。唐太宗夜访魏征的那一段对话,一般的演员是无法达到那样的境界的。尚长荣"三部曲"都表现出了京剧艺术,对于中国文化,对于国家民族的兴衰存亡的忧思,以及时代重大问题的关注。

作为经历国家民族转型期的艺术家,尚经历见证了新中国从封闭

---

① 尚长荣:《〈廉吏于成龙〉创作谈》,《京剧〈廉吏于成龙〉创作评论集》,上海文化出版社,2018 年 8 月版,第 104 页。

单调走向开放繁荣，他对于京剧艺术的失落与阵痛感同身受。这不是一般演员的境界，而是中国古代士子的人格胸襟，一位当代儒者的思想境界。依照"志于道，据于德，依于仁，游于艺"建构起来的中国知识分子完整的人格模式，使得社会与个体、责任与使命、知识与艺术铸合为全然统一的形态，这种统一的形态划定了知识分子和中国文化人的整体使命、参与意识。

钱穆在解释儒家思想的关键词"仁"的时候说："仁便是人心之互相映照而几乎达到痛痒相关休戚与共的境界。中国人俗常说世道人心，世道便由人心而立。把小我的生命融入大群世道中，便成不朽。"①将"小我"融入"世道人心"之中，这不仅仅是新中国的主流意识形态倡议给国人的，同时也是儒家思想的精髓。

三　艺术评论要做时代文艺的同行者

围绕着尚长荣和"三部曲"始终有最重要的理论家不离不弃，一路护持。围绕着尚长荣和中国京剧史中有这样一批兢兢业业的理论家，没有他们对于这个京剧艺术的摇旗呐喊，没有他们对困境的突围和对艺术理想的坚守，就不会有今天的局面。

我至今忘不了，龚和德先生同我讲起《曹操与杨修》的首演，至今忘不了他一如当年的激动，忘不了他眼睛里闪耀的泪光。张庚、郭汉城、刘厚生等一大批有时代代表性的理论家，将这出戏誉为"戏剧界里程碑式的作品"，把最为宝贵的"第一届中国戏曲学会奖"授予《曹操和杨修》这个戏。这个奖拿得太不容易了，这个奖也给得太不容易了！当时还在"左"的思想影响下，观念没有完全转变，许多领导还对这个戏提出过异议，剧团承受着巨大的压力，当时中国戏曲学会，给出了这样一个奖，需要足够的勇气。所以，这个戏在历史中的分量早已超过了

---

① 钱穆：《晚学盲言》，广西师范大学出版社，2004年版，第8页。

它本身。

现在,30 年过去,我们觉得,中国戏曲学会当年的这个举动,也足以载入史册。他们的破冰之举,是中国知识分子集体精神的光照。对当时的文艺方针,对艺术工作者的创作思想,对文艺上的极左思潮都有着突破性的意义。所以,《曹操和杨修》不仅是尚长荣的《曹操和杨修》,马科的《曹操与杨修》,上海京剧院的《曹操与杨修》,更是知识分子心目中的《曹操与杨修》,是我们的《曹操与杨修》,这部戏的问世和成功寄托着戏剧界的精英知识分子对于这个国家,对京剧为代表的戏曲艺术未来的瞩望。

现在有的人反感精英知识分子,漠视戏剧理论和学术研究,觉得他们矫情,他们僵化,思想不开拓,抱怨他们无视新生代观众的需求,反而有可能把传统引到死胡同里。我觉得为《曹操与杨修》正名的过程,本身是精英知识分子确证自身价值的一次重要仪式,在戏剧评论的价值坐标上刻下一个绝对的高度。而这恰恰是只有这个时代最杰出的精英知识分子才能够做到的事情。我们需要反映知识分子的戏剧,戏剧更需要作为知音的知识分子。

评论家们通过对"三部曲"的分析和阐释,展现了和艺术家一样的境界和情怀。这些评论集本身构成了学术史研究的重要对象,《曹操与杨修》创作评论集就是评论的教科书,龚和德先生《人文精神的历史画卷》这篇文章每次读来都令我热血沸腾。尚长荣"三部曲"的评论集是中国评论界的一次集中检阅,这里有思想的交流,艺术观和价值观的交锋,这些评论本身是一场思想的盛宴。最重要的是启示我们戏剧的评论应该怎么来写? 戏剧评论家应该具备什么基本的素养。

在阅读四本评论集编撰结集的过程中,特别难能可贵的是上海京剧院并没有剔除那些"不和谐"的"反面的"意见和批评,把所有关于"三部曲"的评论都一并收入。这反映了上海京剧院独有的开放包容,海纳百川,兼容并包的文化心态。上海京剧院在新世纪向新时代转型过程中最大的贡献有四点:一、中华优秀文化传承的使命担当;二、植根传统勇于创新的卓越意识；三、出人出戏的目标和方向；四、海纳百川的包容和胸怀。最核心的是：抓住了"人"这个核心。

对于尚长荣以及海派京剧的研究，亟待需要我们做的事情就是进一步总结尚长荣"三部曲"，探讨其在京剧艺术的哪些核心区域，提供了新的东西？要在学理上真正认识尚长荣表演艺术美学意义和价值。要充分重视尚长荣、马科等艺术家的实践和理论。这些艺术家之所以能够取得非凡的艺术成就，与他们的学养以及艺术思考是分不开的。对"三部曲"的梳理和总结，应该有意识地将其纳入中国戏剧发展史和当代文化史的整体加以评价，同时从美学的角度探寻和总结出一切艺术带有普遍规律性的思想和实践。我们希望"三部曲"不仅仅是一个历史的偶然，也希望京剧艺术能够充分激活传统，融入时代，继续见证伟大的艺术和艺术家在我们这个时代不断涌现。

2018 年 9 月"尚长荣'三部曲'与上海京剧院的艺术
实践"学术研讨会上的发言

北京大学校园戏剧的传统和特色

感谢老舍戏剧节的邀请,今天的主题是美育和高校校园戏剧。我发言的题目是《北京大学校园戏剧的传统和特色》。我主要谈三点:一、北京大学的戏剧传统;二、北京大学在新文化运动和八九十年代中国现当代戏剧的两次西潮中,在理论和实践上发挥的重要作用;三、简要说说北京大学校园戏剧的现状。

北京大学的戏剧传统主要有两个方面:古典的曲学传统和现代戏剧的传统。

北京大学有着深厚的曲学传统,这个传统是由很多前辈大师开创的,比如吴梅、俞平伯、马廉、姚华、任半塘和郑振铎等先生,还有一些女性学者,比如冯沅君,她是冯友兰先生的胞妹,以及我们知道的张充和,她是北大毕业的,后来在耶鲁大学教授昆曲和书法。

北京大学的现代戏剧传统始于五四新文化运动。

通常中国话剧史将中国话剧史的开端定在 1907 年 2 月春柳社在东京成立,五四新文化运动中的北大戏剧的活动也是非常重要的一个源流。五四新文化运动中,话剧成为有别于戏曲的承载启蒙思想,助推新文化运动的一个载体,其特点是启蒙性、现代性、科学性。推动新剧传播的人物有我们耳熟能详的胡适、钱玄同、傅斯年等人,他们还专门在《新青年》撰文抨击旧剧,宣传新剧。北大教授宋春舫先生率先在北京大学开设"欧洲戏剧"的课程。1922 年,蒲伯英出资,与陈大悲合作创办"人艺戏剧专门学校"，其成员余上沅、周作人也都是北大校友。这是北京大学现代戏剧的传统，这一传统是在第一次戏剧"西潮"中的发展和积淀下来的传统，它很好地呼应了时代历史的呼唤。

新中国成立后的 30 年，北大的学科建设主要围绕社会主义建设急需的专业人才。虽然戏剧氛围不浓厚，但是 1977、1978 级的同学曾经排演过《俄狄浦斯王》，这是古希腊戏剧首次在中国演出。曾经写出《狗儿爷涅槃》《阮玲玉》的刘锦云先生也是北大校友。1981 年，北大剧社成立。第一任社长是英达，他联合萧峰、李霞两位同学创建了"北大剧社"。

第一次西潮，主要演出写实主义戏剧，北京大学的校园戏剧在第二次"西潮"中也同样呼应了时代历史的呼唤，以及新的戏剧观念和潮流，其特点在于引入了西方现代派戏剧的演出观念和舞台形式。演出了诸如《弃婴》《小王子》《无事生非》《天使来到巴比伦》《仲夏夜之梦》《苍蝇》《魔鬼与上帝》《安魂曲》《骑马下海的人》《物理学家》《沃依采克》《哥本哈根》《等待戈多》《禁闭》《萨勒姆的女巫》《安娜在热带》《亨利四世》等剧。

接下来简要谈谈北大戏剧的现状。

北京大学从 1981 年拥有了北大剧社以来，今天北大校园内几乎每个院系都有戏剧社团，而且戏剧的社团越来越多，几乎每个院系都有一个戏剧社，比较有代表性的是中文系剧社。不仅有话剧社，也有京昆社。北大校园戏剧的特点在我看来有四点：一、高度自治。北大剧社的同学都是学习能力很强的同学，他们自发组织剧社的活动，自我管理剧社的日常事务。一般由社长和其他社团的干事负责日常活动和演出的组织工作。二、文理交融。这些剧社的成员有文科生也有理科生，主要来自各个院系热爱戏剧的同学。我有一次开设全校戏剧实践课，用一学期的时间给选课学生排演了《第十二夜》，学员来自各个院系，有艺术学院、新闻传播学院、物理学院、化学学院、外国语学院以及信息科学技术学院等，有的学生后来还转系到了艺术学院，有的毕业后报考了海外戏剧名校的舞台监督专业等。三、经典性和现代意识。北大校园戏剧近四十年来主要演出的是古今中外的戏剧经典,也有原创的一些剧目,题材和形式上也呼应了现当代戏剧的观念和潮流。四、永远"贫困"。这个"贫困"不是格罗托夫斯基的"贫困戏剧",而是说综合性院校的校园戏剧确实贫困,没有专业院校的条件,北大那么多剧社也都是处于"贫困"之中,特别相较于清华大学、北京师范大学话剧团的条件,可以说北大的戏剧活动确实"贫困"。但这不是说北大不支持,学校给场地空间,每年给予经费的支持。但是大家都知道北大的社团太多了,号称"百团大战",学校投入社团的经费是很大的。尽管如此,除了校方有限的支持,社团还需自己筹措建社和排演的经费,经费主要来自演出后的捐款,以及受邀演出的补助等。

此外还有京昆社,这个社的历史也非常悠久。因为弘扬中华优秀传统文化成为时代的强音,借着这股东风,近些年京昆社发展比较好。前有白先勇"昆曲传承计划",后有教育部"昆曲传承基地",所以排演了高校版的《牡丹亭》。在纪念汤显祖 400 周年之际,还排演蒋士铨《临川梦》全本。当然演出的服装、道具、乐队、场地很多经费还需要学员自己想办法。社团成员的流动性也很大,因此社团永远是新的,永远从零开始。

北京大学校园戏剧还有一个特点,那就是自觉地对传统的接续和传承。

繁忙的学业中,艰苦的条件下,还能够积极参与校园剧社的活动,没有真正热爱戏剧的热情是坚持不了的。热情来自哪里?自发的对戏剧艺术的热爱和精神追求。在艰苦的条件下,北大的戏剧社和京昆社活动依然非常频繁,每周都有训练和排演。2005 年举办了首届校园小品短剧大赛,此后每年会举办一期"北京大学剧星风采大赛"。有经典剧目,也有原创剧目。对原创剧目比较鼓励,有特别的加分。

校园戏剧是一片非常独特的文化生态。

校园戏剧有着强大的生命力和创造力。校园戏剧未必就是培养戏剧家，但是它一定是为中国戏剧的未来培植土壤，培养最优质的观众。没有观众就没有戏剧的土壤。

我想到校园戏剧，就想到荒原上的野草。春天到来的时候，野草总是自由而顽强地生长，遍布广袤的荒原和山岗。它们不是庭院里的草坪，无须过多的修剪，也不需要从专业的角度过分苛求，因为这种自由的热爱和心境，享受戏剧带来的快乐和意义，比什么都重要。虽然没有充分的营养和优渥的条件，它们如野草般顽强，只需要一点条件就可以成长。尽管条件不如专业院校好，但是他们执着、自觉、顽强、自由自在、享受着心中的艺术。虽然校园戏剧稚嫩，缺乏经验，手法随意，但是谁知道，有朝一日不会在他们中间涌现未来的戏剧家。

京剧艺术与国家气象

——谈本体与情性

我今天想要借这样一个题目，与各位在座的专家、老师、朋友们探讨一下京剧的内在精神构成问题，同时结合今天讲题从美学角度谈"成艺"和"成己"的问题。牟宗三先生说："为人不易，为学实难。"我们同样可以说："成艺不易，成己实难，成就一流人物难上加难。"京剧和其他戏曲艺术，或者说世界范围内的戏剧艺术有什么不同？它的美学意蕴是什么？我们能不能从内在的精神性结构中去寻找京剧的艺术之根，来寻找我们的国剧之魂？如果一门艺术找不到自己的根和魂的话，它很有可能会在发展过程中迷失了方向。

一个人的健康如何确定？观其气色。一个民族国家有无希望？观其气象。何谓国剧？京剧之所以被誉为国剧，我个人认为大概有以下十点原因。

第一，它代表了我国对外文化交流中最主要的戏剧艺术形态。自从梅兰芳访问日本、美国、苏联之后，京剧就一直是我国对外活动中最主要的戏剧艺术。第二，京剧是中国传统戏剧中最具现代性和人民性的古典戏剧形态。从流传范围看，京剧传播范围最广，影响最大；历史上来看，世界上能够经过漫长时光淘洗后绵延不断的戏剧形态非常少。现在来看，中国戏曲是从古老的文化之根中生长出来的，作为国粹的京剧是我国近现代戏剧文化和思想塑形的代表。第三，京剧兼容并蓄诸多古老剧种并使之得以发展，从京剧的发展来看，它吸纳了昆曲、秦腔、徽戏、汉调等诸多剧种艺术。第四，从剧目来看，它最广泛地反映中国历史文化和社会生活。京剧所讲述的中国故事体现了民族特性，上至帝王将相，下到平民百姓，比如说三国戏、水浒戏、包公戏等。第五，在主旨上呈现了中国人的价值理性和家国情怀，反映了中国人的宇宙观、人生观、历史观。第六，流派纷呈并出现许多卓越的京剧大家。从表演艺术来看，以演员为中心的戏剧文化，通过京剧这门艺术得到了全面的发展和传播。京剧成熟的标志是出现流派纷呈、名家云集的局面，这恐怕是其他戏剧难以企及的。第七，京剧历来是反映民生、凝聚民心的中华文化的载体。从空间来看，晚清以来老百姓对于京剧的热爱，使它成为在民间弘扬社会正义、宣扬真善美的一个审美的文化空间，其广泛分布在广袤的中国大地上，成为了凝聚民心的重要文化力量。过去很多老百姓没有上过学，并不识字，他们对于善恶的分辨和对价值的判断基本上都来自剧场，所以陈独秀说戏剧是"普天下人之大学堂"，它可以涵养民心，开启民智。第八，从文化的传播来说，京剧是最具世界影响力的传统文化形态之一。许多国外的大学相继开设中国的戏曲课程，主要科目就是京剧和昆曲。第九，从美学上来说，京剧总体呈现出中正仁和、生生不息的民族精神。儒家美学的家国情怀和美善仁爱，是京剧艺术的精神底色。第十，正因其思想和伦理的根基，京剧在价值层面创造了国家和人民最直接有效的互动形式。国家意志和人民生活的互动在京剧的舞台上得以呈现，人民的心声和人民的愿望通过京剧舞台得以传达，充分实现了国家意志和民意民心的相通。

京剧被称为国剧，国剧是一个神圣的精神器皿。国剧何为？能称为国剧至少具备两个条件：一、具有强大的内在精神品格，即中国哲学和美学的底色。世界戏剧史的经验告诉我们，凡是在历史上影响范围广、生命力比较强、传承度比较高的戏剧艺术，一般都具有强大的内在精神品格，甚至这种精神品格是整个民族哲学、美学、文化、心理以及生命取向的集中凝结和呈现，其审美核心存在于它内在的精神性构成，落实于外在的表现形式。二、反映中国人的精神气象,最能呈现一个国家的精神气象。京剧源于民间的文化和土壤,它的形态面貌和精神气度是晚清国运衰亡的中国所需要的沉郁庄严、中正大度。它在秦腔之激昂和昆曲之精微之间,独创出一种哀而不伤、乐而不淫的美学品格。这是中国人普遍的精神气度,也是中国人骨子里的民族特性。京剧艺术能够在一个家国离乱的年代从几百个其他地方剧种中脱颖而出,说明它绝不是一种简单的艺术形态。京剧作为国剧有着不可替代的意义和作用。《诗》三百,一言以蔽之,曰"思无邪",京剧艺术一言以蔽之,窃以为"天地人和"——"天",替天行道;"地",厚德载物;"人",世道人心;"和",兼容并蓄。因此我们从京剧的历史、美学来研究它也特别有价值。

我想既然我们从事这门艺术,来追问何谓国剧和国剧何为,是很有必要的。我们要将一生献给这份事业,也必须要有严肃的追问,即我要把有限的一生贡献给京剧事业,其意义和价值是什么?这样严肃的追问是必要的。一门艺术要更好地往前发展,需要理论和学术研究。没有学术研究实践就有可能走偏。应该注重京剧的美学研究,中国戏剧要在世界戏剧史上确立其应有的地位和价值,呈现其特有的气格和精神,需要在美学层面重塑和实现自身的品格。正如一个国家的科技发明不能全部指向日用,一个国家的艺术不能全部指向世俗俗乐,要指向更高的审美追求。具有中国特色的戏剧美学的研究,一方面要从中国古代哲学、美学和艺术中汲取智慧,另一方面应当清晰地辨析西方现当代哲学和美学的思潮,并致力于东西方美学和戏剧学思想的融通。"戏剧美学"最关键的美学问题是"审美意象"的生成和创构问题。

作为一名学者要研究戏剧学的当代建构,必须要了解前辈学者已做了何种工作、到何程度,以及我们未来要往前走还缺失哪些方面的研究,这是为了找到京剧在戏剧学版图中已有的实践,以及京剧艺术还需要学者来做哪些方面的研究。

京剧在戏剧文献学、戏剧史、戏剧理论、戏剧美学这四个方面实际上都有大量的工作要做，以往也出现了很多杰出的理论家。那么在四个方面中，我想学者对京剧美学的研究是相对薄弱的。我们的古老戏曲艺术要与西方戏剧进行形而上层面上的对话，就应在最形而上的戏曲美学方面做出我们应有的理论贡献，京剧的美学研究是一个非常重要的课题。

基于以上思考，带着问题意识审视京剧美学的研究，我认为有三个问题是可以进行深入探讨的。第一是关于"本体和情性"的问题。京剧艺术本体是什么？或者说本体中有形的范畴和无形的范畴是什么？因为唯有了解京剧的审美本体，才能从根底处用功，不至于耗费自己的青春徒作无用之功。第二是"角色和文本"的问题。关于角儿重要还是剧本重要，这是一个老生常谈的话题，专家学者们对此各执一词，大家都有自己的道理，我觉得把这个道理理清楚，我们就会知道对于非物质文化遗产的保护重点应该抓什么？在现有的条件资源之下，我们应该主抓什么方面，落实什么事情，是真正对京剧的未来发展有益处的，我想这个问题对于传统文化的传承与保护来说是很重要的。第三是"审美和境界"的问题。京剧是文化，它更是艺术。艺术是什么？是人的精神化客观物，是指向最高审美境界的，那么演员和艺术家的区别在哪里？这个是在生命的层面上来思考的问题。由于时间原因，这次主要谈谈"本体与情性"的问题。

一　本体的显隐

什么是本体？它是构成事物的不可或缺的根底。为什么本体重要？如果缺失本体，意味着这一事物就不复存在了。中国哲学不谈唯心和唯物，中国哲学认为"心外无物"，离开了心，一切事物便没有了意义。对人而言，有形的本体是肉身的机能，这是生命的基础；无形的本体是主宰这个肉身和机能正常运行的那种力量。唯有"心物相合"，意义才能显现出来。我们来看王阳明在《传习录》中的一段话："先生（王阳明）游南镇，一友指岩中花树问曰：'天下无心外之物，如此花树在深山中自开自落，与我心亦何相关？'先生曰：'你未看此花时，此花与汝心同归于寂，你来看花时，则此花颜色一时明白起来。便知此花不在你的心外。'"

中国哲学认为宇宙的本体是什么呢？我们眼见的物质世界是可观可感的，但它的背后是无形的道。中国哲学认为"有无相生"，"一阴一阳谓之道"。所以本体是有无相生，本体构成中本来就有有形的一面和无形的一面。京剧的本体也是如此，有无相生，一体两面。

艺术是心灵的显现，是精神化的客观物。那么，我们先来讨论本体中有形的范畴。包括梅兰芳在内的很多京剧艺术家和学者都认为京剧艺术的本体是功法，其根本是"音韵规律和身段谱"。梅兰芳以余叔岩为例总结说："叔岩的学习方法，虽然是多种多样，但归纳鉴别的本领很大。他向一个人学习时，专心致志，涓滴不遗，必定把对方的全副本领学到手，然后拆开来仔细研究，哪些是最好的，哪些是一般的，哪些是要不得的，哪些好东西用到自己身上不合适，要变化运用。这如同一座大仓库，装满了货色，经过选择加工，分成若干组，以备随时取用。而最重要的是要通晓音韵规律，基本身段谱，这如同电灯的总电门一样，掌握了开关，才能普照整个库房，取来的货物自然得心应手，准确合用。"这段话给我们诸多启示。京剧演员从孩童阶段起，就要日复一日、年复一年从声音到形体上经受这样一套体系化功法的训练，在天长日久的练功中来体悟艺理，然后再通达道法。台上一分钟，台下十年功。过去的艺人都懂得，唯有身上的本事是成就自己的基础，于是不惜一切代价要把本事练好。京剧这一套有形的功法，它当然是本体，那么构成本体的有形范畴，即唱念做打。所以齐如山当年认为："国剧之本质，是艺术不是剧本……所谓艺术者何也？即说白、歌唱、神情、身段，四点是也。"王国维也认为"戏曲者，谓以歌舞演故事"。"以歌舞"前面少了一个主语，就是演员，歌舞则是它的形式，戏曲即是用这样的形式手段来演出故事。所以京剧的根本在艺术家、学者和史学家的眼中都是非常一致的。

我们要补充的是本体中无形的范畴。什么是本体中无形的范畴?简单来说就是同样塑造程婴,唱腔唱词、基本调度都一样,为什么你的程婴不中看,他的程婴就好看? 一百个人演哈姆雷特,为什么有一百个不同的哈姆雷特? 这就是构成本体的无形范畴——审美意象,在起着根本的作用。什么是审美意象? 简单说就是演员创造角色之前,对角色的审美体验和想象的那个原初之"象",焦菊隐称之"心象"。意象呈现了审美创造过程中动态的生成过程。演员在审美意象的指引下用程式塑造人物的性格于行动之中。清人郑板桥《题画》中有言:"江馆清秋,晨起看竹,烟光日影露气,皆浮动于疏枝密叶之间。胸中勃勃遂有画意。其实胸中之竹,并不是眼中之竹也。因而磨墨展纸,落笔倏作变相,手中之竹又不是胸中之竹也。总之,意在笔先者,定则也;趣在法外者,化机也。独画云乎哉!"从眼中之竹到胸中之竹,再到手中之竹,这是一个意象生成的过程。意在笔先,意象生成之际胸中勃勃有画意。和表演一样,排练的过程就是无限地接近胸中意象的过程,临到演出前一瞬之间豁然灵感乍现、身心合一,水到渠成。创作不是有一个现成的东西等待我们去模仿,从意象到形象是一个审美生成的过程。正如宗白华所说:意象如日,创化万物,明朗万物。

我再举个例子。比如《徐策跑城》的徐策和《萧何月下追韩信》的萧何是周信芳塑造的两个人物形象,"跑"和"追"在舞台上都是三圈圆场,但同样的圆场要跑出不同的情境和人物的不同性格,处理完全不同。一为"喜",一为"急",人物的形象感觉也完全不同,需要完全不同的声音和形体的表达方式,其内心的意象自然也是不同的,这就是意象生成。所以,同样的程式动作在不同的人物、年龄、时代、性格和情境中生成的意象是截然不同的。

对中国戏曲而言,声腔和功法、唱念做打的这一套体系,是本体的有形范畴,也是承载精神与意义的容器。尚长荣在创作《曹操与杨修》

之后,也在表演上进行了一些思考,从侧面回答了这个问题。他说程式是为人物性格服务的,"如果把人物形象的理解和切入作为内功的话,那么使这一形象展示于舞台的一切手段就是外功(这里说的内外也就是有无相生)。在内外功的关系上,我的观点是'发于内、形于外',做到'内重、外准'。在深切感受和把握观众脉搏的同时,以最灵活的方式力求准确地拨动观众的心弦。为了做到这一点,我突破了传统的净角行当界限,试图将架子的做、念、舞和铜锤的唱糅合在同一表演框架内,努力形成粗犷深厚又不失妩媚夸张的表演风格,这里我力图避免长久以来形成的为技术而技术,以行当演行当的倾向,使行当和技法为塑造人物服务。"尚长荣说程式是为人物性格服务的,抓住程式行当就是人物创造的关键之一。这段话当中有三个地方值得我们体会。第一,突破传统行当的限制,这是指要将京剧本体中的行当和功法融会贯通;第二,提出行当技法是为塑造人物服务,指的是程式功法实际上不是为了展现技巧,而是为了塑造人物;第三,"努力形成粗犷深厚又不失妩媚夸张的表演风格"这句话尤为重要,是指我们注入于这个角色无形的意象之美,是相同角色的塑造之所以产生高低优劣的决定性因素和根源所在。他塑造的于成龙,京剧的脸谱和髯口都不用了,很多程式动作都简化了,但照样可以来塑造一位清官的形象。基本功就像演员的工具包,他可以决定用什么、不用什么以及怎么用。因此,我们认为从美学的角度来看京剧本体,有显隐这样两个范畴。

接下来我们谈谈"情性"的问题。表演艺术是生命情致的在场呈现。演员以京剧的音乐形式和表演程式来塑造角色、叙述故事,最终的目的是呈现角色的心灵世界及角色的意象之美,并体现情境之美。所以南宋的姜夔在《续书谱》中说:"艺之至,未始不与精神通。"明代项穆《书法雅言》也说"书法乃传人心也"。其实京剧表演艺术又何尝不是如此呢?

傅山《赠魏一鳌书》十二条屏,现在印在画册上的很小,原作有五六尺高,气势恢宏,没有蓬勃的生命力和创造力是完成不了这样的作品的。虚实并举,工拙并用,真草隶篆,融通运用,气韵生动,元气淋漓!我第一次见到真迹时,心中感慨:傅山没有死,傅山不会死!傅山在字里行间的呼吸、他的情性宛然在前。我想通过这幅书法作品来说一说"情性"是什么,表演作为生命情致的在场呈现,这种呈现是活的,"宁拙毋巧,宁丑毋媚",从傅山的书法就能理解这样一个不羁的自由心灵不愿归降清王朝的个性与风骨。有人说梅兰芳的表演拍成电影的话是影像戏剧,但实际上它离真正的戏曲则相距甚远了。戏剧表演是生命情致的在场呈现,观演关系构成了戏剧特殊的表现方式。也唯有在现场表演中,我们才能领略演员的情性。表演拍成电影,犹如书法做成画册,真正的情性会被遮蔽或流失。

情性为何物?是不是只要按照程式功法来创造角色,我们的作品就是艺术呢?我认为在功法和艺术之间有一条需要演员跨越的鸿沟,有的人一下子就跨过去了,有的人可能一辈子都跨不过去。比如学编剧,师傅领进门,修行靠个人,花四年时间在学校学习了编剧技巧并不够,只有当你自己写剧本时有所顿悟后,再来对照老师教的技法,才会恍然大悟,真正理解老师在课堂上所讲的知识。中国美学格外注重艺术在心灵层面的表达,一切艺术的形式和内容都是艺术家心灵世界的显现。这就是我们观看伟大的作品时,常常感到艺术家的性灵和精神宛然在前的原因所在。也就是说,通过艺术的创造,艺术家的精神超越肉身和有限,趋近无限和永恒。

中国美学对于艺术品和艺术都喜欢评级,艺术家也是有等级的。古人将好的书画作品分为四个等级:能品、妙品、神品、逸品。不仅品物也品人,刘义庆《世说新语·品藻》中桓玄问太常刘瑾说:"我和谢安相比,如何?"刘瑾回答:"您高明,太傅深厚。"桓玄又问:"比起贤舅王献之来又如何?"刘瑾回答:"楂、梨、橘、柚,各有各的美味。"后世将评论的观念引申到了各类艺术鉴赏中。戏剧大家呈现给世人的印象,不论外貌、心灵、精神还是气质都具有无可争议的典范性。元代的胡祗遹认为理想的演员应该达到"九美":"一、姿质浓粹,光彩动人；二、举止闲雅，无尘俗态；三、心思聪慧，洞达事物之情状；四、语言辩利，字句真明；五、歌喉清和圆转，累累然如贯珠；六、分付顾盼，使人解悟；七、一唱一说，轻重疾徐，中节合度；八、发明古人喜怒哀乐，忧悲愉佚，言行功业，使观听者如在目前，谛听忘倦，惟恐不得闻；九、温故知新，关键词藻，时出新奇，使人不能测度为之限量。"表演"九美"论包含着对演员的形象、举止、声音、修养、智慧、技巧等各方面的要求。汤显祖在《宜黄县戏神清源师庙记》里，也提到对表演艺术的要求，他认为演员需要不断提升自己："师之道乎？一汝神，端而虚。择良师妙侣，博解其词而通领其意……其奏之也，抗之入青云，抑之如绝丝，圆好如珠环，不竭如清泉。微妙之极，乃至有闻而无声，目击而道存。"艺术是什么？艺术是精神化的客观物，戏剧、诗歌、绘画、建筑、雕塑、音乐等无不是精神化的客观物，"精神化的"是隐性的、不可见的，"客观物"是显性的、可见的。比如一个演员上台，他甚至还未开口，我们实际上就已经感觉到了他的气韵和风神，这种感觉十分微妙，无法言说。没有物质，精神无从显现；没有精神，物质就不能载道。因此，艺术的创造、发展、传承和弘扬都要抓住本体"显""隐"的两个范畴，即"技"和"道"，力求道技合一。

接下来我们来谈第二个问题——功法和情性。

二　功法与情性

"功法与情性"在中国美学中是一对重要的范畴。刘熙载在《书概》中说："笔性墨情，皆以其人之性情为本。""书，如也，如其学，如其才，如其志，总之曰如其人而已。"这里强调的是中国美学中艺术与心灵的关系。中国画的笔墨既是形式，也是内容，更有着精神性的内在构成，笔墨背后的精神性并不是脱离形式的，而是寓于形式本身的。有什么样的灵魂，就会呈现什么样的艺术。孙过庭在《书谱》中有一段话："真以点画为形质，使转为情性；草以点画为情性，使转为形质。"意思是说,楷书在规范的形质中见出情性,草书在情性中见出形质。书法通常先要求形似,即从临帖开始,然后再求情性。其实跟学习戏曲表演是一样的,从基本功开始先求模样规范,再求风格创新。

中国艺术历来看重情性,什么是情性呢?张怀瓘说:"可以漠识,不可言宣。"可意会不可言说,如果一定要讲出来是什么呢?钱金福的《身段谱口诀·二》中提到:"三形、六劲、心意八,无意者十。"这是京剧艺术不断达到成熟的一个进阶过程:能模仿得像为三分;内外功法和劲合二为一了,打六分;心里想到就能做出来打八分;出神入化,从心所欲不逾矩时则为十分。达到"无意之境",情性就能自然彰显出来。如果一定要说情性是什么,我想就是一切呈现为这一个具体的人的质地、修养和才能的总和,是天赋的质地、自我的修养和后天努力修为的结果,才能呈现出情性璀璨的光芒。

中国美学格外注重艺术在心灵层面的表达,一切艺术的形式和内容都是艺术家心灵世界的显现。借由艺术的创造,以艺术作品为载体,艺术家的生命状态和内在灵性从有限的肉身中超越出来,向世人展现一种更为永恒的精神性存在。京剧的功法程式只是纯粹的形式,只有在塑造人物、叙述故事,以及呈现生命特质的时候,它才能够承载和散发意义与价值。只有当它被人的情性和心灵照亮的时候,这些程式功法才是有意义的。对于中国美学而言,纯粹艺术的心灵需要"涤除玄鉴",超脱名利,进入至善至纯的审美之境和自由之境。

那生命的情致究竟是什么,它又是如何产生的呢?京剧基本功的学习是非常艰苦的,足以磨灭情性,磨灭活泼泼的自由精神,如何在不自由和自由之间找到真正的自己?不自由和自由之间怎么能够找到自己并成就自己,实际上这又何尝不是所有人在生命当中的普遍境遇和终极追问呢?艺术创作的必由之路是理、法、情的体悟。理就是艺理,即艺术的奥秘,它贯穿一切艺术,让人理解艺术的相通之处。法即通达理的具体方法,在京剧艺术里呈现为体系和功法。情即情性,是生命情致,是审美体验的表达。

关于理、法、情的体悟，我有三点想跟诸位分享。第一，法无定法，心法为要。石涛说"至人无法，非无法也，无法而法，乃为至法"。是说真正的高人不会居于定法，他学得比人家快，听得比人家透，但是他不拘于定法，求创新求变，最高的境界即无法，无法才是至法。所以从无法到有法再到无法是艺术境界升华的必然过程。第二，情理交融，理寓情中。刘勰《文心雕龙·熔裁》："情理设位，文采行乎其中。"理在情深处，至深的道理包含在人物的审美情感中，需要才情将它表达出来。第三，以心驭形，以情驭技。一切表演艺术都力求达到内外统一，将内心的体验和体现结合起来。演员最难达到的，是内外统一的自我感觉，是活在角色的身形、思维、心理和感觉里。

三　技臻于道，由技入道

石涛在《大涤子题画诗跋》中说："书画非小道，世人形似耳。出笔混沌开，入拙聪明死。理尽法无尽，法尽理生矣。理法本无传，古人不得已。吾写此纸时，心入春江水。江花随我开，江水随我起。"简单地翻译一下，其实就是天地之间本没有法，但是前人因为有经验的累积，摸索出来一套方法，到达了一个最高境界以后，他怕后人走弯路，就总结了一些方法流传下来。所以这个理法里自然包含着前人的智慧。但是对艺术来说，天才永远有自己的方法，取决于个人天资条件的不同，你跟梅兰芳身体条件和嗓音条件都不一样，和程砚秋的也不一样，那么他们适用的方法并不一定全部适用于你，你要琢磨出一套属于自己的方法。也就是说，你学习别人方法的同时，要善于结合自己的特质和条件。这就是"理法本无传，古人不得已"的道理，京剧的程式如果没有人的精神性存在，它就只是一种技术手段而已。诚然，没有这种至高的审美追求和精神追求，任何艺术都只能退化成一般的大众文化、娱乐文化，而不能上升到人类精神层面和审美层面的高度。

学习戏曲和绘画，有以苦练成就，有以顿悟成功，但无论如何必须从最基本的功法学起。梅兰芳在《舞台生活四十年》中提到自己幼年练功，夏练三伏、冬练三九，冬天必须踩着跷在冰地上练习打把子、跑圆场，经受无数次摔打，唯其如此，才能长功夫。他说："踩着跷在冰上跑惯，不踩跷到了台上，就觉得轻松容易，凡事必须先难后易，方能苦尽甘来。"他到六十岁左右，还能够演《醉酒》《穆柯寨》《虹霓关》一类的刀马旦的戏，这就是幼年基本功扎实作为基础的。然而，中国美学是讲究道技合一的，我们要向好老师学习，掌握科学的方法，但同时也要转益多师，博采众长，不仅要向老师学科学的方法，实际上还要学习其他艺术门类的学问，继而融会贯通在自己的艺术感悟之中。杨小楼不仅会京剧，也精通八卦与太极拳，他将八卦掌、杨氏太极融入了武生表演之中。表演功法的演习和进步是循序渐进的，需要博采众长和转益多师，这一点梅兰芳最典型。在梅兰芳的时代或者梅兰芳之前的时代，演员除基本功的学习外，还要学习琴棋书画、诗词歌赋，这是梨园中普遍的风气。正所谓"笔墨之道，本乎性情"，艺人大多懂得决定艺术境界之高低在于艺术之"道"，正是"道"决定了从艺者从技术层面不断向内在人格修养、人格精神作永无止境的自我完善，这个过程既是艺术的磨砺和提升、个体生命的修为和完满，也是艺术在美学意义上的最终旨归。中国历代绘画和画论中包含着戏曲可以借鉴的形式与意蕴的资源。梅兰芳洞察了"笔法"和"功法"内在精神的相通。中国绘画所体现的情景相生、物我两忘的艺术境界，独与天地精神相往来的洒脱，俯仰天地、性灵超越的自由，外师造化、中得心源的觉解，以形写神、形神兼备的传统绘画艺术的基本造型法则等，均可为戏曲取法。梅兰芳本人自幼从皮黄青衣入手学习，然后学习昆曲里的正旦、闺门旦、贴旦，皮黄里的刀马旦、花旦等旦角的各种类型，然后找准自己的特点。无论是"笔法"还是"功法"，对中国艺术而言，都源于一种内在的精神性追求，正是因为这种精神性追求，才能通过舞台表演艺术向世人展示一种生命状态的精致和高贵。

四　超越僵化，贵在融通

在英国戏剧家彼得·布鲁克《空的空间》中《僵化的戏剧》一篇中，他指出了僵化给戏剧及其自身发展造成的负面影响。他认为戏剧演出是一个创造性的行为过程，倘若漠视了创造性就很容易导致僵化，僵化现象是一种世界性的戏剧现象。戏剧没有永恒的真理，一味地追求永恒便会坠入僵化的陷阱，布鲁克认为戏剧"永远是自我摧残的艺术"，但"新的形式将会带有以往一切影响的印记"。文徵明曾说："规模古人为耻。"学古人学得再像也是别人的不是你的，你在模仿中失去了自我。艺术的生门，在于不断突破僵化。

京剧当中有"文戏武唱"和"武戏文唱"，过去有学者认为杨小楼是"武戏文唱"，而梅兰芳是"文戏武唱"。两位艺术大师都能够博采众长、融汇百家、取长补短，兼容并包，不断推升舞台表演的境界。不同行当的融通，犹如米氏父子的画中有行草的意趣，也类似绘画中不同派别的兼容，书法中碑帖的相融，书法和绘画的融通，也就是沈宗骞在《芥舟学画编》中所说的："能集前古各家之长，而自成一种风度，且不失名贵卷轴之气者，大雅也。"

梅兰芳的"文戏武唱"，追求的是"道者柔而不弱，劲者刚亦不脆"。《天女散花》是正旦戏，传统的水袖功不能完全达到天女御风而行的效果，于是梅兰芳改用"风带"。抖风带难度很大，用到的是"三倒手""鹞子翻身""跨虎"等武戏身段。《贵妃醉酒》是地道的文戏，但是表现贵妃的"醉"却要用到"卧鱼""下腰"等武戏的身段，靠的是腰腿功夫。梅兰芳甚至将曹操的身段融入了《贵妃醉酒》，他说这是从黄润甫那儿学来的。大艺术家不会死抱程式行当，程式行当在不同的人物和剧情中可以有无限的创化和妙用。正如方薰所言："功夫到处，格法同归。妙悟通时，工拙一致。"京剧表演的基本功训练是必要的，必须"学透"，唯有"学透"才能"创化"。倪云林寥寥数笔，就能"尽取南北宗之精华而遗其糟粕"，梅兰芳同样善于尽取各派之长，为我所用，他在讲"死学"与"活用"的问题上曾谈道："昆曲的身段，是用它来解释唱词。南北的演员，对于身段的步位，都是差不离的，做法就各有巧妙不同了。只要做得好看，合乎曲文，恰到好处，不犯'过与不及'的两种毛病，又不违背剧中人的身份，够得上这几种条件的，就全是好演员。不一定说是大家要做得一模一样才算对的。有些身段，本来可以活用。"学艺不能死学，没有完全相同的人，人都有其各自的特性，应该根据自己的特点，挖掘自身的潜力来发挥自己的优势。就流派而言，流派的理念、经验、方法是最有价值的，规律性的实践和总结为的是让后面的人少走弯路，不走弯路。流派在京剧史上贡献很大，但其本身不是不可超越的。但我们要学的是流派内在的"理"，如果只追求模仿外在形式，那就是一种"愚守"。"愚守"是发展和创新的障碍。流派自身也是在革新中成就的，是在对前人的超越和革新中成就的，是在阻力中发展而来的。依我看，"流派"的本质是创新精神。可以说没有革新就没有流派，流派的本质就是与人不同，独树一帜。但只有很好地继承，才能水到渠成地创化。没有很好地继承而侈谈开宗立派是没有意义的。艺术的真实不在于表面的模仿，而在于内在精神的传达。如何做到似与不似之间的传神，是一切艺术最难企及的境地。学习功法不能荒腔走板，但是最后一定要善于创化，最后才能创化出属于自己的风格。梅兰芳指出有些人模仿"活曹操"黄润甫，居然去模仿他晚年掉了牙齿后的口风，这是本末倒置了。他认为学习黄润甫要学习他并不僵化地模仿前人塑造的"曹操"，没有把曹操处理成肤浅浮躁的莽夫，他的勾脸、唱腔、做工表情都结合了自身特点，应该学习的是黄润甫"气派中蕴含妩媚"的传神的人物塑造。

最后，做个小结。一、京剧表演是功法和情性的统一，需要内外兼修。二、由技入道，功法是体现情性的载体，无情性则无艺术。三、转益多师，博采众长，融通创化。我们传承传统艺术要在守正的基础上融通创化，才能够体现艺术的真精神。四、超越僵化，贵在心法，承古开新。

唯有理法并重,方能守正创新。京剧表演中的程式和功法也不仅仅是形式,同时也是文化结构和意义结构,是可以被不同艺术家赋予精神内涵的价值体系。正是基于内在的文化结构和意义结构,戏曲表演艺术才能在法格的基础上不断开宗立派,出于法格而不拘于法格,中国戏曲的表演体系才能够在世界的文化史和艺术史上独树一帜。

本文原载 2023 年 6 月《中国京剧》,为作者 2022 年 11 月 3 日
在国家京剧院"星光读书会"上的讲座实录

中 华 美 育

美是心灵的照亮

> 我们不要害怕沿途播种美的种子。它可能会留在那里几个星期甚至几年，但是像宝石一样，它不会溶化，最后会有人从旁经过，被它的光辉所吸引；他会把它拾起，快乐地继续前行。
>
> ——梅特林克《内在美》

契诃夫在他的《樱桃园》中讲述了没落的女贵族不得已出售美丽的樱桃园的故事，这出戏剧刻画了一个即将到来的工业化时代人类的困惑，呈现了美好事物无可奈何的陨落和消逝。美和美育在功利主义盛行的时代常常显得脆弱和无用。在全球化时代，在多元化的世界格局，在价值观分崩离析，工具理性占据主导的世界图景中，如何面对宗教精神和哲学智慧失落后人类的精神生活、内心世界的日益失衡，如何重新发现并阐释人生的价值，以不断提升生命的意义，美育的问题已不单是美学领域的问题，而是一个世界性的问题，在这个问题面前如何贡献中国智慧也是历史给我们提出的问题。

审美意识是一种历史和文化的积淀，一个国家的经济可以突飞猛进，但是社会整体的文化和修养只能慢慢涵养。趣味多元化的时代，其背后是社会审美意识的不平衡。美和美育得到国家层面的高度重视，这充分说明审美教育关乎人的完善、社会的和谐、民族的未来。如何正确认识美育的历史使命，如何贯彻美育的社会功能，如何传承中华民族优良的美育传统成为新时代的课题。

蔡元培先生吸收德国古典美育思想,于 1917 年提出"以美育代宗教"的主张,首次将"美育"的概念纳入中国高等教育思想体系,目的在于对抗教育的功利主义和实用主义倾向,他在《以美育代替宗教说》一文中说得很明确:"纯粹之美育,所以陶养吾人之感情,使有高尚纯洁之习惯,而使人我之见,利己损人之私念,以渐消沮者也。"美育的真正力量在于推动和催生人对于自我生命的真正觉解,使人在一个现实功利的世界里,锤炼一种超越的智慧,一种审美的心胸,一种自我净化的途径,一种自我涵养的方式,从而获得一种充满希望的人生态度和精神取向。

今天,美育同样面临功利主义和实用主义的冰水,面对教育的困境,美育的使命在于引导教师、家长和学生,从应试教育的压力下走进自然和艺术,体会人生的大美。这种引导关键是将美感教育落实到家庭、学校和社会这三个主要的教育领域中去,以此提高中华民族整体的人格修养和精神面貌。

其一,美育是超越功利的人性教育,美育最基本的特性在于引导人在超越功利、愉悦自由的精神状态中,认知自我内在的灵性,塑造自我完善的人格。唯有美的感悟,才能变换人的心地,变换心地才能变换气格,变换气格才能提升境界。人的精神唯有从惯常的利益诉求中超拔出来,从现实的功利世界超脱出来,才能够发现一个日日崭新的、前所未有的世界。

中国艺术的核心精神就是在自然和艺术的世界里寻找至真至美的心灵,验证美的胸襟,从而探求艺术的真谛和人生的意义。宗白华说艺术的境界"既使心灵和宇宙净化,又使心灵和宇宙深化,使人在超脱的胸襟里体会到宇宙的深境。"[1]在宗白华的美学世界里,自然和艺术是感通宇宙大道的出发点和归依处,也是人类体验生命和宇宙人生的理想方式,而人的心灵是连接自然和艺术的纽带,将三者统一到一起的是

---

[1]　宗白华:《美学散步》,上海人民出版社,1981 年版,第 72 页。

不可言说的大美。基于此,宗白华强调美育的关键在于引导人身心的愉悦自由和健康发展,他指出自然和艺术作为化育人心的一种社会实践的可能。

其二,美育是同情和爱力的教育,是对每一个活生生的生命的关切和同情之心的培养。"同情"在宗白华看来是推己及人的关爱,他说:"同情是社会结合的原始,同情是社会进化的轨道,同情是小己解放的第一步,同情是社会协作的原动力。"①美育的意义便是让人从心地里生发出万物一体、民胞物与的至善思想。将那个有限的渺小的自我,扩大成为全人类的大我,从而生发出安然从容的在世情怀,并由此产生对整个人类和世界的人文关怀。这样一种同情和爱力的倡导和培养,对于改善冷漠的时代症候至关重要。

其三,美育指向心灵的自由和创造的精神,一切领域的原创精神都需要美育的涵养。人生真正的成功和意义不在于金钱和地位,而在于精神世界的完满和心灵的自由和创造。宗白华认为晋人的精神是最哲学的,因为它是最解放的、最自由的,唯其如此才能把自我的"胸襟像一朵花似的展开,接受宇宙和人生的全景,了解它的意义,体会它的深沉的境地"。正因如此,可以使人超然于死生祸福之外,生出一种镇定的大无畏精神来。美之极即是雄之极,王羲之的书法、谢灵运的诗歌、谢安的风度,其坦荡谠至、洒脱超然照亮了中国人文与历史。

其四,美育是人文修养的教育,也是最高境界的教育。美育不应该是一门课程,它应该一以贯之地渗透在教育的全部过程之中。从小学到大学的每一门课,每一个学科都应该贯穿美育精神,每一节课都应该浸染审美教育,每一个教师都应该是美的使者。如果缺乏美育精神的贯穿,就算是艺术教育本身也会变得空洞、机械和无趣。理想的社会,每一个人都应该是美的使者。美育是心灵的照亮,是自我良知的教育,是精神提升的教育,是生命意义的教育,是人生信仰的教育,也是给人

① 宗白华:《艺术生活》,选自《宗白华全集》,安徽教育出版社,2008年版,第318页。

以希望的教育。唯有充满希望的人生态度和精神取向才能让人对存在本身产生一种珍爱和珍惜，对生命本身产生一种感恩和敬畏，对人生的障碍和困境产生一种不断超越的勇气和力量。当自身的良知被照亮，当人格的完满成为一种内在的、自觉的意识和力量，一切的道德和修养就会成为人的自觉的追求和自然的显现。因此，美育的呈现形式不仅仅是灰色的理论说教，而且是灵魂对灵魂的点亮，是启发和引导人的良知的自我发现和自我照亮。

美育的根本目的是：致力于人的精神世界和内心生活的完满，培养我们感性和精神力量的整体达到尽可能和谐。仅仅依靠知识和技能并不能使得人类获得快乐而又有尊严的生活。职业教育不能造就一个人的胸襟、格局、美德、趣味、境界，只有和谐的人格才能让我们有足够的智慧创造一个快乐的、有意义的、有情趣的、完全实现自我价值的人生。因此，美育的根本是人性的教育，是让人成为人的教育。美育是点亮良知和完满人格的艺术。

一个人如果没有精神追求，大家会说这个人很庸俗，觉得他的人生没有意义。他可能很有钱，但他的精神空虚。一个社会没有精神追求，那整个社会必然会陷入庸俗化。一个国家物质生产上去了，物质生活富裕了，如果没有高远的精神追求，那么物质生产和社会发展最终会受到限制，这个国家就不可能有远大的前途。天长日久，也会出现人心的危机。一个人的精神的滑坡是遗憾，一个民族的精神的滑坡就可能是一场灾难。美育可以平衡基础教育和高等教育这两个必须坚守和平衡的极地。在此意义上，美育关乎社会人心，关于人类良知，是守护一种社会启蒙和良知道德教育的底线，这项工作是崇高而神圣的。因为它决定了我们这个民族和国家的基本道德修养的海拔，保证整个社会精神生态良性发展，甚至避免可怕的文化地震的产生。

童道明先生在《惜别樱桃园》这篇文章中说："谢谢契诃夫。他的《樱桃园》同时给予我们以心灵的震动与慰藉；他让我们知道，哪怕是朦朦胧胧地知道，为什么站在新世纪门槛前的我们，心中会有这种甜蜜与苦涩同在的复杂感受;他启发我们快要进入 21 世纪的人,将要和各种各样复杂的、冷冰冰的现代电脑打交道的现代人,要懂得多情善感,要懂得在复杂的、热乎乎的感情世界中徜徉,要懂得惜别'樱桃园'。"美和真理一样,其实每时每刻向所有人敞开,只是物欲和功利的诉求遮蔽了我们的眼睛。中国美学的思想和传统启示我们,"智慧的生活"是"审美的生活",真正的生活是回归本源的生活,在那里,最高的智慧,最美的心境,最灿烂的感性,最真实的自我,最永恒的当下,最深广的瞬间全部聚合在一起,共同作用于一个生命,涵泳自由和创造的美的精神,从而让这个生命感到生的无限的意义和价值,从而给我们这个被物质功利蒙蔽的世界指出一条通往精神自由的澄明之路。

美育在当代中国的机遇与使命

　　美育,也称审美教育或美感教育。广义的美育,是指通过各种艺术以及自然界和社会生活中美好的事物来进行的审美教育。狭义的美育,专指艺术审美教育。在人的全面发展教育中,在培养民族精神的教育中,美育占有极其重要的地位。

　　西方早在古希腊时期,在城邦保卫者的教育中就有美育的传统。柏拉图重道德,却坚持德育和美育的结合。我国春秋时期就尤为重视"诗教"与"乐教"。孔子倡导"礼乐相济","礼""乐"的本质皆属美感教育。审美的教育,可以怡养人的性情,促成人的内心和谐,培育完美的人性。美学家席勒于18世纪末在其最主要的美学著作《美育书简》中提出:"正是通过美,人们才可以达到自由。"席勒还明确指出美育的目的在于"培养我们感性和精神力量的整体达到尽可能和谐"。对于审美教育可以陶冶情操、怡情塑性,培养完满的人性,古今中外的思想家们有着共同的认识。

　　如果说1917年蔡元培提出"以美育代宗教"的主张,首次将"美育"的概念纳入了中国高等教育思想体系之中,为的是着眼于文化建设和道德提升,以此作为扭转中国贫弱受欺现状的手段之一。那么,美育之理想在中国跋涉近一个世纪以来,同是倡导"美育",经济、政治、文化的背景却是今非昔比。如果说当时的美育思想立足于"陶养吾人之感情,使有高尚纯洁之习惯,而使人我人见,利己损人之思念,以渐消沮者也"。那么,今日之世界,物质文明高度发达;今日之中国,经济文化飞速发展。面对人的精神生活、内心世界、人与自然的关系却日益失衡,美育的问题已不单是美学领域的问题。提高中华民族文化道德修养,建设和谐社会,实现民族的伟大复兴,非大力普及和提倡审美教育不可。

美育在当代获得了前所未有的发展机遇。如何正确认识美育的历史使命,如何贯彻美育的社会功能,如何传承中华民族优良的美育传统成为今天探讨美育的重要课题。那么,美育之所以为当代教育所认同的深层原因是什么呢?

首先,美育已经成为一种直接或间接的生产力。美感教育是 21 世纪经济发展的必然要求。众所周知,文化产业和信息产业为代表的高科技产业正日益成长为新的支柱产业。今天我们可以看到这些高科技产业已经日益成为最有前途的产业之一。商品的文化价值、审美价值正在逐渐成为主导价值。此外,网络传媒世界里的形式和内容也日益与美和审美的问题紧密相关。新兴的创意产业更是将艺术的想象力和创造力直接转变成为产业链中极其重要的环节。而这些新产业的背后都需要美的内容和艺术的创意作为基础。

其次,21 世纪人才的定义,被赋予了新的内涵。20 世纪下半叶以来,随着电子工业、信息技术、传媒娱乐、生物工程、文化经济等新经济产业的迅猛发展,需要源源不断地为这些新的产业输送具有高度创造力的人才。世界范围内,凡是需要创造性地解决问题的领域,均需要提高人的文化修养和美学修养。作为科学家的爱因斯坦酷爱音乐,通晓文学,毫无疑问这些艺术修养潜移默化地注塑了科学家和谐的心性,使他具备了卓越的感知力、想象力和创造力。他的相对论具有非凡的美,是 20 世纪物理学最优美的"纪念碑"。他曾指出科学的最高发现往往不是依靠逻辑,而是依靠直觉和想象力。这些直觉和想象力就来源于审美的性灵中合乎自然的心理秩序和合乎造化的宇宙体悟。所以,人才首先应该是有着完满的人性,健全的人格,审美的心胸,身心和谐,全面发展的人。

再次，美育在当今世界具有紧迫性。越来越多的学者专家都指出了审美教育的迫切性。面对人性情感冲动和欲望泛滥，朱光潜曾大力倡导文艺，由此追求人的情感的解放、眼界的解放和自然限制的解放；张世英指出当今社会人们普遍缺乏万物一体、民胞物与的境界，人人以自我为中心，忙于眼前物质利益的追求。面对这样的社会现象，道德说教无济于事，根本的还是要改变一个时代的精神境界；叶朗指出了当今世界的三个突出问题，人与物质生活和精神生活的失衡，人的内心世界的失衡，人与自然关系的失衡。他提出美育可以解决人类社会面临的这些精神危机。

如果说蔡元培时代的美育理想是要同当时的社会文化运动联系起来，以提醒致力于文化改革的人们，不要空喊口号，应该将理想落实到国民素质的教育中去。今天，美育作为一项前赴后继的事业也必然有其新的时代使命。这个使命在经济高速增长，国力日益昌盛的今天，其主要的任务依然没有改变，那就是美育的实践问题。美育不仅是理论和学科，美育的关键是要将美感的教育落实到家庭教育、学校教育和社会教育的三个主要教育的领域中去，以此提高中华民族整体的人格修养和精神面貌。那么如何去落实？美育在现时代的使命是什么呢？

第一，还是要调整教育体制的目标导向问题。倘若应试教育的模式不改变，倘若衡量好老师的标准依然是现行体制下的"升学率""平均分"，只要有这柄高悬的达摩克利斯剑的存在，那么真正行之有效的美育的探索和实践就只能是纸上谈兵。中小学生还将继续与和谐的自然、曼妙的艺术、智慧的经典擦肩而过，教育在他们身上留下的最深的烙印还将是厚厚的眼镜，沉重的心灵，枯死的想象，乃至毫无色彩的生命。个体生命的暗淡是一种遗憾，但是整体性生命的暗淡将会是一种可怕的民族灾难。目前的美育课程绝大多数还是老师照本宣读各种德育理论，美育课程可谓有名无实，有躯壳无精神。

第二，要克服教育过于功利性的问题。目前的美育，尤其是艺术教

北京大学原创话剧《情观红楼梦》

编创、导演：顾春芳

摄影：郑涛

心遊天地外

育存在着过于功利性的倾向。音乐考级,为的是加分;报考艺术院校,为的是成名。"名利"的理念占主导地位,而非源自爱乐的精神,艺术的信仰。为了"名利"这个目的,可以不惜一切代价,甚至抛弃最起码的法律意识、道德尊严。此外,如雨后春笋般冒出的各类艺校,将艺术教育作为一种"生意"在经营,以"商人"的心态面对教育事业。打着美育的旗号,却与美的精神毫无关系。要改变一个时代的精神境界,就需要一个时代甚至几代人共同的努力。经济可以暴发,文化不能暴发,文化上的"暴发户"是不存在的。人生至高、至善、至美的境界是不能一蹴而就的;民族精神的完满、和谐、高贵也不是一蹴而就的。审美教育不是逻辑概念的认知,不是几本书,几句名言,几个名人,而是真正的美对于全体生命的滋养,自由的生命对于美的感悟。

审美意识、审美能力、审美胸襟,是在长期的美感熏陶中才能培养和孕化出的,也只有经过漫长的孕化才能将美的感悟稳定持久地融入个人的心性修养之中。有了这样的心性修养,才能说他是一个高贵的人,一个远离了低级趣味的人,一个真正具有尊严的人。宗白华回忆自己年轻时酷爱自然,常常在山水间徜徉幻想。尚未写诗的年龄,心中却已充满了诗境。他说:"纯真的刻骨的爱和自然的深静的美在我的生命情绪中结成一个长期的微妙的音奏,伴着月下的凝思,黄昏的远想。"倘若一个人的心灵和境界,没有在幼年时受到美的熏陶和启示,没有保留住一片审美的心灵净土,任何美的种子播下,也不会生根发芽。倘若没有审美的心境,也就一定不可能具备成就大学问和大事业的胸襟和气象。

第三,要解决美育的根本理念问题。美育不仅仅等于艺术教育,美育的目的更不光是某种艺术技能的获得,而是心灵的审美体验能力的增强。美育应着力于人的精神世界和内心生活的和谐与完满。如果把美育等同为掌握某项艺术的技能,那么将是美育的失败和悲哀。这种狭隘粗浅的美育观,使多少孩子成为艺术技能教育的牺牲品。苦学十年绘画的孩子考不上大学,拿着钢琴十级证书的学生找不到工作,获得无数书法奖状的学生居然心智愚钝。艺术是非功利的，美育也应当是非功利的。美育是不能在某一项技能训练中单独完成的，它是和整体提高人的文化修养结合起来的。理想的教育不是以摧残一部分天性的代价去培养另一部分天性，以致造成心性畸形的发展。理想的教育是让天性中的潜能尽可能完满地发挥。朱光潜先生说："只顾求知而不顾其他的人是书虫，只讲道德而不顾其他的人是枯燥迂腐的清教徒，只顾爱美而不顾其他的人是颓废的享乐主义者。这三种人都不是'全人'而是'畸形人'，精神方面的驼子、跛子。"美育也不能只限于技能教育，美育也不能仅仅等同于艺术教育。自然美、社会美、科学美作为审美活动的领域应当越来越受到重视。

美育也不能等同于道德教育。美育是促成道德教育的一种最完美的、最有效的教育方式。有人说，国民修养是一个民族强弱兴衰的绝对信号。俄罗斯在经济大萧条的时候，全体俄罗斯人在严寒中有序排队购买面包；而我们有些人在丰衣足食的情况下只是为了抢购打折商品还要争先恐后，这些人大多是看不清自己的，更不用说时时具有反省自我言行的修养了。道德起于仁爱，仁爱产生同情，同情起于想象。可见，审美教育是道德教育的基础功夫。一个真正有美感修养的人必定同时也具备相当的道德修养。

第四，美育需要传播弘扬民族的传统文化。中华民族有着五千多年的灿烂文化，有着足以为之自豪的历代文明。古代艺术、青铜饕餮，楚汉浪漫、屈骚传统，魏晋风度、盛唐之音，宋元山水、明清传奇，古琴昆曲、画语曲律，大好河山、民俗民风……哪一处不是谈美的绝佳讲坛？尤其是"天人合一"的古代思想本身具有极高的审美意蕴，是通往人生幸福、内心和谐的大智慧。它一方面给予我们自由的精神，另一方面也赋予心灵审美的愉悦。庄子的思想中，既有着美妙的美学深意，又有着至高的人生智慧，"乘"乎天地之正理，"顺"乎自然之法则，给今天受功名欲求困扰的人类在精神危机中指出了一条通往精神自由的澄明之路。我们需要有真正意义上的"人类灵魂的工程师"去宣讲、去感召、去弘扬。对于中华文化的传播和弘扬,中国的网络媒体更应当有高度的自觉和责任感。

当代中国在全球化背景下,在多元化的世界格局中,在金融危机的情境中,面临诸多的前所未有的历史问题,教育只是其中的一个问题,而美育似乎又只是教育中的一个课题,一门学科。它很容易被忽略,被轻视,在某种特定的情形下甚至很容易被边缘。但是,这个问题才是全人类共同的大问题。我们探求人生的最高意义和价值,提高人的精神境界,决不是要否定现实。中国的市场经济使几千年受封建束缚的中国人获得了一次大解放,其内涵和意义毋庸置疑。只是面对现实,美育者的心境也许正如张世英先生所说的那样:"我们只能在功利追求的基础上提倡超功利的境界。这里需要的是敢于面对物欲功利而又能从物欲功利中超脱出来的勇气、胸襟和胸怀。这不是不可能的矛盾,而是一种忍受和愉悦的交织,一种深层的陶冶、修养和培育。"

植根中华美学精神的原创美育读本

美育是灵性的教育，不是技能的教育。美育可以最大程度地使人从各种现实的功利束缚中解放出来，从而成为一个审美的人，一个自由的人，一个真正的人。美育不只是教人知识，更是要教人认识生命的价值，培养他们发现和体验人生意义的智慧，培养他们在审美中超越有限把握整体的能力，培养他们脱俗的精神气质，进而有能力创造新的生活。这既是审美的培育，修养的培育，也是德性的培育。唯有美的感悟，才能变换人的心地，变换心地才能变换气格，变换气格才能提升境界。

审美意识和精神境界的提升总是指向一种喜悦、平静、美好、超脱的精神状态，指向一种超越个体生命的有限存在和有限意义的心灵境界。在这样的心灵境界中，人不再感到孤独，不再感觉被抛弃，生命的短暂和有限不再构成对人的精神的威胁或者重压，因为人寻找到了真正支撑起生命的内在的永恒之光。这一"永恒之光"不是物理意义上的光，而是智慧的心灵之光。它可以照亮一个平凡世界的全部意义。

突出中华美育的精神

美育是心灵的照亮，是自我良知的教育，是精神提升的教育，是生命意义的教育，是人生信仰的教育，是心灵的自由和创造的教育，也是给人以希望的教育。美育应该致力于人的精神世界和内心生活的完满,促使我们的感性和精神力量的整体达到尽可能和谐。美育是对人们自身的高尚情操的召唤,是对人的生命力和创造力的召唤。

所以,实施美育,不仅仅是教学生学会唱歌,学会画画,欣赏音乐,欣赏美术。首先要培养学生的"心灵美",使青少年具有一颗美好的、善良的、感恩的、爱的心灵,懂得珍惜生命,珍惜美好的事物,懂得帮助他人,懂得爱父母,爱他人,爱祖国山河,爱天地万物。美育最基本的特性在于引导人在超越功利、愉悦自由的精神状态中,认知自我的灵性,塑造完善的人格。唯有美的感悟,才能变换人的心地,变换心地才能变换气格,变换气格才能提升境界。中华美育的核心精神就是在自然和艺术的世界里陶铸至真至美的心灵,涵养美的胸襟,从而探求艺术的真谛和人生的意义。

中华美育精神把塑造"心灵美"放在首位。美育的内涵,应该超出知识的传授和技能的传授,它的目标是引发心灵的自由和创造,引发心灵的净化和升华,养成和谐的人格和完满的人性。这就是孔子说的"诗可以兴"。"兴",按照王夫之的阐释,就是生命力和创造力的勃发,就是灵魂的觉醒,就是对人的精神从总体上产生一种感发、激励的升华的作用,使人成为一个有志气、有见识、有作为的心胸宽阔、朝气蓬勃的人,从而上升到豪杰、圣贤的境界。心灵美,精神美,本质上是一种爱,对生命的爱,对人生的爱,对父母师长的爱,对花鸟草木的爱,对祖国山河、人类文化、宇宙万物的爱。这种爱,造就了精神的崇高。

"美从何处寻""一朵小花的美""诗歌中的山水""万物皆有可观""听风雨之韵味""赞天地之化育""汉字的诗意""工笔画的韵味""中国人的生态意识""民以食为天""我养吾浩然之气"……《美育》读本中的这些课文,从思想、艺术、自然、文化到人格涵养无不体现了中华美学的精神。

"综合性美育"的创新理念

一直以来，我们的中小学的美育课程都局限为单科性的艺术课，主要是音乐课和美术课，少数地区和少数学校有书法课、舞蹈课或戏剧课（戏曲课），还有少数地区和少数学校把音乐和美术课组合为一门课，或者把音乐和舞蹈组合为一门课。但是，这种单科性的艺术课不能等同于美育课，或者说，中小学的美育不能局限于单科性的艺术教育。

美育是灵性的教育，不是技能的教育。因此，单科性的艺术教育不能等同于美育。审美领域并不限于艺术领域（尽管艺术是主要的审美领域），它还包含心灵美、人格美、自然美、社会美、风俗美、科学美、技术美等领域，如仁爱之心、高尚情操、梅兰竹菊、花鸟虫鱼、日出日落、大江大河、人物风姿、生命华彩、休闲游乐、节庆狂欢等等，单科性的艺术教育不能覆盖这些极其广泛的审美领域。

单科性的艺术教育，在培养中小学生的艺术欣赏和艺术创造能力的同时，当然也能提升学生的审美趣味和审美情操，但是并没有融合青少年全面发展的教育目标，这套读本的编写理念改变过去把中小学美育课程等同于单科性艺术课程（音乐、美术）的观念，而重视综合性美育的理念，融汇全面发展的教育目标。加强美育与德育、智育、体育、劳动教育的融合，在美育课程中融合人生教育、生命教育、人格教育、生态教育、劳动教育、和平教育、科学教育、爱的教育，充分挖掘和运用各学科蕴含的体现中华美育精神和民族审美特质的心灵美、礼乐美、行为美、科学美、秩序美、健康美、勤劳美、风俗美等丰富的美育资源，并在其中突出心灵教育、人格教育和生命教育。这套读本还突出经典教育，在课程中注重介绍艺术经典和艺术大师。如：《兰亭序》、《清明上河图》、《红楼梦》、李白、杜甫、王维、米开朗基罗、拉斐尔、莎士比亚、泰戈尔、石涛、八大山人、丰子恺、齐白石等等，从而引导学生提升人生境界，去追求更有情趣、更有价值、更有意义的人生。

这套《美育》读本的每一课都注重并体现美育课程的体验性、开放性和实践性的指导方针和教学形式,力求一册在手,教师可教、学生可学、家长可读。每一课都遵循"基础知识+经典赏析+审美体验+审美创造"的复合式教学模式。在此基础上,创新美育师资力量的培养模式,力求充分调动现有的教学资源,整合社会资源,校内外互动,让全社会形成共同培养美育的意识和氛围,形成"以美育人"的合力,逐步培植起美育优秀教学成果和名师,逐步建设起符合各地美育实践现状的美育基地,以及中华优秀传统文化传承学校和基地,并逐步开发一批有特色的美育课程、优质数字教育资源。

倡导"沉浸式美育"的模式

加强中小学美育一定要和减轻学生负担、降低考试压力相结合。避免把美育变成一门单调、乏味的灌输知识、死记硬背的课程。美育的课堂应该成为生动活泼的、带有浓厚的实践性、体验性、创造性、观赏性、趣味性、游戏性的课程。小学教育阶段特别要开展适合小学生身心特点的艺术游戏活动,使他们蓬勃向上。

我们的美育课程,应该植根于中华文化和人类文化的丰富的土壤,这当然包括艺术,但不限于艺术。所以,我们的美育课程,应该使学生走出教室,走出校园,走向社会,走向博物馆、美术馆、剧场、音乐厅,走向工艺坊,走向名胜古迹,走向创造性心灵和诗意的心灵兴发的现场,走向文明和文化的现场,走向中华文化和人类文化的发生地。让收藏在馆所里的文物、陈列在大地上的文化艺术遗产成为学校美育的丰厚资源。培养我们的学生从小热爱中华文化和人类文化,热爱祖国的山河;培养他们从小感受文明的氛围,触摸文化的脉络,追求文化的创造,珍惜文明的成果,增强他们作为一名中国人的骨气和底气。

由于各地的人文资源和文化特色各不相同,美育课程要考虑地域差异性,充分尊重和结合学校所在区域的实际情况进行教学活动。这套青少年美育读本倡导开放性、沉浸式和实践性相结合的教学模式。充分利用各地的人文资源，体现地方文化特色。例如：大城市的学生可以进音乐厅欣赏交响乐，边远地区的学生可以接触和欣赏当地的民间音乐和民间戏曲，可以走进民间艺术的工坊进行考察和体验，特别是各地红色革命文化和社会主义先进文化的第一现场，要因地制宜进行美育。通过美育课程，把地区优秀文化植入学生的心灵和记忆，引领学生树立正确的历史观、民族观、国家观、文化观，陶冶高尚情操，塑造美好的心灵。

为了进一步推动东西部学校教育资源的公平，《美育》课程的内容采取同步课堂、共享优质在线资源等方式，在互联网共享平台共享美育的实践和成果。分享的内容包括数字课程、多媒体教学课件、教案等助教资源，以及图片、音频、视频、互动动画等形式丰富的素材库和作品数据库。除此之外，我们还会积极地通过教师培训、论坛研讨、美育讲座等形式，开展线上、线下的系列活动，在每个学年每个学期的课程下，根据教学的要求交流、分享学生的美育课程。平台向教师、家长和学生开放。既可以上传优秀的教学案例，也可分享优质的美育课程和思想。

推动美育教学的改革与提升

美育的功能重新定义了 21 世纪人才的内涵，人才首先应该是有着高贵的人格，完满的人性，审美的心胸，良好的修养，身心和谐以及全面发展的人。随着电子工业、信息技术、传媒娱乐、生物工程、文化产业等新经济形态的迅猛发展，需要源源不断地为新的产业输送心智活泼、具有高度创造力的人才。

世界范围内，凡是需要创造性地解决问题的领域，均需要提高人的文化修养和美学修养。爱因斯坦曾指出科学的最高发现往往不是依靠逻辑，而是依靠直觉和想象力。这种直觉和想象力就来源于审美的性灵中合乎自然的心理秩序和合乎造化的宇宙体悟。个人境界的提高，不仅仅是个人和社会的问题,也关涉到整个国民素质的发展以及国家的未来。

这套读本把美育纳入中小学人才培养全过程,贯穿中小学教育各学段。本套书共分 11 个学年(小学一年级至高中二年级),22 册,前后连续,构成一个整体。每册包括 6 个单元:第一单元"神圣自然"、第二单元"审美空间"、第三单元"美的艺术"、第四单元"传统文化"、第五单元"美好的我"、第六单元"人生境界"。我们希望通过这套充分体现"开放性""互动性"和"创造性"的《美育》读本,贯彻《意见》的精神,突出社会主义核心价值观之下开展有特色的审美教育,引导青少年和读者体验美、欣赏美、懂得美、享受美,指向人的心灵世界和文化素质的全面提升。

编写《美育》的目标是推动美育教学的改革与提升。以心灵教育、人生教育、人格教育为核心,以培养健康的审美趣味,提升人生境界为目标。立足于传承中华优秀文化传统,植根于中华文化无限丰富的土壤,融汇全面发展的教育目标。在全国中小学建设符合中小学生教育规律的中小学美育课程的完善的体系,推动我国中小学学校美育课程走上现代化、科学化的道路。

"互联网+教育"时代的美育观念及媒介形式探索

网络教学平台也称为网络学习平台,国外称为"学习管理系统"（Learning Mmanagement System）,是在线学习和教学的支持系统,能够支持网络环境下的教学。[①] 慕课是 MOOC 的中译,它是"Massive Open Online Course"的缩写,意为"大规模在线开放课程"。目前,全球影响力最大的三个 MOOC 运营机构分别是 Coursera、Udacity 和 edX,[②]三者都拥有自己的课程开放平台。

2013 年是中国的"慕课元年",2013 年 4 月,东西部高校课程共享联盟在教育部的指导下成立。从 2014 年开始,在教育部的引领下,我们在北京大学策划开设了"艺术与审美"系列人文通识网络共享学分课,一共包括五门课:"艺术与审美""昆曲经典艺术欣赏""伟大的《红楼梦》""敦煌的艺术"以及"世界著名博物馆艺术经典",2018 年这个

[①] 中国高等教育学会组编:《中国高校信息技术与教学深度融合观察报告》（2018）,北京理工大学出版社,2018 年版,第 89—90 页。

[②] Coursera 是由斯坦福大学计算机系在 2011 年建立的一个 MOOC 营利性运营机构,与斯坦福大学、宾夕法尼亚大学等 100 多所高等院校和科研机构合作,提供免费公开的在线课程。截至 2017 年年底,该平台建设了包括计算机、数学、商务、人文、社会科学、医学、工程和教育等学科的 2154 门课程,成为提供开放课程数量最多、规模最大、覆盖面最广的在线课程机构。Udacity 是由斯坦福大学创建的 MOOC 营利性组织,该平台将自己的发展方向限定在特定领域内,提供基于科学、技术、工程和数学领域（STEM）的问题解决型课程,目前该平台已经建设了 100 多门课程。edX 是由麻省理工学院和哈佛大学在 2012 年 1 月共同创办的 MOOC 非营利性组织,目标是与世界一流的顶尖名校合作,建设全球范围内最优质的在线课程。

系列共享课程获得北京市教学成果特等奖。继"艺术与审美"与"昆曲经典艺术欣赏"两门课于 2017 年入选首批国家精品在线开放课程之后,其他课程均入选国家精品在线开放课程,并被评为首批国家级一流本科课程。这门人文通识网络共享学分课充分体现了新媒介环境下,政府引领、大学策划组织以及与互联网企业合作的新的教学改革模式,具有突出的贡献和意义。

从 2015 到 2021 年,在教育部指导下,在以北京大学任荣誉理事长单位、华南理工大学任执行理事长单位,复旦大学、南京大学、中国科技大学、吉林大学、山东大学、四川大学、南开大学、天津大学、中国海洋大学、兰州大学、重庆大学等高校为副理事长单位的东西部高校课程共享联盟,以及智慧树网为运营服务平台的共同努力下,"艺术与审美"系列人文通识网络共享学分课取得了跨越式发展。六年来,已经有 3492 所高校的 2760 万人次在校大学生通过修读联盟提供的跨校学分共享课程受益,其中近三分之一的大学生来自西部高校。

截至 2020 年底"艺术与审美"系列课程的学分课的数据

课程名称	上线时间	累计选课人次	累计选课学校数(去重)	累计互动人数	累计互动次数
艺术与审美	2015 年秋冬学期	890245	1107	264888	389.35 万次
敦煌的艺术	2017 年春夏学期	267277	660	85312	124.43 万次
"非遗"之首——昆曲经典艺术欣赏	2016 年秋冬学期	95047	372	26666	31.09 万次
伟大的《红楼梦》	2017 年春夏学期	305073	682	116693	153.66 万次
世界著名博物馆艺术经典	2017 年春夏学期	253558	671	90892	123.83 万次

一 "艺术与审美"人文通识网络共享学分课的实践与成效

互联网时代的媒介融合改变着人们的思维方式,也改变着教育的方式,对于人文通识教育如何更好地开展提出了新的要求。开设"艺术与审美"系列人文通识网络共享学分课程,是为了适应高科技时代的教育形势和课程改革要求,充分利用网络平台,探索多元化、混合式的教学形式,推动优质教学资源的社会共享,推进教育公平。"艺术与审美"系列人文通识网络共享学分课的建设,是 21 世纪高校美育的一次重要的形式探索,具有重要的开拓意义和现实意义。

麦克卢汉曾指出:"媒介自身对社会的形塑功能远大于媒介内容所发挥的作用。一切技术均具有点金术的属性。一旦社会推出一项崭新的技术,社会中的其他功能均会做出相应调整以适应此技术形式。新技术一旦进入社会,就立刻渗透到社会制度的方方面面。在此意义上,新技术即一种革命性动力。"①作为一种新的媒介,网络共享慕课的形式有别于传统形式的网络教学,它不是简单地将课程内容录制后放到网络上,作为一项全新的媒介技术和教育平台,慕课的特色在于:一、充分整合全世界的优质教育资源,通过互联网分享最优质的课程,从理论上说只要依托互联网,就可以将高等教育的空间扩展到全世界的每一个角落。二、知识点与短视频相结合。为了更好地遵循科学有效的教育方式,把一堂课的内容分解成若干知识板块,每一节内容由 10—15 分钟的短视频组成,这一时间长度是在充分研究学习者注意力的基础上制定的。三、开放式及游戏互动型的教学。这种教学形式改变了枯燥的学习方式,可以最大程度激发学生上课的兴奋感和融入感。此外,每个知识点还穿插配置了随堂测试,测试合格方能进入下一堂课。四、每一门课配备专业指导老师,作为任课教师和学生互动的桥梁,引

---

① Eric McLuhan;Frank Zingrone,*Essential Mcluhan*,Routledge,1997,pp.228-229.

导学生学习并随时答疑解惑。五、整合某一专题课程的优质资源,将分布于全球的名师聚合起来,就某一讲题做多视角、跨学科的深入研究和探讨,引领学生进入这一专题研究的学术前沿。六、在基础课程学习的基础上开展混合式教学模式,每学期保证若干见面课程。在基础课程建设的基础上结合"网络直播课程",推进课程的"师生互动"和"生生互动",有效激发学习者的兴趣,不断更新和提升课程的质量。七、大数据的跟踪与学习分析模式。大数据的方式随时可以统计在线学习情况,分析教学中的问题,并产生过程性评价,定期向教师发送分析报告,以不断提升教学水平和教学质量。作为互联网推动下的新型教学模式,慕课(MOOC)形式区别于传统教学的最根本的特点是可以产生最大程度的"规模效应"。2018 年 Coursera 上线涉及 25 个学科的 2700 多门课程,这些课程可以采用多种语种授课,极大程度地满足了全球在线学习者的要求。"艺术与审美"课程上线五年以来总计约两百万学生在线选课学习,这样的教学规模以及所产生的影响力是前所未有的。

在后现代的语境中,慕课(MOOC)的学习者不仅仅是被动的知识的接受者,也是知识的传承人、发布者和未来的影响者。利奥塔指出,知识就是一种叙事(或叙述),而总体性的"宏大叙事"是过去的一个"神话",应代之以一种后现代的叙事。他认为后现代的科学知识的话语和叙事分离,中心化的文化和社会已经一去不复返了,非中心化大局已定,人们的价值观也呈现出多元化和相对主义的面貌。因为媒介文化的现代传播正是以去中心化的多元话语互动为其特征的。利奥塔指出:"我将后现代定义为针对元叙事的怀疑态度。这种不信任态度无疑是科学进步的产物,而科学进步反过来预设了怀疑。与合法化叙事构造瓦解的趋势相呼应,目前最突出的危机正发生在思辨领域,以及向来依赖于它的大学研究部门。"[1]正因如此,我们应该意识到,慕课

---

[1]　周宪:《20 世纪西方美学》,高等教育出版社,2004 年版,第 157 页。

（MOOC）不仅是 21 世纪知识传播的新媒介，更重要的是它必然成为价值观和文化传播的高地。

美育是对人们自身的高尚情操的召唤。这是中华美育精神所蕴含的一个重要观念。实施美育，不仅仅是教学生学会唱歌，学会画画，欣赏音乐，欣赏美术，首先要培养学生的"心灵美"，使青少年具有一颗美好的、善良的、感恩的、爱的心灵。因此，我们在建设"艺术与审美"这一系列课程时强调了以下几点追求并收到了非常好的效果。

第一，适应高科技时代的形势，充分利用网络平台的媒介，扩大课程的覆盖面。"艺术与审美"系列人文通识网络共享学分课采用"线上+线下"的混合式教学模式，充分体现了互联网背景下的信息技术与教育深度融合的课程新形态。这 5 门课程每门课每学期有 30 学时的在线视频教程供学生自主学习，此外还开展了 6 次 12 学时的全国跨校直播互动见面课，学生反响非常热烈。课程考核以在线学习、跨校课堂表现、期末作业分别占比的形式，以有利于学生全面素质和能力的培养。课程在互联网上面向全国高校开课，覆盖面极大。仅"艺术与审美"这门课，选课学生有 1107 多所大学超过 89 万人，累计互动次数达到了 389.35 万次，选修这一课程的很多是边远地区院校的学生。五门课总计选课学校有 3492 所大学，选课学生约 200 万人。这在过去是难以想象的，我们看到了互联网时代的优势。

第二，课程建设的宗旨是在传播人文艺术知识的同时，还注重传播健康、高雅、纯正的趣味和格调，引导大学生有一种高远的精神追求，引导大学生提升自己的人生境界，去追求一种更有意义、更有价值、更有趣味的人生。这是"艺术与审美"系列课程在设计和组织时反复强调的宗旨。美育是心灵的教育。唐代大画家张璪有言："外师造化，中得心源"，这八个字成为中国绘画美学的纲领性命题。"造化"指的是万物一体的世界，亦即中国美学说的生生不息的"自然"，而"心源"则明确提出"心"为照亮世界万物之源，世界万物就在这个"心"上映照、显现、敞亮。宗白华先生曾说："一切美的光是来自心灵的源泉：没有心灵的映射,是无所谓美的。"①又说:宋元山水画"是世界最心灵化的艺术,而同时是自然本身"。② 在中国美学看来,"心"是照亮美的光之源,没有美的心灵,就不能照亮世界万物的本真之美。心灵美,精神美,本质上是一种爱,对生命的爱,对人生的爱,对父母师长的爱,对花鸟草木的爱,对祖国山河、人类文化、宇宙万物的爱。这种爱,造就了精神的崇高。在全国抗击新冠肺炎疫情斗争中,涌现了一批又一批舍生忘死、奉献牺牲的英雄模范人物,他们体现了伟大的抗疫精神,体现了"人民至上,生命至上"的信念。他们就是"心灵美"的典范。这种"心灵美"就是大爱之心。正如屠格涅夫所说,"因为有爱,只因为有爱,生命才能支撑住,才能进行"。③

第三,在全国范围内营造传承中华优秀传统文化、弘扬中国精神的浓厚氛围。"艺术与审美"系列慕课讲《红楼梦》,讲敦煌,讲昆曲,因为这些都是中国传统艺术和文化的经典,《红楼梦》是中国古典小说的高峰,敦煌是中国文化艺术的宝库,昆曲是承载中国人高雅生活和心灵追求的最精致的艺术。这门课程的意义就在于,引导大学生熟悉和热爱我们民族的艺术经典和文化经典,加深他们对"中华文化独一无二的理念、智慧、气度、神韵"的认识和体验,深化他们的中国文化的根基意识。这也就是习近平总书记说的,我们的大学一定要立足于中国文化,弘扬中国精神。

第四,推进优质教学的资源充分共享。这个系列课程由北京大学牵头,但讲课教师不限于北京大学的学者,还有来自清华大学、中国人民大学、中央美术学院、北京舞蹈学院等著名高校的 30 多位学者,王蒙、白先勇、蔡正仁、叶长海等文化界的著名学者和艺术家也参与了这门课程,《敦煌艺术》的授课导师包括樊锦诗、王旭东、赵声良在内的长

---

① 宗白华:《中国艺术境界之诞生》,参见《宗白华全集》第 2 卷,安徽教育出版社,1994 年版,第 358 页。

② 宗白华:《介绍两本关于中国画学的书并论中国的绘画》,参见《宗白华全集》第 2 卷,安徽教育出版社,1994 年版,第 46 页。

③ 参见叶朗:《美育是心灵的教育》,《光明日报》2021 年 11 月 24 日。

期研究敦煌、守护敦煌的敦煌学专家和学者。课程的框架和内容经过组织者和授课导师组的反复研究和讨论。很多人说，一门系列课程能邀请到这么多著名学者和艺术家来讲课，实属罕见，这些学者是真正的名师。由此可见课程本身的学术价值、历史价值和文化价值。这一方面表明了北京大学所具有的学术影响力和学术优势，同时集中邀请这么多著名学者和艺术家来讲这门网络共享课，也更充分地体现了优质教学资源共享、促进教育公平的理念，以及文化凝聚人心的事实。

第五，课程内容要充分把握当代青年学生的心理，兼顾学术性和趣味性。在传播基础性的知识的同时融入学科前沿的研究成果，要传播新的知识，也要有新鲜感。为了组织这套系列课程，我们下了极大的功夫。系列课程所讲的题目都是授课学者长期研究的成果精华。例如开设"红楼梦"课程之前，我们先后召开了全国范围的多次红学研讨会；又如"昆曲"课程，自2009年开始就在北大开设了昆曲经典艺术欣赏课程，至今已经持续八九年，网络课程就是在这个基础上开设的；再如"敦煌"课程，课程组于2014年和2016年暑期先后两次到敦煌研究院，和樊锦诗等敦煌学者共同研讨课程具体实施方案，这门课程可以说汇集了目前中国敦煌学研究的顶尖学者。

习近平总书记在文艺座谈会上的讲话中引用了恩格斯的一段很有名的话："文艺复兴是一个需要巨人而且产生了巨人——在思维能力、热情和性格方面，在多才多艺和学识渊博方面的巨人的时代。"①这段话对中国21世纪的人才培养有启发意义。我们正处于中华民族伟大复兴的时代，这样的时代比任何时候都更加向往学术高峰，呼唤学术巨人。大学的历史使命正是在于培养时代的巨人和学术的高峰。通过人文艺术教育和科学教育，一方面，要使大学生普遍具备优良的素质；另一方面，要为培养时代所需要的巨人提供土壤，提供精神、性格、胸襟、学养等方面的基础条件，产生时代所需要的巨人。我们希望，"艺术与

---

① 习近平：《习近平在文艺工作座谈会上的讲话》，《人民日报》2015年10月15日。

审美"系列人文通识网络共享课在培养时代所需要的人才方面,能发挥应有的作用。①

"艺术与审美"系列人文通识网络共享学分课程自上线以来,得到了教育部和兄弟院校的有关领导的肯定和赞扬,并给予了高度评价。人民网、新华网、光明网、新民网、新浪教育、腾讯教育、网易新闻、中青在线、搜狐网、凤凰网都给予了关注和报道。② 中宣部思想政治工作研究所副所长戴木才、教育部副部长林蕙青、吉林大学党委书记杨振斌、南开大学校长龚克、四川大学校长谢和平、中央美术学院院长范迪安、中国高教学会会长瞿振元、学习时报社总编钟国兴、光明日报社副总编沈卫星、南京大学人文高研院院长周宪等相关领域内的资深专家、学者出席评审会,在教育价值、社会价值等方面给课程以高度评价。林蕙青副部长说:"这门课的定位非常好,大师用他们的毕生研究凝练出的精华来指导学生,聚集了最优质的资源,对我们国家推进素质教育很有意义。"③

二 美育在 21 世纪新的机遇与使命

在 21 世纪高科技时代,是互联网的时代,是全球化的时代,在这种时代条件下,美育面临着新的机遇和使命。

第一,美育的陶冶情操、塑造和谐人格、培养完满人性的功能,在 21 世纪更显出一种紧迫性。

当今世界有三个最突出的问题,人与物质生活和精神生活的失衡,人的内心世界的失衡,人与自然关系的失衡。这些问题自 19 世纪以来愈演愈烈,如何消除人的片面发展,恢复人的身心平衡,培养完善的人

---

① 叶朗:《"艺术与审美"系列人文通识网络共享课的追求》,《中国大学教学》2018 年第 1 期。

② 参见 http://www.zhihuishu.com/zhsnews/100054.html.

③ 参见 http://yuqing.people.com.cn/n/2015/0901/c210121-27537661.html,人民网 2015. 9.1.

性,日益显得紧迫。在世界各个地区,物质的、技术的、功利的追求在社会生活中占据了统治的压倒一切的地位,而精神的生活和精神的追求则被忽视、被冷淡、被挤压、被驱赶。一切都符号化、程序化了,人的全面发展受到肢解和扼制,个体和谐人格的发展成长受到严重的挑战。人与自然的分裂也越来越严重,已经发展到有可能从根本上危及人类生存的地步。在这种情况下,要求我们更重视美育。美育具有促进人的内心和谐、培养完满人性的功能,古今中外的思想家们有着高度一致的认识。席勒于 18 世纪末在其最主要的美学著作《美育书简》中提出:"正是通过美,人们才可以达到自由。"①席勒还明确指出美育的目的在于"培养我们感性和精神力量的整体达到尽可能和谐",一个全面发展的真正自由的人必然是"既有丰满的形式,又有丰富的内容;既能从事哲学思考,又能创作艺术;既温柔,又充满力量。在他们身上,我们看到了想象的青年性和理性的成年性结合成的一种完美的人性。"②席勒说过,美是"纯洁的源泉",可以净化社会和人心。③ 张世英先生曾指出当今社会人们普遍缺乏万物一体、民胞物与的境界,人人以自我为中心,忙于眼前物质利益的追求。面对这样的社会现象,最根本的还是要改变一个社会群体的精神境界。美育是同情和爱力的教育,美育的意义便是让人从心底生发出万物一体、民胞物与的至善思想。将那个有限的渺小的自我,扩大成为全人类的大我,从而生发出安然从容的在世情怀,生发出对整个人类和世界的关爱。这样一种同情和爱力的倡导和培养,对于改善冷漠的时代症候至关重要。张世英认为对于自然和艺术的美的体验是感通宇宙大道的出发点和归依处,也是人类体验生命和宇宙人生的最理想的方式,更是养成健全人格和审美心灵的必由之路。他说:"人生的希望有大有小,有高有低,我以为人生最大最高的希望应是希望超越有限,达到无限,与万物为一,这种希望乃是一种

① ［德］席勒:《美育书简》,中国文联出版社,1984 年版,第 39 页。
② ［德］席勒:《美育书简》,中国文联出版社,1984 年版,第 51 页。
③ ［德］席勒:《美育书简》,中国文联出版社,1984 年版,第 63 页。

崇高的向往,它既是审美的向往,也是'民胞物与'的道德向往。"①美育是心灵的照亮,是自我良知的教育,是精神提升的教育,是生命意义的教育,是人生信仰的教育,也是给人以希望的教育。②

第二,美育指向心灵的自由和创造的精神,在 21 世纪,必然成为高科技产业、文化创意产业的文化支撑。

21 世纪的高科技产业、文化产业都要求充分发挥人的创造力,而一切领域的原创精神都需要美育的涵养。宗白华认为晋人的精神是最哲学的,因为它是最解放的、最自由的,唯其如此才能把自我的"胸襟像一朵花似的展开,接受宇宙和人生的全景,了解它的意义,体会它的深沉的境地"。③ 众所周知,高科技产业已经日益成为最有前途的产业之一,文化产业和信息产业正日益成长为新的支柱产业,商品的文化价值、审美价值正在逐渐成为主导价值。人们越来越意识到越是具有审美内涵的事物便越具有影响文明和文化进程的品格。此外,网络传媒世界里的形式和内容也日益与美和审美的问题紧密相关。新兴的创意产业更是将艺术的想象力和创造力直接转变成为产业链中极其重要的环节。而这些新产业的背后都需要美的内容和艺术的创意作为基础。

第三,美育的启迪心智、引发想象和提升精神境界的功能,重新定义了 21 世纪人才的坐标。

美育可以启迪人的心智,涵养人的胸襟,提升人的道德情操。美育是超越功利的人性教育,美育最基本的特性在于引导人在超越功利、愉悦自由的精神状态中,认知自我内在的灵性,塑造自我完善的人格。唯有美的感悟,才能变换人的心地,变换心地才能变换气格,变换气格才能提升境界。中国艺术的核心精神就是在自然和艺术的世界里寻找至真至美的心灵,涵养美的胸襟,从而探求艺术的真谛和人生的意义。20

---

① 张世英:《哲学导论》,北京大学出版社,2008 年版,第 370 页。
② 顾春芳:《美育在当代中国的机遇和挑战》,在第 18 届世界美学代表大会上的发言,参见《广播电视艺术文集》,上海书店出版社,2013 年版。
③ 宗白华:《美学散步》,第 183 页,上海人民出版社,1981 年版。

世纪下半叶以来，随着电子工业、信息技术、传媒娱乐、生物工程、文化产业等新经济形态的迅猛发展，需要源源不断地为这些新的产业输送心智活泼、具有高度创造力的人才。世界范围内，凡是需要创造性地解决问题的领域，均需要提高人的文化修养和美学修养。爱因斯坦曾指出科学的最高发现往往不是依靠逻辑，而是依靠直觉和想象力。这种直觉和想象力就来源于审美的性灵中合乎自然的心理秩序和合乎造化的宇宙体悟。所以，美育的功能重新定义了 21 世纪人才的内涵，人才首先应该是有着高贵的人格，完满的人性，审美的心胸，良好的修养，身心和谐以及全面发展的人。这样的人才，不仅具有高度的想象力和创造力，而且具有广阔的眼界和胸襟，致力于追求一种更有意义、更有价值和更有情趣的人生。马克思在《共产党宣言》中说：更美好的世界，"将是这样一个联合体，在那里，每个人的自由发展是一切人的自由发展的条件"。可见，个人境界的提高，不仅仅是个人的问题，也关涉到整个社会的发展。

三　互联网时代美育课程的人文品格和文化守望

美育课程的人文品格和文化守望，在互联网时代，社会发展对此提出了进一步的要求，同时也提供了进一步提升的可能。"艺术与审美"网络共享课程的实践与成效在这方面对于我们有启示，主要有以下四点：

第一，美育课程应该突出心灵教育、人格教育。

美育的根本宗旨是立德树人，所以我们要求突出心灵教育、人格教育，引导学生追求人生境界的提升和超越。

美育的恒久力量在于催生并推动个体的人对自我生命的真正觉解，使人从现实功利的世界中超越出来，锤炼一种超越的智慧，一种审美的心胸，一种自我净化的途径，一种心灵涵养的方式，一种持续性的生命教育的内在动能，从而获得一种充满希望的人生态度和精神取向。

因此,美育是促成道德教育的一种最完美的、最有效的教育方式。道德起于仁爱,仁爱产生同情,同情起于想象。可见,审美教育是道德教育的基础功夫。一个真正有美感修养的人必定同时也具备相当的道德修养。美育教人体验生活,体验人生的意义和价值,培养人在审美直观中把握整体的能力,培养超凡脱俗的高尚气质,这既是审美的培育,也是德性的培育。

学校美育的目标不是知识的考试,而是启发和引导人的良知的自我发现和自我照亮。美育的根本目的,是致力于人的精神世界和内心生活的完满,培养我们感性和精神力量的整体达到尽可能和谐,拓宽和提升自身的胸襟、格局、美德、趣味、境界。只有和谐的人格才能让我们有足够的智慧创造一个快乐的、有意义的、有情趣的、完全实现自我价值的人生。

前面说过,我们的"艺术与审美"网络共享课程从一开始就强调要突出心灵教育、人格教育、对人生的爱的教育。

第二,美育课程应该充分体现中国精神,显示中国特色。

习近平总书记在第十九届中央政治局第五次集体学习时着重指出,"博大精深的中华优秀传统文化是马克思主义中国化的精神性土壤,只有牢固地践行彰显中华优秀传统文化价值内核的社会主义核心价值观,才能够在风雷激荡的世界意识形态角逐中站稳脚跟"。美育课程要注重中国特色,体现中国精神。2020 年,中共中央办公厅、国务院办公厅印发《关于全面加强和改进新时代美育工作的意见》,这个重要文件,明确指出要立足于传承中华优秀文化传统,弘扬中华美育精神。应该将审美教育植根在博大精深的中华文化的深厚土壤中,充分吸收和萃取中华民族的美育智慧,涵养学生的身心,同时放眼世界、融通中外。

前面说过,"艺术与审美"课程在这方面下了很大的功夫。我们着重开设中国特色的课程,我们讲昆曲,讲敦煌,讲《红楼梦》。在艺术方面,我们讲中国绘画、中国建筑、中国园林,都注重继承和弘扬中国传统优秀文化。如讲授"中国古建筑与文化"的清华大学楼庆西先生，是梁思成先生仅存的几位弟子之一，他汲取中国古建筑中的文化独特性、乡土性，以自己毕生的研究撰写教案并亲自授课，期望学子们通过"知乡美、忆乡愁"，做有底蕴的中国人，使古老的建筑艺术之美实现当代转化，彰显青春活力。

第三，美育课程应该注重艺术经典的教育。

经典是承载民族优秀文化的高贵器皿，美育需要重视经典的品读和弘扬。我们所要重视的经典，包括古代经典和现代经典，古代经典是中国人做学问的共同基础，现代经典则是我们直接的资源。历史上的艺术经典，是人类历史上最伟大心灵的创造。通过这些艺术经典来进行美育，不纯粹是为了解释作品本身，而是要认识那一个个伟大的心灵。通过研究艺术经典，我们和人类最伟大的心灵对话，通过对话来把握人类历史上最伟大心灵创造的一些秘密，并上升到美学的高度。比如《红楼梦》，它就是最伟大的心灵的创造，美的秘密都包含在里面。比如大画家齐白石，他的艺术是纯中国的，他是完全在中国这个土壤上土生土长出来的一个画家，却成为世界公认的大师。从这个角度研究中国美学和中国人对美的体悟，不仅有利于经典的研究和传播，并且可以进一步加深大学生对中国文化的亲切感和归属感。

第四，美育课程应该尽量集中美育方面的名师。

在可能的条件下，美育课程要争取聘请人文艺术方面的大师、大艺术家、文化遗产的传承人来讲课。这在互联网的时代，有比过去任何时代都更便利的条件。据我们的体会，互联网时代的教育公平，最重要的就在于优质师资的共享。"艺术与审美"课程在这方面做了尝试，成效很显著。"伟大的红楼梦"邀请了两岸三地著名红学家和文化学者，其中有前文化部长王蒙先生、中国红楼梦学会会长张庆善先生、副会长孙逊先生、香港著名学者郑培凯先生、著名红学专家胡德平先生，还有北京大学的名师……课程的导师团队从多个视角对具体的问题展开研究，编写讲义，并从多个角度给大学生阐述这部伟大的小说的永恒魅力,为全国各大高校的大学生送上了一席文化和精神的大餐。《敦煌的艺术》课程整个教师团队大家云集,平均年龄70岁以上,授课团队中有"一去敦煌五十四年"的敦煌研究院名誉院长樊锦诗先生,有敦煌美术研究所前所长85岁的关友惠先生,有上海音乐学院84岁的陈应时教授,有研究敦煌舞蹈的西北民族大学高金荣教授,也有前后担任敦煌研究院院长的王旭东和赵声良两位敦煌学者……该门课程的意义早已超出了课程本身,它很好地诠释了中国优秀传统文化的时代守护、薪火相传的精神信仰,以及对于中国艺术和文化的高度自信和热爱。对于培养大学生的文化自觉、坚定文化自信、实现文化自强意义重大。"昆曲经典艺术欣赏"汇集了"老中青"三代昆曲艺术家多达20余位,其中有在当代昆曲创新上作出卓越贡献的台湾作家白先勇教授、被誉为"昆曲大熊猫"的蔡振仁先生、前中国戏曲学院院长周育德先生、上海戏剧学院著名教授叶长海等。这门课的特色在于,它不仅仅是戏曲知识的教授,还是昆曲文化的活态传承和弘扬。授课专家讲授戏曲文化,还演示昆曲表演艺术的唱腔和身段,同学们在欣赏和体验中可以全面领略昆曲艺术的优雅精致、博大精深。可以看到,"艺术与审美"这门课充分体现了互联网时代在优质师资共享方面可能达到的优势。

结　语

当代中国在全球化背景下,在多元化的世界格局中,在金融危机的情境中,在后疫情时代的特殊情形下,面临诸多的前所未有的问题,教育也面临着诸多的难题和挑战。

今天的青年是在互联网和全球化环境下成长起来的一代,是在知识经济和科技文明中成长起来的一代,他们的自我意识和独立个性、他们受到东西方文化的共同影响较之中国历史上任何一个时代都更加突出。然而分崩离析的价值观也使他们时刻处于不确定、不安全、无意义和迷茫的精神危机的威胁之中,处于趣味的多元化和不平衡的现实分裂中。趣味的多元化，反映的正是社会审美意识的不平衡和差异化。

美育是立德树人的重要载体，如何坚持弘扬社会主义核心价值观，强化中华优秀传统文化、革命文化、社会主义先进文化教育，引领学生树立正确的历史观、民族观、国家观、文化观，陶冶高尚情操，塑造美好心灵，增强文化自信、民族自信、民族自豪感和凝聚力，如何有效地影响当代大学生的心灵和精神，如何提升大学生的审美和价值理性，为他们的精神世界培育一个美好的底子。网络慕课的媒介形式给我们提供了人文通识教育和美育的全新思路。数字技术引发的媒介革命，给教育带来了前所未有的挑战，也预示了前所未有的可能性。网络慕课作为一种新型的教育媒介，正在导致教育全方位的深刻变化。采取同步课堂、共享优质在线资源等方式，在互联网共享平台共享美育的研究和成果，推行"互联网+教育"的理念，探索线上线下混合式教学模式，这是未来人文通识教育和美育的发展趋势，也是立足时代需求、更新教育理念、完善高质量的具有中国特色的现代化学校美育体系的技术支撑和重要形式。

我们建设这门"艺术与审美"人文通识网络共享学分课，利用互联网的媒介，在大学生中加强艺术教育和人文教育，是我们贯彻中央精神的一种尝试，也是回应时代呼唤的一种尝试。

与叶朗教授对"互联网+教育"美育的思考和对谈

美的体验与亲证

　　对于"美是什么"的探讨在以往的美学和艺术学研究中一般较为侧重于理性的、抽象的思考和判断,而忽视感性的、直觉的体验和想象。

　　美和道一样,是无形的,是抽象的,它不是具体的实相,而是感觉对于外物的体验,心灵对于世界的映现,是心物相合的结果。由于心物不是恒定的,无论是心还是物都是变化着的,这就决定了美的映现并不是恒定的,而是需要时机的。"闲云潭影日悠悠,物换星移几度秋。"(王勃《秋日登洪府滕王阁饯别序》)这句诗中体现的是年年岁岁乃至每时每刻的变化,宇宙间没有不变的事物;"江畔何人初见月?江月何年初照人?"(张若虚《春江花月夜》)这句诗中体现的是生命的短暂而又多变以及不可挽回的时光,作为承载心灵的生命不可能永生。而恰恰在这不恒定的多变中,心灵和外物在某一时刻映现出了永恒的美。无论是不可重复的《兰亭序》还是孤篇盖全唐的《春江花月夜》,都是美在艺术中的在场和呈现。

　　因此,我们可以说伟大的艺术可以体验美、见证美、显现美、确证美,美在可感的艺术中得以存现。我们可以说:艺术是美得以存现的精神器皿,美是艺术价值的永恒证词。美只是它自己,它既不是物也不是心,但是它存现于物也存现于心,并通过心物相合向我们敞开其意义。美的存现和敞开的过程就是意象生成。在此意义上,"美在意象"较之"美是意象"更能突出作为本体的美和其存现与敞开的偶发性、动态性和不可言说的神机。

对于美的理解和把握，仅仅依据知识性、概念性认知是有限的，仅仅依据理性和抽象的思维是无法把握的，无论是美的研究还是美的创造都离不开体验和亲证。"古人学问无遗力，少壮工夫老始成。纸上得来终觉浅，绝知此事要躬行。"（陆游《冬夜读书示子聿》）美学研究和美的创造也如此，都不能得来于纸上，而是躬行亲证的结果。

以上就是我觉得美的体验和亲证的重要性，也是我选择讲"美的体验与亲证"这个题目的原因。

美学在其终极意义上是境界之学。美是觉悟心灵的创造，美学不应该仅仅是知识的研究。美学和其他学科不一样，它的意义不仅仅表现为研究美的知识、美的概念，美学的根本意义在于落实到人的修养和境界。美的体验与亲证验证着美学研究的真实与虚假，有意义与无意义；美学反过来也可以甄别美的创造的深刻或肤浅，平庸或天才，贯通二者的基础是体验和亲证。没有体验和亲证的美学是止步于知识而不能臻于智慧。

今天研讨会的主题是"传统与当代——意象理论的传承与发展"，意象理论如何继承？怎样创新？在我看来，中国美学的"意象理论"的当代发展，不仅仅要提倡知识论层面的研究，也要重视艺术创造层面的体验和亲证。我认为"意象理论"的当代拓展，其最重要的意义和价值就是在方法论层面建立"意象阐释学"的观念和方法。将感性层面的体验和理性层面的思考，通过"意象阐释学"的方法运用于艺术经典的研究与阐释。"意象理论"的阐释、运用以及意义拓展，也必定要落实到人生境界，我以为这就是中国美学最根本的精神传统。也是我们当代美学需要继续宗白华、朱光潜等前辈学者接着讲的学术追求和精神追求。就我个人而言，我的学术研究和艺术创作是不可分割的，我研究美学、艺术学、戏剧学和电影学，也一直没有停止写诗、编剧、书法等艺术实践，我用艺术来验证我的美学思考，同时以美学来反哺我的艺术创造。

关于"美的体验和亲证"，我主要想谈四点。一、美是心灵的创造；二、美是主客的统一；三、美是真理的显现；四、美感给人以自由。

美是心灵的创造，美需要体验和亲证。

首先我提一个小问题：伊甸园和人间花园，哪一个更美？《圣经》中的伊甸园，是上帝赐予人类的，是亚当和夏娃曾经生活的地方，那里四季如春，远离困苦，尽善尽美，无须人类的栽培和养育。那是上帝的馈赠，是圆满自足的永恒花园。人间花园则不一样，人间的花园有岁月荣枯，它需要持之以恒、艰苦卓绝的耕耘和培育。但是，偏偏有人不喜欢永恒的花园。吉尔伽美什历经千辛万苦、长途跋涉最终到达永生的"太阳花园"后，却发现那里的幸福与自己并无关系，那个天神的花园不属于凡人，于是他又重新回到那充满苦难的乌鲁克城。《荷马史诗》中的英雄奥德修斯，他抵御了海妖塞壬的诱惑，拒绝了卡吕普索的挽留，没有留恋永生不死的仙境花园，宁可在海上漂流十年，历经九死一生回到伊萨卡岛的故园与妻儿团聚，在阿尔喀诺俄斯花园中劳作。

吉尔伽美什和奥德修斯为什么要做出这样的选择？为什么在他看来伊甸园没有人间花园更有吸引力？是因为永恒的花园在时光之外，它脱离了大地。至善至美、无须耕耘的花园，是游离于生命之外的花园。真正的属于人的花园，必须由人自己来开辟，必须由人自己的汗水去浇灌。在大地的花园里，需要人的奉献，需要付出年复一年的汗水，才能拥有诗意的栖居。不经耕耘便果实累累的天国的花园，独立于时间之外，没有荣枯、永恒不死，也就无所谓美和不美。唯有生命有限，美才成为必需，才成为可能。也就是说，没有了心灵的体验和创造，就无所谓美或者不美，美必须来自人的创造。即便是伊甸园的美，也是以人世间的艰难，时间意义上生命的短暂作为参照的，如果没有这样一个参照，它的美，也就没有了根基，没有了意义。

美的体验和创造，离不开心灵，更离不开亲证的时机。托尔斯泰的《战争与和平》中有一个令人难忘的场面，安德烈公爵受了致命重伤之后，仰面躺在奥斯特里茨的战场上，在死一样寂静的空气里，他望见了一片蓝天,于是便想:"我以前怎么就没有发现天空竟是如此的高远?"奥斯特里茨的天空还是那个天空,较之往常并没有根本性的变化,但是安德烈的心境变了。对于天空、美和生命意义的发现,这是一个亲证美的瞬间,是安德烈公爵真正意义上的重生。这是一个经过战争洗礼的心灵的顿悟,他领悟了现实世界神圣的美,他领悟了人生在世的全部意义。

因为美是心灵的创造,美需要体验和亲证。美感不是思维的结果,它是非概念性的,它直接源于审美经验中对于美和意义的体验。美感和审美是刹那间的感受,也就是王夫之说,"一触即觉,不假思量计较"。中国美学最根本的特点和意义就在于重视人的心灵的作用和精神的价值。在中国美学中,"心"是照亮美的光之源。唐代思想家柳宗元说:"美不自美,因人而彰。"唐代画家张璪说,"外师造化,中得心源"。正是在这个空灵的"心"上,宇宙万化如其本然地得到显现和照亮。也正是在此意义上,宗白华先生说:"一切美的光是来自心灵的源泉:没有心灵的映射,是无所谓美的。"①

中国美学的这个特点,在历史上至少产生了两方面的重要影响:一个方面是特别重视艺术活动与人生的紧密关系,特别重视心灵的创造和精神的内涵。另一方面是引导人们去追求心灵境界的提升,使自己越来越具有超越性的精神境界和胸襟气象。因此,强调美不脱离心灵的创造,这不是有些人所说的唯心主义意象论,而是倡导将美的感悟和体验落实于日常,正视美和心灵的关系,并将之落实于现实人生。美是心灵的创造,这正是中国美学的特色和贡献所在。

第二,美是主客的统一。我们现在讨论美和美感的前提,应该是在主客统一的前提下,而不是有别的什么前提。如果我们今天还在讨论"意象"是主观的还是客观的,唯心主义还是唯物主义,我个人认为已经没有讨论的必要了。美学在上世纪 50 年代有过一场讨论,当时的理

---

① 宗白华:《美学散步》,上海人民出版社,1981 年版,第 70 页。

论框架就是主客二分,它讨论的主要问题是美的本质,"美是客观的还是主观的?""是美感决定美,还是美决定美感?"这场讨论的结果就是今天我们都意识到不能从反映论角度来加以思考美的基本理论问题,美感不是认识,对美的把握不能基于主客二分的认识。

在主客二分的思维中,中国当代美学一度成为追求普遍规律的学问。这种观点把美学引向抽象的概念世界,使美学变得远离现实、苍白无趣。审美意识不是分析的结果,而是超越主客关系的瞬间激起的惊异,惊异是创造性的发现。只有超越主客二分的思维,才能将抽象的美学变为诗意的美学。超越主客关系,就是超越有限性。对于"人类的历史"和"整全的宇宙"的认识和把握,不能单单依靠外在的认识,需要运用想象,以现在视域和过去视域有机结合在一起的"大视域"来看待历史,要依靠内在的体验和想象,唯有体验和想象才能把握整全。当代美学要以更加整体的观念来看待个体生命和我们身处的世界,通过整体的观念来看待人和宇宙万物的关系。在更高的智慧上认识物我的关系、人与世界的关系,才能产生具有超越性的生命境界,这就是最高的审美意义之所在。

叶朗教授提出的"美在意象"是"意象理论"的当代成果。"美在意象"说,立足于中国传统美学,在继承宗白华、朱光潜等人的中国现代美学基础上,充分吸收了西方现代美学的研究成果,在审视西方20世纪以来以西方哲学思维模式与美学研究的转向,即从主客二分的模式转向天人合一,从对美的本质的思考转向审美活动的研究,同时又对20世纪50年代以来中国美学研究进行了深入反思,特别是审视了主客二分的认识论模式所带来的理论缺陷,将"意象"作为美的本体范畴提出。从"美在意象"这一核心命题出发,将意象生成作为审美活动的根本,围绕着审美活动、审美领域、审美范畴、审美人生,构建了以"意象"为本体的美学体系。

"美在意象"说是在传统和当代、理论和实践等多个维度上都具备深刻意义的美学体系。"美在意象"说用中国美学和艺术精神来观照艺术的审美和创造,建构了艺术阐释的理论和方法,对于贯通各门类艺术,解决长期以来困扰各门类艺术美学的本体论研究提供了重要的思想和阐释的工具。"美在意象"的理论将以往悬而未决的艺术本体论研究中"审美意象生成"的理论命题推向了一个新的历史阶段,不仅推动了中国当代美学理论的发展,对于研究和阐释艺术审美创造也具有观念和方法论的突出价值。

第三,美是真理的显现。海德格尔认为:"美属于真理的自行发生。"①艺术意象呈现的是如其本然的本源性的真实。海德格尔、夏皮罗、德里达和肯尼斯·克拉克都曾探讨过艺术作品本源,以及美和真理的关系问题。海德格尔在《艺术作品的本源》中讨论了"物与艺术作品""艺术作品与真理"和"真理与艺术本质"。他说:"在艺术作品中,存在者之真理已经自行置入作品中了。"②他认为真理进入艺术的过程,也就是它本身开启生发和敞开的过程。一件艺术品的诞生,就是真理以感性形态获得其存在的过程,也是它从隐微显现自身的过程。海德格尔关于艺术本源的思考将真理与艺术统一起来,揭示了艺术创造的本质。

夏皮罗在《一则关于海德格尔与凡·高的笔记》一文中指出海德格尔希望通过解读凡·高来说明作为真理的敞开的艺术本性。夏皮罗认为海德格尔忽视了"艺术家在作品中的存在",也就是忽视了艺术的"个人性"和"个性史"。他认为是艺术家的本性通过鞋子得以显现,对一个艺术家来说,"将其破损的旧靴子当做一幅画的主题,也就是传达了对其社会存在的命运的关切",由此"靴子"承载了"个体"惊心动魄的历史。③ 而德里达则认为海德格尔硬把农妇的脚伸进这双鞋里显然是太主观了,夏皮罗则"光看见鞋,没看见画"。德里达指出鞋子是被

① [德]海德格尔:《艺术作品的本源》,《海德格尔选集》上册,上海三联书店,1996年版,第302页。
② [德]海德格尔:《林中路(修订版)》,孙周兴译,上海译文出版社,2008年版,第18页。
③ [美]唐纳德·普雷齐奥西主编,易英,王春辰,彭筠译,《艺术史的艺术批评读本》,上海人民出版社,2016年版,第421、422、423页。

遗弃的,凡·高《农鞋》中的两个鞋子是分离的,绘画以鞋子的形式展示的是"他自身的缺乏"。而肯尼斯·克拉克却指出:"伟大的杰作,其油彩本身超越了物质,是有波动和生命的","透过时间造成的裂痕,让新的光亮照进来。点和线,一切一切都活起来",伟大的艺术是"一场艺术家在场的戏剧。"①可以看出,哲学家和艺术史家都不约而同地指出了艺术和真理之间的关系。

但是,语言不能穷尽艺术的美所包蕴的真理,因为语言是有限的,艺术呈现的美的意蕴是无限的,以有限的语言来言说无限的真理是有所局限的。哲学和美学敞开真理和美的方式需要依赖语言,语言要完成对不可言说的言说则需要通过阐释。然而,真理和美在艺术中无须语言便可通过意象世界得以敞开,②哲学和美学,艺术可以更为直接、快速、准确地触摸和敞开真理与意义。作为艺术家心灵创造的结果,艺术完成的是对不可言说的最高的美和真的言说。艺术意象的瞬间生成,不是一个认识的结果,逻辑思维的结果,这一过程犹如宇宙大爆炸,在瞬间示现出内在的理性和灿烂的感性,照亮了被遮蔽的历史和生命的真实,达到了情与理的高度融合,从而实现了最高的"真实"。这就是意象世界所要开启的真实之门,以及意象世界所要达到的真实之境。

审美意象呈现的是如其本然的本源性的真实。对于艺术意象的阐释是对于最高的美和真的言说,也就是关乎真理的言说。艺术是感性形式的"真理的呈现",美学和艺术学是建立在阐释基础上的"意义的敞开"。"意象生成"不是一个认识的结果,而是在审美体验和艺术创造中瞬间生成的一个充满意蕴的世界,它包含着内在的理性,也呈现出灿烂的感性。

因此,在我看来"意象理论"的当代拓展,最重要的是建立"意象阐释学"的观念和方法,从而贯通美学、阐释学和艺术。"意象阐释学"可

---

① [英]肯尼斯·克拉克:《何为杰作》,译林出版社,2021年版,第 131、133、137 页。
② 顾春芳:《"意象生成"对艺术创造和阐释的意义》,《中国文学评论》2020 年第 3 期。

以拓展想象并超越在场，拓展一种美学的研究方法，揭示在场的一切事物与现实世界的关联，建构起艺术的美学阐释，从而把抽象的美学变为诗意的美学。没有孤立的现在或孤立的过去，想象可以将不在场的事物和在场的事物，综合为一个共时性的整体，从而扩大思维所能把握的可能性的范围。这种方法教会我们不要用知识之眼，不要用概念之眼，而是要用意象去心通妙悟，揭示艺术和美的真理性，从而实现迦达默尔所提出的"捍卫那种我们通过艺术作品而获得的真理的经验，以反对那种被科学的真理概念弄得很狭窄的美学理论"，并从此出发发展出"一种与我们整个诠释学经验相适应的认识和真理的概念"①。唯其如此，美学才能成为一种在艺术之镜里反映出来的真理的历史。

第四，美感给人以自由。不自由是主客关系式的必然特征。因为主客关系式是以主客彼此外在为前提，主体受客体的限制乃是主客关系式的核心。按主客关系的模式看待周围事物，则事物都是有限的，一事物之外尚有别事物与之相对，我（主体）之外尚有物（客体）与之相对。超越主客关系就是进入天人合一的审美意识，人意识不到外物对自己的限制，一切有限性都已经被超越了。超越主客关系，就是超越有限性。唯有超越，才能获得真正的自由。人们在日常生活中习惯于按主客关系式看待周围事物，所以要想超越主客关系，达到审美意识的天人合一，就需要修养，也就是美的教育。

思维和想象是两种超越的途径。艺术言说的方式和植根于语言基础的理论有着本质的不同。艺术主于想象，理论主于思维。艺术是感性形式的"真理的呈现"，美学是建立在语言基础上的"意义的阐释"，后者需要依靠语言，敞开艺术的原理和创造的奥秘。旧的形而上学阶段按照"纵向超越之路"，通过认识、思维、超越主体客体对立中的主体或自我，一步一步地达到超越，而意象阐释学是要通过"横向超越之

---

① ［德］汉斯-格奥尔格·伽达默尔：《真理与方法：哲学诠释学的基本特征（上）》，洪汉鼎译，上海译文出版社，1999年版，第126页。

路"，也就是超越主客对立中的自我或主体，通过想象，达到在场与不在场的融合为一的万物一体的境界，要求把在场的东西与不在场的东西、显现的东西与隐蔽的东西统合起来加以关照，达到真正的超越性的自由。只有这样，美学才能对于真理问题、历史问题、传统和现在的问题有新的认识。因此在我看来，意象阐释学的根本意义在于：它可以把抽象的美学思维变为诗意的意象阐释，充分把握审美意识中"理在情深处"的特点，在理论的建构中拓展想象并超越在场，从而实现对于意义和真理的确证和敞开。

审美意识是超越性的，它能"激发人从有限的感性现实上升到无限的超感性的理性世界，从而达到一种超越有限的自由"①。美具有解放的作用，审美可以把人从各种功利束缚中解放出来。康德认为审美可以把人从各种现实的功利束缚中解放出来，成为一个真正的人。席勒继承和发展了康德的思想，他进一步认为只有"审美的人"才是"自由的人""完全的人"。到了法兰克福学派，把艺术的救赎与反对"异化""单向度的人"以及人的自我解放的追求更加紧密地联系在一起。海德格尔更是倡导人回到具体的生活世界，"诗意地栖居"在大地，回到一种"本真状态"，达到"澄明之境"，从而得到万物一体的审美享受。

一个真正有审美意识的人，一个伟大的诗人，都是最真挚的人，审美意识使他们成为最高尚、最正直、最道德、最自由的人。审美意识和精神境界的提升总是指向一种喜悦、平静、美好、超脱的精神状态，指向一种超越个体生命有限存在和有限意义的心灵自由的境界。在这样的心灵境界中，人不再感到孤独，不再感觉被抛弃，生命的短暂和有限不再构成对人的精神的威胁或者重压，因为人寻找到了那个永恒存在的生命之源，从自己的内在发现了永恒之光。这种"永恒之光"不是物理意义上的光，这种光是内在的心灵之光。这种心灵之光照亮了一个原本平凡的世界，照亮了一片风景，照亮了一泓清泉，照亮了一个生灵，照

---

① 张世英：《超越有限》，《江海学刊》2000 年第 2 期，第 73—78 页。

亮了一段音乐，照亮了一首诗歌，照亮了霞光万道的清晨，照亮了落日余晖中的归帆，照亮了一个平凡世界的全部意义，照亮了通往这个意义世界的人生道路。这种心灵之光，向我们呈现出人生最终极的美好的精神归宿。个人自由的实质，就是如何一步一步超越外在束缚，以崇高为目标，提高精神境界的问题。审美自由，是最高的自由。如果每个人的精神境界都逐步得到了提高，也必将提升整个社会的自由度。可见，个人境界的提高，不仅仅是个人的问题，也关涉到整个社会的发展。

意象理论的当代发展要延续中国美学的基本精神，这一基本精神就是关注人的精神境界的提升，就是围绕人的超越和自由，人的主体性和自由本质的关系，以及如何超越和自由的问题。中国美学格外重视精神的层面，十分重视心灵的作用。"意象"作为中国美学的核心概念，在理论上最大的特点是重视心灵的创造作用，重视精神的价值和精神的追求。当代"意象理论"的核心成果，在理论上最大的突破就是重视"心"的作用，重视精神的价值。

全球化时代有两个突出问题：人的物质追求和精神生活之间失去平衡，功利主义压倒一切。当代的美学应该回应这个时代的要求，更多地关注心灵世界与精神世界的问题，而这又正好引导我们回到中国的传统美学，引导我们继承中国美学特殊的精神和特殊的品格。

"意象理论"的当代推进可以解决西方哲学长期悬而未决的"感性观念"何以成立并可以进入艺术学领域的问题。对于美学和艺术学研究而言，审美意象是在传统和当代，艺术与美学、艺术审美和艺术哲学等多个维度和层面都具备深刻意义的美学范畴。"意象理论"必将为当代美学和艺术学的理论建构注入新的活力，也必将对全球化时代的世界美学和艺术学理论贡献中国智慧。

2021 年 6 月 12 日"传统与当代：意象理论的传承和
发展"学术研讨会上的发言

美何以成为内在信仰

　　美育不仅是理论和学科,美育的关键是要将美感的教育落实到家庭教育、学校教育和社会教育这三个主要教育的领域中去,以此提高中华民族整体的人格修养和精神面貌。

　　审美意识是一种历史和文化的积淀,经济可以突飞猛进地发展,但是社会整体的文化和修养只能慢慢涵养。趣味多元化的时代,其背后是社会审美意识的不平衡。美和美育得到国家文化层面的高度重视,这充分说明审美意识和审美教育关乎人的完善、社会的和谐、民族的未来。如何正确认识美育的历史使命,如何贯彻美育的社会功能,如何传承中华民族优良的美育传统,成为我们探讨美育的重要课题。

　　美何以成为一种内在的信仰、成为对抗工具理性的一种救赎力量,美育在何种程度上可以代替宗教,从学理上讲清楚并不难,难的是如何落实于日常。美育不仅是理论和学科,美育的关键是要将美感的教育落实到家庭教育、学校教育和社会教育这三个主要教育的领域中去,以此提高中华民族整体的人格修养和精神面貌。

　　首先,美育是人性的教育,是让人成为人的教育。美育的真谛在于化育人的心地。唯有美的感悟,能够变换人的心地,变换心地才能变换气格,变换气格才能提升境界。

　　美育是点亮良知和完满人格的艺术。美育,不仅仅是艺术教育,它比艺术教育更丰富,美育也不能等同于艺术技能的教育,如果把美育等同为掌握某项艺术的技能,那么将是美育的失败和悲哀。以技能训练代替美育的狭隘粗浅的美育观,使多少孩子成为艺术技能教育的牺牲品。美不仅仅是娱人耳目,不仅仅是好看好听、花前月下、浅吟低唱的欢愉,真正的美在于觉悟的心灵,在于超越小我的大爱,在于一种经受得住痛苦的超越。

我们的教育要引导人与自然、人与自我的和谐。美育要有意识地引导学生和家长从工具理性、功利主义的牢笼里走出,从应试教育的压力下走进自然,体会自然的大美。唯有精神从世俗中超拔出来,从现实的功利世界超脱出来,才能够发现一个日日崭新的、前所未有的世界。中国艺术的核心精神就是在艺术的世界里寻找至真至美的心灵,验证美的胸襟,从而探求艺术的真谛和人生的意义。

其次,美育是最基本的修养教育,美育也是最高境界的道德教育。从小学到大学的每一门课、每一个学科都应该贯穿审美教育,每一个教师都应该是美的使者。教育者首先要反思自己的教育是否符合人性。在所有的教育中,都应该贯穿美育的精神。如果缺乏美育精神的贯穿,就算是艺术教育本身也会变得空洞、无趣和机械。

美育不仅仅是开几个美育研讨会,或者在学校里开一些和美育有关的课程。美育应该是教育的土壤和空气,审美教育不是逻辑概念的认知,不是让孩子们了解几本书、几句名言、几个名人,而是确证美对于心灵的化育和滋养,确证自由的生命对于美的感悟。理想的社会,每一个人都应该是美的使者。我们需要有真正意义上的"人类灵魂的工程师"去宣讲、去感召、去弘扬。

美育的根本目的是:致力于人的精神世界和内心生活的完满,培养我们感性和精神力量的整体达到尽可能和谐。审美教育的天职是:让人成为人。近代"工具理性"下教育的片面性是注重知识的灌输、技能的训练而忽视了心灵的教化和人格的培养。大学和高职教育不能仅等于职业教育,爱因斯坦甚至认为"仅有专业知识的学生像一条训练有素的狗"。仅仅依靠知识和技能并不能使得人类获得快乐而有尊严地生活。片面的职业教育可以使你成为一部有用的机器,但不能造就和谐的人格,不能造就一个人的胸襟、格局、美德、趣味、眼界、境界,只有和谐的人格才能让我们有足够的智慧创造一个快乐的、有意义的、有情趣的、实现自我价值的人生。

一个人如果没有精神追求,大家会说这个人很庸俗,觉得他的人生没有意义。他可能很有钱,但他的精神空虚。一个社会没有精神追求,那整个社会必然会陷入庸俗化。一个国家物质生产上去了,物质生活富裕了,如果没有高远的精神追求,那么物质生产和社会发展最终会受到限制,这个国家就不可能有远大的前途。天长日久,也会出现人心的危机。一个人的道德修养的滑坡是遗憾,一个民族的道德修养的滑坡就可能是一场灾难。

无论是对少儿的启蒙还是大学生的专业教育,美育应该一以贯之地渗透在教育的全部过程之中。美育是心灵的启蒙,是自我良知的教育,是精神提升的教育,是生命意义的教育,是人生信仰的教育,也是给人以希望的教育。应该让每一个学生懂得,人生真正的成功和意义不在于金钱和地位,而在于精神世界和内心生活的完满,不是仅仅做一部有用的机器,而是自我构建一种和谐的人格。那么即便他将来只是一个平凡的劳动者,他也将会在普通的岗位上坚持做一个内心生活和道德完满的人,做一个热爱着平凡生活的、快乐而有尊严的人,这样他的人生就有了意义。一个人,唯有在美的照亮下,有光明在心,有理想在前,才能发现平凡生活中的意义,不断地发现和认识生命的价值。

再次,美育的呈现形式不仅仅是讲解艺术知识、高谈阔论,美育不是灰色的理论说教,而是灵魂对灵魂的点亮,是启发和引导人的良知的自我发现和自我照亮。美育的真正力量在于推动和催生人对于自我生命的真正价值和意义的认识,锤炼一种超越的智慧,一种审美的心胸,一种自我净化的途径,一种自我涵养的方式,从而获得一种充满希望的人生态度和精神取向。唯有这种充满希望的人生态度和精神取向才能让人对存在本身产生一种珍爱和珍惜,对生命本身产生一种感恩和敬畏,对人生的障碍和困境产生一种不断超越的勇气和力量。当自身的良知被照亮,当人格的完满成为一种内在的、自觉的意识和力量,一切的道德和修养就会成为人的自觉的追求和自然的显现。

此外,美育的真正实现便是使人超越世俗功利的追求以及表面的道德文章,让人从心底生发出万物一体、民胞物与的至善思想。存在的意义,就是要在内在的心中去领略,领略那最崇高深远的境界,将那个有限的渺小的自我,扩大成为全人类的大我。借由形而上层面的领悟,从而生发出安然从容的在世情怀,并由此产生对整个人类和世界的人文关怀。

我们可以通过阐释"明德",启发学生体会万物一体的智慧,体会自己和外在世界深刻的内在联系的真相,从而领略民胞物与和至美至善的道理。"至善"的人格和行为源自智慧的觉解,这样的觉解会生发出一种源自生命深层的对天地万物的感恩,对有限的生命时光的认识和珍惜,对此生所要从事的事业的无限珍视和敬畏,对一切苦难的同情和悲悯,对世间万事万物的慈悲和仁爱。

美育工作之所以重要,是因为它需要教育者的境界。一方面,常人都有俗性;另一方面,常人又都有审美意识。生而为人,常常难以免俗。我们反躬自问,我就没有"世俗"的时候吗?老百姓有老百姓的俗气,学人也有学人的俗气;各类科研项目的申报、各类学术研讨会、学术晋升的规定动作足以把人变俗。本应该不俗的人俗了,本应该高贵的人俗了,尤其是要以精神产品示人、以文化示人的那一类人俗了,那么整个社会就真的俗到骨子里去了,就会贻害无穷。

美育是"随风潜入夜,润物细无声"的工作,不是能够马上量化并见出成果的工作。然而美育关乎社会人心,关乎人类良知,是守护一种社会启蒙和良知道德教育的底线,这项工作是崇高而神圣的。无论什么资质,无论小学还是大学,美育工作应该贯穿所有的课程,因为它们决定了我们这个民族和国家的基本道德修养的海拔!有些人虽然没有机会成为引领时代的精英,但是他们是保证整个社会精神生态良性发展的基石,是社会文化和道德的坚实座基,这个座基的海拔直接决定了峰顶的高度,这个座基的坚固可以避免可怕的文化地震的产生。唯有美育可以平衡基础教育和高等教育这两个必须坚守的极地。

美和美感涉及一种神圣性,或者说人生的崇高价值。美应该指向一种高远的精神境界,指向一种天人合一的境界,一种与万物为一体的境界。在此意义上,我们认为美可以成为一种内在的信仰。

美学与诗学合一的人文传统

诗歌呈现的是内心隐秘的世界,犹如人的心灵世界的独白。这样的一种独白在很多时候是不能被讨论的,只能够被分享,或者是留待懂得的人来阅读。研讨当然也很有意义,自己也觉得受益匪浅。

其实,我个人就是自自然然地写诗,没有什么负担,也从来没有过多想过要用什么技巧来写诗。不过一首好诗总是会携带着诗人独特的心灵节奏,这种节奏是独一的,每一个人都不一样。早春二月,在这么美好的环境里,还有在座热爱诗歌的朋友们一起,我觉得这本身就是诗一样的一个下午。所以我常常觉得,有的人认为诗歌是生活的一部分,或者诗歌只是生活的点缀,但是我觉得生活才应该是诗的一部分,这个"诗"当然不只是写在纸上的。如果这个世界上更多人懂得,我们的生活应该是诗的一部分,诗应该是大于生活的那样一个存在,那该有多好。

美学家朱光潜先生有一篇文章叫《美从何处寻》,我也常常困惑于诗从何处寻。作为一名北京大学艺术学院的教师,我个人的写作有两个世界,一个是美学与艺术学的研究,一个是文学和艺术的创作,其中包括诗歌和文学。我比较看重我自己两个方面的能力,一个是理性思考的能力,一个是感性体验的能力。概括起来说,就是思与诗。思与诗,我以为对一个从事美学与艺术学的人来说特别重要,缺一不可。记得我在读中学的时候,读到《歌德谈话录》,读到宗白华先生的《美学散步》,就好像找到了人生的方向,恰好宗先生也研究过歌德。他们的共同之处在于找到了哲学、美学和诗歌最完美的一种融合,同时他们的人生也是哲学、美学和诗歌结合得最完美的人生。宗白华先生以非常通透的、明朗照人的语言把对于自然和生命的热爱,把中国艺术和中国美学的精神,把艺术经典的生命感悟通过文字传达给了我们。

由此,我想到其实北京大学历史上本就有着美学和诗学合一的传统,在我们的前辈学者那里,包括宗白华、朱光潜在内,还有着一大批学者诗人。这些学者诗人是人文学科各个领域研究的专家,也是在各自的教学科研方面取得了卓越成果的一群知识分子。所以我觉得学者诗人的传统本就是北大的人文传统,今天北大热爱诗歌的老师和学生,无论男性还是女性,应该把这样一个人文传统传承下去。

刚才大家讨论为什么要选择或定义这样一个群体?这样一个群体确实有些特殊的共性。我研究过女导演,也研究过其他一些女性艺术家,我觉得女诗人是特别特殊的一种存在,首先诗人要有特别醒觉的一种灵魂状态,还需有特别充盈的心灵世界。北大的这群女诗人,她们天然地具有更加丰富的、灵慧的精神生活和心灵世界。此外,她们的身上还体现着应有的学养。诗人也需要学养,如果没有学养,纵然有天赋或许也不能走得长远。天赋是需要学养的支撑的,天赋有可能随着岁月的磨砺就消失了,保持艺术和诗歌的天赋我想还需要学养作为支撑。在北大这群诗人身上,天赋、热爱、灵慧、学养,以及永不停息的自我精进,心灵世界的不断超越,赋予了每一个个体这样一种内在的自觉和动能。

在我看来诗和诗人是不能分开的,在中国艺术的传统中艺术是心灵的在场呈现,艺术是一个人的才情、智识、修养、胸襟、气象的全部显现。文如其人,诗如其人,诗之所以神圣就在于它跟我们生命的存在是一个整体。每个诗人的内心或许都有两个不同的世界,一个是世俗的世界,还有一个是神圣的世界。只不过诗人会对内心的那个神圣世界更看重,或者能够敏锐地从世俗世界中尽可能把自己的生命或者灵魂提纯到那个神圣的世界中去。诗歌成为自我观照、自我净化、自我教育、自我拷问或者自我安慰的一种方式。这种方式对于心灵的成长和生命的觉悟是特别重要的。

正因如此，诗歌从来就是美育的重要载体。今年，我们北京大学美学与美育研究中心编了一套中小学生《美育》教材，从一年级到高二。我们设计一年级课程的时候就特别设置了诗歌的教育，因为诗歌的教育实在太重要了。《美育》一年级第一课课文就是"发现美的眼睛"，美的发现和体验对于一个人的灵性的培育特别重要。美育就是心灵的教育，如果一个人的灵性不存在了，事实上他关于自我的认知，自我和自然的关系、自我和世界的关系、自我和他人关系的纽带就阻断了。诗歌是能够培养、维护和提纯一个人的灵性的，所以诗歌对于美育极为重要。林语堂说，诗歌教会了中国人一种生活观念，使他们用一种艺术的眼光来看待人生。诗歌使中国人在精神世界里过着一种高贵的生活。诗歌深切地影响并深入中国社会，她教会中国人在任何时候保持至善和良知，她教会中国人富有同情心地生活，她教会中国人在大自然中体会万物一体、民胞物与；她教会中国人在大自然中追求生命的意义，让充满艰辛的生活变得更有希望。

我想在此和大家分享《梦想的诗学》中的一段话："具有心灵的人只听从天地的召唤。诗人就是这样一种人。这种人排除了充斥着日常生活的所有忧虑，摆脱了来自他人的烦恼，这样他会感到在他的身心中展现着一种存在。这种人真正成为他的孤独的构造者，从而能沉思宇宙美丽的面貌，他向世界敞开胸怀，世界也向他开放。"我想这就是我们北大已故哲学家张世英先生所说美感的神圣性，美感在某种意义上接近宗教的体验，诗从万事万物中，从一片云、一泓水、一棵树、一株草、一朵花里体悟到这个世界的全部意义和美，这些意义和美向我们显示出存在的本来面貌。世界在我们眼前，看起来对每个人都是一样，实际上对于不同心灵而言，世界的意义是不一样的。所以如果诗歌能够让我们每一个人的心灵都保持对于美的这样一种醒觉和体验，这个世界就会变得更加美好。刚才秦老师说我们都很平凡,的确是这样。

我想补充的是,因为平凡所以我们要感恩诗歌,因为诗歌是赠与卑微者最好的礼物,美对于所有人都是平等的。

艺 术 美 学

以国民修养载大国气象

—— 蔡元培人本主义的教育思想和宗旨

　　蔡元培是 20 世纪中国现代教育理念和教育制度最重要的启蒙者、改革者和推动者,在国家危亡、抱残守缺的年代,他以全球性的视野、超前的智慧为中国教育安放下现代教育思想理念的基石。他一生孜孜以求探索一个问题:中国的黎明在哪里? 1907 年,在同盟会徐锡麟、秋瑾相继以身许国之后,年届不惑的蔡元培留学德国,完成了他一生中最重要的转型。他远行欧洲,为的是进一步确证"改良社会,首在教育"①的历史反思,认识到国家大治唯有将注意力转向关乎民族前途的教育问题,遂确定"教育救国"作为毕生志业,力争通过改造旧的教育塑造新的国民。这种转变的决心体现在《告北大学生暨全国学生书》一文中,他说:"我们输入欧化,六十年矣。始而造兵,继而练军,继而变法,最后乃始知教育之必要。"②

　　此后,他将全部生命灌注于中国的现代教育改革,成为中国现代教育史上有口皆碑的教育改革家和教育家。由于蔡元培个人身份以及所处历史场域的特殊性,他的教育思想和改革实践与五四新文化运动,与徐徐拉开的中国现代教育的帷幕以及风雨飘摇中的国家的未来休戚相

---

① 蔡元培:《蔡元培全集》第 3 卷,高平叔编,中华书局,1984 年版,第 36 页。
② 蔡元培:《蔡元培教育论著选》,高平叔编,人民教育出版社,2011 年版,第 237 页。

关，因此他的教育思想不是空想，而是从理念、建制到实践的一个完善的体系。这一体系的当代意义在于，它能帮助我们从蔡元培个人命运与历史潮流的互动中透视中国教育近现代以来的弊端和变革的经验教训。

纵观蔡元培的教育思想，内容庞大、自成体系，涉及中国传统教育思想的辨析，西方教育核心理念的介绍，比较视野下的社会问题、时代弊端和教育现状的反思，对现代中国的出路以及教育使命的思考，对中国社会各种职业与道德修养的关切；还涉及大学教育、专科教育、成人教育、职业教育、儿童教育等诸多教育领域；更涉及关于人的思想、道德、学术、趣味培养的各个层面。蔡元培教育思想的核心在于开出一剂简明实用的教育救国的"秘方"，在我看来，这个"秘方"就是如何借由教育实现对国民性的改造，培养具有高尚的理想、纯正的世界观和人生观、可以担当将来之文化、并具有"独立不惧之精神""安贫乐道之志趣"的现代公民。(《教育之高尚理想》)①他从人本主义出发，力求从根本上改造奴性的国民人格，提升中国人的整体修养和文明意识，以期改变孱弱的民族气象，重塑民族和国家发展的自信心，继而实现一个现代中国的梦想。他认为大国之气象并非只是国土之广大，而是国民修养承载大国气象，他在《复兴民族与学生》一文中说："复兴民族之条件为体格、智能和品性。是希望个个人都能做到的，目前中国具了这三条件之人，请问有多少？可以说是少数。但我们希望以后能达到。不过如何去达到呢，还不能不有赖于最有机会的人——学生，尤其是大学生，先来做榜样。"②在实践的方法论层面，他并不盲目追求全盘西化，而是主张在继承儒家正统思想的基础上承古开新，在深入比较中西文化的前提下，积极借鉴并吸收西方现代教育的理念以补益儒家教育思想中不适应现代社会的一面。

---

① 蔡元培：《蔡元培教育论著选》，高平叔编，人民教育出版社，2011 年版，第 45—47 页。
② 蔡元培：《蔡元培全集》第 7 卷，高平叔编，中华书局，1984 年版，第 83 页。

八大山人《河上花图卷》（局部）

心遊天地外

一 "本务"观与儒家教育思想的底色

蔡元培的教育思想顺应世界变化的趋势,放眼世界和人类历史,融合中西、汇通古今,从人本主义的价值理想和尺度衡量中西教育的一切理论成果,以中国传统孔孟之道、圣贤教育结合 18 世纪启蒙时代之后的西方伦理学和教育学,提出知行合一的理念,以理论联系实际的方法,力求融合中西方的教育智慧,重塑中国人的修养和民族的气象。他的教育思想呈现了以下基本特点。

第一,以儒家正统教育思想为纲,西方现代教育理念为目,确立中国现代教育的基本格局和思路。[①] 比如在诠释人生价值这一问题时,为了更好地诠释儒家所倡导的思想,他借用西方哲学"实体"和"现象"之关系来阐明"现象世界之幸福为其达于实体观念之作用",从而指出教育的根本意义在于自由的心灵超脱于现实功利和得失之外,并提出"非有出世间之思想者,不能善处世间事,吾人即仅仅以现世幸福为鹄的,犹不可无超轶现世之观念。"[②]在"修己""家族""社会""国家"等问题的思考中,虽然引用了很多西方教育学的案例,但浸染的依然是"修身、齐家、治国、平天下"的儒家教育的色彩。第二,遵循自由的价值理性,实施德智体美劳全面发展的人才教育思想。他提出废止经科,提倡西方现代教育中的"体育、知育、德育",坚持"普通教育废止读经,大学校废经科,而以经科分入人文科之哲学、史学、文学三门"。[③] 在"良心""本务""德论""修学""习惯""体育""艺术"等问题的研究中,贯彻以"良心"和"本务"为核心的全面发展的教育观。第三,强调现代社

---

① 在比较了儒、释、道、墨、法的各自的特点之后,蔡元培认为老子学说可开后世思想,但是它偏重个体,"故不能久行于普通健全之社会,其盛行之者,惟在不健全之时代";法家思想重群体而轻视个体;墨子有无神论的思想不源于哲学思考,而仅为政治若社会应用而设则过于浅近;唯有儒家能兼顾个性与群性,可以有长久的价值和影响力。

② 蔡元培:《蔡元培教育论著选》,高平叔编,人民教育出版社,2011 年版,第 3—4 页。

③ 蔡元培:《蔡元培教育论著选》,高平叔编,人民教育出版社,2011 年版,第 17 页。

会的个人修养，以改造国民旧的面貌。在卫生、公益、群体、扶弱、爱物、自由、互助、义务、科学、理信等诸多方面提出了有针对性的理论和方法。第四，对于艺术和审美教育的高度重视，充分肯定美育与人生的关系，并将之作为创造国民新生活的重要内容。蔡元培的教育思想对五四以来中国现代人文精神传统的继承和发展，对 21 世纪当前的家庭、社会和大学的三重教育，依然富有深刻的启示意义。

首先，蔡元培的教育思想呈现出鲜明的融通中西的特色。我们可以清晰地体察到蔡元培的教育思想秉承了传统儒家教育思想的底色，倚重儒家所倡导的仁义礼智、孝悌忠义、知行合一。在他看来，"知之而不行，犹不知也"①。道德教养是育人的基本目标，他说："人之生也，不能无所为，而为其所当为者，是谓道德。道德者，非可以猝然而袭取也，必也有理想，有方法。修身一科，即所以示其方法者也。"②而道德的修养，在蔡元培看来包括身心和谐发展、培养良好的习惯、明确人生幸福的根本、自制和自律、忍耐和勇敢、日常个人的修为以及交友之道等伦理方面的自我觉解。蔡元培所倡导的不再是封建道统下虚伪的道德，不是三纲五常，而是建立在履行"本务"基础上的符合自由人性的真道德。何谓真道德？他说："知善之当行而行之，知恶之不当为而不为，是之谓真道德。"③他指出道德有不同的层次，有寻常道德，也有至高道德，"寻常道德，有寻常知识之人，即能行之。其高尚者，非知识高尚之人，不能行也。是以自昔立身行道，为百世师者，必在旷世超俗之人，如孔子是已。"④

这里有必要解释一下"本务"这个概念。"本务"这一概念是蔡元培的教育思想中出现频率很高的一个词，也是非常重要的一个概念，他将"本务"视为一个人全德的体现。譬如：

凡修德者，不可以不实行**本务**。本务者，人与人相接之道也。

---

① 蔡元培：《中国人的修养》，民主与建设出版社，2015 年版，第 5 页。
② 蔡元培：《中国人的修养》，民主与建设出版社，2015 年版，第 4 页。
③④ 蔡元培：《中国人的修养》，民主与建设出版社，2015 年版，第 19 页。

是故子弟之本务曰孝弟、夫妇之本务曰和睦。为社会之一人，则以信义为本务；为国家之一民，则以爱国为本务。能恪守种种之本务，而无或畔焉，是为全德。修己之道，不能舍人与人相接之道而求之也。道德之效，在本诸社会国家之兴隆，以增进各人之幸福。故吾之幸福，非吾一人所得而专，必与积人而成之家族，若社会，若国家，相待而成立，则吾人于所以处家族社会及国家之本务，安得不视为先务乎？

故姊妹未嫁者，助其父母而扶持保护之，此兄弟之本务也。而为姊妹者，亦当尽力以求有益于其兄彩。

财产者，所以供吾人生活之资，而俾得尽力于公私之本务者也。而吾人之处置其财产，且由是而获赢利，皆得自由，是之谓财产权。

家主有统治之权，以保护家人权利，而使之各尽其本务。国家亦然，元首率百官以统治人民，亦所以保护国民之权利，而使各尽其本务，以报效于国家也。使一家之人，不奉其家主之命，而弃其本务，则一家离散，而家族均被其祸。一国之民，各顾其私，而不知奉公，则一国扰乱，而人民亦不能安其堵焉。①

"本务"在不同的语境中出现，兼有责任、使命、天职之意，那到底什么是"本务"？在《中国人的修养》下篇"绪论"中蔡元培明确指出人生当尽"本务"，并分别从理论伦理学和实践伦理学两个层面对"本务"及其意义做了特别的界定。他说：

答：人之有本务之观念也，由其有良心。

问：良心者，能命人以某事当为，某事不当为者欤？

---

① 蔡元培：《中国人的修养》，民主与建设出版社，2015年版，第30、45、54、67页。

答：良心者，命人以当为善而不当为恶。①

他认为人自觉区分善恶，让自我的行为合乎理想的那个背后的力量就是"良心"。他认为人的行为之所以依据责任的驱使，主要是人自我意志的作用，在自我意志之中就包含了"良心"，因此伦理的极致在他看来就是："从良心之命，以实现理想而已。伦理学之纲领，不外此等问题，当分别说之于后。"②所以在他看来，本务是"人生本分之所当尽者也，其中有不可为及不可不为之两义，如孝友忠信，不可不为者也；窃盗欺诈，不可为者也。是皆人之本分所当尽者，故谓之本务。"③本分所当尽者，即本务的意涵，而它的生发则源于良心。因此，蔡元培说："良心者，道德之源泉"④，又说"修德之道，先养良心"⑤。

由此可见，在蔡元培看来，本务即良心。他在比较了西方伦理学的一些思想之后认为良心是贯通中西方教育的一个重要概念。在中国哲学中，"良心"或者说"良知"被理解为人与生俱来的本性，孟子认为"人之所不学而能者，其良能也；所不虑而知者，其良知也。孩提之童，无不知爱其亲者，及其长也，无不知敬其兄也。亲亲，仁也，敬长，义也。无他，达之天下也。"（《孟子·尽心上》）在宋明理学中，"良知"的观念上升到了"天理"和"万物一体"的关联。在西方哲学和教育学中，良心统摄着人的"智、情、意"。人的意志、认知、动机都是伦理学要研究的问题，但意志、认知和动机等均不能离开良心的作用。在蔡元培看来，德行的根本就是"循良知"，德行中最宜普及的是：信义、谨言、恭俭以及和颜悦色，从中我们也不难见出蔡元培受阳明心学"致良知"思想的影响。

蔡元培初任北大校长之际，北大声名狼藉，教授抽大烟，养小老婆，逛妓院；学生拉帮结派，趋炎附势。蔡元培形容当时北大最突出的问题

---

①② 蔡元培：《中国人的修养》，民主与建设出版社，2015 年版，第 91 页。

③④ 蔡元培：《中国人的修养》，民主与建设出版社，2015 年版，第 104 页。

⑤ 蔡元培：《中国人的修养》，民主与建设出版社，2015 年版，第 109 页。

是：“一在学课之凌杂，二在风纪之败坏。”①他是抱着我不入地狱谁入地狱的心态去北大就任校长一职的。他在就职演说中说：“方今风俗日偷，道德沦丧，北京社会，尤为恶劣，败德毁行之事，触目皆是，非根基深固，鲜不为流俗所染……”他向全体北大师生发出号召：“故必有卓绝之士，以身作则，力矫颓俗。诸君为大学学生，地位甚高，肩此重任，责无旁贷，故诸君不惟思所以感己，更必有以励人。苟德之不修，学之不讲，同乎流俗；合乎污世，己且为人轻侮，更何足以感人。”（《就任北大校长之演说》）②他以儒家正统思想教育学生修身立志，重视个体与群体的关系，在《世界观与人生观》中倡导“民胞物与”“己欲立而立人，己欲达而达人”，借用《大学》中“大人者，以天地万物为一体”的思想阐释个体与群体之间的关系，他说：

> 虽然，吾人既为世界之一分子，决不能超出世界以外，而考察一客观之世界，则所谓完全之世界观何自而得之乎？曰凡分子必具有全体之本性，而既为分子则因其所值之时地而发生种种特性，排去各分子之特性而得一通性，则即全体之本性矣。（《世界观与人生观》）③

二　改造旧的教育体制和塑造新的国民人格

蔡元培在旅欧期间，先后在德国和法国学习，他认识到国民的修养和境界，关乎一个民族整体的素质和力量，影响着一个国家的前途和命运。蔡元培认定国民修养关乎国家气象和民族未来，中国未来的希望在于教育，通过改造旧的教育体制和模式塑造新的国民是民族崛起的关键。

---

① 蔡元培：《蔡元培教育论著选》，高平叔编，人民教育出版社，2011年版，第81页。
② 蔡元培：《中国人的修养》，民主与建设出版社，2015年版，第213页。
③ 蔡元培：《中国人的修养》，民主与建设出版社，2015年版，第207页。

首先，他倡导个体身心的和谐发展，强调健康的体魄对于人成长的重要性，他认为"体育、知育、德育"三者不可偏废，教育的目标主要是要养成优美高尚的思想和品格。因此在科学问题上，他与陈独秀、胡适等人的观点不尽相同。蔡元培虽然也提倡科学，热心赞助科学事业，但他认为科学固然可以祛魅，然而科学是有局限的，并不能解决人生的所有问题，特别在存在、意识以及"形而上"的思想方面是科学所无能为力的。他认为："科学者，所以祛现象世界之障碍，而引至于光明。美术者，所以写本体世界之现象，而提醒其觉性。人类精神之趋向既毗于是，则其所到达之点盖可知矣。"（《世界观与人生观》）①

在《中国新教育之趋势》中他认为新教育的意义和趋势在三个方面，一是养成科学头脑，二是养成劳动的能力，三是提倡艺术兴趣。②在《华工学校讲义》一文中他探讨了几个主题：一、个体与群体的关系，如"舍己为群""尽力于公益""爱护弱者"；二、涉及个人的道德修养，如"注意公共卫生""己所不欲勿施于人""责己重而责人轻""爱护弱者"等；三、涉及公民的社会公德，如"爱护公共之建筑及器物""爱物""戒失信""戒狎侮""戒骂詈"等；涉及社会整体的精神面貌，如"文明与奢侈""理信与迷信""循理与畏威"等诸多方面。这些讲题内容的宗旨在于改造中国旧有的弊端，指导个体和社会两个维度的新生活，寄希望于古老中国创造一个新的世界，遂以青春和强大的面貌汇入 20 世纪世界文明的历史进程。

其次，他倡导中西结合、文理交融的教育理念，以陶铸文明之人格。1902 年的《示范学会章程》第一条"宗旨"，即为"使被教者传布普通之知识，陶铸文明之人格"③。蔡元培担任北大校长期间，一方面推广算学、博物学、物理学、化学等，一方面推广哲学、文学、史学、法学、伦理学、教育学、宗教学、心理学、地政学，乃至军事学、外交学。他很早就构

---

① 蔡元培：《中国人的修养》，民主与建设出版社，2015 年版，第 210 页。

② 蔡元培：《蔡元培全集》第 5 卷，高平叔编，中华书局，1984 年版，第 171—172 页。

③ 蔡元培：《蔡元培全集》第 1 卷，高平叔编，中华书局，1984 年版，第 161 页。

建了从初级到高级的以"名""理""群""道""文"划分的科目学级,并在 1901 年的《学堂教科论》中设计了古今融汇、文理交融的学科体系。① 蔡元培教育理念的终极目标是"陶铸文明之人格"②。他认为教育是完成自由人格的塑造,赋予个体自我发展的能力,故而他提倡"独立之精神,自由之人格"。他认为每一个个体都有其特点,教育决不应当使个体尽归于同化,而贵在各能发达其各自的特性。在他看来,即便向西方学习,目的也在于发展自我及民族的个性,并谓之"食而化之,而毋为彼所同化"③。他在《教育独立议》一文中指出教育是要促成自由的个性的充分发展,他说:

> 教育是帮助被教育的人,给他能发展自己的能力,完成他的人格,于人类文化上能尽一分子的责任;不是把被教育的人,造成一种特别器具,给抱有他种目的的人去应用的。所以,教育事业当完全交与教育家,保有独立的资格,毫不受各派政党或各派教会的影响。④(《教育独立议》)

所谓自由,在蔡元培看来并不是放恣自便,而是正路乃定,矢志不渝,不为外界势力所征服的精神气度,也就是孟子所称"富贵不能淫,贫贱不能移,威武不能屈者"的人格取向。蔡元培的自由观认为:"且至理之信,不必同于他人;己所见是,即可以之为是。然万不可诳张为幻。此思想之自由也。凡物之评断力,均随其思想为定,无所谓绝对的。一己之学说,不得束傅(缚)他人;而他人之学说,亦不束傅(缚)一己。诚如是,则科学、社会学等等,将均任吾人自由讨论矣。"(《思想自由》)⑤他引用中国哲学中的"义""恕""仁"分别对应西方所倡导的

---

① 蔡元培:《蔡元培全集》第 1 卷,高平叔编,中华书局,1984 年版,第 139 页。
② 蔡元培:《蔡元培全集》第 1 卷,高平叔编,中华书局,1984 年版,第 161 页。
③ 蔡元培:《蔡元培教育论著选》,高平叔编,人民教育出版社,2011 年版,第 84 页。
④ 蔡元培:《蔡元培全集》第 4 卷,高平叔编,中华书局,1984 年版,第 177 页。
⑤ 蔡元培:《蔡元培教育论著选》,高平叔编,人民教育出版社,2011 年版,第 106 页。

"自由""平等""亲爱"，通过比较来阐述自由乃道德之根源。① 他在提出："自由者何？即思想是也。"他进一步指出："人生在世，钩心斗智，相争以学术，鞠躬尽瘁，死而后已，亦无非此未堪破之自由。"(《在南开学校敬业、励学、演说三会联合讲演会上的演说词》)②因此，他本人在五四运动之后辞去北大校长一职，完全是出于"决议不能再作不自由的大学校长"(《不肯再任北大校长的宣言》)③。

除了自由人格的重要性，他还提出了平等、友爱等教育思想。所谓"平等"，在他看来就是"非均齐不相系属之谓，乃谓如分而与，易地皆然，不以片面妨害大公。孔子所称'己所不欲，勿施于人'者，此也。准之吾华，当曰恕"(《在育德学校演说之述意》)④。而所谓"亲爱"，体现的正是儒家"仁"的精神。在《中国人的修养》"法律"一章中他提出法律作为维持国家之大纲，它的意义和作用在于正义前提下，保障人人得保其平等权利。所谓"友爱"，在他看来就是孔子所谓"己欲立而立人，己欲达而达人"，也是张载所称"民胞物与"，在他看来是道德的根本，"仁也，义也，恕也，均即吾古先哲旧所旌表之人道信条，即微（徽）西方之心同理同，亦当宗仰服膺者也"(《在育德学校演说之述意》)⑤。

再次，从意志和行为的角度论述审美教育对于一个人心性涵养的重要性。他大力倡导美育和艺术教育，他认为，科学予人以知识，美术予人以情感的要求，美术和科学都是人生须臾不可脱离的。他认为审美是联系现象世界和实体世界的桥梁，他吸收康德的思想提出美感教育，他说："然则何道之由？曰美感之教育。美感者，合美丽与尊严而言之，介乎现象世界与实体世界之间，而为津梁。"并坚持"故教育家欲由现象世界而引以到达于实体世界之观念，不可不用美感之教育"

---

① 蔡元培：《蔡元培教育论著选》，高平叔编，人民教育出版社，2011 年版，第 2—3 页。
② 蔡元培：《蔡元培全集》第 3 卷，高平叔编，中华书局，1984 年版，第 50 页。
③ 蔡元培：《蔡元培全集》第 3 卷，高平叔编，中华书局，1984 年版，第 298 页。
④⑤ 蔡元培：《蔡元培全集》第 3 卷，高平叔编，中华书局，1984 年版，第 121 页。

(《对于教育方针之意见》)①。然而蔡元培的美育思想并非完全来自西方,他的《中国伦理学史》中,较早关注到"礼乐相济"的意义所在。在论荀子的音乐思想一节中,他说:"乐者,以自然之美,化感其性灵,积极者也。礼之德方而智,乐之德圆而神。无礼之乐,或流于纵恣而无纪;无乐之礼,由涉于枯寂而无趣。"(《中国伦理学史》之《荀子》)②

《在育德学校演说之述意》一文中蔡元培认为,美在人生中的特殊意义在于,美感具有与现实利益无关的超脱性,是人类生而固有的内在必然而不待外铄。科学的意义在于:"二五之为十,虽帝王不能易其得数,重坠之趣下,虽兵甲不能劫之反行,此科学之自由性也。利用普乎齐民,不以优于贵;立术超乎攻取,无所党私。此科学之平等友爱性也。"艺术的意义则在于:"若美术者,最贵自然,毋意毋必,则自由之至者矣。万象并包,不遗贫贱,则平等之至矣。并世相师,不问籍域,又友爱之至者矣。故世之重道德者,无不有赖乎美术及科学,如车之有两轮,鸟之有两翼也。"正是基于这样的思考,他提出了"以美育代宗教"(《以美育代宗教说》)③。

三 "美育代宗教"的命题价值和意义

蔡元培的"以美育代宗教"的思想,提出了一个具有未来学意义的价值命题,这一价值命题关乎文化的改良,关于人格的涵养,关乎民族的进步,用他自己的话来说就是,为了"择一于我国有研究价值之问题为到会诸君一言,即以美育代宗教之说是也"(《美育代宗教说》)④。他认为 19 世纪以来科学的发展削弱了宗教在西方社会的地位和影响,中国社会未来的发展不能沿袭西方旧的思想和信仰模式,同时也要致

① 蔡元培:《蔡元培教育论著选》,高平叔编,人民教育出版社,2011 年版,第 5 页。
② 蔡元培:《蔡元培全集》第 2 卷,高平叔编,中华书局,1984 年版,第 24 页。
③ 蔡元培:《蔡元培教育论著选》,高平叔编,人民教育出版社,2011 年版,第 87 页。
④ 蔡元培:《蔡元培全集》第 3 卷,高平叔编,中华书局,1984 年版,第 30 页。

力于进步的信仰模式。他引入"知（知识）、情（感情）、意（意志）"来思考人类精神世界的追求，指出知识和意志在近代伴随着社会文化的进步，科学的发达而逐步脱离宗教，更多地体现于诸如哲学、心理学、社会学、博物学、医学等人文学科，他指出"及文艺复兴以后，各种美术渐离宗教而尚人文。至于今日，宏丽之建筑多为学校、剧院、博物院。而新设之教堂，有美学上价值者，几无可指数。"①他认为人是感情的动物，美感有助于高尚的感情的涵养，美育使人的性灵寄托于美，从而使人活泼而有趣。他一直怀有撰写一部美育方面的专著的夙愿，并且拟定了这本书的条目：一、推寻宗教所自出的神话；二、论宗教全盛时期，包办智育、德育与美育；三、论哲学、科学发展以后，宗教所把持和利用的美育；四、接受科学的影响而演进为独立的美育；五、论独立的美育，宜取宗教而代之。②

他认为美的对象可以陶养感情，而那些伟大而高尚的人类行为往往生发于人的感情。他说："人人都有感情，但并非都有伟大而高尚的行为，这由于感情推动力的薄弱。要转弱而强，转薄而为厚，有待于陶养。陶养的工具，为美的对象，陶养的作用，叫做美育。"（《美育与人生》）③蔡元培认为美之所以能陶冶感情，是因为它具有"普遍"和"超脱"两个特性。他认为美具有普遍性，且美的体验和感受是非功利的，没有利害关系，因此纯粹的美育可以达到和宗教一样的陶养精神和心灵的效果，因此宗教完全可以被取代，他说："鉴激刺感情之弊，而专尚陶养感情之术，则莫如舍宗教而易以纯粹之美育。纯粹之美育，所以陶养吾人之感情，使有高尚纯洁之习惯，而使人我之见、利己损人之思念，以渐消沮者也。盖以美为普遍性，决无人我差别之见能参入其中。"（《以美育代宗教说》）④

---

① 蔡元培：《蔡元培教育论著选》，高平叔编，人民教育出版社，2011年版，第90页。
② 蔡元培：《蔡元培全集》第7卷，高平叔编，中华书局，1984年版，第203页。
③ 蔡元培：《中国人的修养》，民主与建设出版社，2015年版，第232页。
④ 蔡元培：《蔡元培全集》第3卷，高平叔编，中华书局，1984年版，第33页。

　　因此他大力提倡国人在工作之余通过欣赏艺术和参与文化活动来涵养身心,调和知识和情感的分裂。他认为真正的教育是"自动的而非被动的",是"直观的而非幻想的","是全身的而非单独脑部的"。①在《怎样才配做一个现代学生》一文中,他认为一个现代学生应该具备"狮子样的体力""猴子样的敏捷"以及"骆驼样的精神"。② 他逐一介绍了文学、绘画、音乐、戏剧、诗歌、历史、地理、建筑、雕刻、装饰等,希望通过美的教养,艺术对真理的呈现,艺术与科学和哲学的互证,及其美对于人心的感化补充一般知识所不能达到的效果,从而达到移风易俗和社会改良的效果。他说文学可以"证明真理,纠正谬误",他说图画之发达"常与科学及哲学相随焉",他说音乐"在生理上,有节宣呼吸、动荡血脉之功。而在心理上,则人生之通式,社会之变态,宇宙之大观,皆得缘是而领会之。此其所以感人深,而移风易俗易也",他说戏剧"能以种种动作,写达意境;而自然之胜景,科学之成绩,尤能画其层累曲折之状态,补图书之所未及。亦社会教育之所利赖也"(《中国人的修养》之《戏剧》)③。他的美育思想的终极目的是改变积贫积弱的民族气象,重塑中华民族的精神,他认为一个伟大的民族必须要有宁静而坚毅的精神气象,他说:

　　　　为养成这种宁静而坚毅的精神,固然有特殊的机关,从事训练;而鄙人以为推广美育,也是养成这种精神之一法。美感本身有两种:一为优雅之美,一为崇高之美。优雅之美,从容恬淡,超利害之计较,泯人我的界限……且全民抗战之期,最要紧的,就是能互相爱护,互相扶持。而此等行为,全以同情为基本。同情的阔大与持久,可以美感上"感情移入"的作用助成之。例如画山水于壁上,可以卧游;观悲剧而感动,不觉流涕,这是感情移入的状况。儒家有设身处地之恕道,佛氏有现身说法之方便,这是同情的极轨。

①　蔡元培:《蔡元培全集》第4卷,高平叔编,中华书局,1984年版,第69页。
②　蔡元培:《中国人的修养》,民主与建设出版社,2015年版,第225页。
③　蔡元培:《中国人的修养》,民主与建设出版社,2015年版,第180、183、185、187页。

于美术上时有感情移入的经过,于伦理上自然增进同情的能力。
(《在香港圣约翰大礼堂美术展览会演说词》)①

同时,蔡元培的美育思想中,不把美育仅等同于艺术教育,他在
《自然美讴歌集》序言中比较了自然美和艺术美的关系,他说:"自然美
与艺术美,为对待之词,而且自然美之范围特广,初民之雕刻与图画,皆
取材于自然。希腊哲学家且以模拟自然为艺术家之公例。吾国艺术家
之雕塑与图画,自仕女及楼阁外,若花鸟,若草虫,若山水,率以自然美
为蓝本,而山水尤盛。"②他在《文化运动不要忘了美育》一文中有这样
一段话:市中大道,不但分行植树,并且间以花畦,逐次移植应时的花。
几条大道的交叉点,必设广场,有大树,有喷泉,有花坛,有雕刻品。小
的市镇,总有一个公园。大都会的公园,不只一处。又保存自然的林
木,加以点缀,作为最自由的公园。一切公私的建筑,陈列器具,书肆与
画肆的印刷品,各方面的广告,都是从美术家的意匠构成。所以不论那
一种人,都时时刻刻有接触美术的机会……在市街上散步,只见飞扬尘
土,横冲直撞的车马,商铺门上贴着无聊的春联,地摊上出售那恶俗的
花纸。在这种环境中讨生活,什么能引起活泼高尚的感情呢? 所以我
很望致力文化运动诸君,不要忘了美育。"③他说:"人的美感,常因自然
景物而起,如山水,如云月,如花草,如虫鸟的鸣声,不但文学家描写得
多,就是普通人,也都有赏玩的习惯。"④

美育的范围,在蔡元培看来绝不局限于几个科目,他的思想对于当
前将单科性的艺术教育等同为美育的思想是一种提醒。他认为:"凡
学校所有的课程,都没有与美育无关的。"⑤在他看来,数学的游戏可以
引起滑稽的美感,几何与美术、声学与音乐、光学与色彩都有密切的关

① 蔡元培:《蔡元培全集》第 7 卷,高平叔编,中华书局,1984 年版,第 212—213 页。
② 蔡元培:《蔡元培全集》第 6 卷,高平叔编,中华书局,1984 年版,第 307 页。
③ 蔡元培:《蔡元培全集》第 3 卷,高平叔编,中华书局,1984 年版,第 362 页。
④ 蔡元培:《蔡元培全集》第 4 卷,高平叔编,中华书局,1984 年版,第 28 页。
⑤ 蔡元培:《蔡元培全集》第 4 卷,高平叔编,中华书局,1984 年版,第 215—216 页。

系,化学中充满了美丽的光焰与变化,物质的构造充满美感,天文学可以让我们更近地观察星月的光辉,矿物的结晶充满微妙的光晕,更毋庸说植物学、生物学、地理学所包含的无穷无尽的美,那些云霞风雪的变化,山水湖海的名胜,人文荟萃的古代遗迹无不是美育的资料和课本。(《美育实施的方法》)

在《二十五年来中国之美育》一文中,他列出了美育属下的一些方向,如"造型艺术""音乐""文学""演剧""影戏"等,还特别列出了"博物馆""展览会""演奏会""音乐会""公园"等。在"公园"条目之下,他指出:"美育的基础,立在学校;而美育的推行,归宿于都市的美化。"①在《美育实施的方法》一文中,他提出美育应该浸润"家庭教育""学校教育""社会教育"的三个领域,甚至提出美育要从胎教开始,要建立公共育婴院,②"院内承认的言语和动作,都要有适当的音调态度,可以作儿童的模范。就是衣饰,也要有一种优美的表示"。儿童满三岁进入幼儿园之后"教他计算、说话,也要从排列上、音调上迎合他们的美感,不可用枯燥的算法与语法"③。蔡元培倡导美育,用以美化人生,让人的性灵寄托于美,使他们的灵魂更加活泼有趣。他曾在《假如我的年纪回到二十岁》一文中说:"……我个人的自省,真心求学的时候,已经把修养包括进去。"由此可见,蔡元培的美育理念不是仅仅指艺术教育,而是指渗透在生活世界中的中国人的修养。④

在许多文章和演讲中,蔡元培提出他"教育五主义",即"军国民教育、实利主义、公民道德、世界观、美育是也"⑤。在他看来救国之要在于教育,教育之要在于启智、崇道和灵性的教育,他认为教育的高尚理想在于四个方面,一、曰调和之世界观与人生观;二、担负将来之文化;三、独立不惧之精神;四、安贫乐道之志趣。他的教育思想,对于个体和

① 蔡元培:《蔡元培全集》第6卷,高平叔编,中华书局,1984年版,第66页。
② 1925年7月25日,蔡元培还将"胎教院和育婴院"的思考写成了《世界教育会两提案》。
③ 蔡元培:《蔡元培全集》第4卷,高平叔编,中华书局,1984年版,第211—217页。
④ 蔡元培:《蔡元培全集》第6卷,高平叔编,中华书局,1984年版,第522页。
⑤ 蔡元培:《蔡元培教育论著选》,高平叔编,人民教育出版社,2011年版,第16页。

国家如何面对 20 世纪的全球形势，面对工业文明的发展、物质和功利主义的盛行、人性的危机给予了整体性的思考和回应。蔡元培的美育思想，建立在他学贯中西的渊博的学识基础之上，建立在他本人多学科的学术研究的基础之上，①建立在他中西方思想的比较基础上，建立在他本人知行合一的教育实践中，因此具有坚实的理论和实践的基础。他的美育思想没有长篇大论，小文章大道理，深入浅出，平实通畅。他在书中提出的中国人的修养，立足于人格教育的事业，立足于民族的未来，对家庭、社会和大学的三重教育，对当代中国人文精神传统的继承和发展依然富有启示意义。

---

① 据笔者考察，蔡元培涉猎的学科，并撰写论文及著作的至少涉及西方哲学、中国哲学、美学、教育学、伦理学、政治学、民族学、人类学、宗教学、妖怪学、佛学、图书馆学、美术史、红学、文学、诗歌、音乐、书法等学科。

宗白华美学思想的超然与在世

回顾中国现代美学的百年历程,宗白华先生(1897—1986)①是高山仰止的一代宗师。他那富于哲理情思的诗性直觉和美学建构的方式,他对宇宙、人生的自我觉醒式的探索追求,对中国艺术和中国美学精神的接引和光大,对中西方比较诗学的研究方法的引入,他那富有智慧、灵性和人情味的文风,以及审美生活化的美学思考与实践……无不对中国现当代美学的研究与发展产生了深远的影响。这篇文章主要思考两个问题:一是宗白华心灵世界内在超越的方式;二是他一生致力于艺术学和美学研究的意义面向。希望借由这两个问题的思考,能够对当前中国美学和艺术学的研究有所启示。

伟大的思想家、艺术家、诗人或第一流的大学者,其治学、创造和人生都有一个统一的核心,那就是以思想、学术或艺术作为解开人生困惑的法门,用他们的生花之笔,幻现层层世界、幕幕人生,启示生命的真相与意义。宗白华个体生命的自我觉解和超越性的领悟发端于生命的大困惑。

---

① 宗白华,曾用名宗之櫆,字白华、伯华。1918 年毕业于同济大学语言科,1920 年到 1925 年留学德国,先后在法兰克福大学和柏林大学学习哲学和美学。回国后,自 30 年代起任中央大学(1949 年更名南京大学)哲学系教授,1949 到 1952 年任南京大学教授,1952 年院系调整,南京大学哲学系合并到北大,之后一直任北京大学哲学系教授。著有美学论文集《艺境》《美学散步》,有《宗白华全集》出版,为中国美学的发展作出了极大的贡献。

无论是《萧彭浩哲学大意》和《康德唯心哲学大意》等文中对于宇宙之道,时空之谜的哲学思考,《哲学杂述》中对宇宙之物理的七大问题的关切①,《科学的唯物宇宙观》中对唯物论的基本观念的辨析,《形上学——中西哲学之比较》中对中西哲学的异同、道、数、几何学、卦象等具体问题的深究,《孔子形上学》中对"道"之精神、"道"与"仁"的关系、荀子的天道观等问题的阐述,还是在《论格物》中对朱熹学说的思考,都呈现着宗白华对于形而上问题的思考重心,这些问题也是古来一切大哲学家、大思想家殚精竭虑以求解答的大问题。

研究一个人的思想,不能离开其个体的理想和具体的历史文化,具体的历史文化与理想之间的冲突往往赋予个体内在精神超越的动能,这种超越动能可以使个体在困境中生出智慧力量和勇猛精神。就宗白华而言,这一解脱和超越的方式在他的人生中呈现三个层面的支撑:第一是个体时时处处,持之以恒对生命真相的体察,对宇宙大道的感悟,对人生意义的寻觅。第二是围绕在他思想上空的圣贤和巨人的哲学与精神(比如老子、孔子、康德、叔本华、歌德与莎士比亚等大哲先贤)。第三是对自然和艺术的思慕与眷恋。尤其在心灵提升的次第中,自然和艺术被宗白华赋予了至高无上的价值和意义,他把自然和艺术视为感通宇宙大道的出发点和归依处,也是人类体验生命和宇宙人生的理想方式,更是养成健全人格和审美心灵的前提。宗白华最终超越的方式不是通过出世,而是借由在形而上层面的领悟,从而生发出安然从容的在世情怀,并由此产生对整个人类和世界的人文关怀。

宗白华美学思想的超然和在世体现在五个方面。第一,生命的自我觉解和超越性的领悟,以及由此带来的超然的宇宙观念;第二,在宗白华那里,心灵、自然和艺术是如何实现统一的;第三,宗白华如何超越古今中西、古典和现代、新和旧的对立,从而获得澄明的人生观和艺术

---

① 宗白华根据杜博雷孟氏的《穷理之止境》《宇宙七大谜》二书而列出的穷宇宙之物理的七大问题:一、质与力之本体;二、动之缘起;三、感觉之缘起;四、意志自由问题;五、生命之缘起;六、宇宙之秩序;七、人类之思想及语言。

观,进而发现中国美学的现代意义,发现中华美学精神的不可替代的价值;第四,宗白华接引和光大中国美学气脉和思想的现代美学思想体系的创立;第五,宗白华生命的终极体悟和在世意义落实,这也是他超然的审美心灵和美学思考的最终面向。由此五个方面大致构成宗白华基于审美的大觉智慧和美学思想,构成他面向现实人生,探索此在意义的理论创化。

首先,宗白华的自足与超然体现在他的宇宙观和艺术境界。宗白华的美学思想生发于对生命的困惑,这一困惑大而言之就是人生有限和宇宙无限之间的矛盾,小而言之就是个体理想与生逢乱世的历史境遇的矛盾。人生总是渴望一种永恒,但是宇宙万物包括人自身,皆不可能有一刻的停留,实际的人生总是飘堕在滚滚流转的时间之海。"息息生灭,逝同流水"的感慨背后是宗白华对人生终极意义的追问,也是他内在超越的人生境界的开端。

人生终极意义的醒觉和追问,构成了宗白华美学思想中对宇宙、人生涵泳不熄的、自我觉醒式的探索。他早年之所以推崇并研究歌德,原因在于他体验到歌德与其自身相同的精神困境,以及歌德从精神困境中超拔出来的全部过程所蕴含的启示意义。在他看来,歌德作为时代精神最伟大的代表,其人格与生活,极尽了人类的可能性,宗白华认为他的诗歌和创造是一个超脱的心灵欣赏人生真相的真实显现。所以,研究歌德的宗白华也是在研究他自己,歌德的艺术人生是宗白华心灵成长的实验室。

对于生命真相的体察,对于宇宙大道的感悟,对于人生意义的寻觅,构成了宗白华内在灵魂的旋律。他的美学思想最终呈现出智慧和觉解、心胸的旷达和艺术心灵的超然。由这精神世界的自足和超然决定了宗白华超凡脱俗的艺术境界。宗白华认为美感的养成在于能空,不沾滞于物象,物象方能得以孤立绝缘,自成境界。唯有精神从日常中超拔出来,从现实的功利世界超脱出来,才能够发现一个日日崭新的、前所未有的世界。

在解释汉末魏晋六朝，作为中国政治上最混乱、社会最痛苦的时代，何以成为思想和精神史上极为自由解放，最富于智慧和热情的时代时，宗白华强调超越性的放达的宇宙观念决定了超然的生活态度和艺术境界。魏晋名士以狷狂来反抗着乡愿的社会，那桎梏性灵的礼教和士大夫阶层的庸俗，就是向着自己的真性情、真血性里探求人生的意义和纯正的道德，唯其如此，才可生发出对天地万物的宇宙大爱，以及民胞物与的一往情深。嵇康临刑东市，神气不变，索琴弹之，奏《广陵散》，其殉道的一刻何其从容。这种人格的潇洒和优美，规定了中国历史上一种绝对的人格高度，在宗白华看来，这是个体超越性精神世界的最高成就，也是宇宙间最伟大的艺术。

在此意义上，宗白华认为晋人的精神是最哲学的，因为它是最解放的，最自由的。不仅自身酷爱自由而且推己及物，在精神上追求真自由真解放，才能把自我的"胸襟像一朵花似的展开，接受宇宙和人生的全景，了解它的意义，体会它的深沉的境地"①。王羲之的书法，谢灵运的诗歌，谢安的风度，阮籍的佯狂，如此伟岸和自由的人格敢于用鲜血来灌溉道德的新生命，其坦荡谆至、洒脱超然照亮了中国的人文与历史。

其次，宗白华认为自然与艺术是生命精神的物质表现。在宗白华的美学世界里，自然和艺术被赋予了至高无上的价值和意义。他认为自然是个大艺术家，艺术也是个小自然，艺术创造的过程是物质的精神化，自然创造的过程是精神的物质化，二者同为真善美的灵魂和肉体的协调，是心物一致的艺术品。

宗白华先生热爱大自然，他说自己常在自然中流连忘返，自然是他最亲切和智慧的老师。他认为养成诗人健全人格的必由之路，首先是要在自然中活动，观察自然的现象，感觉自然的呼吸，窥测自然的神秘，听自然的音调，观自然的图画。在他看来，建立和自然的关系也是养成健全人格和审美心灵的前提。在《我和诗》一文中，宗白华谈及童年时

---

① 宗白华：《美学散步》，第 183 页，上海人民出版社，1981 年版。

对山水风景发乎自然的酷爱,他把天空的白云和桥畔的垂柳想象成最亲密的伴侣,喜欢独自一人坐在水边,看天上白云的变化,罗曼蒂克的遥远的情思引导着他在森林里,在落日的晚霞里,在远寺的钟声里,任由无名的隔世的思念,鼓荡着不安的心绪。他喜欢云,喜欢月夜和清晨晓露里的海,狂风怒涛的海,他认为海是世界和生命的象征。在浙东的小城里,那如梦的山色,初春的朝气,浅蓝深黛、湖光峦影的笼罩,这种无与伦比的快乐令他和自然结成了一个永不能分离的整体。

自然之外,宗白华美学思考的主要对象是艺术。在科学、道德和艺术三种认知世界的方式中,宗白华推崇艺术直觉化的认知方式,以感性直观的方式洞察世界本质是他美学思想的特点。他在中国艺术中的研究中投入了大量的时间和精力,目的就是为了参透中国艺术中所包含的艺术精神和美学精神。无论是书法、绘画、音乐还是戏剧,对宗白华而言,或观想,或揣摩,或浸润,或研习,无不是为了在艺术的世界里感悟至真至美的心灵,验证美的胸襟,从而探求艺术的真谛和人生的意义。心灵、自然和艺术在宗白华的美学思想中是浑然一体的,人的心灵是连接自然和艺术的纽带,而将三者统一到一起的是不可言说的大美。

宗白华先生认为晋人正是向外发现了自然以及自然背后的宇宙精神,向内发现了心灵感通大道的深情,才能迸发出无限的想象力和创造力。陶渊明、谢灵运等人的山水诗如此富有情致,源于对自然忘我的融入,新鲜的发现。在他看来,一切艺术当以造化为师。而"诗人哲学家"(Philosopher-poet),都善于从诗的眼光来看待生命,从生命的视角来看待诗(艺术),将诗与生命、艺术与人生看做是一体化的境界。

再次,宗白华之所以能够超越中西方哲学的对立,根本原因在于他澄明的人生观和艺术观。形而上的觉解带给宗白华的是超然的宇宙观念,由此决定了他超然的生活态度和艺术直觉的灵明,也使他具备了开放性的、睿智的理论视野。在宗白华的学术世界,没有中西方壁垒分明的分别之见,早年他就认为叔本华的哲思近于东方大哲之思想,在他看来康德的哲学"已到佛家最精深的境界"①。他也没有所谓思想"新"和"旧"的分别之见，他认为学术上本只有真妄问题，无所谓新旧问题。只问真理，无问新旧，这也可视为宗白华哲学与文化思考的一种超然姿态。

正因为宗白华的观念超越了古典和现代、新和旧的对立，他才能自觉和自如地对中西方艺术和艺术思想加以比较和融通，他才更加善于发现并切入美学研究的核心问题，也更加善于发现中国美学的现代意义，并且在中西比较研究中发现中华美学精神的不可替代的价值。

他之所以超越文化中心主义，自觉探究不同文化的差异和优势，以旷达无欲的心态体察众艺之奥理，目的是寻找回中国艺术的自信。宗白华认为中国绘画不同于西方绘画的根本在于表现最深心灵的方式不同。古代希腊人的心灵所反映的是一个和谐的秩序井然的宇宙，人体是这大宇宙中的小宇宙，它的和谐与秩序无不是这宇宙精神的反映，所以西方艺术要么以想象的神或现实世界作为摹本，要么向着无尽的宇宙做无止境的奋勉。而中国绘画所表现的精神是心灵与这无限的自然，无限的太空的浑然融化，体合为一。宗白华认为中国画尺幅里的花鸟、虫鱼，也都像是沉落遗忘于宇宙浩渺的太空中的生灵，由一点生机而扩展至无限意境的旷邈幽深，这是中国艺术的精神。西方传统绘画的"真"的观念，指的是对外在事物真实的描摹和再现。中国绘画为了表达万物的动态，刻画真实的生命和气韵，主张离形得似，舍形而悦影，以虚实结合的方法来把握事物的本质。他认为中国艺术的核心精神就是在艺术的世界里寻找至真至美的心灵，验证美的胸襟，从而探求艺术的真谛和人生的意义。

对于中西方艺术和艺术思想的融合与未来的前景，一方面宗白华认为以透视法为观察方法的油画艺术，和以浑茫太空无限宇宙为境界追求的笔墨绘画，由于其背后的宇宙观、哲学观的根本差异，由此生成

---

① 宗白华：《宗白华全集》第一卷，安徽教育出版社，2008年版，第101页。

的艺术观念和艺术方法很难兼容。他认为清代的郎世宁,现代的陶冷月融合中西绘画的实践并不理想。另一方面,他又认为中西方艺术在某些艺术家那里呈现出相同的精神旨趣,虽然中西方绘画的媒介和形式不同,中国画论所指出的韵律生动,笔墨虚实,阴阳明暗的问题,在西方艺术中也有类似的表达,他指出罗丹的雕塑是从形象里面发展表现出精神生命,"使物质而精神化了"①。

正是因为宗白华超然的宇宙观和艺术直觉的灵明,决定了他美学和艺术思想的高度和深度,他认为中国艺术和传统美学具有独立的精神意义,他认为将来的世界美学自当不拘于一时一地的艺术表现,而综合全世界古今的艺术理想,融会贯通,求美学上最普遍的原理,而不轻忽各个性的特殊风格。

此外,正是由于宗白华的精神超然和文化自信,才创造出他个人强调体验和直觉的"诗思合一"的美学形态。宗白华的艺术和美学思想是一种延续中国古典美学精神传统的中国现代诗性美学。

宗白华是诗人,他的美学研究,以诗歌直觉的方式领悟万事万物的内在深意,以伟大的艺术作为阐释心灵与宇宙大道相合相契的至深之理的载体。宗白华的一生,既是作为诗人在体验人生现实和宇宙至理,也是作为哲学家在创作诗歌和关注人生,他是一位用诗的直觉和体验来呈现美学思想的东方哲学家。他的美学思想中洋溢着充沛的诗情和无限的诗境,他的诗歌中又蕴含着明彻的体悟和深刻的哲理。

这种理论思考和把握事物的方式与一般强调逻辑的理论方式不同,他显现了一种当下即悟的智慧和利落,往往是单刀直入,直陈关要,给人以醍醐灌顶之感。这种方式不同于通常意义上讲究逻辑分析的哲学思维,他更加强调直觉、体验和会意在美学思考中的重要性。

宗白华早年研究叔本华和康德的美学文章都用文言文写成,后来改用白话,他德语和英语都很好,但他始终没有模仿西方哲学美学的思

①　宗白华:《美学散步》,上海人民出版社,1981年版,第235页。

维模式,在寻找中国美学的理论形态和主体性时,他有意识地坚守了"诗思合一"的经验和思维方式,令他的文心与文风呈现出一种独特的中国现代美学的审美表达。他那与世无争、心无挂碍、风轻云淡的"散步美学"呈现出一种超越于时代历史的高贵的气质、反思的精神与理论的美感。他的美学理论和艺术思想处处闪现出天才的直感和真理的光芒,他的理论思考和表述读来妙不可言,箴言警句比比皆是,他以诗的当下直觉的判断力,以及意味隽永的意象传达灵动的思绪和妙悟,读他的文字,如读诗,如观画,又像是在与他的心灵做温存的对话,令人流连忘返,欲罢不能,这不能不说是一种至高的人文修养和美学理论的境界。

无论是对宇宙人生的哲理情思,对艺术作品的深入洞见,还是对生命活力的倾慕赞美,他所运用的语言都温文尔雅,平淡从容,凝练准确,当下直指。他以绘画为主,旁涉众艺,写出了一系列堪称经典的画论。其凝练、简洁、优美典雅的文风以及深刻、涵咏的内在气质和韵味,对当代许多美学学者产生了深刻的影响。他特别善于用凝练和优美的语言来阐释一个异常深奥的哲理,让人有所悟,有所通,有所得,使人学思开阔,受益匪浅,这是在阅读西方哲学美学理论时所没有的一种审美体验。他的美学思想是延续了中国美学气脉和神韵的现代美学体系。

从无限回归有限,是宗白华生命的终极体悟和意义落实。自青年时代起,宗白华的思想就强调个体的超越性体验和醒觉,强调个体生命有为的精进姿态,同时也强调现实人生本身的意义。宗白华认为超世而不入世,并非真正意义上的超脱,真正超然的心灵,无可而无不可,无为而无不为,并且拥有救众生于水火的正大宗旨、高尚思想和刚毅精神。宗白华认为人文主义的精神传统就在于从对于上帝的信仰与拯救中超越出来,从一个虚幻的彼岸返回自己,从现实的生活和努力中寻找人生的意义。在他看来,歌德的伟大并不在于从错误迷途走向真理,而是持续经历人生各式的形态,而他人生的每个阶段都足以成为人类深远的象征。人的一切学习与感悟,都是为了迷途知返,都是为了获得生命本身价值的领悟。

宗白华对于歌德精神的肯定正是在于:歌德反抗宗教作为实现救赎的唯一途径,同时也反抗启蒙运动的理智主义者,从理性的规范与指导出发而达到所谓的合理的生活的途径。他赞赏歌德质疑和反抗一切社会既定的规则和礼法,而热烈地崇拜生命的自然流露。存在的意义,在宗白华看来,就是要在内在的自心中去领略,领略那最崇高深远的境界,在有限的个体心灵中领略全人类的苦难,将那个有限的渺小的自我,扩大成为全人类的大我。在此意义上,宗白华认为歌德一生生活的意义与努力,就是从生活的无尽流动中获得谐和的形式,让活泼泼的生命从僵固的形式中超越出来,从而得到充分的发展,而他一生的创作就是这个"经历的供状"。

他对唐人诗歌的思索实则是对民族精神的思索,他对于盛唐诗歌的盛赞以及对于晚唐诗歌的批评,主要基于诗歌背后的心灵,他要赞美和推崇的是盛唐诗人的豪情壮志和朗阔胸襟。因为在他看来,文学艺术就是一个民族的表征,是一切社会活动留在纸上的影子。艺术和时代的关系就在于艺术可以作为保管民族精神的高贵器皿,同时激发民族精神,使之永远蓬勃不至消弭。所以宗白华的美学精神是超越的,但绝不是消极和避世的。他在《中国青年与奋斗生活和创造生活》中曾经提出未来中国物质文明、精神文明和社会文化如何建设的问题。他认为物质文明的建设要取法西欧;精神文明的建设一方面发扬伟大庄严的精神,另一方面渗合东西菁华,创化出更高尚灿烂的新精神文化;至于社会文化他主张从教育入手渐进国民道德智识的程度。对于少年中国的梦想,对于年轻中国的向往,是宗白华美学思想中富有激情的人文之梦。

宗白华认为每一个有限的此在,都蕴含着无限和无尽,每一段生活里都潜伏着生命的整个永久。他认为晋人唯美的人生态度表现于两点:一是把玩"现在",在刹那的限量的生活里求极量的丰富和充实,不为着将来或过去而放弃现在价值的体味和创造。二是美的价值是寄于过程的本身，不在于外在的目的，所谓"无所为而为之"的态度。宗白华指出，小事物中包含了大宇宙，一花一世界，一沙一天国。他说："每一刹那都须消逝，每一刹那即是无尽，即是永久。我们懂得了这个意思，我们任何一种生活都可以过，因为我们可以由自己给与它深沉永久的意义。"①

宗白华有一篇文章《美从何处寻》，里面引用了宋代罗大经《鹤林玉露》中载某尼悟道的诗："尽日寻春不见春，芒鞋踏遍陇头云。归来笑拈梅花嗅，春在枝头已十分。"宗白华说认为寻春的比丘尼不应爱"道在迩而求诸远"，"道不远人"，春天不必远寻，整个宇宙中处处弥漫着盎然的春意。如果你在自己的心中找不到美，那么，你就没有地方可以发现美的踪迹。

宗白华认为一切的美的体验和感悟，必须落实到人格。所以，在他看来道德的真精神在于人格的优美。一切的超越和体悟都要落实在新鲜活泼、自由自在的心灵领悟和人格气象之中。晋人的绝俗在宗白华看来证实标榜了自然与人格之美，晋人的美学是"人物的品藻"，自然和人格之美的奥妙同被魏晋人发现，熔铸于其自身人格中而熠熠生辉。晋人有骋怀观道的意趣，所谓"圣人含道暎物，贤者澄怀味像"，表现在艺术上即是"群籁虽参差，适我无非新"，也就是自由自在的心灵对于宇宙万物自然的观照和映现，这一自由的心灵所触及的理不再是机械陈腐的法理和逻辑，而是活泼的宇宙生机中所蕴含的至深的妙理。宗白华说："'振衣千仞冈，濯足万里流！'晋人用这两句诗写下了他的千古风流和不朽的豪情。"②他自己的身影又何尝不是如晋人般"振衣千仞冈，濯足万里流"那等洒脱。

在许多艺术人格的典范中，宗白华特别推崇张璪，在《艺境》的原序中他高度赞扬张璪的人格风度，他认为张璪的"外师造化，中得心

---

① 宗白华：《艺境》，北京大学出版社，1987年版，第47页。
② 宗白华：《宗白华全集》第二卷，安徽人民出版社，2008年版，第284页。

源"这两句话"指示了中国先民艺术的道路"。① 因此,宗白华认为晋人之美不单单体现在他们与自然的关系,不单单体现在他们在艺术上的造诣,也不单单体现在他们神情散朗的人格魅力,或是生活和人格上的自然取向和自由精神,这种自由的人生态度也不完全体现在把玩现在,而是落实在一种现实的人生态度和道德坐标,也就是哲学上所谓的生命情调,宇宙意识。这种生命情调和宇宙意识是晋人的"理",而这"理"并非枯涩腐朽的现实礼法,而是宇宙的至深的天理,也即是天道。

宗白华强调道德的精神就在于诚,在于真性情,真血性,所谓赤子之心,一切的世俗意义上的礼法,只是真正的道德精神的外在显现。所以在宗白华看来晋人人格精神的意义就在于超脱僵化的道德体系,从而回归到"诚"的境界。宗白华指出孔子那种超然安适的精神,沐浴自然的美,推崇人格的高贵、崇尚和谐,热爱自然的生活态度,回响在王羲之的《兰亭序》,回响在陶渊明的田园诗中。嵇康临刑,神气不变,奏《广陵散》,曲终曰:"袁孝尼尝请学此散,吾靳固不与,《广陵散》于今绝矣!"殉道时的嵇康是何等勇敢,从容而壮美。宗白华以晋人的人格再次肯定了道德的真精神,他认为道德的真精神在于仁,在于恕,在于人格的优美。

宗白华所说的生命形式向外扩张与向内收缩的生活原理,在他自己的美学思想中呈现为心灵世界的超然和在世。这种超越和阔朗又不是凌空蹈虚的,不是出世消极的,而是积极地落实于具体的人生意义的追求的。宗白华的美学精神是超越的,但绝不是消极和避世的。宗白华肯定艺术对现实世界的意义,同时阐释并发扬了中华民族的内在精神之光。他认为我们生活的世界并非已然完美的世界,"乃是向着美满战斗进化的世界!"他倡导审美的人生态度,倡导通过艺术不断发现和涵养心灵的自由与高尚,赋予人生的每一刻以深沉永久的意义。以此方式将哲学意义上的个体超越,落实到人格境界,落实到现实人生的

---

① 宗白华:《艺境》,北京大学出版社,1987年版,第3页。

意义世界和价值世界之中,而他的这种美学精神也是中国美学的根本精神。宗白华倡导一种对待人生的审美的态度,倡导通过艺术不断发现和涵养心灵的自由与高尚,以此方式将哲学意义上的个体超越,落实在现实人生的意义世界和价值世界之中,而他的这种美学精神也是中国美学的根本精神。

这就是宗白华先生的超越和在世。我们认为,宗白华美学思想在当前的突出意义在于:在西方哲学和美学强势传入的历史情境中,在新的研究方法和研究资料层出不穷的情况下,他所坚守和延续的中国美学的基本精神和格调,坚持了现代美学的人文主义品格,为中国传统美学精神免于坠落奠定了纵深拓殖的基础。以"人本"为核心的美学研究的思想主旨,让宗白华的美学思想成为中国人文主义现代思想体系中极为重要的一个存在。他自觉自律地以西方美学为参照,建立了中国艺术和中国美学的独特的理论形式和思想体系。并且有意识地把中国美学和中国艺术论中的具体思想以及中国传统哲学观念中的生命意识,置于宇宙观和人生观大背景下,从而肯定了中国传统美学和艺术论的人文价值、世界意义和未来学意义。回顾中国现代美学的百年历程,宗白华先生是高山仰止的一代宗师。宗白华的美学精神和思想体系,是值得我们继续研究和发扬的重要的美学遗产。

论"美在意象"说的艺术阐释价值

艺术是感性形式的"真理的呈现",美学和艺术学是建立在阐释基础上的"意义的敞开"。① 无论是诗歌、绘画、音乐还是戏剧,真正的艺术都不是一个个孤立的形式和元素的凑合,更不是各种手段的机械拼凑和堆砌,而是浑然的意象生成。

"意象"在审美和艺术活动中不仅具有重要的理论价值,同时还具有方法论的重要意义。艺术的审美意象呈现了具有充盈的美感和意义的世界,也敞开了一个比生活表象更加深刻和本真的世界。《俄狄浦斯王》"杀父娶母"的命运意象、《神曲·天堂篇》中贝雅翠斯作为"天堂引路人"的意象②、蒙娜丽莎那"神秘的微笑"、《命运交响曲》中的"命运动机",还有庞德诗歌中的意象、梵高所绘的"农夫的鞋",抑或是斯特林堡戏剧中的"吸血意象"、荒诞派戏剧《等待戈多》中"在不确定的时光中等待的意象"等,都体现出艺术对于审美意象的感悟和创造。审美意象体现的是心(身心存在)—艺(艺术创造)—道(精神境界)的贯穿统一。在艺术的审美和创造活动中,意

---

① 顾春芳:《呈现与阐释》,中国大百科全书出版社,2019年11月版,第4页。
② 根据但丁本人所述,1274年,年仅9岁的但丁在坡提纳里家中的聚会上邂逅与他同龄的贝雅翠斯后对其一见钟情,二人再次相见乃是九年之后。而这仅有的两次见面则让但丁一生都深爱着她,哪怕他后来娶了另一个女人。在贝雅翠斯于1290年去世之后,但丁将对她的深情和思念都写进了诗歌中,其名作《新生》便是以她为灵感创作,他还在伟大的《神曲》中的《天堂篇》将贝雅翠斯化作前往天堂的领路人。

象生成就是核心意象①在诗性直觉中的灿然呈现。

叶朗的"美在意象"说是在传统和当代、理论和实践等多个维度上都具备深刻意义的美学体系。本文将从"艺术创造的核心是意象生成""'美在意象'对艺术创造的方法论意义""审美意象的瞬间生成和情理蕴藉"三个方面来论述叶朗"美在意象"说对于研究和阐释包括戏剧、电影、绘画和音乐在内的一切艺术审美活动和审美创造的意义与价值。

艺术创造的核心是意象生成

叶朗在《美学原理》中提出"艺术的本体是审美意象"②。

"美在意象"说立足于中国传统美学，在继承宗白华、朱光潜等人的中国现代美学基础上，充分吸收西方现代美学的研究成果，在审视西方 20 世纪以来以西方哲学思维模式与美学研究的转向，即从主客二分的模式转向天人合一，从对美的本质的思考转向审美活动的研究，同时又对 20 世纪 50 年代以来中国美学研究进行了深入反思，特别是审视了主客二分的认识论模式所带来的理论缺陷，将"意象"作为美的本体范畴提出。并从"美在意象"这一核心命题出发，将意象生成作为审美活动的根本，围绕着审美活动、审美领域、审美范畴、审美人生，构建了以"意象"为本体的美学体系，不仅推动了中国当代美学理论的发展，对于研究和阐释艺术审美创造也具有观念和方法论的突出价值。

"美在意象"说对于贯通各门类艺术，解决长期以来困扰各门类艺

---

① 本文用到"意象""意象世界""审美意象"和"核心意象"四个概念，有必要对四个概念的内涵，相互之间的关系做个说明。意象通常是单个的，比如梅花的意象、潇湘水云的意象等，但是在艺术中，意象呈现有时候是单个的，但更多时候出现的是意象群，特别是在大型作品中会出现密集的意象群。意象群的整体构成了艺术的意象世界，对意象世界起主导作用的是核心意象。本文提出"核心意象"是为了突出核心意象的主导性、统摄力，对艺术最终呈现的完整性起至关重要作用的是核心意象。在艺术创造中的意象生成都可以视为审美意象，审美意象的生成与呈现代表了人类最高级的精神活动。

② 叶朗：《美学原理》，北京大学出版社，2009 年版，第 235 页。

术美学的本体论研究提供了重要的思想和阐释的工具。在"美在意象"说的理论框架中,叶朗提出"意象是美的本体,意象也是艺术的本体"。① "意象生成"是"美在意象"说的核心命题,而艺术创造的核心也是意象生成的问题。他提出在审美活动中,美和美感是同一的,美感是体验而不是认识,它的核心就是意象的生成。② "美在意象"说援引郑板桥的画论,认为艺术创造的过程包括两个飞跃:第一是从"眼中之竹"到"胸中之竹"的飞跃,"这是审美意象的生成,是一个创造的过程"③;第二是从"胸中之竹"到"手中之竹"的飞跃,艺术家"进入了操作阶段,也就是运用技巧、工具和材料制成一个物理的存在,这仍然是审美意象的生成,仍然是一个充满活力的过程"④。他说:

> **意象生成统摄着一切**:统摄着作为动机的心理意绪("胸中勃勃,遂有画意"),统摄着作为题材的经验世界("烟光、日影、露气""疏枝密叶"),统摄着作为媒介的物质载体("磨墨展纸"),也统摄着艺术家和欣赏者的美感。离开意象生成来讨论艺术创造问题,就会不得要领。⑤

《美在意象》(《美学原理》)这本书中强调"意象"不是认识的结果,而是当下生成的结果。审美体验是在瞬间的直觉中创造一个意象世界,一个充满意蕴的完整的感性世界,从而显现或照亮一个本然的生活世界。⑥ 叶朗认为,"艺术与美是不可分的,从本体的意义上来说,艺术就是美。"⑦美学的研究,终究要指向一个中心,这就是审美意象。他

---

① 叶朗:《美学原理》,北京大学出版社,2009年版,第237页。
② 叶朗:《当前美学和艺术学理论研究的几个问题——访美学家叶朗》,《中国文艺评论》2018年第4期。
③④⑤ 叶朗:《美学原理》,北京大学出版社,2009年版,第248页。
⑥ 叶朗:《从"美在意象"谈美学基本理论的核心区如何具有中国色彩》,《文艺研究》2019年第8期。
⑦ 参见叶朗:《美学原理》,北京大学出版社,2009年版,第239页。叶朗在此提出艺术是美,但不等于说艺术只有审美的层面,艺术是多层面的复合体,除了审美层面(本体层面),还有知识层面、技术层面、经济层面、政治层面等等。而美学是仅限于研究艺术的审美层面。

说："艺术不是为人们提供一件有使用价值的器具，也不是用命题陈述的形式向人们提出有关世界的一种真理，而是向人们打开（呈现）一个完整的世界。而这就是意象。"①

"美在意象"的理论将以往悬而未决的艺术本体论研究中"审美意象生成"的理论命题推向了一个新的历史阶段。艺术创造源于超越逻辑、概念的体验与想象，意象世界是艺术审美体验和想象的结晶，也是艺术审美创造的本源和终点。意象之于艺术，就犹如灵魂之于人，意象主宰并实现着艺术的韵味和灵性。那些在艺术家头脑中瞬间生成的意象，是艺术构思和创造的"燃点"，它作为最具引力的"审美之核"赋予艺术创造不息的能量。

在探讨"美在意象"的方法论意义之前，我们有必要对"美在意象"理论体系的特征和内涵给予必要的归纳和介绍。

第一，"美在意象"说注重心的作用。中国传统美学和艺术学最突出的特点，在于重视心灵的创造作用，重视精神的价值和精神的追求。"美在意象"说继承中国传统美学的思想，强调"心"的作用，这一理论体系所讨论的美学基本问题和前沿问题的新意都根基于此。这里所说的"心"并非被动的、反映论的"意识"或"主观"，而是指美感发生的具有巨大能动作用的意义生发机制。叶朗说："离开了人的意识的生发机制，天地万物就没有意义，就不能成为美。"②强调心灵的作用就是指出艺术的审美和其他审美活动注重心灵对于当下直接的体验。

关于思维和体验的差异性，张世英在《哲学导论》中曾指出："不能通过思维从世界之内体验人是'怎样是'（'怎样存在'）和怎样生活的。实际上，思维总是割裂世界的某一片断或某一事物与世界整体的联系，以考察这个片断或这个事物的本质和规律。"③张世英指出"主客二分"的思维模式是认识论的本质，它与美感的体验具有本质上的不

---

① 叶朗：《美学原理》，北京大学出版社，2009 年版，第 238 页。

② 叶朗：《美学原理》，北京大学出版社，2009 年版，第 72 页。

③ 张世英：《哲学导论》，北京大学出版社，2002 年版，第 24 页。

同。审美体验是一种和生命、存在、精神密切相关的经验,这种经验具有把握对象的直接性和整体性,正是在审美体验的过程中,人与万物融为一个整体。因此,"美在意象"说强调离开了人心的照亮,就无所谓美或不美,审美体验是与生命、与人生紧密相连的直接经验,它是瞬间的直觉,并在这样的瞬间直觉中创造一个意象世界,从而显现一个本然的生活世界。"美在意象"侧重于意义的生发机制,"突出强调了意义的丰富性对于审美活动的价值,其实质是恢复创造性的'心'在审美活动中的主导地位,提高心灵对于事物的承载能力和创造能力。"[1]

第二,意象的一般规定就是情景交融。"情"与"景"的统一乃是审美意象的基本结构。但是这里说的"情"与"景"不能理解为外在的两个实体化的东西,而是"情"与"景"的一气流通。叶朗引用王夫之的话说:"情景名为二,而实不可离。神于诗者,妙合无垠。巧者则有情中景,景中情。"(《姜斋诗话》)[2]如果"情""景"二分,互相外在,互相隔离,就不可能产生审美意象。李白的"月夜",杜甫的"秋色",王维的"空山",青藤的"枯荷",八大的"游鱼",倪瓒的"山水"都是情景交融的世界,这个情景交融的世界也包含了历史人生的丰富的体验。叶朗说:"在中国传统美学看来,意象是美的本体,意象也是艺术的本体。中国传统美学给予'意象'的最一般的规定,是'情景交融'"[3],"'情'和'景'是审美意象不可分离的因素"[4]。

意象世界是一个不同于外在物理世界的感性世界,是带有情感性质的有意蕴的世界,是以情感性质的形式去揭示本真的世界。叶朗说:"意象世界显现的是人与万物一体的生活世界,在这个世界中,世界万物与人的生存和命运是不可分离的。这是最本原的世界,是原初的经

---

[1] 叶朗:《中国美学在21世纪如何"接着讲"》,2010年第十八届美学大会的演讲,参见《更高的精神追求:中国文化与中国美学的传承》和《意象照亮人生》。
[2] 〔明〕王夫之:《姜斋诗话笺注》卷二《夕堂永日绪论》,戴鸿森笺注,人民文学出版社,1981年版,第36页。
[3] 叶朗:《美学原理》,北京大学出版社,2009年版,第55页。
[4] 叶朗:《美学原理》,北京大学出版社,2009年版,第237页。

验世界。因此当意象世界在人的审美观照中涌现出来时,必然含有人的情感(情趣)。也就是说,意象世界必然是带有情感性质的世界。"①

离开主体的"情","景"就不能显现,就成了"虚景";离开客体的"景","情"就不能产生,就成了"虚情"。只有"情""景"统一,所谓"情不虚情,情皆可景,景非虚景,景总含情"②,才能构成审美意象。美国悲剧之父奥尼尔在写完《进入黑夜的漫长旅程》的那一天,他的妻子觉得他仿佛老了十岁;汤显祖写到"赏春香还是旧罗裙"这一句的时候,家人寻他不见,原来他因思念早夭的女儿而独自饮泣于后花园;巴金写《家》的时候,仿佛在跟笔下的人物一同受苦,一同在魔爪下挣扎;福楼拜写《包法利夫人》的时候,嘴巴里竟然好像有砒霜的味道;拜伦《与你再见》的原稿上留有诗人的泪迹;曹雪芹感叹《红楼梦》"满纸荒唐言,一把辛酸泪,都云作者痴,谁解其中味"。艺术家需要为情而造文,沥血求真美,忘我地贡献出生命的情思。③

艺术审美和创造的核心是生成意象世界,意象世界的生成源自"情"与"景"的契合,就像苹果砸中牛顿,这一瞬间生成的过程是不可重复的,具有瞬间性、唯一性和真理性。美的意象世界照亮了一个有情趣的生活世界的本来面貌。叶朗指出"情景合一"的世界也就是胡塞尔所说的"生活世界",也就是哈贝马斯所说的"具体生活的非对象性整体",而不是主客二分模式中通过认识桥梁建立起来的统一体。"在本来如此的'意象'中,我们能够见到事物的本来样子。"④

第三,意象显现本源性的真实。叶朗参照王夫之"现量"的概念说明美感的性质,并通过"现量"的三个层次说明它如何在审美活动中体现的。他认为"现量"有三层含义:一是"现在",美感是当下直接的感

① 叶朗:《美学原理》,北京大学出版社,2009年版,第63页。
② 〔明〕王夫之:《古诗评选》卷五,谢灵运《登上戍石鼓山》评语,文化艺术出版社,1997年版,第216页。
③ 顾春芳:《改革开放四十年中国原创话剧的反思与展望》,《文学评论》2018年第6期。
④ 叶朗:《从"美在意象"谈美学基本理论的核心区如何具有中国色彩》,《文艺研究》2019年第8期。

兴,就是"现在","现在"是最真实的。只有超越主客二分,才有"现在",而只有"现在",才能照亮本真的存在。二是"现成"。美感就是通过瞬间直觉而生成一个充满意蕴的完整的感性世界。三是"显现真实"。美感就是超越自我,照亮一个本真的生活世界。① 叶朗认为王夫之的"现量"关于"如所存而显之"的思想非常具有现代意味,"现"就是"显现",也就是王阳明所说的"一时明白起来",也就是海德格尔所说的"美是无蔽的真理的一种现身方式"②,"美属于真理的自行发生"③。

叶朗认为意象呈现本真,"照亮一个本然的生活世界"④。《二十四诗品》⑤所说"妙造自然"荆浩《笔法记》所说"搜妙创真",指的是通过艺术的创造,显现真实的本来面貌。美感具有超逻辑、超理性的性质,审美活动通过体验来把握事物(生活)的活生生的整体。"它不是片面的、抽象的(真理),不是'比量',而是'现量',是'显现真实',是存在的'真'。"⑥审美直觉是刹那间的感受,也就是王夫之说的"一触即觉,不假思量计较"。"它关注的是事物的感性形式的存在,它在对客体外观的感性观照的即刻,迅速地领悟到某种内在的意蕴。"⑦以非实体性、非二元性的真我,不执著于彼此,不把我与世界对立起来,从而见到万物皆如其本然。

关于意象与艺术真实之间的关系,叶朗认为"审美世界一方面显现一个真实的世界(生活世界),另一方面又是一个特定的人的世界,或一个特定的艺术家的世界,如莫扎特的世界,凡·高的世界,李白的

① 叶朗:《美学原理》,北京大学出版社,2009 年版,第 90—91 页。
② [德]海德格尔:《艺术作品的本源》,《海德格尔选集》上册,第 276 页。
③ [德]海德格尔:《艺术作品的本源》,《海德格尔选集》上册,第 302 页。
④ 叶朗:《美学原理》,北京大学出版社,2009 年版,第 97—98 页。
⑤ 《二十四诗品》(原名《二十四品》),以往普遍传为司空图所写。复旦大学陈尚君、汪涌豪在 1994 年提出《二十四诗品》并非司空图所作。据北京大学朱良志考证为元代著名学者、诗人虞集所撰写的《诗家一指》的一部分,也是这部流传并不广泛的诗学著作的核心部分。
⑥⑦ 叶朗:《美学原理》,北京大学出版社,2009 年版,第 95—96 页。

世界，梅兰芳的世界。"①

第四，"美在意象"说突出审美和人生的关系。"美在意象"理论突出了审美与人生、审美与精神境界提升和价值追求的密切关系。唯有以审美的眼光去除现实功利目的的遮蔽，才能发现事物原本的美。艺术是无功利性的创造，艺术本身并没有直接的实用功利性，所以它才能最大程度地使主体获得精神的自由和精神的解放。审美活动之所以是意象创造活动，就是因为"它可以照亮人生，照亮人与万物一体的生活世界"②。因此叶朗认为："美学研究的内容，最后归结起来，就是引导人们去努力提升自己的人生境界，使自己具有一种'光风霁月'般的胸襟和气象，去追求一种更有意义、更有价值和更有情趣的人生。"③

无论是老子提出"涤除玄鉴"，宗炳提出的"澄怀观道"，还是庄子提出的"心斋"与"坐忘"，中国美学一以贯之地强调审美活动发生时可"彻底排除利害观念，不仅要'离形''堕肢体'，而且要'去知''黜聪明'，要'外于心知'"④，并保持自己一个"无己""丧我"的空明心境，才能实现对"道"的观照，才能达到"高度自由"和"至美至乐"的境界。庄子所言"逍遥游"，如"乘天地之正，而御六气之辩，以游无穷"，如"乘云气，御飞龙，而游乎四海之外"，如"游心于物之初"，如"得至美而游乎至乐"等，都是指彻底摆脱功利欲念的精神境界。庄子的"心斋""坐忘"可看作超功利和超逻辑的审美心胸的真正发现，也是一个人审美自由的必要条件。

现在，我们简要总结叶朗"美在意象"说关于审美意象的理论。第一，审美意象不是物理性的存在，也不是抽象的理念世界，而是一个完整的、充满意蕴的情景交融的感性世界。第二，审美意象不是一个既成

---

① 叶朗：《"意象世界"与现象学》，参看《意象》，北京大学出版社，2013 年版。
② 叶朗：《中国美学在 21 世纪如何"接着讲"》，2010 年第十八届美学大会的演讲，参见《更高的精神追求：中国文化与中国美学的传承》和《意象照亮人生》。
③ 叶朗：《美学原理》，北京大学出版社，2009 年版，第 24 页。
④ 叶朗：《美学原理》，北京大学出版社，2009 年版，第 103 页。

的、实体化的存在,是在审美过程中不断生成的。意象生成不能离开审美活动,离开人的审美生发机制。第三,意象世界显现一个真实的世界,即人与万物一体的生活世界。不执著于彼此,不把我与他人、我与他物、我与世界对立起来,从而见到万物皆如其本然。意象世界"显现真实",就是指照亮这个天人合一的本然状态,照亮这个世界的美和意义。第四,审美意象让心灵获得一种审美的愉悦,①也就是王夫之说的"动人无际"的审美境界,杜夫海纳所说的"灿烂的感性"。②

意象生成,不是简单的表现,更非机械的模仿,意象生成是灵思,是妙悟,是超越表象以契入本真的神思妙造。它需要回归一种内在的、非功利的、虚静空明的心境,从而自由地观照意象之妙,融万趣于神思。艺术的创造、欣赏和领悟,美感的发生、体验和传达皆蕴含其中。

"美在意象"对艺术创造的方法论意义

艺术创造的根本问题始终是审美意象生成的问题。

美的意象指引艺术。艺术家依靠其艺术直觉对审美对象的感悟,综合所有的艺术构成,造型、线条、色彩、声音等,从总体上把握核心意象的创造和呈现,使"胸中之竹"转变成"手中之竹",这一转化的过程,需要艺术家借由"材"(媒介材料)、"法"(形式方法)、"技"(技术手段)将非实体性的意象呈现为可感的形式。在"美在意象"理论中,艺术品的这一内在结构被归纳为艺术作品的"材料层、形式层和意蕴层"。③手中之竹的完成是以胸中之竹为基础的,没有完满的审美意象,就产生不了完满的艺术形式,没有完满的审美意象,一定会导致艺术形式的支离破碎。唯有完整明晰的艺术意象的导引,一切媒介和手段才会凭借这一内核形成统一和谐的共振。

---

① ③　叶朗:《美学原理》,北京大学出版社,2009 年版,第 59 页。

② 　叶朗:《美学原理》,北京大学出版社,2009 年版,第 58 页。

艺术的完整性端赖艺术"核心意象"的丰富和充实。在艺术中,意象有时单个出现,但更多时候出现的是意象群,但是对意象世界起主导作用的,对艺术最终呈现的完整性起至关重要作用的是核心意象。"核心意象"的丰富和充实可通于绘画中的"一画说"。石涛《画语录》中说的大法不是一笔一画,不是技法手段,乃是"众有之本,万象之根",一片风景就是一个心灵的世界,它阐明了艺术是"我"表达"我"所体悟到的独特的意象世界。石涛说"至法无法",真正的"法"不是僵化的"法""格""宗""派""体""例",而是可以发展和助推艺术家想象力和创造力的"法"。这个"法"就是激活传统的既定的"成法",创化自由的无限的"审美意象",这是艺术家的"我之为我,自有我在"的生命力和创造力所在。这与罗丹所说的"一个规定的线通贯着大宇宙而赋予了一切被创造物,它们在它里面运行着,而自觉着自由自在"是一样的道理。① 天才总是具有自己的"法",一切规则对他们是没有意义的,艺术的本质就源于自由的精神。

"美在意象"对艺术审美和创造的方法论意义体现在以下几个方面。

其一,"美在意象"说注重心的作用,而心的作用在艺术中的重要性不可替代、无与伦比。艺术存在的意义和价值就在于,创造出一个有别于现实世界的意义空间。在这个意义的空间里,我们不是去观看无生命的物质的展览,而是进入一个精神性的领域,去体验生命情致和心灵境界的在场呈现。作为生命情致和心灵境界在场呈现的艺术,用属于自身的媒介和语言力求创造出美的意象世界。

审美意象令艺术焕发意义和光照,不同的心灵即便面对同一事物也会产生不同的意象世界。德国符号论美学家卡西尔认为,"艺术可以被定义为一种符号语言"②,艺术创造需要一整套语言和符号,艺术

① 宗白华:《美学散步》,上海人民出版社,1981年版,第287页。
② [德]恩斯特·卡西尔:《人论》,上海译文出版社,1985年版,第212页。

的空间充满了符号。每一个艺术形象都可以说是一个有特定含义的符号或符号体系。由此,卡西尔把符号理解为由特殊抽象到普遍具体的一种形式。符号是观念性的、功能性的、意义性的存在,具有审美的价值。苏珊·朗格曾对艺术的本质做过如下定义:"艺术乃是人类情感符号形式的创造。"①"一件艺术品就应该是一种不同于语言符号的特殊符号形式。"②如果把"符号"作为"象"加以审视,那么其实符号学探讨的作为人类情感承载的符号和形式,就趋近审美意象的生成和呈现。

艺术意象呈现的是心灵化的时间和空间。不存在两种完全一样的审美体验,对绘画而言,同样的梅花、竹子、景色在不同的画家那里呈现的内心景致完全不同;对剧场艺术而言,一个文本对一个艺术家而言,只能产生一种最独特的整体意象,它最能体现这一位艺术家的心境,正所谓"一百个人心中有一百个哈姆雷特"。艺术是心灵世界的显现。宗白华先生在《论文艺的空灵与充实》一文中指出:

> 艺术家要模仿自然,并不是去刻划那自然的表面形式,乃是直接去体会自然的精神,感觉那自然凭借物质以表现万相的过程,然后以自己的精神、理想情绪、感觉意志,贯注到物质里面制作万形,使物质而精神化。③

他认为:"宇宙的图画是个大优美的表现。……大自然中有一种不可思议的活力,推动无生界以入有机界,从有机界以至于最高的生命、理性、情绪、感觉。这个活力是一切生命的源泉,也是一切'美'的源泉。"④宗白华先生认为"心物一致的艺术品",才属于成功的创造,才达到了主观与客观的统一。

对中国艺术而言,演奏古琴并不仅仅是为了展示这一乐器的声音,古琴在琴人的眼中也不仅仅是一件乐器,琴是承载人的精神和灵魂世

---

① [美]苏珊·朗格:《艺术问题》,中国社会科学出版社,1983年版,第24页。
② [美]苏珊·朗格:《艺术问题》,中国社会科学出版社,1983年版,第120页。
③④ 《宗白华全集》第一卷,安徽教育出版社,1994年12月第1版,第309页。

界的精神器皿，所以学习古琴不单是技巧的训练，更重要的是心的训练。比如演奏《梅花三弄》，梅花的音乐意象可以表现得明媚、艳丽，也可以表现得素静、质朴，这完全取决于演奏者的心境。有些琴师在演奏《梅花三弄》之前要去看大量的古画，尤其是看马远的《梅花图》，马远的梅花全是嶙峋遒劲的枝干，几乎没有花。这样的意象和音乐所要表现的卓尔不群的心灵境界是相通的。正如叶朗所言："陶潜的菊是陶潜的世界，林逋的梅是林逋的世界。这就像莫奈画的伦敦的雾是莫奈的世界，梵·高的向日葵是梵·高的世界一样。没有陶潜、林逋、莫奈、梵·高，当然也就没有这些意象世界。"①艺术是心灵最自由的极限运动，心灵的修养和境界的提升，贯穿所有的中国艺术。

因此，意象的生成需要恢复"心"在审美活动中的主导地位。中国艺术精神所倡导的纯然的艺术体验，主体已经淡出，剩下的是心灵的境界，那是一种不关乎功利的体验与觉悟。由此，刻画出一种深刻的生命观照，这种观照来自一个自由的心灵对世界的映照。"一片风景就是一个心灵世界的呈现"②，正是在此意义上，叶朗说："艺术能照亮世界，照亮存在，显示作为宇宙的本体和生命的'道'，就因为艺术创造和呈现了一个完整的感性世界——审美意象。"③

正是因为突出了"心"的作用，艺术在中国美学的视野中从来就不是单纯的技能，艺术与存在本身息息相关，与人生境界天然地互为表里。在充满生命体验的艺术创造和体验过程中，无论是创作者还是欣赏者，因为祛除了知识和功利的遮蔽而得以涤除心尘，继而复归一个本原的真实世界。达·芬奇的绘画旷世罕见，贝多芬的音乐个性鲜明，梵高的绘画独一无二，罗丹的雕塑独树一帜，所有伟大的艺术，促成其伟大的都是其不可重复的审美意象的独创性。审美意象的生成代表了人类最高的精神活动，张扬了人类最自由、最愉悦、最丰富的心灵世界。

---

① 叶朗：《中国传统美学的现代意味》，参见叶朗《胸中之竹》，安徽教育出版社，1998 年版。

② 宗白华：《美学散步》，上海人民出版社，1981 年版，第 59 页。

③ 叶朗：《美学原理》，北京大学出版社，2009 年版，第 238 页。

这一过程是"美的享受",精力弥漫、超脱自在、万象在旁,一种无限的愉悦和升华。突破表象的羁绊,挣脱规则的束缚,透过秩序的网幕,摆脱功利的引诱,于混沌中看到光明,于有限中感受无限,于樊笼中照见自由,这真是逍遥自得的至乐之乐,也是"此中有真意,欲辩已忘言"的境界所在。叶朗说:

> 中国美学的这个观念,在理论上最大的特点是重视心灵的创造作用,重视精神的价值和精神的追求。这个理论,在历史上至少产生了两方面的重要影响:一个影响是引导人们特别重视艺术活动与人生的紧密联系,特别重视心灵的创造和精神的内涵。一个影响是引导人们去追求心灵境界的提升,使自己有一种"光风霁月"般的胸襟和气象,从而去照亮一个更有意义、更有价值和更有情趣的人生。①

所以,艺术不是简单地照搬或模仿几个外在符号。有些舞台作品采用的形式很新颖,却不能打动人心,原因就在于只抓住了"技",而未触及"道",是招数的展览和堆砌,触摸不到真正的审美意象,也表现不出深刻的意义世界。作为体现"道"的"意象世界"指向无限的想象,指向本质的真实,是有限与无限、虚与实、无和有的高度统一,并最终导向艺术家所要创造的艺术的完整性。这也是区分"艺匠"和"艺术家"的标尺。正如宗白华先生所说:

> 以宇宙人生的具体为对象,赏玩它的色相、秩序、节奏、和谐,借以窥见自我的最深心灵的反映;化实景而为虚境,创形象以为象征,使人类最高的心灵具体化、肉身化,这就是"艺术境界"。艺术境界主于美。所以一切美的光是来自心灵的源泉:没有心灵的映射,是无所谓美的。②

① 叶朗:《当前美学和艺术学理论研究的几个问题——访美学家叶朗》,《中国文艺评论》2018年第4期。
② 宗白华:《美学散步》,上海人民出版社,1981年版,第70页。

　　就京剧而言，京剧从诞生之初就具备兼容并包、承古开新的创化机能，行当程式是定法，板腔体、锣鼓经是定法，但是在掌握定法的基础上所要实现的却是自由的创造精神和艺术精神。唯有这样的创化，京剧才能不死，才能常新，才能永远创造出自由的、充满生命力和创造力的活的艺术。京剧的发展需要鲜活的创造精神。这种精神从哪里来？从人生的阅历和生命的境界里来，生命的境界愈丰满浓郁，在生活悲壮的冲突里，越能显露出人生与世界的深度。因此，只有把握京剧艺术的美学本体，才能够全面展示京剧艺术审美的特质。"死学"是必要的，但关键是"活用"。坚守传统是必要的，但最后一定要善于创化。戏曲艺术最珍贵的不仅是功法技艺和唱腔要领，更是艺术思想和精神品格。唯其如此，传统艺术的发展才能在不伤害传统的前提下"立足传统、引用传统、激活传统"①。

　　"美在意象"理论也启示我们，在艺术中似乎处于对立状态的"写实"或者"写意"，其实没有必要将其对立起来。因为"写实"和"写意"只是方法手段，方法手段仅是"指月之指，登岸之筏"，那个完满的内在意象才是"月亮"，才是"彼岸"。技法、手段是可以模仿的，但意象与境界是无法模仿的。这就是中国艺术精神中最精妙的所在——不致力于对外在世界的陈述和模仿，而是注重内在生命的证会和体悟。

　　意象之真，意象之美，不应执著于造型的"写实"或"写意"之分，不应执著于手法和派别之界限，大实可达大虚，大虚可达大实。造型是面目，意象是灵魂；形式是末，意象是本，言写实、写意，言风格、手法，不如言"意象"，前者皆言其"面目"，"意象"则探其本，有意象，此四者随之具备。在艺术创造中，决定意象的是艺术家的审美直觉，他所服从的是最高的真和最永恒的美。所以伟大的艺术家不会重复自己的形式语言，他在意象的世界中源源不断、永不枯竭地创化出新的形式语言。形式和美只不过是艺术家目的之外的目的。

---

　　①　尚长荣：《戏曲要死学而用活》，《中国文化报》2012年1月17日第6版。

其二,艺术意象呈现的是如其本然的本源性的真实。"意象世界"呈现一个本真的世界。叶朗指出意象世界是"如所存在而显之"①,"超越与复归的统一"②,"真善美的统一"③,体现了艺术家自由的心灵对世界的映照,体现了艺术家对于世界的整体性、本质性的把握。审美意象"一触即觉,不假思量计较;显现真实,乃彼之体性本自如此,显现无疑,不参虚妄"④。用禅宗的话来说,就是"庭前柏树子",在刹那之间体会到永恒,感受到意义的全然的丰满,体验到无限整体的经验。意象之于艺术,是情和思的一致。张世英先生把俘获"真实"的审美意识称为"思致",即思想、认识在艺术家心中沉积日久而转化成的情感所直接携带的"理",也就是渗透于审美感兴中并能直接体现的"理"。基于"思致"和"意象"的艺术外部呈现的形象,不仅仅是模仿外物的表面的"真实",还达到了情与理的高度融合,从而实现了最高的"真实"。这就是意象世界所要开启的真实之门,以及意象世界所要达到的真实之境。

其三,艺术的全部奥秘和难度就在于领悟和把握"艺术意象的完整性"。中国美学讲"浑然""气韵生动"也是对于完整性和统一性的追求。意象正是实现艺术完整性,使之具备一以贯之的生命力和创造力的内在引力。罗丹说雕塑就是把多余的东西去掉,这句话揭示的是一切艺术的最高目标是保持其完整性。这对于东西方真正的艺术创造而言都是一样的。一切外在的表现形式或手段,是以最终表达和呈现艺术意象世界的那个"最高的真实和最本质的意义"为目的的。⑤ 就音乐而言,音乐的音响流在听觉中枢造成持续不断的遵循时间秩序的链式"痕迹"流。这种"痕迹"流的追求是高度的一致性和完整性,"任何不

① 叶朗:《美学原理》,北京大学出版社,2009 年版,第 73 页。
② 叶朗:《美学原理》,北京大学出版社,2009 年版,第 78 页。
③ 叶朗:《美学原理》,北京大学出版社,2009 年版,第 80 页。
④ 〔明〕王夫之:《姜斋诗话笺注》卷二"夕堂永日绪论",戴鸿森笺注,人民文学出版社,1981 年版,第 36 页。
⑤ 顾春芳:《舞台意象与诗性蕴藉》,《北京大学学报》2010 年第 6 期。

慎或差错都会在审美的记忆中留下‘裂痕’，从而破坏艺术的完整性。"①这种保持音乐的高度一致和完整性的核心意象，有些类似音乐中的"主导动机"②（特指含义的象征和隐喻），"既游离于乐曲各乐章主体结构之外，又构成整部乐曲不可分的部分，为各乐章穿针引线，使之连接为一个更加紧密的整体"③。

　　《哈姆雷特》恐怕是全世界导演排演最多的一出经典。托马斯·奥斯特玛雅（Thomas Ostermeier）导演的《哈姆雷特》在无数的演出版本中独树一帜。巨大而泥泞的黑土覆盖整个舞台，空间被营造成一方墓地，戏剧在墓地的葬礼中开始。悲剧的场景全都集中在这一个空间，凝结成这一个《哈姆雷特》的审美意象——"世界是在坟墓之上的癫狂和谎言"。在充满杀戮的坟墓上，哈姆雷特王子用泥土堵住自己的嘴，把真理埋在心底，他匍匐挣扎在谎言的泥泞中，把皇冠倒扣过来，把被遮蔽的真理擦亮。戏剧是诗，灿烂的感性和内在的理性的结合。伟大的导演把舞台画面演绎成深刻动人的诗篇。契诃夫的《樱桃园》以"樱桃园的毁灭"的戏剧意象来呈现一个急剧变化的时代，塑造一群站在世纪悬崖边的没落的贵族，展现"新的物质文明正以更文明或更不文明的方式蚕食乃至鲸吞着旧的精神家园"④。樱桃园毁灭的意象是对于转瞬即逝的美的一个深刻的隐喻，在世纪更迭新旧交替的历史境遇中，每一代人注定要面对那些曾经属于他们的最美好的事物的消逝，遭遇个体和时代、过去和未来之间的碰撞。每一个时代必然要面对美的消逝与历史的必然进步之间的悖论。契诃夫冷眼看生死，他以冷峻的视角在宇宙的角度俯瞰人生百态，他认识到时间流逝和时代更替是自然的过程，本就是最平常的事情，同时又对那些无力跃出其精神牢笼的人

① 叶纯之、蒋一民：《音乐美学导论》，北京大学出版社，1988年版，第72页。
② 叶纯之、蒋一民：《音乐美学导论》，北京大学出版社，1988年版，第143页。
③ 标题音乐中的主导动机自不待言，其他如柏辽兹《幻想交响曲》中的"恋人"动机、穆索尔斯基《图画展览会》中的"漫步"动机、里姆斯基·柯萨科夫的《舍赫拉查达》中残暴的苏丹王及宰相之女舍赫拉查达讲故事的动机等。
④ 童道明：《一只大雁飞过去了》，四川文艺出版社，2017年版，第52页。

给予同情和悲悯。易卜生的《野鸭》对"正直的谎言"作了深刻思索，"正直的谎言"可以使无能的人幻想，使野心勃勃的人把自己的快乐建筑在他人的苦难和毁灭之上。患有"极端猜疑症"的葛瑞格斯试图把雅尔玛从"谎言和发霉的婚姻"中拯救出来，结果害得他家破人亡。"野鸭"的意象揭示了"猎犬咬住了野鸭的脖子，把它从淤泥中拖出来，并且让它若无其事甚至高尚地活下去"的残酷意象。

艺术的核心意象凝结着动人的情感和深刻的哲理。一些伟大的作品，其真正的魅力和引力都在于把握了艺术的"核心意象"。最有名的就是海德格尔举梵高农鞋的例子用以阐明唯有艺术才能显示事物的真理。他说："在艺术作品中，存在者之真理已经自行置入作品中了。……一个存在者，一双农鞋，在作品走进了它的存在的光亮中。"[1] 所以，艺术意象不是一般意义上的造型和形式，它是在艺术的直觉和情感的质地上，从形而上的理性和哲思中提炼出的最准确的形式。它既可以直击事物的本质，又可以表达极为强烈的艺术情感。"意象"是艺术美的本体，东西方艺术家自觉不自觉地以意象的思维创构着属于自己的、独一无二的艺术风格。

其四，艺术意象力求创造出情景交融的诗性空间。艺术在场呈现的"诗性空间"，越来越成为当代艺术最具有重要价值的美学命题之一。[2] 如何创造艺术的"诗性空间"已经不是一般意义上的艺术观念、艺术语言、艺术形式的问题。"诗性空间"的创造是触摸和通达艺术本质的最重要的美学问题，也成为艺术自我发展和自我超越的方向。

如果说塔科夫斯基用"雕刻时光"来阐明电影最本质的特性在于

---

[1] ［德］海德格尔：《林中路（修订版）》，上海译文出版社，2008 年版，第 18 页。

[2] "诗意"和"诗性"虽然在英、德、法等西文中都用同一个词来表述，但两者的含义在具体的语境中是有区别的。"诗意"，涉及人对"诗"的美感认知，包括诗的意境、氛围所引发的美感体验等等。"诗性"除了与"诗意"的交叠部分外，倾向于突破单一的审美愉悦，把艺术作为一种对存在的关照，对精神的言说，大大扩大、加深和刷新了对于诗，以及其他艺术的审美取向和根本意义的理解。本文对"诗性空间"的论述除了对戏剧艺术一般层面的空间美学的介绍之外，主要研究的是现当代戏剧借由"诗性空间"实现对世界和存在的本质化敞开和呈现，以及"诗性空间"的创构方式。

以蒙太奇的时空组合以实现"诗意时间"的创造，也就是把流动的、瞬逝的时间记录在胶片上（或数码记录），那么艺术创造最本质的特性在于"意象生成"，在于撕开现实的时空的帷幕，逃离速朽的必然命运，创造出一个迥异于现实的意象世界。侯孝贤的电影之美源于心灵世界的直接呈现。他的电影不是好莱坞式戏剧性冲突的思维，不是欧洲电影追求理念和形而上的思维，也不同于日本电影的影像特点，他意在呈现中国人的心灵世界，呈现中国人的美感体验，他是用中国人传统的水墨书画的心态在进行电影创作。侯孝贤追求的正是电影的心灵化的呈现。① 电影的故事、画面、形式和内容对他而言，都是一种心灵境界的显现。他的电影比较彻底地体现了这种中国美学精神的追求。

约翰·洛根的剧本《红色》表现了挣扎于艺术追求与金钱社会中的美国现代画家罗斯科的精神困境。罗斯科把自己关在"黑暗的画室"，画室的"黑暗"成为罗斯科内心极亮的光明，在那里他可以对话艺术史和思想史上的不朽灵魂，在那里有来自米开朗基罗、卡拉瓦乔、伦勃朗以来，人类良知、高贵、纯洁的内在之光。他说："在生活中我只害怕一件事……总有一天黑色将吞噬了红色。"这句话所暗含着的强烈态度，就是对一个日益沉沦和堕落的现代社会的反抗。罗斯科生活的时代就是一个"上帝已死"的时代，一个工具理性甚嚣尘上、一个娱乐至死的时代，谋杀、竞争、买卖、种族歧视、纸醉金迷、道德崩溃的乱象像一个"张着大嘴想要吞噬一切的黑色"别无选择地席卷而来，"黑暗的画室"外是一个更加残酷的人类的集中营和流放地。那是罗斯科最为恐惧的"黑色"所在，却也正是绝大多数现代"群盲"的"麻木"所在。罗斯科的画室既是历史真实存在过的空间，是此时此刻戏剧的演出空间，是观众欣赏绘画和戏剧艺术的审美空间，又是罗斯科的心理空间。这个舞台空间创造了一种时空交融、意境深远的具有意味的诗性空间

---

① 顾春芳：《"剑"与"镜"：心灵的澄澈——侯孝贤〈刺客聂隐娘〉的美学追求》，《电影艺术》2015 年第 6 期。

和"灵的空间",成为充满魅力和意蕴的"在场呈现"的审美空间。

包括戏剧在内的所有艺术,都力图创造出迥异于现实的意象世界和诗性空间。艺术家以诗性空间"控制"着正在消逝的时间,从而构成了艺术的永久魅力。在一个"诗性空间"里可以创造出看不见却又真实存在的"精神时间"。《庄子·知北游》曰:"人生天地之间,若白驹之过隙,忽然而已。"中国美学对时间的概念不是物理意义上的时间,不是物时,而是心时;不是物象,而是心象。对中国艺术而言,艺术家不能做世界的陈述者,而要做世界的发现者,必须要超然于现实的时空之外。

审美意象的瞬间生成和情理蕴藉

艺术的审美意象是如何产生的呢?审美意象是瞬间生成的。审美意象的生成源于诗性直觉①,指向诗性意义。艺术的创造就是教会我们,不要用知识之眼,要用意象之眼,心通妙悟。

诗性直觉是一种审美意识,它经过对原始直觉的超越,对主客关系的超越,又经过对思维和认识的超越,最终达到审美意识。因此,它具有超越性、独创性、愉悦性、非功利性的特点。也可以说,诗性直觉在艺术家的创作中指的是一种透过事物的表象创造审美意象的想象力。诗性直觉不是逻辑思维的结果,它不是主客二分的认识方法,它是主客合一的体悟世界的方法。它最接近于艺术的创造性本源——一种呈现在非概念性的感情直觉世界的,直接表达舞台艺术家审美经验中的美和意义的方法。诗性直觉作为一种审美意识,比之人的原始直觉更为高级。它既渗透着情,又包含着思,是情与思的高度融合。宗白华先生说:

> 这种微妙境界的实现,端赖艺术家平素的精神涵养,天机的培植,在活泼泼的心灵飞跃而又凝神寂照的体验中突然地成就。②

---

① [法]雅各·马利坦:《艺术与诗中的创造性直觉》,刘有元等译,生活·读书·新知三联书店,1991 年版,第 101—109 页。
② 宗白华:《美学散步》,上海人民出版社,1981 年版,第 73 页。

　　1867 年维也纳还没有从战败的阴影中苏醒过来，约翰·施特劳斯在德国诗人贝克的诗歌中获得灵感而产生了一个奇妙的乐思，他从一个简单的动机"1 3 5｜5 – –"引出长达 32 小节的旋律，最终完成《蓝色多瑙河》中的第一圆舞曲。正是贝克诗歌中"多瑙河的意象"使施特劳斯的头脑中瞬间生成音乐的核心意象，灵感来得这样快速和猝不及防，以至于音乐家在没有谱纸的情况下只能在衬衫袖子上匆匆记下了稍纵即逝的乐思。肖邦《降 D 大调圆舞曲"小狗"》（Op. 64/1），据传肖邦与乔治·桑喂养了一条小狗，某天小狗转着圈追逐着自己的尾巴，乔治·桑深感有趣，于是让肖邦把这一情景用音乐表现出来，于是就有了这首作品。李斯特在看到拉斐尔《圣母的婚礼》之后创作了《巡礼之年》（又名：《旅行岁月》）钢琴独奏组曲中第二组曲的《意大利游记》中的第一首《贞女的婚礼》；伦勃朗《夜巡》的意象给予音乐家马勒创作《第七交响曲》的灵感，这首交响曲画面感较强的第二乐章《夜曲》A 段（中庸的快板）就是受《夜巡》的整体意象影响而创作的。音乐的整体意象是作曲家和指挥家建构音乐"精神性圣殿"的"隐秘的内在灵魂"。艺术史上这样的例子举不胜举。

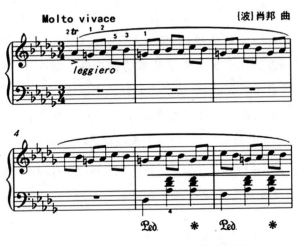

肖邦《降 D 大调圆舞曲"小狗"》的乐谱

艺术的意象世界是一个不同于物理世界的感性世界,是以情感的形式去呈现本真的世界。审美意象的体验和创造不是思维的结果,是超越主客二分的纯然的艺术体验,是瞬间生成的。艺术意象的瞬间生成,犹如宇宙大爆炸,在瞬间示现出内在的理性和灿烂的感性,照亮了被遮蔽的历史和生命的真实。意象的瞬间生成,常常被艺术家称为"灵感",它是一切伟大的艺术创作的本源。

对艺术意象的把握,只在此刻当下的生命体验中,是不可复制、不可保存、转瞬即逝的。这些转瞬即逝的审美意象因为艺术家的才能和创造而成为存现在我们眼前的永恒的美。瞬间生成的意象并不是具象和实体,舞台意象是至高的理性和感性的完美统一,它是艺术的起点和终点。朱光潜有一段话也很好地说明了意象的瞬间性特征:

> 在观赏的一刹那中,观赏者的意识被一个完整而单纯的意象占住,微尘对于他便是大千;他忘记时光的飞驰,刹那对于他便是终古。①

苏联戏剧家布尔加科夫创作的《图尔宾一家的日子》,是苏联剧本荒时期诞生的一部逆潮流的"另类的戏剧"。它破天荒地表现了和苏维埃对立的白色阵营,刻画了乌克兰的旧贵族和军人,非但没有将这些人物作漫画式的丑化,反而寄予了深切的同情和悲悯。在一片红色戏剧的潮流中,《图尔宾一家的日子》塑造了一个反潮流的,关于历史真实记忆的剧本。

这出戏的灵感来自于布尔加科夫的一个梦。他在自己的笔记中这样写道:"有天晚上我做了个忧郁的梦,梦见了我出生的城市……梦中挂着无声的暴风雪,之后,出现了一架陈旧的钢琴,钢琴旁边人影幢幢,而这些人早已谢世。"②就这样,布尔加科夫萌生了创作关于白卫军的

---

① 朱光潜:《文艺心理学》,《朱光潜美学文集》第一卷,上海文艺出版社,1982 年版,第 17 页。

② 〔苏〕布尔加科夫:《逃亡:布尔加科夫剧作集》,浙江文艺出版社,2017 年版,第 22 页。

一部小说。在后来的回忆中，他说某天晚上，他在阅读自己的作品时，在书桌上看到一个小匣子，小说中的人物在这个小匣子里活动起来，小匣里的战马影影绰绰，马背上则是头戴毛皮高帽的骑兵，高空悬着一轮明月，远处的村庄闪烁着红色的灯光。小匣子里发出的声音，那咚咚的琴声，他都清清楚楚听到了。他希望永远看见这小匣里的图像，所以马上创作了这个剧本，以便保留梦中所示现的一切。

布尔加科夫因为一个梦和他在小匣子里面看到的景象而瞬间生成了戏剧的整体意象——"风暴中正在缓缓沉没的巨轮"。这一戏剧意象真实地呈现了沙俄所代表的历史力量的终结，所有的旧贵族和效忠于沙皇的军队都将被抛出历史舞台，图尔宾一家正是被内战抛进旋涡的白军阵营的贵族知识分子家庭，他们的命运如风暴中的一艘行将沉没的船。而剧中那些仓皇出逃的乌克兰高层在布尔加科夫的笔下，是以"逃窜的蟑螂"的舞台意象出现的。

诗性直觉是戏剧作者超越事物的表象，把握审美本质的最有价值的创造思维。唯有依靠诗性直觉才能超越逻辑、概念、说教的思维方式，从而创造一个注重生命体验的意象世界。艺术创造不是一种逻辑的推理和研判，而是一种诗意的生命感悟和体验。意象世界的生成是一个复杂的审美创造过程，这个过程表达了艺术家全部的学识修养、生命感悟和美感体验。

艺术真正需要的不是对空洞之美的膜拜，而是需要能够唤起意象之美的直觉与创造力、能够实现境界之美的胸襟气象。在艺术创造中，意象生成总是以诗性直觉的方式开始发挥作用，直觉的创造是自由的创造，它不服膺于作为外在强制性的"美的典范"，而是倾向于在体验中触摸到的真实。诗性直觉过去是、今天是并且永远是创新最可靠的力量，是艺术家最可贵的艺术特质。艺术的革新和拯救向来出自创造性的诗性直觉，它是艺术生命的起点和终点。后人的作品之所以不同于前人，艺术之所以不再沦为表象真实的摹本，不再成为展示技巧和堆砌符号的场所，其神圣和高贵皆源于自由心灵的创造。

结　语

　　叶朗的"美在意象"说虽然立足于美学本体论的研究,然而其意义突破了美学本身,他所指出的"情感与形式的融合","美的形式呈现人心灵深处的情感"等问题,对于我们思考当下艺术学和美学所关注的热点问题,对于中国当代美学和艺术学的研究有着突破性的理论创新。以"意象、感兴、人生境界"的框架建构起来的"美在意象"理论体系,清晰地阐释了美在意象,美(艺术)是心灵的创造、意象的生成,美育是心灵境界的提升,突出了审美与人生、审美与精神境界的提升和价值追求的密切联系。

　　"美在意象"沿着中国美学当代发展的主航道,沿着朱光潜、宗白华、冯友兰等前辈学者所开创的学术道路,避开不必要甚至无意义的纠缠,拨开了主客二分的认识论的迷雾,对美学和艺术的关键命题和基本概念进行了深入的理论思考,以贯通古今中西的广阔的学术视野和自觉的学术使命感,完成了中国美学生存论意义上的复归,为中国当代美学和艺术学的理论研究做出了卓越贡献。

　　"美在意象"理论一方面要从中国古代哲学和美学中汲取智慧,另一方面清晰地辨析了西方当代哲学和美学的思潮,并致力于东西方美学和艺术学的融通。这一理论体系把人放在核心位置,注重个体的精神价值,追求艺术、审美和人生境界的统一。由此呈现出"美在意象"这一概念和命题的强大包孕性,以及对于美学和艺术学理论基本问题阐释能力,对于艺术的审美和创造具有方法论意义。

　　"美在意象"说指出艺术的欣赏和审美活动的核心是意象生成。意象统摄着作为动机的心理意绪,统摄着作为题材的经验世界,统摄着作为媒介的物质载体,也统摄着艺术家和欣赏者的美感。因此,我们不能离开意象生成来讨论艺术创造。伟大的艺术都是永恒的诗篇,它在有限的条件下表达了无限丰富的意涵,在有限的艺术空间内追寻无限的"意义",这是艺术追求的目标,也是古往今来的艺术家的自觉追求。

2020 年写在美学家叶朗《美学原理》出版 10 周年之际

艺术和哲学的互释和张力

——写在复旦哲学学院艺术哲学系成立之际

各位师友,大家下午好。感谢大会的邀请,首先特别要祝贺艺术哲学系的成立。

对哲学史的一个现象我们都不陌生,那就是大哲学家在思考核心的哲学命题的时候,往往都喜欢援引艺术的经典来加以阐释。比如海德格尔对荷尔德林诗歌的讨论,最终形成了厚厚一本《荷尔德林诗的阐释》。海德格尔通过荷尔德林的诗歌体验伟大的艺术中的至高的美和光,思考了什么样的人才能返回本源,以及如何返回本源的问题,他借由艺术的阐释追索存在的根本问题,去讨论艺术作品中真正发挥效力的"真理"(Wahrheit)问题。

我个人以为无论艺术哲学、美学或者艺术学理论研究,一般离不开对于艺术经典的阐释。我对很多朋友说,哲学把最深刻的问题交给了戏剧。比如古希腊悲剧《俄瑞斯泰亚》三部曲,它被誉为一面永恒的人类精神之镜(反思人类的明镜)。黑格尔论述"绝对理念",依托于古希腊悲剧《安提戈涅》的分析。埃斯库罗斯的"被缚的普罗米修斯"这一根本隐喻,启发了马克思的"经济学分析"所依托的"本体论自我系统","无产阶级的神化使命问题"。维塞尔(Leonard P. Wessell)写了一本《普罗米修斯的束缚——马克思科学思想的神话结构》就是讨论这个问题的。荒诞派戏剧《等待戈多》从思想上呈现了人类与宗教、形而上学和超验性的断根后的精神迷茫和痛苦，使我们得以清醒地直面存在的本质。

俄罗斯 19 世纪的很多思想家都讨论过契诃夫的小说和戏剧。有一本书《俄罗斯思想家眼中的契诃夫》，写的就是罗赞诺夫、梅日科夫斯基、舍斯托夫这些俄罗斯思想史上最著名的哲人对契诃夫的评论。比如在契诃夫的世界里，不理解和误解是造成人类悲剧的主要原因，而这正是罗赞诺夫早期哲学探讨的主题。罗赞诺夫写过五篇关于契诃夫的论文，在契诃夫和罗赞诺夫之间我们可以看到时代的艺术和哲学之间的互动和互鉴。1909 年他以韦伯的《新教伦理与资本主义》和《天主教的精神》探讨了契诃夫作品的精神和价值基础的问题。罗赞诺夫从俄罗斯的命运，以及历史文化角度解读契诃夫最后一个剧本《樱桃园》，从中看到了世纪末的价值危机。

不过，海德格尔给荷尔德林加了一个神圣的光环，契诃夫没有那么幸运，他和 19 世纪后期俄国思想界的关系一直比较紧张。很重要的原因是白银时代一些出身贵族的思想家和文人对契诃夫的态度并不友好，这里面原因很复杂。比如梅日尔科夫斯基批判契诃夫停留在平庸，他的妻子著名的女诗人吉皮乌斯更是连契诃夫的肺结核一起鄙视，她说契诃夫所患只不过是"平常的"肺病，而不是果戈理那样"神圣的"癫痫，只有果戈理才会斋戒十日后焚毁所有的作品，慷慨赴死。当然，白银时代的思想界和文学界对契诃夫的态度，其中也有阶层、出身、宗教信仰、价值观等方面的分歧。

由此，我是想引出一个问题——艺术和哲学的关系虽然很密切，但从历史上看并非总是那么和谐而又甜蜜，有时候同时代的很多哲人和艺术家，甚至会相互轻视。为什么呢？一般来说，哲学家和艺术家都比较愿意从过去的历史中寻找他们认可的理想的对象和理想的范本。当然也有特例，比如尼采和瓦格纳，尼采受音乐家瓦格纳的影响很深。丹托本人和 20 世纪当代艺术的关系也比较密切。然而，契诃夫和哲人们的互动仍然呈现出艺术和哲学的互释和内在张力。我想，这是我们在面对哲学和艺术的关系的时候需要重视的一个问题。

我认为艺术和哲学之所以能够携手,是因为从本质上而言它们都是为了探寻更高的自由和真理而创造的人类的精神活动,他们彼此存在的理由绝不是为了取悦彼此。我们应该培养当代哲学和艺术积极互动的土壤,但又要允许二者之间分歧和矛盾的存在,这才是比较健康的生态。有时候艺术走在哲学前面,有时候哲学带动了艺术的创新。但是在任何时候,哲学不应该是艺术的吹鼓手,真正的艺术也绝不会充当哲学的注脚。他们在各自的帕尔纳索斯山遥相辉映,它们唯有在真理的上空才能真正地遇见。

所以,我选择契诃夫作为研究对象,一方面当然是他对整个 20 世纪现代戏剧的开拓性贡献。另一方面也是想观察和思考同一时代的艺术和哲学之间的这样一种矛盾和张力。

我最近完成的两本书《契诃夫的玫瑰》和《契诃夫戏剧阐释与空间诗学》,就是这样一次学术的实践。《契诃夫的玫瑰》着重阐释的契诃夫的艺术心灵。我们都知道他是一位小说作家、戏剧家,一名医生,但是鲜有人知道他还是一位出色的园艺师。他在身后不仅留下丰富的文学遗产,而且留下了两座由他亲手建造的花园,以及一百多株玫瑰。我在疫情期间寻访了契诃夫的故居,拍摄到了他留给世界的美好的花园和玫瑰。契诃夫培植自然的花园,同时在文学中培植着关乎人类良知的土壤。

《契诃夫戏剧阐释与空间诗学》着重阐释契诃夫戏剧的现代性品格。在此过程中会发现不同的阐释立场、阐释方法和途径,会得出不同的结论和观点,这就是阐释契诃夫的难度所在,也是最有意思的地方。契诃夫受到斯多葛派哲学的影响,但可以肯定他读过叔本华、尼采等人的著作。神学、文学、艺术、哲学很早就统一在了契诃夫觉醒的个体生命中。

重读契诃夫,当然有很多令人欣喜的新发现。比如契诃夫有着超前的生态美学思想;比如契诃夫的戏剧超前地呈现了人生的虚无以及如何超越虚无的哲学气质,对于"有限的存在和无限的时间"这一最重大的哲学问题的思考向我们敞开了契诃夫戏剧在存在论角度的哲理深度。人究竟应该如何活着?生命的意义应该如何得到彰显?如何在宗教之外建立一种内心的信仰?幸福究竟以什么样的形式存在?所有这些戏剧引发的问题,都是"存在论"层面的哲学命题,契诃夫用短暂的一生思考了这些哲学的根本问题。

可以说,小说和戏剧是契诃夫哲学思考的另一种方式,它通过人物的命运来追问历史和时代的根本问题。有人说契诃夫的戏剧没有冲突,其实他的戏剧只是没有传统戏剧的冲突模式。契诃夫戏剧冲突和传统戏剧具有本质的差异,它不再呈现人与命运、人与神、人与社会或人与人的冲突,甚至消解了一切表面形式的冲突,而最突出地呈现了"人与时间的冲突",这种冲突其实是惊心动魄的。在契诃夫的戏剧中,俄罗斯文学中"多余的人"正在蜕变成工业化时代"无力的人"。三姐妹的焦虑也是现代人的焦虑,这种焦虑并不是回到莫斯科可以解除的,这种被时间析出的危机感和焦虑感,是一种现代人普遍的病症。

现代人遭遇过的问题和困惑,契诃夫早就思考过了,他笔下的那些站在世纪悬崖边的人物早就先于我们而经历过了。契诃夫的戏剧超前地呈现了人生的虚无以及如何超越虚无的哲学气质,对于"有限的存在和无限的时间"这一最为重大的哲学问题的思考,向我们敞开了契诃夫戏剧在存在论角度的哲学深度。可以说契诃夫的思想蜕变和精神追求暗合了整个西方哲学在 19 世纪末 20 世纪初的重大转向。

研究契诃夫及其戏剧,为的是把握他深刻的哲学思考以及超前的现代性观念,把握他戏剧观的转型和蜕变是如何发生的,他的艺术思想与现当代哲学的互动关系是如何实现的。

在我看来,艺术和哲学是抵达真理的不同方式。

艺术是感性形式的"真理的呈现";哲学和美学是建立在语言基础上的"意义的阐释"。艺术是对不可言说的言说,哲学非要把不可言说的言说言说出来;艺术是对真理的呈现,哲学是对真理的阐释;艺术常常提出不可解的问题,而哲学非要寻找这个不可解的答案。这就是为什么一个艺术经典,被一代又一代哲人所思考的原因。

我之所以举契诃夫的例子,是要想强调"艺术阐释学"的重要性。在艺术和哲学之间,阐释学的理论和方法有至关重要的意义。一件艺术品的诞生,就是真理以感性形态获得其存在的过程,也是它从隐微显现自身的过程。研究和阐释艺术的本质就是还原这种"内在的真理性"。艺术阐释学依托经典艺术文本,进入艺术创造的深层,从而帮助我们有效地揭示和阐释艺术的美和意义,理解这种美和意义的历史性、真理性特征。在此意义上,我们说艺术可以构建真理的历史,而艺术阐释学是研究构建真理历史的艺术的阐释理论。这种阐释理论就是艺术哲学,而艺术哲学的训练就是阐释的训练,这个训练的目标在于培养感性和理性的兼而有之的、有学养、有才气、有阅历、有智慧,以及审美的修养、独特的想象力、思想的原创力,特别是具备超越意识的当代哲人。

复旦哲学学院艺术哲学系的成立,"艺术哲学"作为一个系的名称的提出,具有历史性的意义,这本身就是对目前所谓"一般艺术学"研究的反思。复旦人不从众随俗,另辟蹊径,建系的宗旨既有学科史的深刻见地,也有未来学的深刻意义。

艺术哲学或是美学的研究不能脱离艺术本身,哲人们讨论艺术不能凌空蹈虚,不着边际,必须进入艺术创造的深层。我想复旦哲学学院艺术哲学系的建立,能够为哲学和艺术在当代,真正形成有效的互动带来新的希望。

艺术作为建构真理的历史

我为什么讲这个题目？

第一，是我对伟大作品的秘密特别感兴趣。我想谈谈艺术和艺术学理论的关系，借此思考建构艺术阐释学的必要性和意义。

第二，目前艺术学和美学研究存在一个普遍问题。那就是理论凌空蹈虚，操弄概念，忽略文本细读。为什么造成这种情况？急功近利的艺术学研究不愿在文本上下功夫，很多研究提到的经典，可能写作者自己都从来没有细细读过。由此带来的问题是对艺术作品的阐释缺乏鲜活的感性体验和理性判断，人云亦云，甚至可能荒腔走板。

第三，我感到我们现在"双一流"和艺术学理论的一些观念导向，可能需要反思。2011 年艺术学升门之后，艺术学理论成为一级学科。如何来认识美学、艺术学理论、艺术学三者的关系。现在比较突出的一种声音是"美学"高于"一般艺术学理论"，"一般艺术理论"又高于"门类艺术学理论"，这样的层级划分、等级差异有没有问题？

首先，谈谈艺术和艺术学理论的关系

艺术是感性形式的"真理的呈现"；美学和艺术学是建立在阐释基础上的"意义的敞开"。

为什么艺术家常常觉得理论无用？

真理在艺术中无须言说便通过意象世界得以敞开，而理论敞开真理的方式需要依赖语言,语言要完成对不可言说的言说是极为困难的。艺术有时候比理论可以更直接、快速、准确地触摸和敞开真理与意义。

阐释和艺术创造的呈现方式不一样,阐释艺术的媒介是语言。语言,是存在的安身之所。宗教、哲学、艺术的意义,都取决于意义世界的构筑和阐释。对艺术的阐释,其本质是对包含在艺术创造中的人性、历史、文化、审美乃至真理的阐释。

阐释即照亮。对艺术家、艺术创造和艺术品的阐释,确实给人以一种天然印象——即艺术学理论是自上而下的向度和力量。作为阐释工具的美学,可以照亮和指引很多领域,包括自然、生活、科学和艺术。

聚焦艺术研究艺术的各种理论,都是以其特定的阐释框架认知艺术,以其不同的方式研究艺术。人类学、文化学、历史学、伦理学、心理学等都是阐释艺术的不同角度,哲学美学只是作为阐释艺术的一种角度和方式。对于艺术而言,正是透过千差万别的阐释视角,呈现其不同的价值和意义。比如海德格尔的《荷尔德林诗的阐释》,就是从哲学和美学的角度研究诗歌。

如果我们换一个视角看"阐释",哲学也好,美学也好,艺术学理论也好,就没有那么高高在上了,它们只是诸多阐释工具和方法的一种。美学和艺术学理论的顶层设计和层级差异还有意义吗?

以莎剧为例,我们可以看到不同维度展开的莎剧阐释,包括从哲学和美学的角度展开。换个角度看:一切研究皆为阐释。选择不同的阐释方法和理论,就犹如采用不同的摄像机对"艺术"这个对象进行拍摄。当我们从美学的角度阐释艺术的时候,美学就是阐释艺术的工具。

所以,我们所提出的艺术阐释学可以是一种基于跨学科的阐释艺术的理论和方法,也可以是一种纯粹基于美学的艺术阐释学。

其次,我想谈谈构建艺术阐释学的意义
艺术阐释学所依托的是阐释学的基本理论和方法。

阐释学(Hermeneutics)是关于理解和解释的理论,它涉及人类知识的各个方面。阐释意识是普遍的存在，阐释是人生所需，也是随处可见的现象。在此意义上，我们可以说阐释学包含了一切理解和解释的问题。

19 世纪以来，阐释学日益成为为人文价值辩护的理论，它不同于科学的解释。科学的"解释"，追求的是对事物或现象做出符合逻辑的因果关联解读。人文学的"阐释"，主要追求和构建"意义"的解读体系。

阐释学首先是一门指导文本理解和解释的规则的学科。古代就有关于《圣经》的"宗教阐释学"和"法学阐释学"。"现代的人文学科"把它看成一种"最新的视角或方法论"，比如文学阐释学，历史阐释学，法学阐释学，宗教阐释学，艺术阐释学等等。

阐释需要工具，哲学和美学是最重要和有效的工具。对艺术的阐释，就是阐释艺术的"感受"和"经验"中所包含的真理，由此伴随而来的价值观。

阐释学也是照亮意义的学问和方法。威廉·佩顿（William E. Paden）在《宗教阐释学》一书中概括了阐释学的根本性质，他说：

> 阐释不是作为与经验事实相对立的非科学"意见"的领域，也不是一种精英主义的学术消遣，而是一种把我们观察到的东西转换成意义框架的活动，因而也就是构造世界的自然过程的组成部分。语言行为本身就是阐释活动。每当我们说话的时候，我们就扮演了创造者的角色。每当我们说出某件东西意味着什么的时候，我们就重塑了世界。①

19 世纪以来，作为人文科学的阐释学：被规定为人文科学的普遍方法论。阐释的根本意义是——创造和重塑有意义的世界；阐释的基础是理解——即通过精神的客观化物（即艺术品、文本）去理解过去历史中的生命和心灵；阐释的过程是——赋予精神的客观化物以意义的

---

① William E. Paden, *Interpreting the Sacred: Ways of Viewing Religion*.

过程,也就是美学家叶朗说的"照亮"。

在美和意义被漠视、遮蔽的今天,阐释学既是一门指导文本理解和解释的规则的学科,也是照亮意义的学问和方法。

西方阐释学的发展在经历第三次转向的"阐释学"超越了作为方法论的阐释学而成为一种"哲学阐释学"。伽达默尔的《真理与方法》被誉为阐释学的"圣经",这本书的核心就在于指出:人生的真理,不能完全用数量化的科学方法来把握,这是现代社会一个具有根本意义的大问题。

简单说来,艺术阐释学不是要确定一个文本的确定意义,而是要赋予一个文本"解释的多义性"。这个解读体系最根本关注的是:艺术对存在的意义以及对真理的揭示。

艺术阐释学的建构首先要有意识地反思以往艺术学研究的弊病。

长期以来,艺术学理论研究完全是单向度的,门类间相互割裂甚至互相排斥,文学、戏剧、电影、舞蹈等艺术彼此之间泾渭分明,针对具体门类的艺术理论之间也是相互割裂。

新近出现的所谓"一般艺术学"的理论建构举步维艰,因为它基本上脱离艺术并停留在很小的学术圈,把一厢情愿的"假设"认为是艺术真理,把研究限制在很狭小的学术"顶层"设计中作茧自缚。在我们看来,根本没有一种抽象意义上的艺术。"艺术"这一概念在中文里是对所有艺术门类的统称。对艺术作出阐释,其实是对具体的艺术门类或艺术作品作出阐释。准确有效的阐释方法,都基于具体的文本而展开。所以,艺术阐释学就是从理论和方法上提升和完善对人类历史中的一切艺术文本(特别是经典文本)的理解方式,并揭示关于艺术的美和意义,以及关于理解这种美和意义的历史性特征。

艺术是生命情致和精神境界的在场呈现。艺术学理论是建立在阐释基础上的意义的敞开。二者都力求从现实世界中发现和创造出意义。由此达到一种对真理的更高领悟。但是,艺术有时候比理论可以更直接、快速、准确地触摸和敞开真理与意义。当理论家幻想着权力的时候,艺术很有可能已经抛弃了他。

因此,我们有必要警惕一切艺术和艺术学理论中关于标准的制定。艺术学理论的发展和建构不可以在一种标准和范式下去思考问题。某种范式测定的"高峰"未必是真正的"高峰"。

那么,建构艺术阐释学有何意义? 它的意义在于:第一,探索艺术研究中的多重视角,拓展艺术学的跨文化研究,去除艺术学理论建构中的等级化。第二,探索艺术"作品"与阐释"框架"的相对性以及多元视角。第三,艺术阐释学的建构对艺术学发展的意义重大,它可以从某种程度上改变各种艺术理论之间的误会和偏见,改变学术研究的等级化的倾向,在发展跨学科和跨文化的视角的同时,改善艺术创造和理论长期分裂的局面。

每一种阐释框架是阐释艺术的千百种不同方法中的一种而已,不能以任何一种先入为主的理论作为审视一切的标准。理论研究和阐释架构如镜头,那么这个镜头的背后是观念。宗教学、历史学、艺术学、美学,犹如不同的镜头和工具,通过它我们所看到的世界呈现的图景是不一样的。我们借由阐释可以重塑艺术的意义。文化和文本的意义都是需要阐释的。把我们观察到的东西,转换成意义框架的活动,因而也就是构造世界的自然过程的组成部分,语言行为本身就是阐释活动。不同的艺术和文化需要不同的阐释体系与方法。

一般而言,阐释有三种形式,第一种形式依靠常规证据来揭示意义,第二种形式主张创造性阐释,第三种形式是想象性阐释。桑塔格提出"反对阐释",是反对缺乏深度的阐释。有些艺术研究用一些所谓的"概念"逃避了真正的阐释,以显而易见的内容的描述消灭了深度阐释。海德格尔在《艺术作品的本源》中提出:只有艺术才能显示事物的真理。他说:"在艺术作品中,存在者之真理已经自行置入作品中了。……一个存在者,一双农鞋,在作品走进了它的存在的光亮中。"①

---

① [德]海德格尔:《林中路(修订版)》,上海译文出版社,2008 年版,第 18 页。

美学、艺术学的研究不能脱离艺术本身，美学理论介入艺术也必需进入艺术创造的深层。不能脱离开艺术来建构所谓的艺术理论，凌空蹈虚的所谓艺术研究，在割裂艺术理论和艺术之时也就宣告研究者退出了艺术研究的核心地带。艺术学研究的学者，必须学会更多地去听，去看，去观察，去体验。艺术学理论研究者也应该有丰富、细腻、精致的艺术感觉。

我们无法穷尽艺术的美，无法阐释不可言说的真意。艺术学理论不是为艺术立法，我们无法为艺术立法。从某种角度而言，理论有时候会照亮艺术，但更多的时候是艺术照亮了我们，启发我们思想。

构建艺术阐释学的根本意义是什么？不是要为艺术创造确立准则，一切想要为艺术确立准则的行为，可能一开始就与艺术的自由本质背道而驰了。构建艺术阐释学的根本意义是探索艺术之所以为艺术，艺术史上最伟大的作品的奥秘，同时揭示另一种建构真理的历史。

张世英先生的诗心与哲思

2014 年因为参与策划组织"美感的神圣性"的学术会议,我认识了张世英先生。其实,他的哲学思想很早就对我产生过深刻的影响,我从戏剧学转向艺术学和美学研究的过程中,张先生的《哲学导论》是对我启发最大的几本书之一。记得 2009 年,叶朗先生问我:"你这段时间读过的印象比较深的书有哪些?"我说的第一本就是张世英先生的《哲学导论》,叶老师深以为然。

我翻阅的第一版《哲学导论》上早已做满了密密麻麻的笔记,我至今还记得我阅读此书的狂喜,书中的每一句话几乎都能激起我心灵的共鸣。当时,我并没有想到自己日后能认识这位当代哲学大家,还能有机会经常向他请教,并得到他的关心、厚爱和切实的指导。

"美感的神圣性"是我协助叶朗先生策划的"美学散步文化沙龙"的关于张先生哲学思想的学术研讨会。记得那天是 2014 年 11 月 30日,来自北京大学、清华大学、中国人民大学、武汉大学、中央美术学院、杭州师范大学等 10 余家单位的 40 多位学者参加了这次会议。印象最深的是就在会议举办前一天,我突然接到一个电话,电话里说他是马凯副总理办公室人员,马凯副总理表示,他听说北京大学美学与美育研究中心要召开关于张世英先生哲学思想的研讨会,希望可以参加这个研讨会。并特意嘱咐我,一定不要惊动校方,他以个人名义来参会。我当然还是把这个消息向校方做了汇报,同时也告知了张先生。我记得很清楚,张先生在电话里对我说:"马凯副总理对这样一个哲学问题感兴趣,真是太好了!"

会议当天,马凯副总理带着家人一起来参会,他穿着一双布鞋,非常朴素,平易近人,我能感到他对张世英先生发自内心的尊敬。那天会上,张先生见到了阔别已久的西南联大的同学杨振宁先生,还有其他很多老朋友,特别高兴。他当时已经是94岁高龄了,他从"美感的神圣性"讲到"万物一体的境界",半个多小时的发言没有稿子,声音洪亮、思路清晰、逻辑缜密,令与会者赞叹不已。那天的研讨会,围绕着美与现实人生的关系,与会专家作了深入的讨论,我注意到马凯副总理一直在认真做笔记,最后他也做了一个关于中国诗歌文化的发言。几天后,我和张世英先生分别收到了马凯副总理用毛笔写来的信,信中对这次"美感的神圣性"的学术会议给予了高度肯定和赞扬,还向我们表示了感谢。这次会议举办之后,张先生特意给我来电表示感谢,他对我说:"谢谢你!这个会办得很好,你辛苦了。你和叶朗教授的文章也写得好,我推荐给了很多朋友看。"张先生的肯定对我是一种莫大的鼓励和鞭策。

张先生为人温柔敦厚、光明磊落、坦诚真挚。有一天,张晓嵋老师专程给我送来一幅张先生亲自用毛笔题写并装裱好的字,晓嵋老师说这是张先生特意为我题写的,并嘱她带给我,我听了万分感动。我只是做了我力所能及的一件小事,而张先生却对此事念念不忘,他永远是那样谦和、热情、风趣、幽默,为人宽厚真挚,没有半点架子,让我看到了真正的大学者的风范和气象。

张世英先生在世的最后几年,我见证了他和叶朗、朱良志两位老师最深厚的、令人动容的友谊。我有两次随两位老师去回龙观拜访张先生。听三位先生聊天是人生的一大乐事,他们天南海北地聊天,聊得极为率性,又处处都是学问,从生活到学术,从西南联大到燕园往事,从他们的谈话中,我感受到他们心系天下,关怀苍生,也感受到他们三人高尚心灵的共振。那一刻我确信一个真正的哲学家,必定是一位高尚的人，是超脱名闻利养，向往崇高人生境界的人，必定有着极为丰富的生活体验和敏锐的洞察力，也必定是拥有大爱和正义感的人。谈话中，我们听说张先生的全集出版遇到了困难，叶老师和朱老师当即表示张先生的全集由美学中心负责出版，所有经费由美学中心承担。

记得我们离开的时候，张先生坚持要把我们送到楼下，送到了楼下他还提出要和我们再走一段路，就这样已经是 95 岁高龄的张先生一直把我们送到小区的门口。一路上，张先生紧紧地拉着叶先生的手，始终没有放开，他们就这样手拉着手往前走。我走在他们后面，举起了相机，留下了这个永恒的瞬间。这个美好的瞬间将会永远留在我的心中，这是学者之间很难见到的最为真挚的"相惜"和"神交"，这个画面至今想来都让我感到格外温暖和美好。

2017 年，我第二次和叶老师、朱老师去拜访张先生，这次是三位老师共同商议"张世英美学哲学学术奖"的事宜，我担任会议记录。这次会面过程中，张世英先生向我们展示了他的书法，并且现场题赠他的书法作品给我们。我们发现在他的书桌上有厚厚一摞写好的书法作品，每一页一尺见方的宣纸上，用颜体工工整整地题写了哲学家的哲理名言，总共一百多页。我建议张先生把这些书法作品做成一本书法集。张先生说："这样的书法集有人愿意出吗？"我说："您写的都是中外大哲学家的名句，您本人又是哲学家，当代哲学家的书法并不多见，如果对每条名言作注，这样就能体现哲人书法的特点，这本书法集就会非常有特色，也很有意义。如果您放心，就把这件事情交给我去办吧。"张世英先生非常放心地把全部手稿交给我带回，之后我们对这批作品做了数字化保存。原稿归还张先生之后，他还请北京大学哲学系李超杰老师逐条作了注解。我很快落实了在江苏译林出版社出版的事项，译林出版社为这本书的出版组织了最强的编辑阵容。不久之后，《中西古典哲理名句：张世英书法集》一书出版了。当张先生拿到这本精美的书法集时，非常高兴。

2018 年 12 月 18 日，"美在自由——《中西古典哲理名句：张世英书法集》新书沙龙"在北京大学燕南园 56 号举行。这次会议结束的时候,张世英先生紧紧地握住我的手,对我说:"谢谢你!没有你就没有这本书。"我说:"张先生,您不要和我客气,能为您做点事,是我的荣幸。"在我把他送上车的途中,他对我说:"读了你寄来的诗集,我在电脑上曾写过一篇 800 字的短文,很可惜我想发给你的时候却找不到了。或许是我操作不当,忘记了保存。我已经想不起来了。你今后做理论研究,还要继续写诗,不要停下。"我明白他的意思,他希望我能保持我的理性思考的同时,不要失去感性的想象与创造。在他看来:"审美意识给人以自由。"真正的审美意识总是情与思的结合。张世英先生反对把想象置于思维的下层,或把想象看成低一等级,他认为想象诞生于思维的极限处,正是基于想象,哲学才能对于真理问题、历史问题、传统和现在的问题有新的认识。他的"希望哲学"体系体现的正是"诗思一体"的总体气质。

我最后一次见到张先生是在 2019 年 5 月 19 日第二届"北京大学张世英美学哲学学术奖"颁奖典礼上。张先生做了《诗意栖居是人生更高的追求》的发言,他说:"'诗意'就需要人站在高远处俯瞰现实,不计较小事利害。"他以庄子丧妻后鼓盆而歌为例,表示庄子并非缺乏人性,只是他跳出死亡之痛,看到生命大势——从无到有,再从有到无。我非常荣幸地获得了首次颁发的"青年学者奖",张先生亲自为我颁奖,他对我说:"我不参与这个奖的评审,但我听到你获奖我特别高兴。"万万没有想到,这是我们最后一次见面,也是最后一次合影。

2020 年疫情期间,我联系晓岚老师想问候张先生,说是身体状况不如从前,疫情之前发过一次烧,疫情期间比较平稳,大家都盼望着疫情之后相聚燕园。可是没有想到 9 月 10 日教师节那天上午传来先生离世的消息,9 月 12 日我同时收到晓岚老师和晓嵋老师发来的讣告,我们的张先生走了……

我形容不出当时那种沉痛的心情,我们的身边少了一位精神上的导师,少了一位春风化雨的长者,北大少了一位诗人哲学家,这个世界少了一位最高尚、最正直、最可爱的人。

我个人纪念张世英先生的方式就是重读他的著作，越读越觉得先生的伟岸，作为一位哲学家和哲学史家，张世英先生的学术视野贯通古今中西，他以"思与诗"融合的独特方式形成了鲜明的学术特色。他对人类心灵超越和精神境界的浓厚兴趣，对宇宙和人生的自我觉醒式的不懈追求，对中西方古典哲学、现当代哲学的比较研究和深入反思，以及他宏大而又缜密的哲学思维，勇于创新的哲学体系构建……无不对中国现当代哲学的研究与发展产生了深远的影响。他在《哲学导论》以及《希望哲学论要》中都提到他所主张的哲学，是一种突破固定的概念框架，超越现实、拓展未来的哲学，他称之为希望哲学。

后来我写了《论张世英的希望哲学》一文，收入了由北大哲学系编辑的《张世英哲学思想研究文集》。我所理解的张世英先生的"希望哲学"既是诗意的哲学，是智慧的哲学，也是道德的哲学。他说："把'天人合一'、'万物一体'理解为单纯的悠闲自在、清静无为的看法，是对超越的误解，这种所谓超越，实无可超越者、无可挣扎者，既无痛苦磨炼，也谈不上圣洁高远。"人的精神超越之路注定是充满艰难的，用张世英先生的话来说，"超越之路意味着痛苦和磨炼之路"，但是这才是通向希望的唯一的道路。

张世英先生的哲学研究先后受到贺麟、冯友兰、汤用彤的影响，特别是受到金岳霖哲学思想的影响，他早期致力于西方古典哲学的研究，之后又转向了西方现当代哲学。正是基于中西方哲学史研究的扎实功底，才能对西方哲学发展的脉络和问题形成了准确的判断。张世英认为西方从中世纪到现当代，人权和人的自由本质的观念大体上经历了三个阶段：第一个阶段是人的个体性和自由本质受神权压制的阶段，直到文艺复兴把人权从神权的束缚下解放出来；第二个阶段是人的个体性和自由本质被置于超感性的、抽象的本质世界中，受制于旧形而上学的时代，康德、黑格尔的哲学就诞生于这个阶段；第三个阶段是黑格尔之后的西方现当代哲学，是人的个体性和自由本质逐渐从超验的抽象世界中解放出来并转向现实的生活世界的阶段,人不仅仅作为认识(知)主体的抽象的人,而是成为知、情、意合而为一的具体的人,他认为现当代哲学研究由此进入了更符合人性的、体现人的自由本质的阶段。①

《论黑格尔的精神哲学》和《康德的〈纯粹理性批判〉》完成之后,张世英认为中国哲学不能再亦步亦趋地重走西方"主客二分"的道路,而应该尽快探索中国当代哲学对话世界哲学的新航路。他说:"我的总体志向,是要探索追寻到一条哲学的新路子,新方向。"②所以,他的研究重点从康德、黑格尔哲学转向了中西方哲学在现当代核心问题上的比较,力求从中发现中西方哲学各自的优势和局限,在此过程中他紧紧抓住"哲学的意义"(哲学何为)以及"哲学的道路"(哲学往何处去)两个根本性问题,把自己的哲学思考全部灌注于寻找中国哲学在当代哲学的世界版图中的独特价值和积极意义。这种独特价值和积极意义在很长时间内都是被漠视的,甚至被遮蔽的。这就是张世英先生后期哲学研究发生重大转向的出发点和立足点,他的后期哲学研究的抱负在于为中国哲学开拓出具备未来学意义的足够空间。

在我看来,张世英哲学生涯的自觉转向源于三个方面的原因:第一,他意识到在探究"关于人的主体性和自由本质的意义"的问题上,可以尽快缩短中西方哲学思考的历史差距;第二,他认识到黑格尔哲学与现当代现象学的渊源关系,认识到黑格尔不仅是西方传统形而上学之集大成者,也是"他死后的西方现当代哲学的先驱"③。而他以往的黑格尔研究已经为自己后来要走的哲学道路奠定了坚实的基础;第三,他发现以海德格尔为代表的一些现当代西方哲学家的思想和中国传统哲学思想有着内在精神、哲学智慧上的关联度和相似性,他从中看到了中西方哲学融通的途径,也看到了这一学术空间拓展的可能性。

---

① 参考张世英:《归途:我的哲学生涯》,人民出版社,2008 年版,第 84 页。
② 张世英:《归途:我的哲学生涯》,人民出版社,2008 年版,第 80 页。
③ 张世英:《归途:我的哲学生涯》,人民出版社,2008 年版,第 85 页。

从《天人之际》开始，经过《进入澄明之境》《哲学导论》再到《境界与文化》等著作，他的哲学研究始终聚焦于中西方现当代哲学的基本命题，以本体、审美、伦理和历史为四大支柱建构了他个人"万有相通"的哲学体系的大厦，这个哲学体系的大厦最终要解决的是人的精神层面的问题，也就是人的境界提升的问题。张世英认为："哲学的中心问题应该是对人的追问，而黑格尔的精神哲学，即他自己所称的'最高的学问'，正是关于人的哲学。"[1]在张世英看来，"一部中国近代思想史可以说就是向西方近代学习和召唤'主体性'的历史。只可惜我们的步伐走得太曲折、太缓慢了，直到 80 年代上半期才公开明确地提出和讨论主体性问题。"[2]

"希望哲学"正是产生在这一历史背景和学术背景下的，用以概括张世英个人哲学思想和体系的鲜明标识。张世英先生将自己的哲学称为"希望哲学"，我以为大有深意。

张世英的"希望哲学"在当前的突出意义在于：在西方哲学和美学的强势语境中，在新的研究方法和研究资料层出不穷的情况下，他所坚守和发展的中国哲学的核心价值、基本精神和道路选择，呈现出中国当代哲学的人文品格，为中国当代哲学免于坠落奠定了纵深拓殖的基础。以"人本"为核心的哲学和美学研究的思想主旨，让张世英先生的哲学美学思想成为中国人文主义现代思想体系中极为重要的一个存在。他自觉参照中西方哲学各自的历史和历史成就，以扎实的哲学史学术背景为依托，兼容并蓄西方现当代哲学的成果，开拓了中国当代哲学独特的理论形式和思想体系。他富有创新精神的"万有相通"的哲学体系，确立了中国当代哲学的人文价值、世界意义和未来学意义。在危机重重的全球化时代，面对世界范围内的观念、文化和利益的冲突，他努力从中国古代的哲学中寻找智慧，以超越于中西方传统哲学的思维、观念

---

① 张世英：《哲学导论》，北京大学出版社，2008 年版，第 83 页。
② 张世英：《归途：我的哲学生涯》，人民出版社，2008 年版，第 98 页。

和表达,继承和发扬了中国哲学的基本精神和生命格调,体现出中西方哲学思想剧烈碰撞下鲜活而又自信的文化品格。张世英先生的"希望哲学"的思想体系,对于当前中国哲学如何继续研究发掘和继承传统的哲学思想、建构具有中国特色的当代哲学理论具有典范意义。

"希望哲学"既是诗意的哲学,是智慧的哲学,也是道德的哲学,正如他自己所说的那样:"人生的希望有大有小,有高有低,我以为人生最大最高的希望应是希望超越有限,达到无限,与万物为一,这种希望乃是一种崇高的向往,它既是审美的向往,也是'民胞物与'的道德向往。"①人的精神超越之路注定是充满艰难的,用张世英先生的话来说,"超越之路意味着痛苦和磨炼之路,但是这才是通向希望的唯一的道路。"

张世英的哲学是人生境界之学。他有一句话,"心游天地外,意在有无间。"唯有这种境界的超然,才可超越功利心,回归万物一体的审美境界,才能以超越主客二分的眼光来看待世界这个客体,融入到这个世界之中,从而看到一个不离现实世界的审美世界,既在现实世界中,身处各种各样的问题和矛盾,同时又能做到"心游天地外"。从一个"漂泊的异乡者"成为一个"返回故乡的人",一个真正有家的人。通过艺术不断发现和涵养心灵的自由与高尚,以审美的态度对待现实人生,将哲学意义上的个体超越,落实在现实人生的意义世界和价值世界之中,张世英的哲学和美学精神接续着中国美学的根本精神。

"做一个有诗意的自由人!"张世英先生的人生和哲学必将永远照亮我们前行的道路,给我们智慧、温暖和力量!此时此刻,我最想对已经远在天地之外,又永远在我们心中的张先生说一声:谢谢你!

---

① 张世英:《哲学导论》,北京大学出版社,2008年版,第370页。

电 影 美 学

中国电影与中国美学精神

　　电影作为一种思想和文化传播的艺术媒介,是一个民族一个国家的综合国力、精神面貌、整体修养、艺术审美、文化品位,乃至生命力、想象力、创造力的总体性呈现。这种生命力、想象力、创造力的总体性呈现与电影自身所承载的核心价值观和美学精神的关系尤为紧密。在探讨这一问题的时候,中国电影已经进入一个新的历史语境,主流和商业化电影制作交相辉映,小成本制作电影异军突起,各种类型电影的制作更是以成倍的速度在递增,如何让中国电影拥有中国以外的更多的市场,如何传播中国人的核心文化观念,成为电影界关注的话题。然而中国电影究竟可以筛选出哪些足以超越时空的隔阂,超越历史的隔阂,超越地域疆界的隔阂,超越民族和种族的隔阂,超越语言的差异,超越文化的差异,超越现实与未来的界限,而具有永恒的艺术生命力和历史穿透感的作品呢?

　　中国电影和中国美学有无关系?中国美学对中国电影创作的今天究竟有没有价值?有多大的价值?可以产生多大的影响?在商业化背景下谈论中国电影应有的艺术精神有没有现实意义?哪些电影自觉地体现出较为纯粹的中国美学和艺术精神?哪些电影导演在其艺术创造过程中对中国美学有着自觉的体认,充分的感知和整体性的表达?中国美学观念和理论又是以怎样的方式渗透并体现在具体的电影作品中?依这样的尺度去丈量心目中的中国电影,为的是寻找那些可以体现和契合中国美学精神的电影艺术,更是为了在纷纷扰扰的电影史和电影现象中厘清观念,构想出一种能够代表中国艺术精神和美感特征的美学坐标。

　　电影和戏剧一样是舶来品,是西方文化现代传播中的一种重要媒介,它最初的植入与中国的艺术传统并没有任何直接的血缘关系。① 20 世纪的中国电影,基本上全面效仿西方,欧洲电影、美国电影、苏联电影甚至日、韩电影在不同历史时期,都曾成为中国电影效仿的对象。迄今为止,几乎所有电影技术上的重大发明,绝大部分电影语言上的突破和革新,都深刻地影响着中国电影的历史和现在。从这一点来说,中国电影在世界电影史上的形象仍然是一个"学习者和模仿者的形象"。在电影叙事和影像语言的探索中,能够真正代表中国美学精神的电影寥若晨星,能够引领世界电影美学潮流的时代更是没有出现。这就是中国电影创作一直以来的常态,此外电影理论、电影美学方面,也并没有形成自己的"话语"。正如学界所指出的那样,中国人谈论电影,在很大程度上要借助"他者"的语言。关于这一点,电影理论家罗艺军指出:

　　　　相对于电影创作,20 世纪中国电影理论成果更为贫乏。有一些电影先行者如夏衍等在理论建设上进行过辛勤的耕耘,中国影坛曾对一些重大理论问题展开过热烈争论,但我们还没有一种足以称为中国电影理论的学说。②

　　20 世纪中国电影理论的建设基本上呈现了引进、译介、选择、吸收西方电影理论的取向,在这个过程中,也有不少中国电影人试图从理论到实践自觉地探索中国电影和中国美学、中国艺术精神之间的关系,产

---

　　① 有的电影史学家将中国古老的灯影戏视为电影的远祖,有史可据。诚然,灯影戏运用光影生成影像作为一种演出形式,在中国至少有一千多年历史。不过灯影戏留下的可资继承的文化资源很有限,与建立在近代科学技术基础上的电影有本质上的区别。电影乃摄影术向运动的发展延伸,并以逼真整体再现现实生活为基本艺术特征。

　　② 罗艺军:《致力电影民族化研究建立中国电影理论体系》,《当代电影》,2008 年第 8 期。

生了一些具有建设性和启示性的理论和实践成果。相对于电影创作，20世纪初期中国电影理论成果虽然较为贫乏，但还是先后产生了诸如：费穆提出的"空气"、蔡楚生追求的"意境"、郑君里倡导的"诗意"、吴贻弓主张的"淡墨素雅的写意观"等电影观念，这些电影观念是中国电影向着民族诗学的自觉体认和皈依，它不仅赋予了中国电影以独特的美学品格，并且从文化属性上而言，也使得史东山、但杜宇、孙瑜、费穆、蔡楚生、吴贻弓等电影导演在中国电影诗性表达的历史延续中有着内在的传承关系。五六十年代后，虽然出现了以社会主义现实主义风格为主的电影潮流，传统美学作为一种精神潜流影影绰绰地渗透在一些影片的风格之中，《祝福》《柳堡的故事》《林则徐》《林家铺子》《早春二月》《舞台姐妹》《伤逝》等，不同程度地体现着诸如"中和之美""美善合一""情理交融""诗画合一""悲美情怀"的文艺美学传统，同时也体现着"虚实相生""气韵生动""不涉理路，不落言筌""外师造化、中得心源"的中国美学的审美要求。80年代中期，一批有关中国文化与电影理论的文集和专著，从不同视角、不同观念进行了理论上的拓荒，这也是中国电影美学品格和文化自觉的一种彰显。所有这些构成了今天研究中国电影和中国美学之间内在关系的重要基础。

中国当代电影在反传统和创新的理念之下，虽然张扬主体和个性意识，追求新的电影范式，探索新的电影语言，仍然有为数不少的电影作者有着对中国美学精神的自觉体悟和坚守。吴贻弓说："中国的电影，包括理论和实践，只有真正属于中国，然后才有可能属于世界。"滕进贤认为："中国电影只要把握着'中国向来的灵魂'，无论在哪里借鉴、吸收，怎样地创造、出新，都不会失掉中国的色彩。"[1]谢飞说："一部作品的关键还在于文化品位以及表现民族性所选取的文化角度。"[2]陈凯歌在面对民族文化和美学在电影中的传承问题时意识到："在中国

---

[1]　滕进贤：《对电影创新的思考》，《电影艺术》，1986年第3期、第4期。
[2]　吴冠平：《眺望在精神家园的窗前——谢飞访谈》，《电影艺术》，1995年第9期。

经过三十年的改革开放之后,在文化上我们还有什么样的承传,电影作为一个媒介,可以有什么东西向下传递这样比较重大的问题。"①张艺谋在《"黄土地"摄影阐述》中引用六朝时画家宗炳《画山水序》中的名言:"竖画三寸,当千仞之高,横墨数尺,体百里之迥。"力图运用焦点透视的电影摄影机营造出散点透视的国画那种广阔视野和宏大气势,这些问题的思考和提出呈现了电影人在电影美学观念上的文化自觉。

从中国美学的视野来探讨中国电影意义何在?关于这一点,我较为赞同电影学者金丹元的一段话,他认为如果一部电影一点不受中国美学影响,那么严格说来,它就不是一部真正意义上的中国电影。他是这样讲的:

> 传统不是一个呼之即来挥之即去的家奴。也不是可要可不要的一顶帽子或一种装饰,它的优根劣根都是我们民族长期历史发展的必然结果。也正因为如此,它才在漫长的进化过程中逐渐地塑造了中华民族的历史、中华民族的个性。②

中国电影的美学源流

中国电影是中国文化的一个组成部分,它无法摆脱中国人的思维方法、人生经验、哲理思考,它也必然要反映中国人的文化、生活、思想、情趣,因此它总是要受到民族文化的深刻影响。而对中国艺术影响最为久远和深刻的中国哲学美学思想,主要有儒家美学和道禅美学,电影艺术也深受这两股美学源流的影响。

从孔子肇端,孟子绍绪,经历代美学家的补充、改造、辉扬,儒学美学成为一个庞大的美学系统。它对中国知识分子、艺术家们的最大滋

---

① 陈凯歌:《〈梅兰芳〉的创作与我的艺术经历——在电影〈梅兰芳〉学术研讨会上的发言》,《艺术评论》,2009 年第 1 期。
② 金丹元:《论中国当代电影与中国美学之关系》,《上海社会科学院学术季刊》,2000 年第 3 期。

养,一方面是"文以载道""经世致用""仁的皈依"的价值趋赴;另一方面,则是其原始人道主义、忧患意识、救世情怀以及救天下之溺的道义承担所撑起的积极入世精神。在近百年的历史中,儒家美学所体现的"民胞物与""忧患意识""人本精神"一直是中国电影思想的主流,虽然在不同的历史条件下,它的具体内容和表达方式会有所不同,然而儒家"仁"的思想始终是中国电影精神的稳定内核之一。中国电影史中,《孤儿救祖记》《姐妹花》《渔光曲》《一江春水向东流》《乌鸦与麻雀》《舞台姐妹》《红色娘子军》《天云山传奇》《牧马人》《高山下的花环》《芙蓉镇》《人生》等一系列影片,其核心意义就在于对儒家"仁"的精神的自觉捍卫和追求。主人公那种克己奉公、任劳任怨、朴实无华、谦恭礼让、仁者爱人、乐善好施、自强不息的传统美德,一方面借助了戏剧化的叙事方式,弘扬了中华美德的普遍规定性;另一方面也符合国人普遍性的审美心理。一部电影,如果缺失了人的伦理属性和人际关系的民族性定位,那么即使是大制作、大场面,也不可能拍出震撼人心的影片,那种脱离民族土壤和群体文化心理结构的作品不但不能引起共鸣,更不能引发时代对历史、民族和自我的重视和自信。

儒家美学在中国电影中的风格主要体现为"沉郁之美"。"沉郁"的美学内涵大约有三个方面。一为情真悒郁,哀怨悲凉;二为思力深厚,著意深远;三为意犹未尽,蕴藉含蓄。"沉郁之美"的最为集中的体现就是杜甫的诗歌,杜甫诗歌中悲天悯人、忧国忧民以及人道关怀的诗学传统,在电影中体现为"悲美"和"抒情"的传统。这种传统和中国诗歌的美学传统关系密切,从《诗经》的风雅,到《楚辞》中的政治怨愤和悲愁基调,到汉乐府中的悲凉的战乱诗章,从《古诗十九首》中对人生倏忽无常的悲吟,到北朝乐府的苍凉咏叹,此后中晚唐新乐府和李商隐、杜荀鹤等人的诗歌,以及整个五代两宋词坛的"幽婉"思潮,并由此引伸到元明清戏曲小说中的悲怨情调。"沉郁感伤"风格的影片,诸如《渔光曲》《神女》《一江春水向东流》《天云山传奇》等,无论是艺术形象的刻画,还是社会矛盾的揭示,都是现实主义的美学精神和民族的诗学传统所体现出的中国艺术精神在电影创作中的自觉体现和自然流露。"沉郁感伤"的美学精神中流露的深刻的悲怨情致，渗透在电影中则呈现了由"情"的温度而发展成的"情贯镜中，理在情深处"的风格，这种风格同样成为了新时期以来优秀影片的共同特征。谢晋的影片所选取的题材，大多数都是跟老百姓的悲欢离合，忧患疾苦紧密相关的。他坚信："只有对社会生活真诚的感情和切实的反省才能打动观众的心弦。"①吴贻弓的《城南旧事》散发着超越世俗的纯真之美，在"淡淡的哀愁、沉沉的相思"中，呈现出了永恒而又纯真的"心灵童年"。《青春祭》《人鬼情》《黑骏马》《女人这辈子》《九香》《凤凰琴》《安居》《喜莲》《哦，香雪》《遥望查里拉》《我的父亲母亲》等影片均重现了中国人审美中对于纯净情感的追求和对具有普遍意义的美德的呼唤。

因而，在儒家美学的精神浸染下，"美善合一"构成了中国电影的内在品格。《巴山夜雨》含蓄蕴藉地透散着阴霾重重的历史境遇中，良知和道义在急流漩涡中挣扎和秉持，它以良知与温情抚慰着千疮百痍的现实人心，以平和乐观的积极心态直面时代的苦难；《城南旧事》细腻柔情地追忆动荡人生中的人性真纯，在对无奈的离别伤感的描述之中，呈现出对人生无常的一种终极性感悟。"美善合一"的内在品格显现了儒家仁爱精神的温度和导引。艺术家以儒家美学所倡导的仁爱精神觉悟自己的人生和精神归宿，这既可看做是对传统儒家美学的体认和呼应，又可以看做是艺术家人格的自我实现。在儒家美学的范畴中，艺术所能达到的最高的美就是理想人格的美，最高的美感就是对这种理想人格的体验和实现，最美的艺术就是这种美的精神内涵和人格境界的外化。假若对于承续数千年的文化艺术史加以梳理，就会发现这条贯穿在所有中国艺术家人格中的精神脉络，它已经成为了文人和艺术家心驰神往和亲躬履践的人格美和艺术美的范式。中国电影的创作群体历来在价值取向上选择儒家文化所倡导的大义和操守，这是重要

① 谢晋：《对电影创作几个问题的思考》，《文艺研究》，1984年第4期。

的审美主体内涵,也是重要的审美价值标准,这种价值标准在中国电影的群体创作中有着深刻的附丽。不同时代的电影人在艺术实践中也呈现出了这样一脉相承的价值取向和精神皈依。

中国电影美学的另一个重要源流是道禅美学。道禅美学更多地指向人生和宇宙的深层,追索生命"形而上"的意义。因而受道禅美学影响的中国艺术,更多地给人一种玄妙的、超越性的体悟,面对具体现实、有形物象和社会问题采取的是疏离超脱的心态,带着某种飘逸和淡泊的风骨,呈现出从"有我之境"向"无我之境"提升的精神追求。在作品中更关注的是个体生命的妙悟,生命本真的呈现,更善于表现心灵的幽秘和指向精神意义的超越。受此影响,中国艺术和电影又呈现出另一派气象:尚含蓄、喜冲淡、追求气韵及意境,追求艺术创造的"象外之象""味外之旨""言外之意"。然而纵观中国电影,能够整体性传达道家美学或者洋溢着冲淡之美和禅悟精神的作品,并不多见,更多的时候呈现出的是"儒道互补"的精神风貌。

在道禅美学的视野中,我们把目光投向了侯孝贤的电影创作,他的艺术观念和影像风格呈现出主体较为自觉的"禅"的体验,流露着"淡"的言说和"寂"的追求。侯孝贤绝大部分的电影是一种在安静缓慢的心理节奏中的生命沉思,也是在众生喧哗中的静观,他力图在沉默中触摸灵魂地提问,接近真实地洞察,回归本真的自性。于凝神寂照中关怀台湾历史现实的各个角落,于不动声色中寄寓历史的悲悯。这种艺术境界的形成和中国古代"天人合一"的思想源流,老庄的"同于道"和"无所待",以及禅宗思想的影响都有内在的关系,有着"道禅美学"的自觉体认、思慕和濡染。侯氏电影中常常出现的远景空镜,远山碧海的景观,呈现着主体的无悲无喜、不住不滞、超然独立的姿态,不加修饰,素面相对的个性。"素面相对"的个性,在美感的呈现方式上接近了"无我之境",令其镜语风格闪耀出了东方式的佛光禅影。此外许鞍华的《桃姐》也透散着类似"道禅美学"的精神超越和心灵体验。镜头画面几乎不带个人主观情绪地定格了一生为佣的桃姐生命的最后瞬间,

当这个孤独的女性完成了自我人生的"胜业",最终豁然地面对死亡,
而影片依旧报以淡然的凝视和宁静的微笑时,我们可以发现,许鞍华的
平民关怀从通常意义的同情悲悯上升到了启悟众生定慧静守、仁爱慈
悲的哲理高度。这既是导演对桃姐生命的最后瞬间的真实超脱的观
照,也是导演自身生命在挣扎沉浮后的形而上的觉悟和超越。她用这
样超越的眼光审视人间和众生,她所看到的不再是生命碎片上的悲惨
或是喜悦,而是生命归宿和现实存在间的短暂关系,她要看见的是一个
尘世的短暂栖居之外的那个无声的静默的永恒生命的归程。

"意象"和"意境"的审美追求

在中国古典美学中,"意象""意境"是关于"美"的核心概念,历代
美学家、艺术家对意象的问题进行过深入的研究,逐渐形成了中国传统
美学的"意象说"和"意境说"。因由美学精神的取向,对"意象"的把
握和对"意境"的追求成为了中国电影美学的自觉要求,因此,"电影意
象和意境"也是电影美学的重要理论问题。在传统的审美心理中,万
事万物的"象"都是有限的,怎样通过有限的"象"来揭示出无限的宇宙
生命——"道"的无限,这样的艺术审美活动,从一开始就启示个体生
命不断向意义的本源趋近。在有限的影像画面内追寻无限的"意义",
是中国传统文人画的精深追求,也是现代电影艺术的最高意义的追寻。
宗白华先生在《中国艺术意境之诞生》中说:

> 中国哲学就是"生命本身"体悟"道"的"节奏","道"具象于
> 生活、礼乐、制度,"道"尤表象于"艺",灿烂的"艺",赋予"道"以
> 形象和生命,"道"给予"艺"以深度和灵魂。[1]

电影大师费穆拍摄《小城之春》时,常以一种"作中国画的创作心
情"来拍电影,"屡想在电影构图上,构成中国画之风格",寻找电影的

---

[1] 宗白华:《美学散步》,上海人民出版社,1981年版。

· 电影《刺客聂隐娘》剧照

心遊天地外

"象外之象""味外之旨"。《小城之春》中，费穆要借由"颓墙"和"废园"的意象触发了"风化"和"速朽"的历史悲怆，其影像所要创构的"意象世界"与中国古典诗词和绘画的审美境界是相通相融的。费穆作为中国现代电影的前驱，因其深厚的中国文化和艺术修养，在中国电影发展的初期，就有意识地思考并探索了能够将中国艺术的本质精神融入电影的手法。关于这一点，费穆曾说：

> 中国画是意中之画，所谓"迁想妙得，旨微于言象之外"——画不是写生之画，而印象却是真实，用主观融洽于客体。①

在中国美学中，意象世界是一个不同于外在物理世界的感性世界，是带有情感性质的有意蕴的世界，是一个注重生命体验的世界，不是一个逻辑的、概念的理念世界。电影意象的创造不纯粹停留于知性概念的思考，更是在情感体验中的感悟。它刻画出一种深刻的生命观照和洞察，这种观照和洞察来自一个自由的心灵对世界的映照。正如导演王好为在《哦，香雪》中呈现的整体意象，世外桃源的描绘，如香雪般无染的性灵的存在，于一切注视她们的"眼睛"都是一种"净化"。用这个"人类的理想家园"来比照现代都市文明中人性堕落、物欲横流的现状，借由对一种即将失落的自然生活的留恋，呈现了文明进程中人类自我"净化"的自觉。审美意象所产生的美感，呈现"动人无际"的审美境界，它催生了一种不同于西方艺术的"真实"的观念，因为驱除了知识功利和逻辑判断的遮蔽，继而照亮一个生命体验的"真实世界"。正如张世英所说："一般人主要是按主客关系看待周围事物，唯有少数人能独具慧眼和慧心，超越主客关系，创造性地见到和领略到审美的意境。"②电影的"意象之美"也可以充分体现这种纯然的非功利的艺术体验和生命洞察，这样的体验和表现的方式是完全中国式的，是区别于西方电影的艺术特征和审美心理的。

---

① 费穆：《关于旧剧电影化的问题》，原载北京《电影报》，1942 年 4 月 10 日。
② 张世英：《哲学导论》，北京大学出版社，2009 年版，第 122—123 页。

就"意境"而言,更是中国古代艺术家创造性想象的最高产物,意境在中国美学中是作为宇宙本体和生命的"道"的艺术化体现,"境"所创发和实现的是"象"和"象外虚空"的统一。所谓意境,就是超越具体有限的物象、时间、场景进入无限的时空,这种"象外之象"所蕴涵的人生感、历史感、宇宙感的意蕴,就是"意境"的特殊规定性。[①] 主体已经淡出,剩下的是心灵的境界,那是一种不关知识和功利的体验与觉悟,这就是中国艺术精神所倡导的纯然的艺术体验。叶朗说:

> "意境"不是表现孤立的物象,而是表现虚实结合的"境",也就是表现造化自然的气韵生动的图景,表现作为宇宙的本体和生命的道(气)。这就是"意境"的美学本质。[②]

意境的内涵比意象丰富,意象的外延大于意境。不是一切审美意象都能产生意境,只有取之象外,才能创造意境。意境是意象中最富有形而上意味的一个范畴。六朝以来,中国的艺术理想境界就是"澄怀观道",在拈花微笑的禅意中领略艺术创造和生命感悟最深的境地。意境是心境的折射,它精深微妙的哲理蕴涵源自一个自由和充沛的心灵世界,体现着艺术家对整个人生、历史、宇宙的终极性体验。《小城之春》之意境寄寓的正是电影诗人的政治思考、人生惆怅和生命追问,他的悲悯意识和诗人情怀在瞬间被点燃,这是历史的偶然,却是费穆的必然。导演深邃的思想是影片真正的光,它照亮了那个"风化速朽时代",又深入地诊断着"历史的病"。费穆借用了一个"多情却被无情恼"的故事诱导和维持着观众的惊讶和好奇,言说的却是"没落和风化的历史宿命",让未来的眼睛能够透过那堵风化的残墙,拨开历史的迷雾,看困顿在历史境遇中的人怎样地活着,怎样地没落,怎样地无望,怎

---

① 意境说早在唐代就已经诞生,其思想根源可以追溯到老子美学和庄子美学。唐代"意象"作为表示艺术本体的范畴,已经比较广泛地使用了,唐代诗歌的高度艺术成就和丰富的艺术经验,推动唐代美学家从理论上对诗歌的审美形象作进一步的分析和研究。提出了"境"这个新的美学范畴。后来在禅宗思想的推动下,"意境"的理论正式出现。

② 叶朗:《中国美学史大纲》,上海人民出版社,1985 年版,第 276 页。

样地矛盾,又是怎样地行将风化与速朽。《小城之春》是费穆一生孜孜不倦地思考着社会和人性的一次大彻大悟,是政治的、人生的,也是艺术的。它是一次解剖,一次透视,一次哲思,透过风化的颓墙,把自己的思想推向一个新的高度,用历史的眼光,怀着深刻的同情,对即将风化和速朽的时代、文化和浸淫其中的生命的最后一次回眸、检视和告别。这个回眸和告别不是消极的,无为的,而是对自我作为知识分子的心理坐标和时代位置的深刻反思,这就是意象背后所要传达的精神能量,这种依托于古典诗学的表达,令其影像的语言获得了一种含蓄隽永之美。

与费穆同时的桑弧、黄佐临、沈浮、曹禺,较后的谢铁骊、水华,直到吴贻弓、陈凯歌等人,都有意识地追求着这样的艺术境界。《伤逝》《巴山夜雨》《归心似箭》《城南旧事》等影片,对中国"诗意电影"的意象和意境构成都有着整体性的体现。《一江春水向东流》中的"云中月的意象"体现了中国诗歌中的浓郁的美感气息;《巴山夜雨》中那个异化的小社会,折射了整个大社会,江轮航行在三峡雄伟瑰丽的自然环境之中的意象,寓意着奇绝的自然景观与扭曲的人文情态形成尖锐对比;《城南旧事》中井窝子在隆冬清晨或者是初春夕照、盛夏午后或者是雨中夜色中的反复出现,默然见证沧桑岁月在不经意中的怅然流逝;《那山那人那狗》虽淡化情节,但却在如诗如画的镜头中强化了"意"的深层内涵,朦胧的山村景色,孤寂的独白和闪回,使清新的空灵中抒放出一种隽永的人生意蕴和典型的东方格调。

意象和意境的体验与创造体现了中国艺术对世界的整体性、本质性的把握,是对现实世界的一种超越,从而实现了从有限到无限,从个体生命到永恒存在的超越。美的意象和意境照亮一个本然的生活世界,一个万物一体的世界,一个充满意味和情趣的世界,也创造了审美的最高境界。所以,电影作为艺术,理应具有一切真正的艺术都应具有的最深的本质:不管是以"人性"的方式观照人的存在,还是以哲学的方式对宇宙人生作深入的思考,其归根结底都是一种人的觉悟的进程、境界的提升,指向心灵世界的澄澈和畅达,那是一种不关知识和功利的体验与觉悟，从而通过艺术的手段来完成对于不可言说的"道"的言说。所以，深入挖掘"意象"和"意境"等范畴对中国电影的影响，将是意义深远的事情。

传统叙事的借鉴和突破

系于真实，倚重平民，也是中国电影最具民族传统的因素。首先是中国电影注重现实主义基础，注重"人情物理"基础之上的叙事，叙事的现实主义历来是中国传统叙事艺术的主要特性。中国传统的叙事作品，如小说、戏曲都把真实性放在首位。强调小说、戏曲要真实地再现社会生活、摹写人情世态，并把"逼真""传神"等概念，作为评价小说、戏曲最基本的美学范畴。金圣叹在评点《水浒传》和张竹坡评点《金瓶梅》时，都认为"艺术的真实性"就是要写出"真情"，写出"人情物理"。但是，这里所强调的真实性，并非要求"实有其事""实有其人"的那种真实性，而是要求"合情合理"，即合乎社会生活、社会关系的情理。冯梦龙讲："人不必有其事，事不必丽其人""事真而理不赝，即事赝而理亦真"。金圣叹讲："未必然之文，又必定然之事。"脂砚斋在评点《红楼梦》时，进一步发挥了金圣叹、张竹坡等人的看法，提出"形容一事，一事必真"。强调"必真"就是"事之所无，理之必有"。"合情合理"就是"近情近理""至情至理"，就是要写"天下必有之情事"。由此我们可以看出，中国传统美学所强调的真实性的含义，就是要合乎社会情理，写出社会生活、人情世态的真实面目和内在的必然规律。这是我国古典叙事艺术的一个优秀传统。

艺术上的新奇寓于普通生活和广大群众的日常习见习闻之中，在习见习闻的生活中发现新意，创造成艺术形象，便会使人感到真实、自然并富有艺术情趣。《狂流》《春蚕》《渔光曲》《神女》《马路天使》《十字街头》《八千里路云和月》《一江春水向东流》《万家灯火》《乌鸦与麻雀》等影片之所以深得人心就在于这种习见习闻中的真实和情趣。蔡楚生作为社会派电影的代表人物,其作品从《南国之春》《粉红色的梦》到《渔光曲》《一江春水向东流》等,均显示了一个不断生成与开敞"真实性"追求的表达过程。蔡楚生直面现代的态度,习见习闻中的意趣追求,电影中深沉的心灵表达,影像自身的艺术自主性呈现了他与别不同的电影叙事策略。这种叙事策略主要倚重于系于真实,倚重平民叙事,在编织故事、开启真实的尽处,献身投入公共空间中的观念和价值,赢得广泛的社会影响。近来的《钢的琴》《失恋33天》《人在囧途》等几部异常卖座的小成本电影,虽然在价值观念、意义旨趣方面尚存不足,但这些影片之所以受到观众的热捧和喜爱,根本原因还在于系于真实,倚重平民的内容把握,以及带有传奇性的通俗小说叙事策略的选择。

另则,注重对历史真实的反刍和记录,民俗性真实的问题也是中国电影倚重真实的重要方面。在此意义上,历史片、战争片就不仅仅只作为一种文献而存在,其本质是一种对本民族和自我存在之根的认同或反思。因此,它的涵盖面理应大于一种"主义"的宣扬。没有真实的民族心理、理性品格贯注其间,即使画面上不断出现血肉横飞、刀光剑影、天崩地裂、排山倒海、惊涛拍岸、人仰马翻等视觉效果,也照样会显得虚假、做作和苍白,其结果就是导致一种拼凑的或卡通式的历史游戏,一旦历史的游戏泛化,必然会形成对历史原貌的故意歪曲。因此有学者指出——如果历史片都成了似是而非的伪历史,那么电影就有可能成为一种反历史、反美学、反艺术的工具。而电影为了自身场面和情节的需要,假想出一些民俗场面,这也需要格外的谨慎。有学者认为一些已经公认的经典片、艺术片,在民俗的处理上也仍有值得商榷处,如《大红灯笼高高挂》中"妻妾成群"是旧社会大家庭的常见现象,但诸如"捶脚""挂灯",或许只是那个"老爷"的个案,强化这类画面,极易使人尤其是外国观众误以为这些就是中国的民俗,而致民俗文化在电影中成为了组装的伪民俗。如何在历史片、艺术片中,把握好民俗内涵,将民俗自然地融化于历史中,不一味迎合"猎奇"的扭曲心态,又让历史在不夸饰、不做作的民风习俗里得以展示,也是"中正真实"的电影美学观念中重要的方面,它暗合了电影作者的历史态度和文化人格。

确立中国电影的美学坐标

中国电影比任何时候都需要确立其应该坚守的文化和美学坐标。中国电影不只是使用华语的电影,也不是使用华语的人拍的电影,而是指不管在何种历史情境和时代土壤中,它自身都能够体现一种稳定的中华文化的美学坐标。在中国美学寻找其现代美学体系构建的文化背景之下,作为美学的分支学科,我以为,电影美学也应当有自己所坚守的美学坐标。

中国电影要走向真正的现代化,未来的中国电影史,或者是电影美学的书写,必须要有自己的电影理论和美学的立足点。这个立足点就是,我们应当坚守并提升源于我们这个民族的文化和美学传统的电影美学,从思想到观念,从观念到形式,从形式到内容,从内容到手法。关于这一点,李安在《站在好莱坞与中国电影之间》这篇文章中的观点很有启示意义,他指出:

> 你要注意你的特色,你不能把自己的本色去掉。因为你不可能比好莱坞拍摄的美国片更像他们。

在电影文化和美学的立足点上,中国电影人首先需要有高度的文化自信和自觉,要做到"很自豪地拿出来"。不能一味地照搬、照抄西方电影的创作观念和理论模式,在全盘西方的美学框架和话语模式中研究归纳中国的电影作品和电影现象。"全盘西化"对于发展、完善和创造中国现代电影的美学和理论体系,并谋求它在世界电影文化中的价值和地位是极其不利的。塔可夫斯基是公认的电影大师,当我们品读他的《雕刻时光》的时候,我们不难发现,这位西方导演对东方艺术和美学的认同,他研究日本的俳句、中国的诗词和禅宗,他的思想中充满了东方式的禅悟和智慧。他写过这样一段话,很值得我们体会:

影像作为一种生命的准确观察,使我们直接联想起日本的俳句。俳句最吸引我的,便是它完全不去暗示影像的最终意义,他们可以像字谜一样的被拆解。①

塔可夫斯基作为一代西方电影大师,他系统地研究了西方电影,并将其寻找电影本体的视角转向东方,在那里全身心地体悟东方美学的妙境,并融化到自己的艺术创作中去,给我们深刻的启示。然而全球化的今天,中国电影人对中国美学的自觉体认以及由此呈现出的民族文化的自信却显得狭窄和有限。当然,坚持中国文化的立足点也要防止"民粹主义"或者"复古主义"的极端。好莱坞的电影值得学习,但我们要知道它最值得我们学习的是什么,李安认为好莱坞电影最值得我们学习的是类型片拍摄制作的规则,他认为中国电影应当学习和真正弄清楚的是这些规则。这也是不无道理的,这个时候没有必要让民族自尊心挡在前面。②

其次,民族文化的传承。中国艺术精神的坚守是一种天长日久的体悟,不是一种一时一刻的装点。不是给自己的电影画上中国式的脸谱,那些缺乏中国文化真正滋养的心灵拿捏出来的东西难免流于一种庸俗和矫情。所以,坚持文化的立足点不是滥用几个文化的符号给毫无思想的平庸的作品添加些装饰。不是光画上一个京剧的脸谱,要有"唱念做打"的真功夫;也不是胡乱地戏说祖宗,解构几个经典的传统文本,更不是拿我们的文化遗产搞笑。中国传统艺术和美学最重视人格境界和艺术境界的内外兼修。

对于 20 世纪三四十年代以费穆为代表的那一辈电影家,我们心怀感佩。费穆、黄佐临、孙瑜等人都是既有西学智识又有深厚的中国艺术和文化底蕴,并且充分认识到中国美学的生命力和价值的艺术大家。他们自觉地钻研中国艺术和中国美学,并将其体悟自然地运化在具有

---

① ［苏］塔可夫斯基:《雕刻时光》,人民文学出版社,2003 年版,第 114 页。
② 李安:《站在好莱坞与中国电影之间》,《上海大学学报(社会科学版)》,2006 年 11 月第 13 卷第 6 期。

西方技术特征的电影之中。其电影作品流露出的风格是其美学修养、人格境界的自然彰显，是传统艺术精神的成竹在胸和游刃有余。但他们从不会言必称西方，言必称美国，他们的电影观念都是在深厚的中国文化艺术精神的学养基础上提出的。既自信于民族文化的根基，又怀想着民族文化的现代生命。可见，民族美学的继承，一定要由深谙中国艺术精神的心灵来肩负，电影教育正是要培养这样有独立思想、有道德境界、有文化责任感和艺术创造力的人才。如何真诚地补课，寻找文化之根，同时将新的科技成果和产业模式同真正具有"文化之根"的中国电影创作融为一体，我以为是中国电影在当代所要解决的难点。

再次，美学的立足点还在于坚守电影的现代品格。电影现代化并不只是意味着表现手段的"现代化"，这是电影现代化进程中物质层面的革新和探索。真正的现代品格还是应该在作品中体现知识分子的独立思想、文化人格，以及对于社会、历史严肃的沉思品格和批判理性。艺术形式和表现手段固然重要，但一部作品的关键还在于文化品位以及表现民族性所选取的文化角度。《本命年》最可贵的地方就在于独特深刻的社会分析和人物分析，那种人物的状态与背景，社会生活的世态炎凉都是中国式的，它所反映出的也是中国人对自己的生活，对自己周围的人的思考。今天的中国电影，是否依然沉淀着知识分子对于社会和历史的严肃的艺术精神，为学界所广泛争议。一个电影艺术家，不论是编剧，还是导演，应该具有独立的、完整的哲学思想，应该对社会、对时代、对人生持有通达的、深刻的思考与认识，才有可能创造出代表着一个时代的电影艺术作品来。电影艺术能否贯穿善恶美丑的理性思辨、道德良知的自觉拷问以及信仰体系的坚决捍卫，能否在电影创作中呈现出知识分子关于文化和道德的自主意识和启蒙作用，是我们这个时代的电影艺术家该自省和反思的问题。

将中国艺术精神和美学传统导入电影艺术，赋电影以民族的诗情，自19世纪以来几代电影人为之曾作出过不懈的努力，不仅有艺术实践也有具体的理论概括。20世纪80年代以来也有不少电影家为这样一个理想而孜孜不倦地追寻和探索,表现出了艺术家对民族文化的一种自觉自律的认识和皈依。小到名著改编,大到文化传承,美学原则是艺术创造的最高原则,没有美学原则,其他原则都没有意义与价值。美学的精神就是要以人的心灵、人的尊严、人的最高的自由为旨归,中国电影无论是原创还是改编,都要归结到符合并提升当代的人文精神上来,通过艺术之美,给人启示,催人思考,给人力量,给人希望,并提升人的心灵境界。

21 世纪赋予中国电影人的使命是传承和弘扬中华传统优秀文化和美学精神,是中国电影广泛学习西方电影的同时,立足于从中国民族文化和艺术中汲取养分,以形成自己独特的创作体系美学话语。中国电影要走向真正的现代化,未来的中国电影史或者是电影美学的书写,越是在全球化的语境中,越是在跨文化的交流中,越要明确电影创作的理论和美学的立足点。

诗性电影的意象生成

意象是中国美学的重要范畴。对"电影意象"的理解、研究和运用是中国电影美学理论当代建构的自觉。诗性电影的"意象生成"是贯穿中国电影史的一个美学命题,它关乎中国电影的艺术基因、美学精神和文化品格。百年中国电影史在实践和理论两方面的探索,其持之以恒的目标是确立中国电影的文化身份和美学品格,从而确证中国电影在世界电影史上不可替代的意义和价值。"意象生成"对于中国电影学派的美学理论建构,具有重要的意义。

在中国古典美学中,"意象"是关于"美"的核心概念。中国传统美学认为,审美活动就是要超越物理世界的诸多现象进而创造一个审美的意象世界。在中国美学的视野中,艺术的审美活动可以通过有限的"象"来揭示无限的"道",即无限的宇宙生命。因此,中国美学精神将人生和艺术视为一个整体,它可以引领个体生命通过审美活动不断趋近意义的本源。因此"意象"既是美的本体,也是生命境界的显现。正如宗白华先生在《中国艺术意境之诞生》中说:

> 中国哲学就是"生命本身"体悟"道"的节奏,"道"具象于生活、礼乐、制度,"道"尤表象于"艺",灿烂的"艺"赋予"道"以形象和生命,"道"给予"艺"以深度和灵魂。[1]

---

[1] 宗白华:《美学散步》,上海人民出版社,1981年版,第80页。

　　在中国美学的视野中,审美意象的体验和创造不重逻辑推论,而注重涵泳悟理,它所追求的是对世界的整体性和本质性的把握。这种把握是一种不关乎知识和功利的体验与觉照,这一过程既是审美层面的,也是人生层面的。因此,"意象生成"浸润着中国艺术精神所倡导的纯然的艺术体验和审美超越。

　　在有限的影像画面内借由"电影意象"阐释和呈现无限的"意义",是中国电影的美学追求,也是中国电影艺术家们的生命自觉。蔡楚生、费穆、桑弧、沈浮、谢铁骊、水华、吴贻弓等导演的作品中都传达着这样一脉相承的中国艺术精神。电影意象,可以让影像从写实传统和叙事逻辑中超越出来,超越故事性的叙述从而成为诗,从而让纪实性的画面拥有诗性特质,呈现出"动人无际"的审美境界,继而照亮一个充盈着生命体验的"真实世界",催生一种不同于西方电影的叙事观念和影像语言。这既是"电影意象"的美学意义,也是中国电影的精神追求。中国电影的"意象之美",体现了纯然的心灵体验和生命洞察,其体验和洞察的方式体现了诗与思的融合,从本质上区别于西方传统电影叙事的美感形态。

　　以费穆的电影为例,他坚持以"中国画的创作心情"来拍电影,屡想在电影构图上,构成中国画之风格,寻找电影的象外之象和味外之旨。他的《小城之春》以"颓城"与"废园"的整体意象取代了写实空间,用以表现具体"小城"的符号简单到了极点,唯有一处绵延的断壁残垣,似宋元山水用线条勾画的山峦叠嶂,寥寥数笔而已。这是费穆表意的手段,意在刻画心灵世界的"颓城"与"废园",费穆要借由这心灵的"颓城"与"废园"完成一种不可言说的言说。"颓墙"和"废园"的意象包含着作者诸多的历史感悟和人生苦痛,它触发了"风化"和"速朽"的历史悲怆。于是《小城之春》的"城"不再是一座具体的城,而是一座心灵之城,一座编织进影像诗句的永恒的城。费穆在电影中创造的"意象世界"与中国古典诗词和绘画的意象生成是相通的。以费穆为代表的电影艺术家,作为中国电影美学品格的探索者和先驱者,将中国艺术的诗性精神和美学品格自觉地融入了中国电影的理论和创造。

意象作为影像之美的本体

"意象"作为中国美学的一个核心概念,其源头可追溯至《易传》,西汉王充承继《易传》,发展了庄子的"象罔"思想,在其《论衡》一书中率先运用了"意象"这个词。而真正赋予"意象"这个词以重要的美学价值,并赋予其方法论意义的是魏晋南北朝的刘勰。[①] 在《文心雕龙·神思》篇中,他说:"是以陶钧文思,贵在虚静,疏瀹五藏,澡雪精神。积学以储宝,酌理以富才,研阅以穷照,驯致以绎辞。然后使玄解之宰,寻声律而定墨;独照之匠,窥意象而运斤。此盖驭文之首术,谋篇之大端。"[②]这段话指出了"意象"在创作构思中的重要作用,刘勰把"意象"看成"驭文之首术,谋篇之大端",指出它处于才学阅历,妙义和文字汇聚的关键位置。后魏晋时期的王弼,唐代司空图,明代陆时雍,清代叶燮等人或以"意象"来思考"意"和"象"的关系,或以"意象"来品定诗歌的格调与层级,提炼完善了"意象"的内涵,促进了"意象"的理解和阐释。刘勰之后,很多思想家、艺术家对"意象"的问题先后进行了深入研究,逐渐形成了中国传统美学的意象理论。作为审美的本体范畴,这一理论对中国艺术和美学的影响一直延续到现当代,并成为融通中西美学的一个重要概念。

美学家朱光潜在《论美》这本书的"开场白"里指出:"美感的世界纯粹是意象世界。"[③]他强调审美对象不应当是"物",而是"物的形

---

① 叶朗:《中国美学史大纲》,上海人民出版社,1985年版,第70—72页。

② 〔南朝梁〕刘勰:《文心雕龙》,上海古籍出版社,1982年版,第229—230页。

③ 中国现代美学史上贡献最大的朱光潜和宗白华两位美学家的美学思想,都在不同程度上反映了西方美学从"主客二分"走向"天人合一"的思维模式,反映了中国近代以来寻求中西美学融合的趋势。另外,戏剧美学的研究也应该立足于中国文化,要有自己的立足点,这个立足点就是自己民族的文化和传统的美学。

象"，这个"物的形象"不同于物的"感觉形象"和"表象"，而是"意象"。朱光潜明确指出，"意象就是美的本体"，它是主客观的高度融合，它只存在于审美活动之中，它是人精神活动的产物。

首先，中国传统美学否定实体化的，外在于人的"美"。唐代柳宗元有言："美不自美，因人而彰。"(《邕州柳中丞作马退山茅亭记》)意思是说事物之所以成为审美的对象，成为"美"，不是它固有的属性，美不能脱离人的审美活动，必须要有人的意识和心灵去唤醒和照亮它。这个唤醒和照亮的过程就是意象生成，即超越具体的物和象，生成一个完整的、有意蕴的美感世界和意义世界。其次，中国美学认为不存在一个主观的实体化"美"。中国传统美学认为"美"在意象，是说审美意象既非外在于人的"实体化存在"，也不是纯粹主观的"抽象性存在"或"理念性存在"，美是在审美过程中心物相合而不断生成的。因此，意象生成是一个从混沌到明朗，从散乱到整全，从有限到无限，从无意义到有意义的动态的审美过程。

中国传统美学给予"意象"的一般的规定是"情景交融"。"情"与"景"的统一乃是审美意象最具本质性的内在结构。但我们不能把"情"与"景"理解为互为外在的两个实体化的东西，也不能把意象理解为思维的产物，"情"与"景"一气流通，才能生成意象。正如王夫之所说："情景名为二，而实不可离。神于诗者，妙合无垠。巧者则有情中景，景中情。"(《姜斋诗话》)[①]"意"是客体化了的主体情思，它不脱离实相；"景"是主体化了的客体物象，它不脱离情思。实相不是情思，但实相触发情思；情思不是实相，但情思不离实相，故曰"美在意象"。如果"情""景"二分，就不可能生成审美意象。因为，一旦离开"情"，"景"就无从显现，就成了"虚景"；离开"景"，"情"就无所附着，也就成了"虚情"。唯有"情""景"统一，才能生成审美意象，才能

① 〔明〕王夫之：《姜斋诗话笺注》，卷二"夕堂永日绪论"，戴鸿森笺注，人民文学出版社，1981年版，第72页。

"情不虚情，情皆可景；景非滞景，景总含情。神理流于两间，天地供其一目"。① 因此，美的艺术应该是情和景的交融，意和象的统一。

意象不同于影像，也不同于形象。影像和形象作为具体的动态图像，具有"现成性"的特点，是电影影像的结果性呈现，而意象是在审美活动中产生的，具有"非现成性"的特点。影像和形象是结果性的视觉呈现，而意象是象外之象，是内在心象，是具有形而上色彩的美学范畴，是决定影像和形象的意义和深度的美的本体。由意象驱动而生成的动态影像，可以突破有限的"象"，超越现实生活的"实"，从而揭示出事物的本然。因此，对电影而言，完美的影像呈现并非镜头和画面在技术蒙太奇层面上的拼接和凑合，也不是场面与场面的机械组接，更不是科技和技术手段的复杂堆砌，而是电影的核心意象在诗性直觉中的灿然呈现。因此，我们谈电影的写实和写意，谈电影的风格和手法，不如谈"意象"，前者触及的是电影的"面目"，而"意象"是电影之美的根本，有意象，前四者随之具备。

以"春"作为意象的电影，有许多不同的题材和叙事。《早春二月》作为一部描写知识分子彷徨的心路历程的影片。表现了"乍暖还寒"的历史情境和个体心境。肖涧秋回到了芙蓉镇这个世外桃源，却最终发现世上并没有一个绝对的世外桃源，芙蓉镇这样的原乡僻壤也是"质朴里面含着尖刁，平安下面浮着纷扰"，最终他意识到偏安于桃花源的生命太过狭隘，人生的意义应该为这寒冷的世界寻找春天。"春天喷薄欲出"的核心意象呈现的既是春的希望和温暖，也是严冬尚未消散的寂寥和萧瑟。这是导演谢铁骊借物写心的诗情和诗思，他说：

> 要写"真景物真感情"，要使创作者的情感自然而然的流露出来，从而达到借物写心，心与物游，心物融合的境界。这是一种体

---

① 〔明〕王夫之：《古诗评选》，卷五，谢灵运《登上戍鼓山诗》评语，文化艺术出版社，1997年版，第217页。

现创作主体的人格美和作品意蕴美的最高艺术境界,需要我们在长期的创作实践中进行不懈地探索和追求。①

在中国美学的视野中,万事万物的"象"都是有限的,怎样透过"象"的有限来揭示"道"的无限,从瞬间的表象来触摸永恒的存在,通过对稍纵即逝的"象"的把握去领悟充满生机的"道",这是中国哲学和美学的自觉追求。电影意象是超影像、超形象和超形态的,电影的审美意象特性有四:其一,它既不是一种物理的实体性存在,也不是一个抽象的理念世界;其二,意象世界是一个充满意蕴的情景交融的世界,它是在审美过程中不断生成的;其三,意象世界显现一个真实的世界,是无蔽的真理的现身方式;其四,审美意象产生美感,呈现"动人无际"(王夫之语)的审美境界,也是杜夫海纳所说的"灿烂的感性"。

在我看来,电影艺术创造的核心是意象生成的问题。② 在审美活动中,美和美感是同一的,美感是体验而不是认识,它的核心就是意象生成。美学家叶朗在《美学原理》中援引郑板桥的画论时说:

> 意象生成统摄着一切:统摄着作为动机的心理意绪("胸中勃勃,遂有画意"),统摄着作为题材的经验世界("烟光、日影、露气"、"疏枝密叶"),统摄着作为媒介的物质载体("磨墨展纸"),也统摄着艺术家和欣赏者的美感。离开意象生成来讨论艺术创造问题,就会不得要领。③

郑君里是早期中国电影导演中较为自觉地运用"意象"思考中国电影美学的艺术家,他在谈论导演构思的时候曾说:"方熏在《山静居画论》中所说:'作画必先立意,以定位置。意奇则奇,意高则高,意远则远,意深则深,意古则古,庸则庸,俗则俗矣!'他之所谓意,我以为就

---

① 谢铁骊:《中国电影同中国传统文化》,《电影艺术》,1998 年第 11 期,第 6 页。
② 顾春芳:《意象生成对艺术创造和阐释的意义》,《中国文学批评》,2020 年第 3 期,第 47 页。
③ 叶朗:《美学原理》,北京大学出版社,2009 年版,第 248 页。

是艺术构思，与我们的导演构思相通。他又说：'古人作画，意在笔先。……在画时经营意象，先具胸中丘壑，落墨自然神速。'他以为下笔之先，就该有构思，创作才会顺利。这个'意'从什么地方来的呢？他又说：'画法可学而得之，画意非学而得之者，惟多书卷以发之，广闻见以廓之。'这是个多读书，多深入生活，多积累的问题。"①他的意思是说意象决定创作的成败，而意象来源于学识和见地。

意象生成体现了艺术对世界的整体性、本真性的把握。《一江春水向东流》以"云中月"的意象体现了中国诗歌中的浓郁的悲美气息；《巴山夜雨》中"驶出黑暗的航程"的核心意象通过江轮航行在三峡雄伟瑰丽的自然环境中得以呈现，美好的自然与扭曲的人性形成了深刻的对比；《城南旧事》中井窝子在不同季节中的反复出现，渲染了"无可奈何花落去"的历史感和宇宙感。审美意象是"浮游于形态和意义之间的姿态"②，这些影片因其对诗性电影的审美意象的把握和呈现，而成为中国电影史中的动人诗篇。电影意象是"真"和"美"的统一，它照亮了一个本然的生活世界，一个活泼泼的感性世界，一个充满意味和情趣的诗性世界，也创造了审美的最高境界。

源于诗性直觉的审美意象

艺术是感性形式的"真理的呈现"，美学和艺术学是建立在阐释基础上的"意义的敞开"。"意象"不是认识和逻辑分析的结果，而是审美过程中当下生成的结果。艺术创造不是一种逻辑的推理和研判，而是一种诗意的生命感悟和体验。

中国艺术对世界的认识早就突破了逻辑和分析的层面，主张审美和诗意的领悟。宋代王希孟的《千里江山图》就是一个囊括四季的永

---

① 《郑君里全集》（第一卷），李镇主编，上海文化出版社，2016年版，第419页。
② ［日］今道友信：《东方的美学》，蒋寅、李心峰等译，生活·读书·新知三联书店，1991年版，第278页。

恒的山水意象。中国哲学重在生命体验,是一种生命哲学,它将宇宙和人生视为一大生命,一流动欢畅之大全体。在审美活动中,人超越外在的物质世界,融入宇宙生命世界之中,从而伸展自己的性灵。因此,生命超越始终是中国哲学和中国美学的格调和追求。

在中国美学看来,审美活动就是人与世界的相遇和交融,是"天人合一"和"万有相通"。如王阳明所说,无人心则无天地,无天地则无人心,人心与天地万物一气流通,融为一体,不可间隔。中国美学根本不存在预设的主体和客体,人不是主体,世界也不是客体,因此也就不探讨主体对客体的认识。中国美学认为,用主客二分的思维考察事物,力求达到逻辑和概念的"真",不能真正体悟我与世界彼此交融的审美至境。

电影意象是如何生成的呢?我们认为,意象生成源于诗性直觉,指向诗性意义。意象世界是一个注重生命体验的世界,不是一个逻辑的、概念的、说教的理念世界。诗性直觉是一种审美意识,它经过对原始直觉的超越,又经过对思维和认识的超越,最终达到审美意识。意象的瞬间生成,就像苹果砸中牛顿,这一瞬间生成的过程是不可重复的,具有瞬间性、唯一性、真理性、情感性和超越性的特点。诗性直觉端赖电影作者透过事物的表象摄取本真的智识和想象,它体现了电影作者的思想深度、艺术才能与胸襟气象。

诗性直觉不是逻辑思维的结果,诗性直觉作为一种审美意识,它离不开情,渗透着诗,又包含着思,是思和诗的结合,是审美体验的结果。体验和思维不同,张世英在《哲学导论》中指出:"不能通过思维从世界之内体验人是'怎样是'('怎样存在')和怎样生活的。实际上,思维总是割裂世界的某一片断或某一事物与世界整体的联系,以考察这个片断或这个事物的本质和规律。"[1]张世英指出"主客二分"的思维模式是认识论的本质,它与美感的体验具有本质上的不同。审美体验是一

---

[1] 张世英:《哲学导论》,北京大学出版社,2002年版,第24页。

种与生命、存在、精神密切相关的经验,这种经验使艺术家拥有了整体性把握对象的能力和智慧。只有具备这种能力和智慧的人才能够发现、捕获并创造出接近最高真实的审美意象。关于这一点,宗白华说:

> 这种微妙境界的实现,端赖艺术家平素的精神涵养,天机的培植,在活泼泼的心灵飞跃而又凝神寂照的体验中突然地成就。①

谢晋的《芙蓉镇》中"独扫长街"是电影的一处妙笔。没有一句台词,在飘雪寂寥的长街,秦书田被捕后,即将分娩的胡玉音一个人在扫街。导演采用的是全景,镜头远远地凝视着寒风中胡玉音孤独无依的身影。先后有人从她的身边默默走过,欲言又止,但这些路人的神情是悲悯和善意的。这无言的暖意和肃杀的外部环境构成了强烈的反差和对比。导演仅仅通过这一个镜头就揭示出了电影内在的理性和无限的诗情。善意和良知是绝对不会被完全扫进历史的角落的,美和人性也不会被尽数毁灭在漫长的寒夜。"人心的春天"作为谢晋呈现的核心意象,让无言的"独扫长街"迸发出强大的思想和情感力量,它让观众从"弱者之德"中看到了一个民族的希望,从而也看到了微弱的个体在历史中的力量和意义。如果用画外音来佐以对画面的解读,结果会怎样?一定会有损"言有尽而意无穷"的力度。谢晋的处理没有说教,没有批判,却达到了"此时无声胜有声"的效果,激起了一种"于无声处听惊雷"的情感共鸣,包含着深刻的理性和灿烂的感性。意象唤醒了人们的理智,同时又激起了情感的共鸣。历史的车轮虽然缓慢,但它必将是公正的,因为人心的春天不会被全然扫去,希望就像黑夜中的晨星,长夜终将过去,黎明必将到来。所谓"不着一字,尽得风流"正是这样一番艺术境界。

电影的意象生成凝聚了电影作者对于现象的本质性把握。这种把握既是理性的,也是感性的,它不纯粹依赖或停留于知识和概念的思考,而是注重于心灵和情感的体验。正如叶燮说:"惟不可名言之理,

---

① 宗白华:《美学散步》,上海人民出版社,1981年版,第73页。

不可施见之事，不可径达之情，则幽渺以为理，想象以为事，惝恍以为情，方为理至、事至、情至之语。"①郑君里在谈到意象时曾说：

> 当我心里有一个意象在生长，我觉得有点像一个孕妇。在静静的时候，我会感到他的呼吸，他的小小的手足在肚里伸动。我不仅在心里感觉着他，而且在形体上也知觉了他。我带着他一起去生活、工作、散步、思索。他会影响我的心情、气调和梦想。在白天和晚上，这个人会无缘无故地闯进我心里来，排开了当时一切思虑，整个地占据了我，像个初次怀孕的母亲在梦里迎接她的未来的婴儿一样。②

意象世界可以显现最高的"真实"，这个"真"，就是存在的本来面貌，这个"真实"和西方现当代哲学关于"生活世界"的思想有相通之处。它不是抽象的概念世界，而是原初的经验世界，是与我们的生命活动直接相关本原世界，是万物一体的世界。如胡塞尔提出的"生活世界"，意象世界是一个充满了意义和情感的世界，一个诗意的世界。如海德格尔所认为的那样，在意象世界中，"美是作为无蔽的真理的一种现身方式"。③ 这是司空图所说的"妙造自然"，也是荆浩所说的"搜妙创真"，中西方的哲学和艺术思想都指出了意象对于本真的把握和呈现。因此，审美创造重涵泳悟理，不尚逻辑推论，电影意象的获得，不能采用逻辑推理的方式，其最终的意义不止于说明一个道理或表明一种哲理，而是为了创造性地见到和领略到美的真理性。

美的真理性的抵达在于"妙悟"，这是一种对意义的直觉领悟，是意象生成的形式。诗性直觉源自由的心灵对世界的映照。它在瞬间的直觉中生成并创造出一个意象世界，从而显现一个本然的生活世界。审美意象的锤炼到了最妙处，没有主客的分别，没有个体的执着，当在

---

① 叶燮：《原诗笺注》，蒋寅笺注，上海古籍出版社，2014年版，第210页。
② 《郑君里全集》（第一卷），李镇主编，上海文化出版社，2016年版，第150页。
③ ［德］海德格尔：《艺术作品的本源》，《海德格尔选集》上册，上海三联书店，1996年版，第276页。

可言不可言之间，可解不可解之间，言在此而意在彼，绝议论而穷思维，引人于冥漠恍惚之境，继而达到最高意义的真实。妙悟不涉及任何概念、判断和推理的逻辑思维形式。严羽提出"别材"和"别趣"说，在中国美学史上有力地标举出了"妙悟"的意义及其非逻辑性的特征。他在《沧浪诗话·诗辨》中说"夫诗有别材，非关书也；诗有别趣，非关理也。然非多读书，多穷理，则不能极其致。所谓不涉理路，不落言筌者，上也。诗者，吟咏情性也。盛唐诸人惟在兴趣，羚羊挂角，无迹可求。故其妙处透彻玲珑，不可凑泊，如空中之音，相中之色，水中之月，镜中之象，言有尽而意无穷。"①"不涉理路"的非逻辑活动，就是"悟"，西方哲学所说的"直觉"与中国哲学所说的"妙悟"有相通之处。塔可夫斯基在他的《雕刻时光》中谈到日本俳句时写过这样一段话，值得我们深思，他说：

> 俳句以这样一种方式来经营其影像：完全不影射超越自身之外的任何事物，而同时又表达了那么丰富的意涵，以至于我们无法捉摸其最终意义，影像越是贴切地呼应其功能，越是无法将它局限于一个清楚的知识公式里面。俳句的作者必须让自己完全融入其中，有如融入大自然，让自己投身并迷失于其深邃之中，仿佛漫游于广袤无际的宇宙。②

塔可夫斯基所感悟到的正是陶渊明所说"此中有真意，欲辨已忘言"的境界所在。正是诗性直觉决定了塔可夫斯基本人的独创性。突破表象的幻光，挣脱规则的制约，透过形式的网幕，摆脱功利的诱惑，于混沌中照见光明，于有限中体验无限，于樊笼中获得自由，这真是逍遥自得的至乐之乐。所有伟大的艺术，促成其伟大的都是它独创性的意象世界。因为它代表着人类最高的精神活动，张扬了人类最自由、最愉悦、最丰富的心灵世界。

---

① 严羽：《沧浪诗话校释》，郭少虞校释，人民文学出版社，1983年版，第26页。
② ［苏］塔可夫斯基：《雕刻时光》，人民文学出版社，2003年版，第114页。

那么,美是不是诗性直觉的唯一对象呢？并不如此。美是诗性意义的"目的之外的目的"。就电影而言,诗性意义以直觉的方式开始起作用,直觉的创造是自由的创造。自由的创造不受制于对它履行指挥权和控制权的美的既定范式,而倾向于在当下的直觉中生成诗性意象。电影作者以蒙太奇构建的影像的语言系统,其真正的价值除了外在形式,更在于其影像画面是否真正触及并整体性地把握到足以呈现本质真实的核心意象。唯有指向本真的意象才能唤醒美感,与此相反,有的电影被"表象的美"所绑架,错把美的符号,美的表象当成了美本身,其结果产生的不是"美"而是"媚",不是高贵,而是功利、庸俗和谄媚。

所以,一切外在形式的组织和把握,为的是创造出一个有着恒久的精神体验和生命体验的意象世界,正是这种追求令电影如愿以偿地抵达了美。伟大的作品总是诞生于艺术家表达其道德理想的挣扎、有限生命的顿悟,它是电影生命的起点和终点。后人的作品之所以不同于前人,电影艺术之所以不再沦为表象真实的摹本,不再成为展示技巧和堆砌符号的场所,它的神圣和高贵皆源于这种可贵的自由的创造力。电影艺术的革新和拯救惟有出自创造性的诗性直觉,正如朱良志所说:

> 真正的艺术不是陈述这个世界出现了什么,而是超越世界之表象,揭示世界背后隐藏的生命真实。艺术的关键在揭示。诗是艺术家唯一的语言。①

电影意象的美感特性

意象世界是带有情感性质的世界,是一个不同于外在物理世界的感性世界,是带有情感性质的有意蕴的世界,是以情感的形式去揭示本

---

① 朱良志:《中国美学十五讲》,北京大学出版社,2006 年版,第 189 页。

真的世界。叶朗说："当意象世界在人的审美观照中涌现出来时，必然含有人的情感（情趣）。也就是说，意象世界是带有情感性质的世界。"①写画要有诗人之笔，拍电影也需要有诗心、诗意和诗人之笔。

首先，电影意象具有情景交融的美感特性。

苏东坡品味摩诘画《蓝田烟雨图》，诗中有画，画中有诗，诗歌和绘画的意象呈现着情景交融的特点。诗画互为印证，历来是中国文学艺术的传统。在电影中如何表现诗境，寓情于景、传情于景、情理交融，达到诗画合一的境界，是电影艺术家的美学追求。

审美意象体现的是心（身心存在）—艺（艺术创造）—道（精神境界）的统一。在艺术的审美和创造活动中，意象生成就是核心意象在诗性直觉中的灿然呈现。② 作为诗性电影的典范，费穆的《小城之春》，一个"多情却被无情恼"的故事，其弦外之音是关于"没落和风化的历史宿命"的感喟。小城之外是复苏的春天，时年的中国却在经历着"国破山河在，城春草木深"的历史阵痛！对于经受五四新文化运动洗礼的知识分子而言，启蒙时代未竟的事业，一如断壁残垣中需要重建的家园。作为"废墟"的"颓城"与"废园"是一种深刻的历史隐喻和心灵写照。美术史家巫鸿在《废墟的故事：中国艺术和视觉文化的在场与缺失》一书中特别提到了《小城之春》的空间，他说："这些图像中包括的建筑废墟象征着尚未愈合的伤口……但这些图像并不指代当下正在发生的事件，而是象征着通往未来的历史条件……这些作品俘获了一种悬置的时间性，把过去、现在和将来统统并置于复杂的相互作用的形式中。"③

电影作为费穆对自我命运和精神归宿终极意义上的一次思考，电影核心意象的生成源于电影作者诗思合一的艺术创造。费穆是电影诗

① 叶朗：《美学原理》，北京大学出版社，2009 年版，第 63 页。
② 顾春芳：《意象生成对艺术创造和阐释的意义》，《中国文学批评》，2020 年第 3 期，第 47 页。
③ Wu Hong，*A Story of Ruins：Presence and Absence in Chinese Art and Visual Culture*，Princeton and Oxford：Princeton University Press，2012：172.

人,他开启了生命的眼,要借助象征的景物和人物,将之导引到诗的意象世界里发自我生命的感喟。他坚信:"中国电影要追求美国电影的风格是不可以的;即使模仿任何国家的风格,也是不可以的。中国电影只能表现自己的民族风格。"①所以他在黑白的影像中,以中国美学的观念和尺度经营着电影这一现代媒介的叙事。电影叙事的技法、手段是可以模仿的,但融入了独特生命体验的艺术境界是无法模仿的。

其次,电影意象应当体现整体性的美感特性。

艺术的全部奥秘和难度就在于把握和呈现"艺术意象的完整性"。"作为体现'道'的'意象世界'指向无限的想象,指向本质的真实,是有限与无限、虚与实、无和有的高度统一,并最终导向艺术家所要创造的艺术的完整性。这也是区分'艺匠'和'艺术家'的标尺。"中国艺术追求"浑然"和"气韵生动"的境界,罗丹说雕塑就是把多余的东西去掉,伟大的艺术都呈现出独一无二的完整性和统一性。在我看来,意象正是实现电影艺术完整性,使之具备一以贯之的生命力和创造力的内在引力。塔可夫斯基说过这样一段话:

> 导演工作的本质是什么?我们可以将它定义为雕刻时光。如果一位雕刻家面对一块大理石,内心中成品的形象栩栩如生,他一片片凿除不属于它的部分……电影创作者,也正是如此。从庞大、坚实的生活事件所组成的"大块时光"中,将他不需要的部分切除、抛弃,只留下成品的组成元素,确保影像完整性之元素。②

电影意象的完整性体现在影像内在一气呵成,一气贯通的"气韵"之中。南朝谢赫在其《古画品录》中用"六法"概括绘画所能企及的最高境界,他将"气韵生动"置于绘画六法中的首位,足见"气韵"的问题在中国绘画美学中的重要性。谢赫提出的"气韵生动"的要求,指出绘

---

① 费穆:《风格漫谈》,原载香港《大公报》,转引自黄爱玲《诗人导演费穆》,复旦大学出版社,2015年版,第88—89页。
② [苏]塔可夫斯基:《雕刻时光》,人民文学出版社,2003年版,第64页。

画的意象必须通向作为宇宙本体和生命的"道"，电影也应当具备一种内在贯穿的"气韵"，"气韵生动"方能实现电影艺术的完整性。

电影作者依靠其艺术直觉对于审美对象的感悟，综合所有的艺术构成，形象的，画面的，声音的，从总体上把握意象的创造和呈现，使"胸中之竹"转变成"手中之竹"。审美意象完整性的体现与视像世界中主客叙事的选择、空间的营造、镜头调度的驾驭、虚实关系的把握、灯光色彩的拿捏、画面比例的权衡、剧情结构的组织、表演风格的确定、节奏场面的控制、强弱力度的调试、情境气氛的渲染以及动作细节的雕琢等等一系列工作有关。也就是说，把胸中之竹转化为手中之竹需要艺术家的"技""艺"，将虚的意象呈现为实的影像需要许多具体的技术工作。但是手中之竹的完成是以胸中之竹为基础的，没有圆满的审美意象，就产生不了完满的艺术形式，没有完整的意象，一定会导致影像画面的支离破碎。

侯孝贤的电影中那些带有明显的主观美学追求的长镜头运用，其美学追求就是中国画论中"气韵生动"的艺术境界。150分钟的《戏梦人生》仅有大约100个镜头，除了1个特写，5个摇动镜头，其余采用静止的全景和中景的长镜头。极少运动的固定机位拍摄的长镜头，如少年李天禄在老槐树下的布袋戏演出、青山绿水间的吊桥和空阔的堂屋……空间静止不变或极少变化，在平实地静观日常中呈现出时间的流逝，一种"无可奈何花落去"的忧伤如水墨一样氤氲开来，呈现出中国美学的气质和韵味。台湾影评家焦雄屏指出，侯孝贤的长镜头刻画的时间展现了"真实"，这种"真实"的体验，和西方外来电影的影响无关，而是受中国哲学、宗教和中国诗词影响的潜移默化的流露。在对影像画面"气韵生动"的终极追求下，侯孝贤还提出了他的"气韵剪辑法"。

因此，电影意象的完整性体现在一气呵成、一气贯通的"气韵"之中①，体现在对最高的真实世界和意义世界的把握之中。比如体现绘

---

① 南朝谢赫在《古画品录》中提出的"气韵生动"的要求，指出绘画的意象必须通向作为宇宙本体和生命的"道"。

画大法的"一画说",石涛所谓的这个大法不是一笔一画,不是技法手段,乃是"众有之本,万象之根",一片风景就是一个心灵的世界,艺术表达的是我所体悟到的那个独特的意象世界。宗白华在比较中西方绘画运笔时说:"董逌在《广川画跋》里说的好:'且观天地生物,特一气运化尔,其功用秘移,与物有宜,莫知为之者,故能成于自然。'他这话可以和罗丹所说的'一个规定的线通贯着大宇宙而赋予了一切被创造物,他们在它里面运行着,而自觉着自由自在'相印证。所以千笔万笔,统于一笔,正是这一笔运化尔!"①电影意象也应当具备一种生生不息的"气韵"。当统一的、一以贯之的生命力和创造力充溢于整个作品的时候,我们就感受到了作品的完整和圆融。

电影能使静止的景物转为赋予动势的、不断变化着的情境。银幕上的情境让单纯的"景"和"象"获得了电影的空间特性和宇宙特性。于是,空间不再只是展开情节的背景,而成为了一种整体性的、审美的意象世界的载体。如陈凯歌的黄土地,是一种悲怆和厚重的历史体验的象征意象;如张艺谋的高粱地,是他展现豪放狂野诗行的基底……自然风景在电影中决不是树木、湖泊和山峰的简单图象,空间与环境是艺术情感得以释放,理性哲思得以阐释的种种可能性的复杂载体。空间之于意象生成,常以精神性的象征而存在,统摄着一切被分切组合的画面,并主导着它们的意义和美感。

从这个意义上讲,电影的创摄固然有技法层面的要求,更重要的是电影作者的修养、智识和见地的差异。然而,"气韵不可学",气韵的核心是生命意义的感悟和生命境界的呈现。艺术境界的表达虽有赖于具体的形式,但更重要的是内在生命的通达和参悟,这种通达和参悟源乎艺术家胸襟、气象和智慧,它主导并决定着艺术家的风格和高下。

再次,电影意象具有真理性的美感特性。

意象世界是开启"真实空间"的钥匙,它使不可言说的真实获得了

---

① 宗白华:《美学散步》,上海人民出版社,1981年版,第167页。

表达。王夫之把这种"显现真实"称为"现量"。王夫之的"现量"关于"如所存而显之"的思想非常具有现代意味，"现"就是"显现"，也就是王阳明所说的"一时明白起来"，也就是海德格尔所说的"美属于真理的自行发生"。[①]"现量"显现真实的意义在于，既显示客观事物的外表情状也显示事物的内在本质，是情与理的高度融合。这个"理"不是逻辑概念的理，而是渗透于审美感兴中并能直接体现的理。电影思想的深刻性，根本在于电影意象如何抵达并呈现本源性的真实。意象世界是"如所存在而显之，超越与复归的统一，真善美的统一，体现了艺术家自由的心灵对世界的映照，体现了艺术家对于世界的整体性、本质性的把握"。[②]

张世英先生指出审美意识可以触及真理，但审美意识不同于哲学思维，它不是理性思维活动，他提出"思致"这个概念用以说明审美意识即思想、认识在艺术家心中沉积日久而转化成的情感所直接携带的"理"，也就是渗透于审美感兴中并能直接体现的"理"。这就是意象世界所要开启的真实之门，以及意象世界所要达到的真实之境。正如电影《至暗时刻》，"至暗时刻"的核心意象即是历史的真实，是英国的真实处境，也是主人公丘吉尔人生的真实处境，其中包含着难以突围的存在和历史的双重困境。

吴贻弓《城南旧事》抽取了"无法挽留的时光"作为核心意象加以表现。影片的前半部，反复出现七次的"井窝子"，固定的空间和景物，出现的时间和季节却发生了变化，隆冬拂晓、初春夕照、盛夏午后、夜雨时分……渲染了物是人非的意境。"井窝子"仿佛是一位历史变迁的见证者，默默见证着岁月在不经意中的悄然流逝。固定空间的变化雕刻了时间的无情和世事的沧桑。最终，懂事可爱的妞子，温情善良的秀贞都从小英子的童年时光中无可奈何地消逝了，从而显现了形而上的

---

① [德]海德格尔：《艺术作品的本源》，《海德格尔选集》上册，上海三联书店，1996年版，第302页。

② 参见叶朗：《美学原理》，北京大学出版社，2009年版，第73—80页。

关于人与时间的深刻冲突。由此,"无法挽留的时光"的电影意象体现了吴贻弓"情贯镜中,理在情深处"的艺术追求。艺术是心灵世界的显现,艺术意象呈现的是心灵化的时间和空间。艺术创造不是一种逻辑的推理和研判,而是一种诗意的生命感悟和体验。

电影意象的真理性表现在意象生成的独一性。面对同一事物,因审美体验的不同,意象世界也会呈现差异,这就是以"父亲""母亲""复仇""爱情"为同类题材的电影之所以呈现千差万别的原因。外师造化,中得心源,对艺术家而言,全然呈现其意义世界的意象是独有的、不可重复的,不存在两个完全一样的审美体验,所谓"天籁之发,因于俄顷"就是这个道理。形式和符号是可以摹仿的,但审美意象是不能摹仿和复制的。一个文本对一个电影作者而言,只能产生一种最恰当适宜的整体意象,它是独一的,很难为他人所模仿,即便被模仿,也只能模仿其"形",而无法模仿其"神"。黑泽明认为,电影导演一生拍再多的电影,终究也只是在拍一部电影,讲的就是这种"独一性"的贯穿。"独一性"是对电影作者生命体悟、历史思考、美学境界的全面的考量。

中国艺术向来不重视对现实世界的简单复制,对表象的简单记录和模仿,它不用逻辑科学之眼,而是以诗性生命之眼观察世界。所谓"妙合神解"就是透过世界的表象,呈现对宇宙精神的领悟。惟有审美的心胸,方能有超越性的发现,方能呈现活泼泼的意象世界,方能企及艺术的妙境。中国美学所强调的艺术精神其终极的目标是生命的感悟和超越,不是在"经验"的现实中认识美,剖析美,而是在"超验"的世界里体会美,把握真。这是中国人的生命思慕,也是中国美学的美感特征,更是中国艺术的精神追求。

结　语

电影作为一种现代媒介,在全球化时代如何传承本民族的文化,在影像的美学体系上对话西方,是一个比较重大的问题。怎样在深厚的民族美学和传统文化的基础上，创造出拥有自我美学根基的电影艺术？百年中国电影的实践和理论如何走出"他者"的语言体系，走向真正的现代化，未来的中国电影史或者是电影美学的书写，必须要有自己的电影理论和美学立足点。因此，从中国美学的视角研究中国电影极为必要。

目前，中国电影学派的美学建构日益成为学界共同关注的问题。在这一时代背景下，我以为把中国美学的研究方法和价值意义引入电影美学的研究，在理论上有助于产生一种和中国传统艺术精神紧密相关的理论话语，在实践上也有助于推动有民族品格和美学特色的电影艺术的发展。

从中国美学的角度，整体性考察中国电影的美学特质，可以帮助我们发现中国电影从影像语言到艺术精神在世界电影中的独特意义，有助于进一步认识中国电影的艺术高度和理论深度。21世纪赋予中国电影人的使命是传承和弘扬中华传统优秀文化和美学精神，中国电影在广泛学习西方电影的同时，立足于从中国民族文化和艺术中汲取养分，以形成自己独特的创作体系美学话语。

电影"意象阐释学"的观念与方法

中国电影有着独特的文化心理结构,有着儒释道思想和文化根深蒂固的影响,因此阐释蕴含在电影中的中国哲学美学精神对于中国电影美学的建构具有重大意义。就理论和实践的关系而言,当代电影要体现文化的特色和内涵,也需要从中国美学中提炼有穿透力和延伸性的核心范畴和概念,并通过阐释来发现和确证中国电影的美学特质、精神品格和意义体系。本文提出"意象阐释学"的观念,并从方法论层面探讨作为美学范畴的"意象"对于阐释电影艺术并构建"真理历史"的重要意义。①

一 三度理论转型中的电影意象说

新时期以来,中国电影理论呈现过两度转型,第一度转型是在影戏的传统中寻求电影艺术的属性和现代性。有关中国文化与电影的文论与专著,从不同视角呈现出电影理论的拓荒,这是中国电影理论自觉的一种彰显。由《电影语言的现代化》一文点燃的"电影现代性"的探讨

---

① 我曾在《中国电影和中国美学精神》(2013)、《"意象生成"对艺术创造和阐释的意义》(2021)、《诗性电影的意象生成》(2022)等文中指出,"意象"是中国美学的重要范畴。在中国美学看来,审美活动就是要超越物理世界的诸多现象进而创造一个审美的意象世界。在这个审美的意象世界中,影像可以通过有限的"象"来揭示无限的"道",即无限的宇宙生命。

使中国电影从政治中心论转向审美中心论，"现代性"成为这一转型的理论标识①，并由此引发了"电影与戏剧离婚""电影的文学性""电影语言现代化""电影民族化"等问题的学术争鸣；第二度转型是在现代性的潮流中借鉴并践行西方电影观念和技法的阶段，西方现代和后现代理论的舶来给予这次转型以强劲动力，80年代后期"西方当代哲学的流派以及多元电影观念的引渡"（叙事学、结构主义符号学、精神分析学、后殖民主义、新历史主义、女性主义与性别理论、形式主义与新形式主义、文化批评、后现代理论，以及90年代后为学界关注的媒介与跨媒介理论、知识考古学与媒介考古学等等）造成这一转型期对西方多元化的现代艺术理论和电影理论的强势植入，但是没有哪一种理论得到过深入探讨和创造性的研究。尤其是泛滥的概念，由于缺乏消化和语焉不详，电影理论越来越沦为学科内部的语言狂欢，而缺乏对中国电影实践的问题意识。对此，电影学者饶曙光指出："中国电影理论批评没有追踪电影实践的发展并且对新的电影现象作出及时的反应，却出现了学术化、学科化的转换、转向、转型，与中国电影实践不是相向而行而是渐行渐远。"②

我以为目前中国电影理论的发展已经进入第三度转型，这一次转型的目标是在全球化时代建构足以呈现中国哲学美学精神的中国电影理论话语体系。③ 在带有鲜明的文化主体性色彩的转型过程中，中国美学的自觉意识开始进入电影学者的视野。林年同《中国电影美学》（1991）、罗艺军《第五代与电影意象造型》（2005）、王迪、王志敏《中国

---

① 1979年4月，张暖昕、李陀在《电影艺术》发表《电影语言的现代化》一文是一度转型期最有代表性的论文，2005年《北京电影学院学报》再次发表该文，可见这篇文章在将近30年时间中的影响力。

② 饶曙光：《建构中国理论批评的中国学派》，《电影新作》2015年第5期。

③ 关于中国电影美学建构比较集中体现在林年同《中国电影美学》（1991）、金丹元《论中国当代电影与中国美学之关系》（2008）、饶曙光《建构中国理论批评的中国学派》（2015）、王海洲《"中国电影学派"的历史脉络与文化内核》（2018）等著作和论文。2011年笔者在《电影艺术》相继发表《意犹未尽话小城——再论〈小城之春〉的中国美学精神》，2013年发表《中国电影与中国美学精神》。

电影与意境》(2000)、陈墨《流莺春梦——费穆电影论稿》(2000)、黄会林等《中国影视美学民族化特质辨析》(2001)、刘书亮《中国电影意境论》(2008)等标举中国美学的研究成果,在 20 世纪中国美学转型的复杂背景中,创造性地发掘中国美学的理论资源,从电影的本体、语言、叙事、镜头结构等方面做了开拓性的探索,在电影美学研究中呈现出另一种影调。

从表面上看,第三度转型是从中华优秀传统文化的认同和传承作为时代呼声开始的,特别是从"实现中华民族伟大复兴的中国梦"中直接地吸收了内在驱动力。党的十八大之后,中国特色社会主义进入新时代,中华民族的伟大复兴成为时代的强音。文艺工作者要讲好中国故事、传播好中国声音,从国家层面到电影学界弘扬中华优秀传统文化、推出有中国特色的电影理论体系成为理论自觉。值得注意的是,以美学自觉为内驱力的第三度转型并不是从无到有的,它是作为潜流的中国电影美学精神的一次溢出。在探索电影语言现代性的百年历程中,始终有着中国美学精神的自觉体悟和坚守。我在《中国电影和中国美学精神》(2013)一文中曾指出:"费穆提出的'空气'、蔡楚生追求的'意境';郑君里倡导的'诗意';吴贻弓主张的'淡墨素雅的写意观'等电影观念都是这种自觉体悟和坚守的体现。新中国成立以后,以夏衍、陈荒煤、钟惦棐等人在电影理论方面有过重要的建树。这些电影观念是中国电影向着民族诗学的自觉体认和皈依,它不仅赋予了中国电影以独特的美学品格,并且从文化属性上而言,也使得史东山、但杜宇、孙瑜、费穆、蔡楚生、吴贻弓等电影导演在中国电影诗性表达的历史延续中有着内在的传承关系。"[1]在我看来,第三度转型是中国电影美学价值取向的自觉回归,也是中国电影美学品格的自觉追求。

我们也发现,在中国电影美学的建构中,对一些问题的研究还存在

---

① 顾春芳:《中国电影和中国美学精神》,《电影艺术》2013 年第 6 期,第 44 页。

不足，比如对电影意象的研究和阐释有几方面的问题。第一，对于意象的本质规定性的探讨，流于对古典文论的孤立援引和对个别文本的重复解读，往往就意象谈意象，不能结合电影艺术的本体加以准确的理解，不同学者之间的论述存在较大差异。第二，静态甚至机械地考察"意象"或"意境"这些中国美学的核心概念，没有注意到这些审美范畴是在动态的审美过程中不断生成的，离开审美观照与心灵体验就没有意象生成，离开意象生成来讨论电影艺术的生成机制就会不得要领。第三，有的学者夸大了意象与电影之间的鸿沟，认为"意象"只能考察静态的图像，人为地局限了意象的阐释力，甚至用"写实"和"写意"粗浅地替代"意象理论"，而没有认识到作为美学范畴的"意象"是高于形式和手法的。形式、造型、写实、写意是"面目"，审美意象是灵魂，有"意象"，四者随之具备。第四，缺乏理论自信，在寻求中西电影理论融通的过程中，预设西方中心主义的立场，以西方理论为坐标反观中国美学中的核心范畴，结果就是中国美学的重要概念沦为西方电影理论的注脚。

电影的"意象生成"始终是贯穿中国电影史的核心命题，它关乎中国电影的美学精神和文化品格。百年中国电影史的目标是确立中国电影的文化身份和美学品格。"意象"在审美和艺术活动中兼有观念和方法论的重要意义。作为呈现充盈的美感和意义的意象世界，向我们敞开了一个比生活表象更加深刻和本真的世界。它是对不可言说的"真实"的言说，这种"真实的言说"与我们常说的"写实主义"和"具象造型"是两回事。《第七封印》中"死神与骑士的对弈"作为电影的核心意象，思考了关于存在的哲学命题；《公民凯恩》中"玫瑰花蕾"作为电影的核心意象，剖析了生命中难以愈合的心灵黑洞；《都灵之马》刻画了"世纪黄昏"的核心意象，以极简的镜头、最基本的元素、单一的声效、重复的动作以及一成不变的风景呈现了时间和死亡的永恒在场，以单纯的空间想象诠释了存在的本真。在电影艺术的审美和创造活动中,意象生成就是核心意象①在诗性直觉中的灿然呈现。所有伟大的艺术,促成其伟大的都是它的不可重复的审美意象的独创性。因此,对于意象的发现和阐释成为理解电影以及阐释电影的历史和真理性的重要的方法。这种方法不仅适用于中国电影,也同样适用于西方电影。无论中国美学理论的当代建构,或者是中国电影的当代美学拓展,"意象"所凝聚的中国美学思想和体系是一个具有方法论意义和未来学意义的美学范畴和理论资源。

"意象生成"对于中国电影学派的美学理论建构,具有重要的意义。围绕"意象"这一美学范畴,我们有可能且有必要建立"意象阐释学"这一具有中国色彩的电影美学的研究观念和方法,从而贯通美学、阐释学和电影艺术的理论与实践。在"真理性""现代性"和"文化属性"三个维度进一步拓展中国电影美学的当代研究,以便从艺术哲学和美学的高度创造一种属于我们的话语体系和阐释方法以对话西方电影美学。

二 作为构建真理历史的意象阐释学

"阐释学"(Hermeneutics)是关于理解和解释的理论,涉及人类知识各个方面。② 伽达默尔在《真理与方法》导言中开宗明义地指出,阐释学的意义在于"捍卫那种我们通过艺术作品而获得的真理的经验,以反对那种被科学的真理概念弄得很狭窄的美学理论",并从此出发

---

① 本文用到"意象""意象世界""审美意象"和"核心意象"四个概念,有必要对四个概念的内涵和相互之间的关系做个说明。意象通常是单个的,比如梅花的意象、潇湘水云的意象等,但是在艺术中,更多时候出现的是意象群,特别是在大型作品中会出现密集的意象群。意象群的整体构成了艺术的意象世界,对意象世界起主导作用的是核心意象。本文提出"核心意象"是为了突出核心意象的主导性、统摄力,对艺术最终呈现的完整性起至关重要的是核心意象。在艺术创造中的意象生成都可以视为审美意象,审美意象的生成与呈现代表了人类最高级的精神活动。
② 关于"阐释学"的定义,学界尚未达成共识。参考《西方诠释学史》(2013),这本书列出了西方各辞典中关于这个词的各种解释。

发展出"一种与我们整个诠释学经验相适应的认识和真理的概念"①。他认为:"一种理解实践的理论当然是理论而不是实践,然而实践的理论也因此而并非一种'技术'或所谓社会实践科学化工作:它是一种哲学思考,思考对一切自然和社会的科学—技术统治所设置的界限。这就是真理,面对近代的科学概念而捍卫这些真理,这就是哲学阐释学最重要的任务之一。"②

艺术是感性形式的"真理的呈现",美学和艺术学是建立在语言基础上的"意义的敞开"。真理和美在艺术中无需语言便可通过意象世界得以呈现,③艺术可以更为直接、快速、准确地触摸和敞开真理与意义。作为艺术家心灵创造的结果,艺术完成的是对不可言说的最高的美和真的言说。海德格尔在《艺术作品的本源》集中讨论了艺术作品的历史性、真理置入艺术作品的方式、世界与大地的争执、存在者的敞开与遮蔽等问题,来追问艺术作品的本源,同时思考什么样的人才能返回本源的问题。他提出"美是作为无蔽的真理的一种现身方式"④,"美"就在于将遮蔽的世界敞开,使人体验到"真理"本身。伽达默尔认为,经典是真理现身的场所,他认为美和艺术能够敞开真理,那是不同于概念知识或科学认识的真理。⑤ 艺术的真理,不同于追求唯一答案的数理的真,而是呈现意义和智慧的真,探索艺术和哲学关于人生的真理,其意义不亚于探索明确答案的数理之真。19 世纪以来,阐释学日益成为为人文学正名和辩护的理论,也逐步被规定为人文学科的一个

---

① [德]汉斯-格奥尔格·伽达默尔:《导言》,载《真理与方法:哲学诠释学的基本特征(上)》,洪汉鼎译,上海译文出版社,1999 年版,第 19 页。

② [德]汉斯-格奥尔格·伽达默尔著,洪汉鼎译:《诠释学 II:真理与方法》(修订译本),商务印书馆,2011 年版,第 148 页。

③ 顾春芳:《"意象生成"对艺术创造和阐释的意义》,《中国文学评论》2020 年第 3 期。

④ [德]马丁·海德格尔著,孙周兴译:《林中路》(修订版),上海译文出版社,2008 年版,第 37 页。

⑤ 亚里士多德最早为诗辩护,开启了为艺术辩护的传统。和柏拉图的观点不同,亚里士多德并不认为理念世界是唯一的真实,自然或现象,世界也不是理念世界的影子,艺术模仿和艺术再现不是照本宣科的表现,事物的表现和个别特点,反而能揭示出事物的本质和普遍意义。

普遍方法论。① 对艺术准确有效的阐释方法,都基于具体的文本展开。一切艺术的创造都是人类精神的客观化物,我们通过理解和解释精神性客观化的对象,可以参透艺术的奥秘和艺术家的心灵。

电影艺术是一种表现社会、历史和人性,乃至人类的信念、精神与行为的感性创造体系。它可以通过和时代思潮同频的方式得以呈现,也可以通过质疑和反思的方式实现表达。对电影文本的阐释就是要研究电影艺术的历史、本质、规律和方法,从而建构影像的意义世界。电影的意义从本质上取决于其意义世界的构筑和阐释。阐释是电影学研究的传统,合理而又普遍适用的阐释方法是电影学研究的前提和基础。电影的阐释就是要把我们所面对的精神性的创造物(编剧、导演、表演、电影文本、电影文化现象等)所包含的意义揭示出来。这就是意象世界所要开启的真实之门,以及意象世界所要达到的真实之境。

电影意象阐释学就是依托经典艺术文本,进入艺术创造的深层从而有效地揭示和阐释艺术的美与意义,从理论和方法上提升和完善对人类历史中的一切电影文本(特别是经典电影文本)的理解方式,并揭示包含在影像语言结构中的真理和意义。阐释就是要把被遮蔽的真理擦亮,依托艺术阐释学的方法,既可以进入艺术创造的深层,也可以阐释真理与创造之间转化的过程。在此意义上,阐释也是一种创造。阐释照亮意义,在美和意义被漠视的今天,"意象阐释学"是从美学的角度照亮和确证电影意义的理论和方法,也是我们识别和判断真正的艺术和伪艺术之间差别的标尺,在价值观和美学观分崩离析的今天,对于

① 西方阐释学经历了古典阐释学、现代阐释学以及 20 世纪以来的阐释学这样一个过程,这个过程呈现了阐释学的三次重大转向。第一次转向是从特殊阐释学到普遍阐释学的转向,也就是从对神圣文本、神圣作者、神圣对象的阐释,转向对世俗文本的阐释和世俗作者的阐释。第二次转向是从方法论阐释学到本体论阐释学的转向,从阐释学仅仅作为一门探究作者意图的技艺学,发展为人文科学的普遍方法论,继而发展到对于存在本身的阐释。第三次转向是作为本体论哲学的阐释学到作为实践哲学阐释学的转向,也就是从精神、科学、本体论哲学转向实践智慧。这一次转向赋予"阐释学"理论和实践的双重意义,代表了 20 世纪"哲学阐释学"的最高发展。伽达默尔沿着海德格尔"阐释即存在"这条道路提出了他的"哲学阐释学"。

重新确证电影存在的意义具有至关重要的作用。

对艺术的理解总是不能离开具体的历史情境，对于艺术及其产生的情境的理解，就是理解者回到真理的现场，借此发现一种与自然科学的真理不同的审美的真理。在这个揭示的过程中，阐释本身参与并构建了电影的历史，阐释既是理论也是实践，是理论的实践和实践的理论。意象阐释学在构筑电影的意义体系时立足于理解美和意义的历史性特征，电影美学由此成为在艺术之镜中反映出来的世界观的历史，即真理的历史。

审美意象的体验和创造不是思维的结果，不是一个个孤立的形式和元素的凑合，更不是各种手段的机械拼凑和堆砌，是超越主客二分的纯然的艺术体验，是浑然的意象生成。① 艺术意象的瞬间生成，照亮被遮蔽的历史和存在的真实。意象的瞬间生成，是一切伟大的艺术创作的本源。《西西里的美丽故事》中有一个镜头，一群孩子用一枚放大镜聚焦太阳的强光，烧死了一只蚂蚁。"强光灼烧蚂蚁"的核心意象，真实地照应了主人公玛琳娜被战争与人性的烈焰所灼烧和摧残的悲剧性命运，呈现导演对历史中的个体的静观和悲悯。《阳光灿烂的日子》中呈现的整体意象——"野性而又荒芜的青春"，它刻画了青春的自由和虚幻，在自由的幻觉中青春貌似自由但实则极不自由，它总是伴随着残酷的绚烂和不确定的幻梦，由此呈现出电影批判和反思的立场。意象统摄着作为动机的心理意绪，统摄着作为题材的经验世界，统摄着作为媒介的物质载体，也统摄着艺术家和欣赏者的美感，意象阐释学力求从意象生成来讨论电影艺术的创造和美的普遍规律。

意象世界的生成具有瞬间性、唯一性和真理性。意象可以显现本源性的真实，意象如道，是影像创构之"宗"，能显示"太白胸中浩渺之致"。② 王夫之说："意在言先，亦在言后，从容涵泳，自然生其气象。"③司空图《二

---

① 顾春芳：《呈现与阐释》，中国大百科全书出版社，2019年版，第4页。
② 王夫之：《姜斋诗话》，戴鸿森笺注，上海古籍出版社，2012年版，第8页。
③ 王夫之：《姜斋诗话》，戴鸿森笺注，上海古籍出版社，2012年版，第66页。

十四诗品》说:"是有真迹,如不可知。意象欲生,造化已奇。"①荆浩《笔法记》说"写云水山林,须明物象之源",②指的正是如何透过现象捕捉并显现事物的本真,这是电影美学的关要。伟大的艺术以有限的形式语言表达无限丰富的意涵,在有限的"时空"内追寻无限的"意义"。美感具有超逻辑、超理性的性质,美感就是通过瞬间直觉而生成一个充满意蕴的完整的感性世界,这一感性世界可以显示如王夫之所说:

> 自然之华,因流动生变而成其绮丽。心目之所及,文情赴之;貌其本荣如所存而显之,即以华奕照耀,动人无际矣。古人以此被之吟咏,而神采即绝。后人惊其艳,而不知循质以求,乃于彼无得……③

意象可以显现事物的真实,照亮一个本真的生活世界。作为构建真理历史的意象阐释学,赋予电影理论以无限的意义空间。审美意象呈现的是如其本然的本源性的真实。对于艺术意象的阐释是对于最高的美和真的言说,也就是关乎真理的言说。"意象生成"不是一个认识的结果,而是在审美体验和艺术创造中瞬间生成的一个充满意蕴的世界,它包含着深刻的理性,也呈现出灿烂的感性。

将中国美学"意象理论"引入电影美学的研究,可以解决西方哲学长期悬而未决的"感性观念"何以成立并进入艺术学领域的问题。对于美学和艺术学研究而言,"意象"是在传统和当代、艺术与美学、艺术审美和艺术哲学等多个维度和层面都具备深刻意义的美学范畴。"意象阐释学"可以拓展想象并超越在场,揭示在场的一切事物与现实世界的关联,从而把抽象的电影美学变为诗意的电影美学。在此意义上我们可以说,"意象阐释学"就是电影的理解诗学。"意象阐释学"试图

---

① 司空图:《二十四诗品》,罗仲鼎、蔡乃中注,浙江古籍出版社,2013 年版,第 54 页。
② 荆浩:《笔法记》,王伯敏标点注译,邓以蛰校阅,人民美术出版社,1963 年版,第 4—5 页。
③ 王夫之:《古诗评选》,卷五,张国星校点,文化艺术出版社,1997 年版,第 231 页。

恢复被知识和概念所遮蔽的感性学和诗学的体验，不仅用知识之眼和概念之眼，而是要用意象去心通妙悟，揭示美的在场。"意象阐释学"必将为当代美学和艺术学的理论建构注入新的活力，也必将对全球化时代的艺术学理论和电影美学贡献中国智慧。

三　构建意象阐释学的意义和方法

如何将抽象的电影美学变为诗意的电影美学？美感不是分析的结果，意象世界是带有情感性质的意蕴世界，对电影意象的理解和阐释不能仅仅停留于知性概念的思考，还需有"情的体悟"和"美的亲证"。这要求理论研究超越主客二分的思维，祛除知识和概念的遮蔽，体验并照亮充满生命情致的文本的"意象世界"。对于"人类的历史"和"整全的宇宙"的认识和把握，不能单单依靠外在的认识，需要运用想象，以现在视域和过去视域有机结合在一起的"大视域"来面对艺术和历史，唯有体验和想象才能把握整全。①

意象是影像创构之宗，无限是意象的内在实质。唯有当意象存在并贯穿于电影时间，唯有当电影的第一个（组）镜头便呈现意象之于叙事的不可替代的意义，这样的影像才能称其为电影的影像，否则就只是拙劣地排列组合画面而已。塔可夫斯基从达芬奇的肖像中窥见了意象的奥秘，从托尔斯泰的小说中窥见了同样的奥秘，他说这种审视和把握客体的惊人能力，只有像巴赫或托尔斯泰这样的艺术家才具备，真正的艺术家创造的是属于自己的独特的世界，而不仅仅是重构现实。塔可夫斯基说："一切创作都致力于简洁，致力于最大程度简单化的表达。这就意味着重现生活的深邃……追求简洁意味着对能表达其至真形式

---

① 真理的本质在于超越和自由。在哲学家张世英看来"思维与想象"是两种超越的途径，他的"希望哲学"赋予"想象"以前所未有的重要意义。参看《哲学导论》（张世英，北京大学出版社，2016 年）第四章主要论述了"两种超越的途径：思维与想象"。

的痛苦追寻。"①也因此,电影在真正的艺术家那里从来不是掌握技术,而在于通晓电影的诗学。

"意象阐释学"试图建立意象生成、意象识别、意象理解和意象阐释的方法,准确识别和充分挖掘电影的观念性、功能性、意义性的内涵,并加以恰如其分的阐释。比如蔡楚生《渔光曲》以整体意象"疾风巨浪中的一叶小舟",来统摄电影的叙事和镜语,影像所展现的挣扎在狂风怒涛中的渔民,跟随舅舅沿街卖唱的小猫和小猴,以及主题歌《渔光曲》作为抒情的叙事结构都是在核心意象主导下展开的情节想象和情绪基调。"疾风巨浪中的一叶小舟"的整体意象源于导演的诗性思维,它呈现了"沉郁"的中国诗学和美学传统,以及现实主义诗学传统基础上电影民族化的自觉追求。② 再比如《迷途的羔羊》,以"苦难的时代底色中的微笑"作为整体意象,影片中孩子皲裂的笑脸仿佛是浮现在厚重的历史阴影中的肖像,它所呈现的是哀而不伤、乐而不淫的"中和"的美学精神。蔡楚生在拍摄的反映中国流浪儿童的命运时没有想方设法地让悲剧性题材一味卖惨,而是在绝望的灰色背景中展现流浪儿童的可爱和有趣,体现了中国美学的修养。一切悲伤的元素,在镜头叙事和结构中始终不会走极端,在无望的境遇中依然保持着温情和希望。艺术家满怀着悲悯、同情和爱来观察历史情境中的人,同时以最人性的方式传达着永恒不息的希望哲学。这是中国电影所展现的生命姿态,也是电影作者胸罗宇宙、思接千古的超越性思考。

电影导演工作的本质是用影像语言完成对历史、文化和人性的阐释,而电影美学是对阐释的阐释。意象阐释学的理论和方法有以下几个特点。

第一,意象阐释学试图建立一种超越概念思维的意义框架。意象

---

① [苏]塔可夫斯基:《雕刻时光》,张晓东译,南海出版公司,2016年版,第123页。

② "沉郁"的美学内涵大约有三个方面。一为情真恒郁,哀怨悲凉;二为思力深厚,著意深远;三为意犹未尽,蕴藉含蓄。中国电影有许多整体洋溢着"沉郁感伤"风格的影片,如《渔光曲》《神女》《一江春水向东流》《天云山传奇》等等。

阐释学是一种关于理解艺术作品意义的理论。① 意象阐释学认为理解不是单纯主观性的行为，而是过去和现在的不断融合，在这种关系中同时存在着历史的真实和历史理解的真实。影片《百鸟朝凤》最初被影评人诟病为"老套"，基于电影理解的表层判断遮蔽了电影的意义。我在《电影〈百鸟朝凤〉的当代意义》一文中以"远去的背影"的核心意象重释了这部电影，古老文化在集体无意识的信仰垮塌中的凄然退场撬动了一个严峻的社会问题，那就是文化背叛的群体无意识，并由此呈现出主体对商业文化、大众文化和西方文化中心主义的三重疏离和反思。《百鸟朝凤》所呈现的"信仰与背叛"的内在张力，和电影上映后所引发的多元价值观的纷争成为了当年的一个文化事件。我们唯有透过电影的核心意象体察到强烈的文化主体意识面对岌岌可危的文化生态的无能为力，才能洞察电影所表现的历史真实和心灵阵痛，才能检视形式的真正意义。电影阐释不能停留于抽象的概念，必需体验和反刍一个民族和时代的普遍经验，体验个体在具体的历史情境中的困境和出路，否则电影理论只能沦为文字游戏，它既不能揭示艺术之美，也无法触及历史之真。威廉·佩顿（William E. Paden）在《阐释神圣》中指出："阐释不是作为与经验事实相对立的非科学的意见领域，也不是一种精英主义的学术消遣，而是一种把我们观察到的东西转换成意义的框架的活动，每当我们说话的时候，我们就扮演了创造者的角色，每当我们说出某种东西意味着什么的时候，我们就重塑了世界。"②

　　第二，意象阐释学的建构主张将对抽象的理论阐释转向对具体艺术文本的阐释。力求从理论和方法上提升和完善对世界电影史中的一切电影文本（特别是经典文本）的理解方式，并揭示艺术的美和意义。合理的阐释方法是电影美学研究的前提和基础，意象阐释学是阐释电影的方法，也是重构电影美学的方法。与其他阐释方法的区别在于，意

---

① 参看顾春芳：《"剑"与"镜"：心灵的澄澈——〈刺客聂隐娘〉的美学追求》，《电影艺术》2015 年第 6 期。

② ［美］William E. Paden, *Interpreting the Sacred : Ways of Viewing Religion*, p. 10.

象阐释学立足于揭示作品的美感和意义,借助"意象生成"的理论不断发掘经典不可穷尽的真理价值。平庸的阐释固化了艺术的认识框架,混淆了艺术的真伪优劣之间的界限。阐释应该在文本和观众间搭建起关于美的体验的桥梁。桑塔格认为,卡夫卡、贝克特、普鲁斯特、乔伊斯、福克纳、里尔克等作家的杰作迄今为止都被包裹在平庸的阐释中,其艺术性尚未得到真正的体验。她说:"我们的文化是一种基于过剩、基于过度生产的文化;其结果是,我们感性体验中的那种敏锐感正在逐步丧失。"①艺术创造不是逻辑分析的产物和结果,艺术理论也不是单纯意义上的逻辑分析的产物和结果,电影理论应当包含理论家非常丰富、细腻、精致的艺术感觉。意象阐释学试图恢复的正是阐释者的感性体验中那种敏锐的、感性的智慧和力量。

第三,意象阐释学注重心灵的作用。中国美学格外重视精神的层面,十分重视心灵的作用。这里的"心"并非被动的、反映论的"意识"或"主观",而是具有巨大能动作用的意义生发机制。②"意象"作为中国美学的核心概念,在理论上最大的特点是重视心灵的创造作用,重视精神的价值和精神的追求。在中国美学中,"心"是照亮美的光之源。唐代思想家柳宗元说:"美不自美,因人而彰。"(柳宗元《邕州柳中丞作马退山茅亭记》)意象阐释学倡导美的体验与亲证,有助于超越于僵化的概念和知识,有助于澄清许多悬而未决的理论上的纠葛,有助于艺术思想的澄澈和提升。通过意象阐释学观念和方法的建构可以推动电影美学理论的当代发展。在阐释戏曲电影《白蛇传·情》的美学意义时,我们发现媒介转化并没有遮蔽舞台艺术原有的韵味,科技的介入并没

---

① [美]苏珊·桑塔格著,程巍译:《反对阐释》,上海译文出版社,2003年版,第16页。

② 在主客二分的思维中,美学一度成为追求普遍规律的学问。这种研究方法把美学引向了抽象的概念世界,使美学变得远离现实,苍白无趣。强调美不脱离心灵的创造,这不是有些学者所说的什么唯心主义意象论,而是倡导将美的感悟和体验落实于日常,正视美和心灵的关系,并将之落实于现实人生。美是心灵的创造,强调美与日常生活和人格境界的关系,这正是中国美学的特色和贡献所在。当代"意象理论"的核心成果,在理论上最大的突破就是重视"心"的作用,重视精神的价值。这是对中国传统美学精神的继承。讨论美学的基本问题和前沿问题的新意都根基于此。

有抹平戏曲美学的内涵。影片的成功得益于突出"情"作为本源性的存在,消融了戏曲和电影二者之间美学特质的冲突,将"镜头结构"作为直接显现心灵世界的手段。每一个镜头既承载了戏曲表演的完整性,又完成了镜头结构的内在追求。正如中国绘画的"笔墨",其本身既是形式也是内容。当戏曲电影的镜头,既是艺术表现的形式手段,又是充盈着精神内涵的意义结构,它就和"笔墨""功法"一样,成为承载中国艺术之道的精神器皿,正所谓"笔墨之道,本乎性情"。①

虽然西方电影没有和中国美学"意象"相对应的概念,但并不表明他们没有类似的创作心理机制。② 我们以意象阐释学观察世界电影同样可以发现,伯格曼在"死亡阴影下的存在之思"、安东尼奥尼理性主义批判中呈现的"城市沙漠中游荡者的尸骨"、基耶斯洛夫斯基的"拯救信仰的余晖"、特吕弗"在荒诞土壤中的逃离之旅"、黑泽明"强劲野性的生命意象"……这些包含在电影中的诗性意象,揭示出伟大作品的奥秘。促成电影导演之卓越的都是其不可重复的审美意象的独创性。一切卓尔不群的艺术家不会重复自己和他人的形式语言,形式和美只不过是艺术家目的之外的目的。拙劣的导演模仿他人外在的意象和符号,天才的导演在哲学的深思和情感的体验中,源源不断地锤炼出

---

① 张彦远《历代名画记》,沈子丞编《历代名画论著汇编》,文物出版社,1982年版,第39页。

② "image"和"imagery"通常会被译为"意象",庞德的"意象派"约定俗成译为"imagism",意象派诗人被称为"imagist",意象派诗歌是"imagist poetry"。"image",可追溯的最早词源是拉丁文 imago,这一词源带有幻影之义。Image 虽不同于 feature(形象),但到了近代,它的含义越来越偏向可感知的、形象化的实体意涵。"image"对应"象"比较准确,它似乎不能完全诠释中国美学"意象"作为美学范畴的精深意涵。加州大学余宝琳教授的著作 The Reading of Imagery in the Chinese Poetic Tradition(1987)一般被翻译为《中国诗歌传统中的意象解读》,但是书中并没有直接说"imagery"是"意象"。哈佛大学宇文所安(Stephen Owen)在 Readings in Chinese Literary Thought 中将意象直译为"concept-image",他还特别提到要区别中国的"意象"和西方文学中"imagery"的关系。宇文所安这么翻译是因为王弼的《周易略例·明象》。他在书里引用了"夫象者出意者也。言者明象者也。尽意莫若象。尽象莫若言。言生于象,故可寻言以观象"。并翻译为:"The image is what brings out concept; language is what clarifies (ming) the image. Nothing can equal image in giving the fullness of concept; nothing can equal language in giving the fullness of image. Language was born of the image."

独一无二的诗性意象,永不枯竭地创化出新的形式语言。电影的意象生成体现着艺术家最高的美学修养,呈现了最自由、最愉悦、最丰富的艺术心灵。

第四,"意象阐释学"将当代意象理论的研究成果运用到电影美学的建构。现有的美学研究成果已经破除原来的主客二分的思维方式。这种研究方法把美学引向了抽象的概念世界,使美学变得远离现实,苍白无趣。张世英先生认为哲学不应该以追求知识体系或外部事物的普遍规律为最终目标,他从现当代哲学的人文主义思潮以及一些后现代主义思想家的哲学中,看到了一种超越"在场的形而上学"的哲学,这种哲学强调把显现于当前的"在场"和隐蔽于背后的"不在场"结合为一个"无穷尽的整体"加以观照。叶朗的"美在意象"说是在传统和当代、理论和实践等多个维度上都具备深刻意义的美学体系。[1] "美在意象"说用中国美学和艺术精神来观照艺术的审美和创造,建构了艺术阐释的理论和方法,对于贯通各门类艺术,解决长期以来困扰各门类艺术美学的本体论研究提供了重要的思想和阐释的工具。这些研究不仅推动了中国当代美学理论的发展,对于研究和阐释艺术审美创造也具有观念和方法论的突出价值。[2]

在中国电影美学的继承发扬中,意象阐释学力求成为贯通"电影理论——电影实践——电影欣赏"的不脱离实践和观众的理论和方法。建构意象阐释学的根本意义在于,探索电影史上最伟大的作品的奥秘,研究美的意义生发机制,在电子媒介层出不穷的时代确证电影存在的根本意义。

---

[1] "美在意象"说,立足于中国传统美学,在继承宗白华、朱光潜等人的中国现代美学基础上,充分吸收了西方现代美学的研究成果,在审视西方 20 世纪以来以西方哲学思维模式与美学研究的转向,即从主客二分的模式转向天人合一,从对美的本质的思考转向审美活动的研究,同时又对 20 世纪 50 年代以来中国美学研究进行了深入反思,特别是审视了主客二分的认识论模式所带来的理论缺陷,将"意象"作为美的本体范畴提出。从"美在意象"这一核心命题出发,将意象生成作为审美活动的根本,围绕着审美活动、审美领域、审美范畴、审美人生,构建了以"意象"为本体的美学体系。

[2] 参见顾春芳:《"意象生成"对艺术创造和阐释的意义》,《中国文学评论》2020 年第 3 期。

四 作为方法论的意象阐释学的普遍效用

电影意象，可以让影像从写实传统和叙事逻辑中超越出来，超越故事性的叙述从而成为诗，从而让纪实性的画面拥有诗性特质，呈现出"动人无际"的审美境界，继而照亮一个充盈着生命体验的"真实世界"，催生一种不同于西方电影的叙事观念和影像语言。这既是"电影意象"的美学意义，也是中国电影的精神追求。中国电影的"意象之美"，体现了纯然的心灵体验和生命洞察，其体验和洞察的方式体现了诗与思的融合，从本质上区别于西方传统电影叙事的美感形态。① 作为方法论的意象阐释学，在审美和艺术活动中不仅具有重要的理论价值，同时还具有方法论的重要意义，具有阐释一切电影作品的普遍效用。

领悟和把握"艺术意象的完整性"对电影核心意象的判断至关重要。电影作者依靠其艺术直觉对于审美对象的感悟，综合所有的艺术构成，形象的，画面的，声音的，从总体上把握意象的创造和呈现，使"胸中之竹"转变成"手中之竹"。中国美学讲"浑然""气韵生动"也是对于完整性和统一性的追求。意象正是使电影具备一以贯之的生命力和创造力，并实现其艺术完整性的内在引力，它决定并贯穿于电影的时间和空间。生命的形式及其所遵循的时空法则几乎成为西方导演的共同美学守则，但究竟是什么决定电影的生命形式和时空法则，是什么决定着雕刻时光？在中国美学看来正是意象决定了以什么样的方式去创造电影的生命形式和时空法则，决定了电影如何雕刻时光。这对于中外电影和一切艺术创造而言都是一样的。一切外在的表现形式或手段，是以最终表达和呈现艺术意象世界的那个"最高的真实和最本质的意义"为目的的。

---

① 顾春芳：《诗性电影的意象生成》，《电影艺术》2022 年第 2 期。

黑泽明的《罗生门》和《影子武士》是两部历史古装剧。"罗生门"作为影片最重要的空间,它本是皇宫通向荒郊野外的必经之路,然而现在它成了阴森可怖的一个地方,无数战乱中死去的无名尸体被丢弃于此。影片开端便确立了"人间即地狱"的核心意象。剧中讲述者说:"罗生门的鬼甚至会因害怕人类而逃走的。"黑泽明用"人间地狱"的意象不断深化凶杀案中人性的阴暗,导演通过追凶的过程揭示出真正的历史和真相是无法确证的。《影子武士》撷取日本战国时代的历史故事,酷似武田信玄的强盗被迫作为"影子武士"(替身)以迷惑和震慑敌方,但最终因为继任者违背信玄的遗嘱,提前公布其死讯并赶走"影子武士"而导致全军覆灭。影片的核心意象是"智者的幻影",智者制造着确保胜利的幻影,愚者自以为是地击碎幻影却不料击碎了现实。核心意象既主导着剧情和叙事,也呈现着电影形而上的思考。黑泽明通过佛堂、禅坐等行为揭示出武田信玄常胜不败的秘密来自于对"一切皆为幻影"的智慧觉知,这使他在任何时候都能保持出离之心和从容不迫,活着的时候视自己为自己的影子,死后也敢于采用以影子克敌制胜的计谋,无论生死安危都可以超然物外,故而能决胜千里。有学者认为《影子武士》的主题是小人物决定了历史成败,这显然太低估黑泽明的电影哲学。如果我们洞察"影子"的意象源于黑泽明佛理层面的思考,那么也就不难理解这部电影所呈现的东方哲学的深刻性了。

首先,电影的核心意象能有效地维系电影艺术的整体完整性,令镜头语言和结构显得章法井然,绝无赘笔。以此来考察伊朗电影《一次别离》,我们可以发现片名和开端即开门见山地确立了整部电影的"核心意象"——"别离",别离既是夫妻分居的真实处境,也是伊朗社会剧变的前兆和象征。随着剧情推进,影片所呈现的矛盾从家庭内部扩展到两个家庭之间的法律官司。法官的在场与不在场都无法真正解除这场危机,以捍卫公正为名的法律,却弱于实现公正而导致冲突不断升级。围绕案件上演的依然是各执一词的"罗生门",这是影片所要揭示的现代社会的根本问题。当法律成为诉诸利益的工具,真正的道义和良知被遮蔽了。法律对于人的良知无能为力，这是现代社会的不幸。最终不可解的矛盾在两位母亲的沟通中得以化解。化解源于同情和忏悔的力量，化解意味着被遮蔽的道义和良知的恢复！夫妻别离只不过是表层叙事，影片深层叙事呈现的正是核心意象主导的反思——人与信仰和良知的别离，是难以根治的世纪病。由此触及了世界范围内家庭、社会、国家、种族、文化冲突的根源——人从其诞生的真理和良知的大树上坠落了，人类要重新回到真理和良知的大树，唯有依靠良知而不是法律。但是，良知可以恢复吗？在多大程度上可以恢复？这是电影作者提出的问题，也是别离双方回到原点的深意。由此可见，意象阐释学可以从方法论层面对电影的文本叙事和影像结构做出整体性的解读。

其次，核心意象凝结着动人的情感和深刻的哲理。一些伟大的作品，其真正的魅力和引力都在于把握了艺术的"核心意象"。电影《至暗时刻》第一个场景就已经把电影的内在空间结构，"战争空间""政治空间""历史文化空间"以及主人公的"心理空间"尽数呈现，第一个镜头规约着叙事空间的开掘。镜头在各个层级的空间中反复刻画"黑暗中的丘吉尔"，为的正是强化"至暗时刻"的整体意象。处于至暗时刻的不仅是丘吉尔，也是英国和欧洲，乃至整个世界的未来。最终导演构建了引领主人公走出黑暗的三重力量：爱、王权以及普遍的民意，并由此揭示了"至暗时刻"既是历史的真实，心理的真实，也是一种于黑暗走向光明的勇气和意志。由此可见，电影的核心意象不是一般意义上的造型和形式，或局部的镜头结构，它是在艺术的直觉和情感的质地上，从形而上的理性和哲思中提炼出的影片的灵魂。它既可以直击事物的本质，又可以表达极为强烈的艺术情感。"意象"是艺术美的本体，东西方电影艺术家自觉不自觉地以意象涵养并创构着属于自己的、独一无二的影像世界。

再次，意象生成创造电影情景交融的诗性空间。艺术意象力求创造出情景交融的诗性空间。艺术在场呈现的"诗性空间"，越来越成为当代艺术最具有重要价值的美学命题之一。如何创造电影的"诗性空间"已经不是一般意义上的艺术观念、艺术语言、艺术形式的问题。"诗性空间"的创造是触摸和通达艺术本质的最重要的美学问题,也成为艺术自我发展和自我超越的方向。

电影的故事、画面、形式和内容对真正的艺术家而言,都是一种心灵境界的显现。如果说塔可夫斯基用"雕刻时光"来阐明电影最本质的特性在于以蒙太奇的时空组合以实现"诗意时间"的创造,也就是把流动的、瞬逝的时间记录在胶片上(或数码记录),那么艺术创造最本质的特性在于"意象生成",在于撕开现实的时空的帷幕,逃离速朽的必然命运,创造出一个迥异于现实的意象世界。伟大的电影艺术家力图创造出迥异于现实的意象世界和诗性空间。他们以诗性空间"控制"着正在消逝的时间,从而构成了艺术的永久魅力。在一个"诗性空间"里可以创造出看不见却又真实存在的"精神时间"。

结　语

意象阐释学的理论和方法有助于电影美学回归感性和诗学的道路。伟大的艺术可以照见美、确证美、表现美,让本来没有实相的美在可感的艺术中得以存现。意象阐释学希望借由充分人性化的审美体验,阐释和敞开意象生成的过程,阐释和敞开电影的美的历史性、真理性和充满意趣的生发机制,从而将当代电影的创造和欣赏引导到更高的审美境界和精神境界。

建构"意象阐释学"的意义在于:一、继承和弘扬中国传统美学的思想遗产和精神遗产,在继承学术传统的基础上实现创造性的转化,使其提供给当代世界美学以新的智慧和方法。二、探索电影艺术的跨文化研究和多重视角,拓展电影美学的当代研究,致力于对电影文本真理性的理解。三、超越"在场的形而上学",超越旧形而上学所崇尚的抽象性。美学、艺术学的研究不能脱离艺术本身,美学理论介入艺术也必须进入艺术创造的深层。我们不能脱离开艺术来建构所谓的艺术理论，凌空蹈虚的所谓艺术研究，在割裂艺术理论和艺术之时也就宣告研究者退出了艺术研究的核心地带。无论是美的研究还是美的创造都离不开体验和亲证。"古人学问无遗力，少壮工夫老始成。纸上得来终觉浅，绝知此事要躬行。"（陆游《冬夜读书示子聿》）美学研究和美的创造也如此，都不能得来于纸上，而是躬行亲证的结果。

中国电影美学的建构要想体现中国眼光、中国立场、中国精神、中国特色，最重要的是要求我们在美学、艺术学理论的核心区域要有新的理论创造，要从大量的历史资料中提炼出具有强大包孕性的概念和命题，形成稳定的理论核心。建立"意象阐释学"的观念和方法，有利于将感性层面的体验和理性层面的思考，通过"意象阐释学"的方法运用于艺术经典的研究与阐释。继承和发展具有中国美学色彩的概念和范畴，既可以体现中国艺术的文化根基，赓续中国美学的精神传统，又可以延续中国美学的现代生命，我以为这就是提出"电影意象阐释学"的根本意义所在。

中国戏曲电影的美学特性与影像创构

　　20世纪中国电影理论的建设基本上呈现了引进、译介、选择、吸收西方电影理论的取向这一过程,但是电影学界也意识到,戏曲电影有其自身独特的美学要求和美学特性,这一美学特性不是单纯依靠电影的再现特性而实现的,我们应当更加自觉地探索中国电影和中国美学、中国艺术精神之间的关系,从而推动产生一些具有建设性和启示性的理论和实践成果。

　　戏曲电影是中国独有的一种电影类型。作为中国文化的一个重要组成部分,戏曲艺术承载着中国人的思维方法、人生经验、哲理思考,也反映着中国人的文化、生活、思想、情趣,它天然地携带着中国美学的精神追求。中国电影史上先后有费穆、崔嵬等大导演都拍摄了一批优秀的戏曲电影,他们也思考过戏曲电影美学的根本问题,并且留下过富有见地的艺术思想。新中国成立之后,戏曲电影的生产总量日益增大,戏曲电影的拍摄几乎囊括了昆曲、京剧、秦腔、越剧、豫剧、川剧、评剧、晋剧、粤剧、吕剧、蒲剧、黄梅戏、婺剧、沪剧等最有代表性的剧种。京剧样板戏无疑是戏曲电影史上最重要的篇章,解决和弥合了很多戏曲片拍摄悬而未决的问题。戏曲电影《梁山伯与祝英台》《追鱼》《碧玉簪》《红楼梦》《祝福》等使越剧一个地方剧种一跃成为享誉全国的剧种。1980年的《白蛇传》更是一次对戏曲电影拍摄手法的综合,全国约3亿观众看过这部影片。21世纪以来,伴随着戏曲艺术作为文化遗产的传承与发展的迫切性，戏曲影像工程成为非遗保护的一项重要举措并推动了中国戏曲电影的发展和繁荣，其中涌现出不少颇具票房号召力的戏曲电影佳作，如《牡丹亭》（昆曲）、《曹操与杨修》（京剧）、《西厢记》（越剧）、《苏武牧羊》（豫剧）、《白蛇传·情》（粤剧）、《挑山女人》《雷雨》（沪剧）等。然而，在戏曲电影蓬勃发展的背后，如何让戏曲电影不仅仅成为非遗保护的手段，或是舞台艺术的记录工具，是一个亟待从美学角度予以思考的问题。

戏曲抗拒被电影篡改美学特性，电影又不甘心仅仅成为戏曲的记录工具。怎么保留戏曲的特质又发挥电影的特性？电影如何以恰到好处的叙事和形式提升戏曲舞台艺术所不能企及的审美境界？如何处理戏曲舞台艺术的虚拟性和电影的写实性之间的矛盾？如何保存优秀的表演艺术，同时又能弥补影像转译之后带来的舞台光韵的损失，让舞台艺术的意境和韵味得到最大程度的体现？如何消融不同媒介形式之间的矛盾？如何寻找并确立戏曲电影的美学特性，这是戏曲电影所要面对和突破的难点，也是拍摄一部优秀的戏曲影片的关键。正是在"媒介转换""虚实关系""镜头结构"这三个问题上，中国戏曲电影的实践始终未能完全突破费穆时代的美学观念和实验成果。70多年前，田汉在谈到戏曲和电影的关系时，主张"这种工作必须是电影艺术对于旧戏的一种新的解释，站在这一认识上来统一它们中间的矛盾"。① 媒介转换带来的艺术特性的转变，如何从本体论的层面去理解戏曲电影，构建戏曲电影自身独有的假定性和美学品格是当代戏曲电影理论和创作的重要命题。

媒介转换：消融两个世界的对立和冲突

由于电影和戏剧的美学特性根本不同，当两种艺术相遇之际必定会出现美学上的排斥反应。戏曲电影中戏剧性和电影性二者内在抵牾

---

① 田汉：《斩经堂评》，《联华画报》第9卷第5期，1937年7月1日。

的根源在于两种艺术的媒介属性的差异。电影叙事的基本媒介是影像的呈现,影像是通过科技手段采集的物质世界的摹本;戏剧叙事的基本媒介是演员的表演,是身体在假定性时空中展现的程式与技巧。因此,戏曲表演是生命情致的在场呈现,它所呈现的是心灵世界的摹本。① 消融二者的冲突,突破物质世界和心灵世界的隔阂,最重要的就是确立戏曲电影中"心灵世界"和"物质世界"的呈现谁为第一性的问题,即电影的媒介表达选择改造或者顺应戏曲的媒介表达问题。

拍摄戏曲电影和其他的电影类型不同,镜头面对的不是社会真实生活,或者依照生活的规律进行表演,以最大的真实度模仿或接近现实生活的场景,戏曲电影所要表现的特定对象,是经过独特的艺术提炼后高度程式化、虚拟性、假定性的戏曲表演,是经由改造、超越和变形的具有舞台假定性的心灵世界,以及高度概括的、抽象的、象征的审美空间。这使得摄影机对于对象的捕捉不再呈现为直接反映的特点,而是呈现为爱因汉姆(Rudolf Arnheim,1904—2007)在研究卓别林无声电影时所提出的"间接表现"的特征。② 因此,在戏曲电影中,巴赞所谓的客观性失去了前提,写实主义美学在戏曲电影中是无法实现的。这一点与默片时代的影像呈现有类似的地方,默片时代的电影,镜头面对的是演员完全不同于现实生活的夸张的戏剧动作系统,而不是复制生活摹本的动作系统。同样的情形在好莱坞的一些音乐电影、舞蹈电影中也有着类似的体现。戏曲电影还原和再现并非客观现实时空,而是一种具有超现实特性的审美空间。

戏曲电影只有熟悉、尊重和顺应戏曲剧种的美学特性,才能确立戏曲电影自身的美学品格,发现并构建戏曲电影自身的叙事形式,并在此基础上以影像语言创构出新的时空美学。但是"影—戏""虚—实"确实是戏曲电影自诞生以来最难解决的二元对立的问题。1937 年,费穆

---

① 顾春芳:《戏剧学导论》,广西师范大学出版社,2021 年版,第 343 页。
② [美]尼克·布朗:《电影理论史评》,徐建生译,中国电影出版社,1994 年版,第 17 页。

拍摄《斩经堂》直接遭遇的难题就是如何拍摄戏曲电影的战争场面？他和周信芳产生了完全抵牾的设想，最终呈现的就是我们现在看到的周信芳在摄影棚里的程式化表演（费穆的写意追求），以及真实的骑兵穿越荒野的战争场面（周信芳的场面追求）。结果在一部电影中出现了美学风格的分裂，戏曲中战争场面本来通过演员的"靠旗"以及虚拟程式化的动作就可以达成，而聚焦真实场面的摄影机捕捉到的就不再是"间接表现"的审美空间了。费穆后来也曾表示对于当时没能说服周信芳而深感遗憾。尽管如此，费穆始终没有放弃探索戏曲的抽象和电影的写实这一二元对立的解决之道，在梅兰芳主演的《生死恨》（1948）中，他充分尊重戏曲的传统叙事形式，镜头语言力求顺应戏曲表演的写意性、假定性与虚拟性，留下了戏曲电影化媒介转换的可资借鉴的实践。梅兰芳曾说："中国的观众除去要看剧中的故事内容外，更着重看表演。""群众的爱好程度，往往决定于演员的技术。"①

2009 年郑大圣执导的《廉吏于成龙》特别尊重京剧自身的艺术特性，导演以一个旁观者的角色，借助演员的表演去审视、解读镜头下的历史人物正在进行的故事，使观众沉浸在程式化的唱腔、念白及身段、表情、手势之中。镜头在真实的剧情和假定的看戏两种状态中切换，以妙用虚实的方式，强化了观众在看戏的心理感觉，既尊重了戏曲表演的夸张性、假定性与虚拟性，又实现了戏曲表演与电影技巧的融合，探索了戏曲电影独特的影像叙事的语汇。

粤剧电影《白蛇传·情》（2021）是一部较为成功的戏曲影片，影片的叙事没有解构戏曲文本的叙事框架，而是充分尊重舞台呈现的叙事框架，甚至在电影文本中以"第一折""第二折"等场次分隔来呈现叙事结构。电影没有篡改和重构舞台文本，也没有无端加入另外的情节和场面，传奇神话的叙事没有落入追求奇幻的影像窠臼，而是呈现了动态的水墨画卷上虚实相生、情理交融、简洁洗练的整体叙事。比如电影"水漫

---

① 梅兰芳：《中国京剧的表演艺术》，中国戏剧出版社，1982 年版，第 121 页。

金山"并没有对灾难性的场面做过度渲染,而是制作了"大水意象",以及白素贞和法海飞波逐浪、水上斗法的场面,既很好地把握了戏曲电影表达的虚实法度,又恰到好处地表现了"人人心中有"而舞台无法实现的真实情境。舞台艺术在媒介形式的转化中,实现了自然的"电影化",没有落入"影戏"的模式,且较好地呈现了舞台艺术的完整性。

与一般电影所要展现的动作体系不同,歌唱和念白是戏曲艺术的重要技艺,它构成了戏曲电影的动作体系,歌唱和念白所体现的舞台假定性的特质在电影中不能被消解,因为戏曲表演和人物塑造如果缺失了歌唱和念白,或者以其他形式替代歌唱和念白,那么其抒情和写意的美学品格就将不复存在。比如拍摄关云长单刀赴会,按照一般电影的思维,叙事的重点应该在单刀赴会过程中发生的险象环生的情节,但在戏曲的表现中,主要通过"大江东去浪千叠"的意象性画面和"二十年流不尽的英雄血"的情感抒发来刻画关云长的形象。再如越剧《碧玉簪》,李秀英盖衣一场有大段的唱,盖一件衣服没有什么稀奇,但观众正是在这段唱腔与表演中与角色共情,获得审美的享受。《白蛇传·情》中白素贞为了要不要喝下三杯雄黄酒,也有大段的唱,这段表演充分展现了她对许仙的一往情深和不顾一切。

对于戏曲而言,演员的表演无疑是其艺术的核心。戏曲界历来都有"重技轻戏"的传统,观众看"戏"的审美快感更多来自对"手法身段""唱腔程式"本身的欣赏。舞台上的形象、氛围和环境,端赖演员的表演,精彩的表演创造了情景交融的审美境界。戏曲表演体系的特殊性就在于它的一整套程式化的美学体系,戏曲电影的根本美学价值也在于程式化的演员表演与镜头结构的关系呈现,从而实现戏曲电影的诗性品格。

《白蛇传·情》塑造人物的方式也牢牢地抓住了音乐性和动作性,但是镜头淡化了戏曲表演夸张的面部表情,更多地通过眼睛来传情达意。舞台上演员表现惊恐时,用水袖、退步跟跄,但在电影中可用惊恐的面部特写镜头,辅之以生活化的动作,对呈现戏曲之美无伤大雅。在面部表情和嘴形塑造方面，为了配合电影的近景和特写而有意收敛，以达到更加自然的影像要求。《白蛇传·情》的美学特色还在于导演充分尊重了戏曲艺术的规律，没有把成熟的表演艺术和舞台演出作为导演个人的实验素材，更没有把传统戏曲作为电影化表达的实验场。电影没有肢解戏曲，技术的运用恰到好处。白素贞的水袖展现了她柔中带刚的柔情和坚贞，兼具文武之道。白素贞这个形象，过去很多演员都在"妖"态上做过了头。曾小敏则较好地把握了人物的真纯和坚贞，在强调"情之追求"的热烈中，体现了恰到好处的分寸。特别是金山寺与罗汉斗法，长长的水袖既是白素贞失去揭谛天地剑之后的"武器"，又是她义无反顾的"情的追求"，更是演员技艺的整体展现。镜头通过两条水袖的刻画，把白素贞的内在情感和心灵世界生动地展现了出来，将她推向了人格美的高度。

　　总而言之，拍摄戏曲电影，必需了解中国戏曲的美学特性，熟悉多种多样的戏曲艺术的板式、声腔、做功、念白等艺术的规律和要求。了解戏曲艺术唱有唱的形式，念有念的韵味，做有做的道理，有的戏重在唱，如《二进宫》；有的戏重在念，如《四进士》，这样才能明确如何展示演员的高超技艺。根据豫剧拍摄的电影《苏武牧羊》（2015），用中国艺术的刻画人物、表情达意的方式成功地塑造了苏武这个中国人耳熟能详的历史人物，用精彩纷呈的唱段刻画展现了这个形象的心理、性格、命运的发展过程。尤其是"十九年"这个高潮唱段，把苏武在汉匈和好，归汉的旨意下达之后去留的矛盾、痛苦的抉择表现得酣畅淋漓。在刻画苏武这个艺术形象上，达到了沥血以书辞，丹心映汗青的审美境地。完整地呈现了舞台上李树建塑造的苏武的艺术形象，完整地呈现了豫剧演员李树建的声腔、语言和功法，给豫剧艺术的传承和发展提供了一个范本。[1]

---

[1]　顾春芳：《从〈苏武牧羊〉谈戏曲电影的美感特性》，《意象生成》，中国文联出版社，2016年版，第 300 页。

电影作品的真实是每个电影作者的自觉要求,意大利新现实主义电影家"把摄影机扛到街上去"为的是寻找真实;巴赞认为长镜头"能让人明白一切,而不必把世界劈成一堆碎片"为的是表现真实;爱森斯坦拍摄的"跳动的石狮""奥德萨台阶"也是为了真实,其他诸如照明、道具、表演、音乐等方面要围绕真实的要求。对于"真实"理解和定义,因作者的观念体悟不同,实际上存在着诸多差异和不同。"何以为真,何以为似"这是一个涉及"真实观"的美学问题。戏曲电影对于真实的要求自然不同于一般意义上的电影。费穆对戏曲时空的写实或写意有着深刻的认知。他说:

> 中国剧的生、旦、净、丑之动作、装扮,皆非现实之人。然而最终的目的,仍是要求观众认识他们是真人,是现实的人,而在假人假戏中获得真实之感觉。这种境界,十分微妙,必须演员的艺术与观众的心理互相融会、共鸣,才能了解,倘使演员全无艺术上的修养,观众又缺乏理解力,那就是一群傻子看疯子演傀儡戏,也就等于一幅幼稚的中国画,水墨淋漓,一塌糊涂,既不写实,又不写意,完全要不得了。[①]

费穆的这段话指出了真与假,虚与实在戏曲中的辩证关系。齐白石说"太似则媚俗,不似则欺世",中国艺术倡导的真实不在于表面的模仿,而在于内在精神的传达。苏东坡《书鄢陵王主簿所画折枝二首》中有言:"论画以形似,见与小儿邻。"如何做到似与不似之间的传神,是一切艺术最难企及的境界,这种境界也是中国艺术的审美追求。故而,戏曲电影的审美追求和审美表达一定要融通、借鉴和化用戏曲艺术的美学精神。

戏曲电影也有必要借鉴戏曲的真实观。我国传统小说、戏曲强调真实地再现人情世态,要求要写出最普通、最常见的社会生活和社会关系的"真情",写出"人情物理",所以在传奇性的要求下总是把真实性

---

① 费穆:《关于旧剧电影化的问题》,北京《电影报》1942 年 4 月 4 日。

置于更为重要的位置。小说和戏曲中搜罗海内外的奇闻怪事,素来遭到历代理论家的反对,金圣叹曾提出,即使是"极骇人之事",也要用"极近人之笔"写出来,李渔也指出:"凡说人情物理者,千古相传;凡涉荒唐怪异者,当日即朽。"①冯梦龙曾经说过:"天下文心少而里耳多,则小说之资于选言者少,而资于通俗者多。"②所谓"里耳",就是指民间的、普通老百姓的审美要求和艺术欣赏习惯。无论是小说还是戏曲,都强调要面向广大群众,中国电影要真正做到"谐于里耳",就应该从真实性出发,写出感通人心的"人情物理",在叙事结构和情节安排等方面做到既要出人意外,又要契乎人心。

中国传统美学所强调的真实性,首先就是要合乎情理,这是我国古典叙事艺术的一个优秀传统。戏曲电影的真实性也应该写出"人情物理",写出"合情合理"的真实,即合乎社会生活、社会关系的情理。冯梦龙讲:"人不必有其事,事不必丽其人""事真而理不赝,即事赝而理亦真"。③ 戏曲电影应该继承古典戏曲在真实性方面的要求,戏曲电影的真实与深刻应当互为表里,此即为"情贯镜中,理在情深处"。对此,谢晋讲过一段重要的话:

> 我们的影片到底靠什么打动观众?是靠离奇的故事和曲折的情节吗?不是。是靠那些技巧和蒙太奇手段吗?更不是。影片真正打动观众,最主要的在于它的真实性和思想深度。看世界第一流的片子,有两个字使我深切地感到正是我们所缺少的,即真与深。不真,会使人感到虚假,自然要削弱作品的艺术感染力。不深,作品也不可能有较强的生命力。深,可以理解为表现的事物、思想、人的性格、人物关系、处境以及人的感情等,比较复杂,不是

---

① 〔清〕李渔:《闲情偶寄·词曲部》,作家出版社,1995年版,第22页。

② 〔明〕冯梦龙:《古今小说序》,载高洪钧编著:《冯梦龙集笺注》,天津古籍出版社,2006年版,第80页。

③ 〔明〕冯梦龙:《警世通言·叙》,《世界文库》,生活书店,1935年版,第217页。

那么单一。①

戏曲电影所要表现的对象,不是真实生活的动作系统,而是具有高度舞台假定性的动作表意系统,要想实现两种媒介形式的完美融合,就必须寻找出戏曲电影自身的美学特性,并在此基础上力求创构出戏曲电影独特的影像语言。

虚实相生:戏曲电影的意境生成

戏曲电影之难在于把握写实与虚拟之间的矛盾和尺度。戏曲电影所要呈现的真实与趣味,和其他类型的电影也有着本质的不同,它不能单纯依靠电影的再现特性去追求全然写实,而是需要在一定的尺度内消除不真实的"无实物的虚拟动作",并增加有限度的"有实物的真实动作和场景"。让本来只是存在于戏剧想象中的虚境,成为承载人物情感流动和变化的实境。然而,"有实物的真实动作和场景"的营造,应当以不破坏戏曲基本的美学特性为原则。戏曲电影正如梅兰芳所强调的那样,必须以突出主题和人物为主,一切装饰的东西,都应服从这个原则。如果拘泥于实物实景,就不可能做到气韵生动,唯有虚实结合,才能实现有限之中的无限,才能突破有限的形象,揭示事物的本质,造就气韵生动,达到神妙艺境。此外,镜头在表现程式动作上,也要把握分寸,特写过于突出就改用近景,正面拍摄太逼仄就选择侧面。费穆曾说:

> 中国画是意中之画,所谓"迁想妙得,旨微于言象之外"——画不是写生之画,而印象却是真实,用主观融洽于客体。神而明之,可有万变,有时满纸烟云,有时轻轻几笔,传出山水花鸟的神韵,却不斤斤于逼真,那便是中国画。②

① 谢晋:《心灵深处的呐喊——〈天云山传奇〉导演创作随想》,《电影艺术》1981 年 5 月。
② 费穆:《关于旧剧电影化的问题》,原载北京《电影报》1942 年 4 月 4 日。

　　"景"是电影的内在空间构成，电影的空间构成直接影响电影画面的构成，这即是"景有所选，意有所中"。因为戏曲表演的虚拟特征，戏曲电影处理景的方法是手绘布景，或者在摄影棚搭景拍摄。费穆拍摄《斩经堂》的时候，也曾有过采用实景实物的尝试，结果与戏曲表演及服饰、化妆产生了不协调。后来他调整了布景设计的思路，采用写意的布景以协调表演与空间的风格。刘书亮指出："景是创造电影意境的母体。没有景，事就会失去其意义的依托，就会变味，在景与事的结合中，景是起着决定性意义的要素；事，只有在景的基础上与景形成互动关系，才具有作为电影意境要素的资格。"①戏曲电影的空间思维，应当尊重戏曲艺术的基本特性，顺应戏曲的时空美学。中国戏曲的空间思维追求"实景清而空景现，真境逼而神境生"的境界，体现着"境由心生""意与境浑"的美学观念。

　　戏曲艺术轻实景而重意境，意境是中国艺术创造性想象力的最高产物。所谓"意境"②，是指艺术作品中呈现的那种情景交融，氤氲着本体生命和诗意空间之美的"境"。美学家叶朗说：

　　　　"意境"不是表现孤立的物象，而是表现虚实结合的"境"，也就是表现造化自然的气韵生动的图景，表现作为宇宙的本体和生命的道（气）。这就是"意境"的美学本质。③

　　艺术境界并非是一个简单层面的自然的再现，而是一个境界深层的创构。意境的境，并非实境，而是象外之象，景外之景。王国维说："文学之事，其内足以摅己，而外足以感人者，意与境二者而已。上焉者，意与境浑。其次，或以境胜，或以意胜。"④意境包括"实境"与"虚

---

① 刘书亮：《中国电影意境论》，中国传媒大学出版社，2008年版，第99页。
② 意境说早在唐代就已经诞生，其思想根源可以追溯到老子美学和庄子美学。唐代"意象"作为表示艺术本体的范畴，已经比较广泛地使用了，唐代诗歌高度的艺术成就和丰富的艺术经验，推动唐代美学家从理论上对诗歌的审美形象作进一步的分析和研究。提出了"境"这个新的美学范畴。
③ 叶朗：《中国美学史大纲》，上海人民出版社，1985年版，第276页。
④ 王国维：《人家词话》，河南人民出版社，1996年版，第6页。

境"。"实境"是构成画面的可视的形象或纯粹的形色;"虚境"是超以象外的迁想妙得。以虚为虚,就是完全的虚无;以实为实,景物就陷入僵死。中国传统美学认为艺术境界,决不在于客观而又机械地描摹自然事物,而以"心匠自得为高",也就是"丘壑成于胸中,既寤发之于笔墨"。戏曲电影的叙事应充分尊重和顺应戏曲的时空特性。得益于中国古典艺术美学的费穆,其电影时空观念有着极大的自由性和假定性。"境由心生",意境的创构一定与情感世界紧密相关,是情感与意象的高度的圆融和契合。通过一系列意象的并置,费穆的电影创造出一种人生和社会图景的整体性的真实,突破了有限的"象",达到了韵味悠长的"象"外之"境"。费穆提到的"空气",有学者认为是"氛围",也有学者认为就是"意境"。

中国艺术讲究化实为虚,以虚传实。中国画重视"画中之白",把画中的空白当作绘画六彩之一,书法讲究"计白当黑",甚至把书法中字的结构就称之为"布白"。园林建筑也有借景、分景、隔景等,把实景和虚景结合起来。戏曲艺术更是重视虚实结合、化实为虚、以虚写实。意境的实现就在于"虚实相生"的手法。空荡荡的舞台并不是空无一物,空才能创造出无限的意蕴,空古纳万境。梅兰芳说:"出现在画面上的陈设,如果影响表演,再好也是枉费心机、劳而无功的。"①唯有虚实结合才能在戏曲影像中营造出中国画特有的美感和意境。王国维认为诗人所吟咏的"象"不是世人眼中的物质对象,它所呈现的"境"也不是常人眼中的"物境",而是"夫境界之呈于吾心而见于外物者,皆须臾之物",是诗人审美的心灵所照亮的一个有情趣的、充满生命的审美境界、生命境界。②

怎么才能实现虚实结合呢? 如何在影像空间中破除"真—假""虚—实""影—戏"的二元对立,实现戏曲电影的意境生成呢?"真—假""虚—实""影—戏"的二元对立,以及这一对立如何破除取决于我

---

① 梅兰芳:《摄制〈梅兰芳的舞台艺术〉的准备工作》,中国戏剧出版社,1984 年版,第 122 页。

② 王国维:《人间词话》,河南人民出版社,1996 年版,第 27 页。

们怎么来看。如果我们仅以生活中人的动作系统和景物系统作为参照，并且通过摄影机的要求来拣择和修饰入镜的画面，那么真实其实已经遭遇了篡改。但如果我们转换视角，拉开视距，以更远的视距来观察一个拍摄对象的整体生态，那么很多原本被屏蔽的事物就会得以真实地显影。也就是说，戏剧的舞台演出是一个整体的系统，在这个系统中不只有演员的表演，还有乐队的表现，以及砌末道具的展现。把拍摄的视野从演员扩展到整个演出空间和舞台生态，既很好地保留了戏剧的假定性本质，也实现了电影的真实性的要求。这即是郑大圣的《廉吏于成龙》的影像风格，摄影机拉开视距把整个摄影棚都拍摄下来，包括这一假定空间中的整个动作系统，把一般认为"穿帮"的舞台构架也一并拍摄下来，把乐队和乐师也拍摄下来，强化电影对于"审美空间"的拍摄和展现，追求比真实还要真实的影像空间处理方法，这样一来，原本无法兼容的"物理空间"和"审美空间"得以同构，而"穿帮"恰恰成为了破除二元对立和虚实矛盾的一剂解药。这一导演观念是对布莱希特的"间离"方法的化用，以"静观"的方法破除了影像追求的幻觉，以貌似"无为"的方法巧妙地解决了"物理空间"和"审美空间"的矛盾。

与"静观"不同，《白蛇传·情》以另一种"想象"的方式实现了"虚实相生"的影像要求。导演以完全电影化的思维和形式呈现了舞台艺术的完整性，在戏曲电影的美学观念和制作方法上遵循"虚实相生"的戏曲叙事特色，融合了两种不同的媒介表达，满足了观众对于戏曲电影的当代想象。电影的空间构作采用虚实结合的方式，大景中有小景，大景从虚，小景从实。景分前景、中景和后景，三个由近及远的空间层次，演员的妆容扮相略微调整，前景的道具物品追求写实但是尽量简化，远景尽可能以光影突出纵深感和空灵感。比如西湖的景色、湖中的莲花和鲤鱼、天上飘落的雨丝、采用数字技术合成，断桥则采用真实的舞台布景；昆仑山及皑皑白雪采用数字技术合成，仙草和山岩则采用真实的舞台布景，《白蛇传·情》的空间虚中有实，实中有虚，虚实结合。这种手法让人想到中国绘画中工笔写意的结合，与中国画的艺术观念和表现手法有着异曲同工之妙。王夫之在《姜斋诗话》中说："有大景,有小景,有大景中小景",他总结创造意境的方法是"以小景传大景之神"。真意境,不必求大,恰当地撷取小的景象却能够传达出整体宽广的意境,从有限到无限,由"象"通达"道"。

"意境"体现着虚实相映之美,意境包含着实境与虚境。八大山人画一条生动的鱼在纸上,别无一物,令人感到满幅是水。一幅枯枝横出的画,只画就站立的小鸟,就能渲染出一个广阔无垠、充满生机的大千世界,这即是以虚传实的"妙境"。戏曲艺术非常重视虚实结合,从舞台布景到表演艺术,无不讲究化实为虚、以虚写实,川剧《秋江》中,舞台上没有任何布景,仅仅凭着老艄公手上的一把船桨和演员的形体动作,就使人们仿佛看到了波涛汹涌的大江中一叶扁舟的颠簸。在《白蛇传·情》中,"无实物的虚拟动作"被"有实物的真实动作和场景"代替,在"水漫金山"的场面中呈现得最为充分,水是真水,寺是真寺,但是真实的景物并没有冲淡或消解戏曲基本的美学特性。其画面的构图效法中国古典绘画的构图法,以中国诗画所追求的"情景交融"的形式,创造出意境悠远的水墨山水图卷。从断桥初遇到洞房花烛,从风花雪月到雷峰塔下,本来只是存在于戏剧想象中的虚境,成为了承载人物情感流动和变化的实境。选择电影的空间,犹如选择绘画的"底色",最终关乎风格样式,美感韵味,在这个底色中,影像所雕琢的风雨雪霜无不是其中的色调。

要把戏曲表演的妙意通过镜头和画面传达出来,非要有意境的创构不可。费穆曾经提出的迷离的"气氛"或"空气",可以将观众和演员的表演打成一片。他指出,导演通过四种方式可以创造这样的"空气",一是由于摄影机本身的性能而获得;二是由于摄影目的物本身而获得;三是由于旁敲侧击的方式而获得;四是由于音响而获得。① 也即

① 费穆:《略谈空气》,参见黄爱玲编:《诗人导演费穆》,复旦大学出版社,2015年版,第7页。

是通过摄像机的角度、用光、运动、蒙太奇以及场景、音乐、节奏等重构戏曲电影空间诗学。郑君里有一段话精要地阐明了电影中虚实关系的处理,他说:

> 导演在设计画面时,既要从诗的意境出发,又不能把诗句图解化,同时还得考虑如何使剧情的发展同诗句的内容相呼应,不能太实,也不能太虚。太虚在影像里看不见,太实又传不了画外之意。因此诗的词组单位与电影蒙太奇的翻译,要经过一个"引虚为实,化实为虚"的艺术构思。要符合"实以形见,虚以思进"这个古典美学的思想。[①]

意境充盈着意蕴无穷之美。意境创造的魅力所在就是要让作品产生耐人回味的余地。艺术作品的所谓"韵味",就是"超越具体物景的形而上的难于言说的美"。也即是司空图所谓"不着一字,尽得风流",达到言有尽而意无穷的境地。真正地实现如宗白华所说的:"艺术的境界(意境),既使心灵和宇宙净化,又使心灵和宇宙深化,使人在超脱的胸襟里体味到宇宙的深境。"[②]

镜头结构:心灵世界的直接显现

石涛在《大涤子题画诗跋》中说:"书画非小道,世人形似耳。出笔混沌开,入拙聪明死。理尽法无尽,法尽理生矣。理法本无传,古人不得已。吾写此纸时,心入春江水。江花随我开,江水随我起。"[③]中国美学格外强调艺术与心灵的关系。中国美学的思想认为,画面、形式和内容,都是心灵世界的显现。借由艺术的创造,以艺术作品为载体,艺术

① 郑君里:《将历史先进人物搬上银幕》,见《林则徐——从剧本到影片》北京中国电影出版社,1962 年版,第 268—269 页。
② 宗白华:《美学散步》,上海人民出版社,1981 年版,第 86 页。
③ 石涛:《大涤子题画诗跋》卷一,汪绎辰辑,上海人民美术出版社,1987 年版,第 19—20 页。

家活泼泼的生命状态和内在灵性从有限的肉身中超越出来,向世人展现一种更为永恒的精神性存在。在中国美学的视野中,中国画的"笔墨"以及戏曲表演中的"功法"既是形式也是内容,有着精神性的内在构成,是可以被不同艺术家赋予精神内涵的意义结构,正所谓"笔墨之道,本乎性情".①

无论是"笔法"还是"功法",对中国艺术而言,都源于一种内在的精神性追求。《白蛇传·情》的镜头语言取法了中国艺术的精神性追求,将中国艺术中笔法和功法的美学追求融入镜头结构,镜头和画面不仅仅是影像记录的手段和形式,更是人物情感变化和心灵世界的直接显现,每一个镜头犹如中国画中充满韵味的线条,呈现着中国艺术的内在意蕴和精神性追求。淡雅的水墨色调呈现出的超凡脱俗、空灵邈远、和雅冲淡的典雅之境。就《白蛇传·情》而言,镜头结构显现了内在的诗境,心境如水,情思如墨,运动如线条,点化勾勒,浩浩荡荡,一气呵成。要达到这种境界,必需具备中国文化和中国艺术的修养。中国历代绘画和画论中包含着戏曲可以借鉴的形式与意蕴的资源,戏曲电影应该了解并体察"笔法"和"功法"内在精神的相通。

费穆根据戏曲舞台艺术的特殊性,总结提炼出了"长镜头、慢动作"的表现技巧,奠定了戏曲电影表现的诗学观念。他认为"导演心中要长存一种写作中国画的创作心情",从而创造一种令人产生"迷离状态"的氛围,凭借"艺术上的升华作用,而求得其真实与趣味"②。他的影片所表现出来的真实与趣味,不是单纯依靠电影的再现特性而实现的,而是更富有中国民族传统叙事的美学特色。在他看来,中国电影唯有能表现自己的民族风格才能确立其在世界电影的位置。为了这样的理想,费穆始终如一地对电影艺术如何实践并体现中国传统美学和艺术精神进行着自觉的探索,而戏曲电影无疑是费穆探索中国电影美学

---

① 沈宗骞:《芥舟学画编》,山东画报出版社,2013 年版,第 64 页。
② 费穆:《中国旧剧的电影化问题》,参见黄爱玲编《诗人导演费穆》,复旦大学出版社,2015年版,第 60 页。

精神的重要载体。

　　一般而言,长镜头加定镜拍摄是表现戏曲唱念最基本的选择,但针对大段的演唱,单一的镜头形式显然是不够的,镜头作为观众的眼睛,要为观众去寻找那些最精彩也最值得欣赏的细节和重点,跟随角色的情绪变化而变化并为角色情感的传达起到应有的作用。"断桥相遇"一场,在舞台上完全依靠演员表演,但在电影中,景随心动,人物可以辗转竹林、西湖、断桥等多个场景,通过移动摄影,拉伸影片的纵深感,充分展现影像空间造型和表现力,营造穿越时空的心灵交流。此外,几个简单的镜头就可以把戏曲唱段中的文学叙事交代清楚,同时删去那些不适于屏幕表现的唱词和拖沓的情节。比如电影使用闪回、叠化等手法表现白素贞回忆当年自己被放生的情节,在时空的交织中完成故事的讲述,将角色某些心理活动如回忆、幻觉、联想等造型化,影片叙事的节奏由此变得简洁和紧凑。

　　中国美学注重"气",到了六朝出现了"气韵"的范畴,谢赫论画六法的核心就是"气韵生动"。气韵生动,既是舞台表演艺术所要追求的境界,也应该是戏曲电影追求的境界。张彦远在《历代名画记》中说:

　　　　一笔而成,气脉通连,隔行不断。唯王子敬明其深旨。故行首之字,往往继其前行,世上谓之一笔书。①

　　长镜头还可以完美呈现"做打"的行云流水和一气呵成的畅快感。很多只有在戏曲里才能看到的绝技,通过镜头可以得到真实记录并作为档案保存和传播。有时镜头中的绝技,要比在舞台上,看得更真切,更整体。比如戏曲电影《李慧娘》中的秦腔绝技"喷火"前后出现了六次,充分展现了李慧娘被贾似道杀害后其魂魄的嫉恶如仇、对爱情的忠贞,酣畅淋漓地展现了这种绝技的表现形式和情感意蕴。正是这些源于戏曲本身的精彩纷呈的表演,使戏曲电影拥有了不可替代的美学内涵。

---

　　① 张彦远:《历代名画记》,沈子丞编《历代论画名著汇编》,文物出版社,1982年版,第39页。

费穆总结出的长镜头和慢动作的美学主张,属于典型的镜头内部蒙太奇效果。长镜头依赖于演员的调度、镜头的运动和镜头焦点的变化等手段完成,适合拍摄有着连贯性特点的大段唱腔和完整程式的戏曲艺术。慢动作是指包括人物动作、心理活动进而包括叙事节奏的从容缓慢,充分细腻等等,这些动作必须在足够长的镜头里充分展现和刻画,才能让观众充分体会和领悟角色的情感。慢镜头可以展现戏曲艺术的视觉美感以及角色元气淋漓的内在生命力和创造力。戏曲以"音韵"和"身段"为核心的基本功法,注重在音乐中,戏曲程式化表演的内在气韵的连贯。唯有气韵生动,才能传神写照。

戏曲电影要忠实于戏曲的审美特性,忠实于演员的表演、唱腔、对白、身段、功法,既不能损害戏曲的特性,也要忠实地呈现表演艺术。长镜头可以较为完整地把演员的艺术体现在电影当中,为这个剧种本身,为未来艺术的传承留一份非常珍贵的、有价值的资料。戏曲电影不可以对戏曲艺术随意抑扬弃取,对有极高传承意义和价值的艺术就更不能草率地把完整的表演艺术用简单的分镜头搞得支离破碎,甚至把它完全解构了,而应该通过镜头内外部运动、后期剪辑、特技合成等手段既创造出有别于"日常生活"的视觉体验,又展现出戏曲的舞台调度特有的美学内涵。

作为世界文化史和艺术史上独特的一种艺术形态,戏曲表演体系的精深不仅在于功法和形式,更在于功法和形式之中所蕴含的美学的、精神性的意义结构。电影影像可以显现真实的物质世界,但是这个再现的物质世界再逼真也是幻影,而戏曲表演虽然是程式化的,但是在假定情境中的情感的逼真和热情的真实,是演员灵性的真实呈现,是生命情致的在场呈现。梅兰芳曾指出戏曲演员自幼苦练"四法五功",怀揣着几十种身段技术,身体的表演由技术性走向精神性,"所有程式化动作都充满了潜台词"。① 只有深刻地理解这点,方能意识到我们应如何

---

① 傅谨:《京剧学前言》,文化艺术出版社,2007年版,第40页。

去处理戏曲电影中的程式动作。就绘画的笔墨或者京剧表演的功法而言，其精神性内涵的意义结构不可被消解，不可被漠视，不可被浅薄化。中国历代绘画和画论中包含着戏曲可以借鉴的形式与意蕴的资源，更不能被淡忘和丢弃，这个意义体系不能丢失，必须要传承下去。

结　语

　　戏曲是中华优秀传统文化的一个重要的媒介和载体，戏曲电影也应该成为集中体现中国美学精神的一种电影类型，并为古典艺术的当代传承和传播起到了重要的作用。唯有对中国文化存有敬畏之心，才能在戏曲电影的拍摄中更自觉地探索其内在的规律，并自觉地加以传承。戏曲电影的创作有其特殊的美学规定性，对戏曲的拍摄和记录，其主要目的是实现戏曲艺术中演员的身体和生命情致的在场呈现，寻求超现实的艺术境界达成的形式，以呈现活泼泼的心灵世界，恰到好处地表现融歌舞诗于一体的戏曲表演体系。电影民族化的本质在于中国美学精神的呈现，戏曲电影的创作应该包含着中国人自觉的、自信的文化追求，也包含着代表时代精神的审美诉求。

素面相对的镜语和澄怀观道的境界

欣赏侯孝贤的《刺客聂隐娘》,观者大约需要一种欣赏山水画和昆曲的心态,才能品味其源自中国艺术和美学的精神与意趣。电影取材唐人传奇,叙事遵循主人公隐娘的意识、情感和心理的发展,影像风格则取法中国画"工写结合"(工笔和写意)的笔法,一方面由胶片拍摄所呈现的影像构图和色彩基调类似敦煌艺术中《张议潮夫妇出行图》一类的壁画风格,精致地呈现唐人画卷中的错彩镂金之美;另一方面对风景的把握又充满宋元水墨山水画的韵味,呈现自然造化的"出水芙蓉"之美。从影像风格、美感方式到情理表达,《刺客聂隐娘》显现出对中国美学的自觉追求。

电影通过刺客聂隐娘从"剑道无情"到"剑道有情"的觉解,从"杀一独夫贼子救千百人"到"慈悲仁恕"的良知发现,再由磨镜顿悟而"涤除心尘"的三次心灵的转变,呈现出一种来自生命深处的惆怅和孤独,这种惆怅和孤独是侯孝贤电影中一贯的内在气质和生命情调。就像影片所提及的"青鸾孤飞,绝无同类,鸾见影悲鸣,终宵奋舞而绝……"电影一开始就给出隐娘的宿命——"不鸣"或"奋舞而绝",也给出了侯孝贤的宿命——"不鸣"或"奋舞而绝"。从影像风格、美感方式到情理表达,影片注定要借一个孤独刺客的故事,追问生之意义,追问心灵的归程。

唐人传奇最富奇幻与想象,武侠电影经由西方电影观念的淘洗,渐已形成一种融英雄、想象、武打、商业和奇观于一体的影像范式。传奇和武侠的相遇，大大发酵了观众对这部电影的审美期待。然而侯孝贤却端出了一个"武侠电影"的另类，甚至可以说《刺客聂隐娘》根本不是一部武侠电影，它借武侠电影的躯壳，顽强地表达了导演一贯的人文诉求。侯孝贤在作品中关注的是个体价值观的瓦解和再建，生命意义的顿悟，以及精神对于存在的超越。影片提炼了两个格外重要的意象——"剑"与"镜"，这两个意象也许正是解开这部颇具幽玄意味的作品的关要。

"剑"的意象贯穿电影的前半部分。影片从聂隐娘被道姑送回魏博的一刻作为开端，道姑盗走年幼的隐娘为的是训练出一个可以"刺其人于都市，人莫能见"的刺客。技成而归的隐娘，一边是师父灌输的"剑道无情"，要她斩杀魏博主公田季安；一边是嘉诚公主（已故）和聂田氏（隐娘母亲）不忍见寇死贼生，天下大乱而以"剑道有情"教化她，要她维护京师与魏博的和平。"剑道无情"与"剑道有情"的对峙是师徒间较量和冲突的重心，构成了全剧最具张力的内在矛盾，这一对峙所引发的内在冲突和张力，超越了隐娘与田季安、田元氏、空空儿等人恩怨情仇层面的冲突。导演对源于价值和精神层面冲突的倚重和凸显，使《刺客聂隐娘》越过了一般传奇故事的层面而上升到了心灵和精神的层面，从而使这部电影从美学意义上突破了一般武侠电影的内涵和价值。

刺客的寻找和解脱，也是侯孝贤在既定的历史境遇中的寻找和解脱，他在帮助主人公的同时也是帮助自己找到精神的超越之路，在此意义上他说：聂隐娘就是他自己。隐娘身世曲折，先失姻缘，再失家园，从怀疑"剑道无情"到遵循"剑道有情"，这是价值观的突围，也是电影深层矛盾结构的核心。在行刺怀抱孩子的大僚时她呈现出"情根未断"的一面；在面对田季安这个自小被嘉诚公主许婚于自己的男人时，更是一再地不忍和拖延；当她面对有夺夫之痛的田元氏之时，纵然有足够的理由复仇，但是她选择让历史谜案大白于天下；她选择保护被田元氏所暗杀的瑚姬，选择可以杀田季安而不杀，选择识破凶手"精精儿"而不杀。能杀而不杀，师父认为她离刺客的最高境界只一步之遥，而她最终对剑道至境的领悟，也是她最终超越师父的地方，便是在不忍和慈悲中，在对人世间恩怨情仇的静观中，在对生命本身的悲悯中，悟出了剑道至深是有情，是不杀，是生，是仁，是恕。然而，侯孝贤并不在意做任何儒者层面的探讨，也没有停留于一般的家国情怀的言说，《刺客聂隐娘》也并非寻常意义上的武侠电影，影片的力量不是向外扩散的而是向内聚敛的。导演无意与任何人在武侠电影的类型中较量一番，他所要表达的只和自我的生命体验有关，只和自我对于历史境遇、家国情怀、价值信仰的思考有关，他所要表达的是人如何实现对既定命运和精神困境的自我超越。

"镜"的意象贯穿了影片的后半部分。随磨镜人与老者去深山疗治的段落令人忆起陶渊明笔下的桃花源，观磨镜人磨镜的瞬间，聂隐娘得以涤除心尘，见性顿悟。虽然，此处所呈现的道家"涤除玄鉴"以及禅宗"应无所住，而生其心"的思想稍显理性和直露，但仍然可以感到导演有意将中国哲学的思致注入刺客的精神世界中去，以期完成对其精神境界的提升，并实现对电影"象外之旨"和"味外之韵"的言说。影片结尾聂、田二人的对照更是深化了生命层面的思考：一边是身处政乱和煎熬的田季安，一边是心如止水归隐桃源的聂隐娘；一边是放不下，一边是彻底放下，而放下放不下只在一念之间，从放不下到放下，是一个刺客所能达到的最高境界。领会这一点我们也就领会了侯氏贯穿始终的"风的意象"，以及无声静默的湖泊山林的内在意蕴，也就领会了天地有大美而不言，万物有成理而不说，四时有明法而不议的美感境界，实际上是一片澄明的心灵的境界，是一个从有碍到无碍的境界。识破这一点，就是秋水长天，水气凌空，就是苍茫烟波，津渡在前，也就是找到了真正的心灵归程。从怀疑、追问、反抗、自赎到涤除心尘，作为刺客的聂隐娘完成了她对既定命运的超越，完成了她对心灵安顿和生命归途的完全意义上的确证。侯孝贤把最富传奇性的故事拍成了人的心灵世界不断澄澈的过程,他所要创造的是中国艺术的含蓄蕴藉、无言之美,可以说《刺客聂隐娘》回到了纯粹的中国艺术的美感世界。

侯孝贤的电影因其冷静的视角、淡化主观情绪的融入、安静缓慢的节奏、恒定不变的长镜头的镜语风格,辅之以他自称为"气韵剪辑法"电影观念,显露出一种"素面相对"的生命姿态。《刺客聂隐娘》依旧延续着长镜头和深焦距的运用,大量的"中景"和"远观",水平固定机位的拍摄,显示出一种气定神闲、凝神寂照的影像美感。不同的是侯孝贤以往的电影很少运用主观镜头,而这一次却使用聂隐娘的主观视角来雕刻画面。他通过摄影机镜头,借刺客的眼睛来作各个角度的"看",他要将刺客的"看"作为景别和镜头变化的依据,造成刺客始终在场而无人察觉的氛围,他以俯视镜头来"看",以远观的"长镜头"来看,以"移动镜头"来看,刺客随光影出没的"隐身静观"与侯氏在电影中的"冷眼静观"构成了巧妙的重合,摄影机的"看"——刺客的"看"——作者的"看"三位一体,消融了主客观的界限。在美感的呈现方式上呈现出"无我之境"的自在感和超脱感。

"禅"的表达和"淡"的追求以及安静缓慢的心理节奏与生命沉思也是侯氏电影一贯的内在气质。深焦距的使用,由空镜头造成疏林寂立,静水平和,远岫淡岚的意境,不仅是影像化的比兴手法,更渲染出"发纤浓于简古,寄至味于淡泊"的中国艺术的妙处。苏东坡说中国画之妙在"孤鸿灭没于荒天之外",闻一多形容孟浩然的诗,是淡到看不见诗,孤鸿灭没,月影浮动,似有若无,这是中国人独有的美感方式,这种方式截然不同于西方人的美感表达。《刺客聂隐娘》淡化了一切可以淡化的冲突,时空的转换没有过渡镜头;搏杀的场面点到为止;刺客潜入屋内只需表现轻风掠过;轻功的刻画决不做过分渲染;聂隐娘和田季安的交手也只是蜻蜓点水;以远处群鸟惊散暗示人在坡林中的疾驰;不创造任何奇观以娱人耳目;与精精儿的交手,不见形影,只见群鸟惊飞,叶散枝断,簧片凄绝声摄人魂魄,纷扬的细尘微物不断飘止下来,唤起一种天昏地暗的激烈感……中国艺术表现手法中的虚实结合,以一

当十,逸笔草草,真性乍露,于此可见。关于这一点,侯孝贤自己说:

> 在我看来,冲突没有什么好描写的,几下就可以拍完,但不直接就可以拍出一种韵味。这一点,小津安二郎的电影与我的想法非常接近。换句话说,我们对电影都秉持相似的态度。这大抵也可以看成是东方人看事情的角度与习惯、表达情感的方式。①

在数码时代,侯孝贤依然我行我素,追求电影艺术三分人工七分造化的浑然天成,不为拍出真实的"景",只为看出那生命的"影"。正如他对自己的期许:"……我希望我能拍出自然法则下人们的活动,我希望我能拍出天意。"为了拍出天意,他要用一次成像的胶片,为了拍出天意,他要慢慢等待风起云散,等待四时万物的相合;为了拍出天意,他要越发拉远镜头,拍摄远方浩渺迷蒙的湖水和葱郁的层岭,以及层叠淡逸的山影,用胶片把自然拍成具有灵性的水墨画,让影像夹裹着中国传统的美学和哲学,从而创造出一派中国美学的气象来。他依然偏爱镜头中的风,偏爱自然造化对艺术的参与。风使他的影像充溢着生意和空灵的气氛,就像墨滴落在水,任由造化自然氤氲成人工所不及的图像。风在《刺客聂隐娘》的镜语里是侯孝贤绘画的"水",是影像中透出的"空气",也是无所不在的"玄妙的道",更是刺客的来无踪去无影、轻盈若猫、无声似影的绝妙暗示。人与自然共同创造出一种幽玄,一种神秘,一种气韵,也创造出有限的画面之外无限的那个宇宙。不过导演对刺客的侧面表现固然高明,倘若能更加重视刺客的行走,角色在步态上的职业特点,就能令人更加信服于眼前的行者是轻功了得的刺客。

侯孝贤的电影之美源于心灵世界的直接呈现。他的电影不是好莱坞式戏剧性冲突的思维,不是欧洲电影追求理念和形而上的思维,也不同于日本电影的影像特点,他意在呈现中国人的心灵世界,呈现中国人的美感体验,他是用中国人传统的水墨书画的心态在进行电影创作。

---

① 侯孝贤:《真实与现实》,《电影艺术》2008 年 1 月。

"一片风景就是一个心灵世界的呈现"①，侯孝贤追求的正是电影的心灵化的呈现。电影的故事、画面、形式和内容对他而言，都是一种心灵境界的显现。这部电影比较彻底地体现了对于这种中国美学精神的追求。

艺术是心灵世界的显现。宗白华先生在《论文艺的空灵与充实》一文中指出：

> 艺术家要模仿自然，并不是去刻画那自然的表面形式，乃是直接去体会自然的精神，感觉那自然凭借物质以表现万相的过程，然后以自己的精神、理想情绪、感觉意志，贯注到物质里面制作万形，使物质而精神化。②

他认为："宇宙的图画是个大优美的表现。……大自然中有一种不可思议的活力，推动无生界以入有机界，从有机界以至于最高的生命、理性、情绪、感觉。这个活力是一切生命的源泉，也是一切'美'的源泉。"③宗白华先生认为"心物一致的艺术品"，才属于成功的创造，才达到了主观与客观的统一。

中国美学格外注重心灵层面的表达，而电影作为一种新的艺术媒介，是否可以像中国的诗画一样有效地传达中国美学精神是一个非常关键的美学问题也是一个至关重要的理论问题。要拍出一部具有中国艺术精神和美学品格的电影特别需要两种修养，第一是中国文化和中国艺术的深厚修养，第二是要有高远的精神性追求，没有一种纯粹的高远的精神追求是不可能拍出一部不为名利所染的电影的。影片《刺客聂隐娘》显示了侯孝贤难能可贵的创作心态，他不为票房所动，不为高科技所动，不为西方话语所动，更不放低精神的姿态来迎合某些观众低俗的追求，自信地呈现源于中国美学的电影观念，在全球化语境下怀着对中国艺术精神的自信和坚守，也彰显出他自身卓尔不群的"侠客

---

① 宗白华：《美学散步》，上海人民出版社，1981年版，第59页。
②③ 《宗白华全集》第一卷，安徽教育出版社，1994年版，第309页。

精神"。

中国电影和中国美学究竟有何关系,影像如何表达中国美学精神。中国电影是中国文化的一个组成部分,它无法摆脱中国人的思维方法、人生经验、哲理思考,它总是要受到民族文化和传统美学的深刻影响。如果说中国人都不爱看或看不懂自己的艺术,这是一种悲哀。中国电影比任何时候都需要确立其应该坚守的文化和美学坐标。中国电影不只是使用中文的电影,也不是使用中文的人拍的电影,而是指不管在何种历史情境和时代土壤中,它自身都能够体现一种稳定的中国美学的精神坐标。中国电影要在全球确立其应有的地位和价值,呈现其特有的气格和精神,也必须在美学层面重塑和实现自己的品格。一个国家的科技发明不能全部指向日用,更要指向高度指向未来,正像一个国家的艺术不能全部指向世俗娱乐,更要指向人类更高的审美追求。从某种意义上说,创作《刺客聂隐娘》这样的电影就是艺术世界的一次"揽月",不是人人可为,侯孝贤在历史中看到了自己的位置,也看到了中国人文电影的方向,相信这部电影的意义会随时光的流逝而越发呈现出来。

后　记

　　中国美学对艺术的阐释,有三本开山之作:王国维的《人间词话》、宗白华的《美学散步》和朱光潜的《诗论》。后来很多用中国美学的方法研究书法、绘画和其他艺术的成果基本不脱离这三位学者所开创的这套中国艺术的阐释观念和方法。在学术和实践上或多或少借鉴和发展了其中的思想和方法。这三本书从中国美学的角度阐释艺术,给我们提供了一个具有中国色彩的艺术阐释学的原初范本。

　　本书收入文章,主要是多年来的美学和艺术讲座讲稿,这些讲座讲稿大多从中国美学的角度阐释艺术,借由意象作为阐释方法,力求贯通美学和艺术。美和道一样,是无形的,是抽象的,它不是具体的实相。但伟大的艺术可以体验美、见证美、显现美、确证美,让美呈现并获得可感的形式。我认为"意象理论"的当代拓展,最重要的意义和价值就是在方法论层面建立"意象阐释学"的观念和方法。意象阐释学依托中国美学的基本理论,力求重新发掘中国美学的经典范畴"意象"对于艺术阐释的当代意义与价值。

　　我的这一学术兴趣来源于三个问题:第一,西方认为中国没有美学甚至哲学,我们的美学究竟以什么形态存在,为什么它绵延千年不绝?第二,中国传统美学陈旧了吗,僵死了吗? 作为思想遗产,它能否作为理解和阐释现当代艺术的理论? 第三,中西方美学之间,是否有一种不能弥合的断裂或隔阂,二者能不能找到相融相通的可能。

　　在我看来,中国美学的根本危机在于:第一,它如果不能应对新的艺术现象,就不能展现新的生命和活力,唯有对话、阐释当代艺术的可能性,中国美学才能显示它的无限生机。第二,身处西方文化和西方学术强势植入的情境,中国传统美学还有生机吗? 中国美学会成为死学问吗? 我的结论是不会死,有生机。在我看来,正是因为中国美学处于中西交汇碰撞的历史坡道上,才能及时对话、借鉴和融通西方哲学和美学,以充实补益发展自身,并且获得复活的希望。没有考验,就不可能呈现一种理论顽强的生命力,也就不可能呈现它的未来学意义。我们就是要在如此富于挑战性的历史情境中,直面、对话、包容、借鉴、吸纳西方当代的哲学美学的长处,兼容并蓄,融会贯通。这是文化自信和学术自信的所在。而我刚才提到的王国维、宗白华、朱光潜的三本书正是对应了这三个问题。

　　我到北大是 2009 年,恰逢第 18 届世界美学大会在北大举办。第 18 届世界美学大会是一次中西美学思想的对话和交锋,也是中国美学一次灿烂的在场呈现。2009 年也恰逢叶朗先生的《美在意象》出版。当时读到书中这段话:“意象生成统摄着一切:统摄着作为动机的心理意绪('胸中勃勃,遂有画意'),统摄着作为题材的经验世界('烟光、日影、露气'、'疏枝密叶'),统摄着作为媒介的物质载体('磨墨展纸'),也统摄着艺术家和欣赏者的美感。离开意象生成来讨论艺术创造问题,就会不得要领。”

　　叶先生提出“美在意象”,“艺术创造的核心是意象生成”是具有开创性的,它准确、深刻而且说出了艺术家说不出的话。叶先生接续宗白华等前辈的思想,在《美在意象》中提出了“意象生成”的思想,继承、发掘和发展了中国美学的现代精神和阐释效力。包括此前的《中国小说美学》,也是中国美学阐释古典小说的一个范本。我个人的研究,无论是对“意象生成”的发展,或是提出“意象阐释学”,都没有脱离这样一个学术传统。

　　美学在其终极意义上是境界之学。美需要体验和亲证,美学的生命并不仅仅存在于美学课堂，美学并不仅仅表现为研究美的知识、美的概念。没有体验和亲证的美学是知识而不是智慧。21 世纪中国美学理论的发展，需要我们从生活、艺术和美育等各方面发掘、萃取并弘扬中国美学中最富有智慧光芒、真理价值和人文精神的内涵和精神，由此培植和孕育新的思想并涵养现代人的心灵和人格，补益我们这个时代的精神和气象。

2023 年 10 月于北京大学燕南园